AF551730

Ehrenstein/Riedel/Trawiel

Praxis der Thermischen Analyse von Kunststoffen

Gottfried W. Ehrenstein/
Gabriela Riedel/Pia Trawiel

Praxis der Thermischen Analyse von Kunststoffen

2., völlig überarbeitete Auflage

HANSER

Die Autoren:

Prof. Dr.-Ing. Dr. h.c. Gottfried W. Ehrenstein, Dipl.-Ing. (FH) Gabriela Riedel, Technische Assistentin Pia Trawiel, Lehrstuhl für Kunststofftechnik Universität Erlangen-Nürnberg, Am Weichselgarten 9, D-91058 Erlangen-Tennenlohe, E-mail: ehrenstein@lkt.uni-erlangen.de

Internet: http://www.LKT.UNI-ERLANGEN.de

Zum Coverbild:
POM-C, 10 µm-Dünnschnitt, polarisiertes Durchlicht mit λ-Platte, Maßstab 1:100

Bibliografische Information Der Deutschen Bibliothek

Die Deutsche Bibliothek verzeichnet diese Publikation in der Deutschen Nationalbibliografie; detaillierte bibliografische Daten sind im Internet über <http://dnb.ddb.de> abrufbar.

ISBN 9-783-446-22340-0

Um dieses Buch lieferbar halten zu können, wurde es mit dem Print-on-Demand Verfahren als einzelnes Exemplar speziell für Sie gedruckt. Dabei können gegenüber dem Original Unterschiede auftreten. Der Inhalt des Buches ist unverändert.

unveränderter Nachdruck der 2. Auflage 2003

Herstellung: Oswald Immel
Satz: Gabriela Riedel und Pia Trawiel
Coverdesign: MCP • Susanne Kraus GbR, Holzkirchen
Druck und Bindung: BoD - Books on Demand, Norderstedt, Germany

Vorwort zur 2. Auflage

Kunststofftechnik ist das Zusammenwirken von Kunststoffkunde, Verarbeitungstechnik und Bauteilgestaltung. Von diesen drei Säulen hat die Verarbeitungstechnik in den letzten Jahren die größten Fortschritte und Innovationen zu verzeichnen. Entwicklungsschwerpunkte sind neben den klassischen Verfahren, neue Techniken wie die Mehrkomponententechnik, das Verarbeiten hochgefüllter Polymere mit gezielten Funktionseigenschaften, aber auch die Bemühungen um Materialschonung während der Verarbeitung und genauere Aussagen über dessen Gebrauchstauglichkeit.

Dementsprechend haben sich auch die Schwerpunktssetzungen bei den thermoanalytischen Methoden im vorliegenden Buch ergänzt und deutlich erweitert. Neu aufgenommen wurden die Kapitel zur pvT-Messung, die die gleichzeitige Messung von Druck (p), spezifischem Volumen (v) und Temperatur (T) aber auch der Wärmeleitfähigkeit im schmelzflüssigen und festem Zustand ermöglicht, und die µTA besonders geeignet für Analysen der Topographie, der Wärmeleitfähigkeit und qualitativ auch als TMA und DTA im Mikrobereich.

Die Beschreibung der Anwendungsmöglichkeiten der DMA und der TMA wurden entsprechend erweitert. Die Bedeutung der Hochtemperaturthermoplaste zur Zeit der 1. Auflage hat zugunsten der höherwertigen technischen Thermoplaste weiter nachgelassen. Sie wurden in der neuen Auflage ebenso stärker beachtet, wie die duroplastischen Reaktionsharze.

Die Kurzzusammenstellung wichtiger allgemein kennzeichnender Eigenschaften der wichtigstern Kunststoffe wurden deutlich erweitert. Sie sollen dem weniger versierten Kunststoff-Anwender einen schnellen Überblick über die verschiedenen Kunststofftypen geben.

Nach wie vor wollen wir 2 Gruppen ansprechen, zum einen die mit Kunststoffen befassten Techniker, Wissenschaftler und Laboranten, die sich schnell und unkompliziert mit den Möglichkeiten der Thermischen Analyse vertraut machen und selbst Messungen durchführen wollen, zum anderen die Anwender von Kunststoffen, die mit thermoanalytischen Messergebnissen konfrontiert werden und diese sinnvoll und kritisch werten möchten.

Neben den zahlreichen Helfern bei der 1. Auflage, die auch bei der Überarbeitung der 2. Auflage immer gute Ratgeber waren, möchten wir uns zusätzlich bei Frau Juditha Hudi, Frau Doreen Frei, Herrn Norbert Müller M. Sc., Frau Dipl.-Ing. Gabriela Hejja und Herrn Dipl.-Ing. Marko Wacker für die Unterstützung und Hilfestellung bedanken. Herrn Dr. Ingolf Hennig gilt unser besonderer Dank für seine Ratschläge zum Kapitel 5, dem pvT-Messverfahren.

Gottfried W. Ehrenstein

Gabriela Riedel

Pia Trawiel

Vorwort zur 1. Auflage

Im Rahmen von Forschungsarbeiten im Bereich der Verarbeitung von Thermoplasten, Duroplasten und Elastomeren, von anwendungsnahen Entwicklungen und Prüfungen, von Tribologie und Fügetechnik, Elektronik und Werkstoffverbunden, Werkstoffprüfungen und schadenskundlichen Untersuchungen wird am Lehrstuhl für Kunststofftechnik der Universität Erlangen - Nürnberg seit Jahren die Thermische Analyse als nützliches, vielfältiges und aussagekräftiges Prüfverfahren erfolgreich eingesetzt.

Die Fülle der Untersuchungen, der Einsatz von Geräten verschiedener Hersteller und die begleitenden Prüfungen mit anderen Methoden haben uns einen Einblick in die Vorteile, aber auch in die vielen kleinen täglichen Probleme dieser Verfahren verschafft. Es sind dies die Messtechnik selbst, die Probenpräparation, die Durchführung der Messung und die Interpretation der Ergebnisse, aber auch Fragen der Übertragbarkeit auf die praktischen Problemstellungen unserer Arbeiten und wissenschaftliche Erklärungen der Zusammenhänge.

An unseren Aufgaben arbeiten Fertigungstechniker, Maschinenbauer, Werkstoffprüfer, Chemieingenieure, Physiker und Chemiker, Wissenschaftler, Projektingenieure und Laboranten, fachbezogen und interdisziplinär, für die die Thermische Analyse im wesentlichen ein sinnvolles Hilfsmittel und kein Selbstzweck ist. Für sie und die vielen anderen, die ähnliche Probleme haben, haben wir das Buch geschrieben, als eine Anleitung zum praktischen Handeln, zur Handhabung der Geräte, zur Probenpräparation, zur Abschätzung der Einstellparameter, zur Interpretation der Ergebnisse, zur Beurteilung deren Genauigkeit und Reproduzierbarkeit, zur Warnung vor Überschätzung, zur kritischen Sicht der Aussagen, aber auch, um die vielen Vorzüge und die Chancen, die diese Verfahren bieten, kennenzulernen und zu nutzen.

Sicherlich ist unsere Zusammenstellung noch nicht vollständig, hier und dort gibt es Lücken und mögliche Verbesserung. An Hinweisen sind wir interessiert. Besonders möchten wir uns aber bei den vielen Freunden, Kollegen und Helfern bedanken, die uns kritisch und anregend begleitet haben, denen wir viele Hinweise und Vorschläge verdanken und ohne die dieses Buch ärmer wäre.

Unser aufrichtiger und herzlicher Dank gilt Herrn Prof. Dr. József Varga, Herrn Prof. Dipl.-Ing. Helmut Vogel, Frau Dr.-Ing. Eva Bittmann, Herrn Dr. Mark Wingfield, Herrn Dr.-Ing. Erich Kramer, Herrn Dr. Klaus Könnecke, Herrn Dr. Jens Rieger, Herrn Dr. Herbert Stutz, Herrn Dr. Ingolf Hennig, Herrn Dr. Gerhard Ramlow, Herrn Dr. Erhard Seiler und vom Lehrstuhl für Kunststofftechnik Frau Dipl.-Ing. Sonja Pongratz, Herrn Dipl.-Phys. Stefan Stampfer, Herrn Dipl.-Ing. Johannes Wolfrum, Herrn Dipl.-Ing. (FH) Jürgen Karsten, Herrn Dr.-Ing. Jian Song, Herrn Dr.-Ing. Michael Schemme und Herrn Dipl.-Ing. Mattias Klinger. Sie alle haben uns in irgendeiner Weise geholfen, geraten und nützlich kritisiert.

Nicht zuletzt danken wir der Grande Dame der Thermoanalyse, Frau Prof. Dr. Edith Turi, die uns gut zugeredet und in unserem Konzept bestärkt hat.

Erlangen 1998 Die Autoren

Inhaltsverzeichnis

Normen zur Thermischen Analyse

Dynamische Differenzkalorimetrie DDK

DIN EN ISO 11357-1 (1997, E 2000)
Dynamische Differenz-Thermoanalyse (DSC) *2, 7, 8, 9, 10, 11, 12, 13, 19, 20, 22, 23, 25, 28, 49, 115, 124, 125, 149, 125, 149, 264, 321*

ISO 11357-2 (1999)
Differential Scanning Calorimetry (DSC) Determination of Glass Transition Temperature *118*

ISO 11357-3 (1999)
Differential Scanning Calorimetry (DSC) Determination of Temperature and Enthalpy of Melting and Crystallization *19, 20, 118*

DIN 51 005 (1993)
Thermische Analyse (TA) *2, 115*

DIN 51 007 (1994)
Differenzthermoanalyse (DTA) *117*

DIN 53 765 (1994)
Thermische Analyse, Dynamische Differenzkalorimetrie (DDK) *7, 8, 10, 13, 20, 23, 24, 58, 109, 116, 268, 321*

DIN EN ISO 3146 (E 1991)
Kunststoffe Bestimmung des Schmelzverhaltens (Schmelztemperatur oder Schmelzbereich) von teilkristallinen Polymeren

DIN EN ISO 11409 (1998)
Kunststoffe Phenolharze Bestimmung der Reaktionswärmen und temperaturen durch dynamische Differenzkalorimetrie

ASTM D 3417-99 (1999)
Standard Test Method for Enthalpies of Fusion and Crystallization of Polymers by Differential Scanning Calorimetry (DSC) *7, 13, 20, 116*

ASTM D 3418-99 (1999)
Standard Test Method for Transition Temperatures of Polymers by Differential Scanning Calorimetry *10, 13, 20, 116*

Oxidative Induktionszeit/-Temperatur - OIT

Thermogravimetrie - TG

Thermomechanische Analyse - TMA

Dynamisch - Mechanische Analyse - DMA

DIN EN ISO 6721-1 (1996)
Bestimmung dynamisch-mechanischer Eigenschaften Allgemeine Grundlagen
255, 256, 270, 287, 291, 320

DIN 29 971 (1986)
Unidirektionalgelege-Prepreg aus Kohlenstoffasern und Epoxidharz
264, 267, 321

DIN 53 545 (1981)
Bestimmung des Verhaltens von Elastomeren bei tiefen Temperaturen (Kälteverhalten) *269, 321*

DIN 65 583 (1987)
Bestimmung des Glasübergangs von Faserverbundwerkstoffen unter dynamischer Belastung *264, 266, 267, 271, 291, 297, 298, 299, 321*

ASTM E 1867-97 (1997)
Standard Test Method for Temperature Calibration of Dynamic Mechanical Analyzers *271, 323*

ASTM D 4065-99 (1999)
Standard Practice for Determining and Reporting Dynamic Mechanical Properties of Plastics *267, 271, 291, 321*

Weitere Normen

DIN 50 035 (1989)
Begriffe auf dem Gebiet der Alterung von Materialien *87, 117*

DIN EN ISO 527 (1997)
Kunststoffe Bestimmung der Zugeigenschaften
256, 323

DIN EN ISO 178 (1997)
Kunststoffe Bestimmung der Biegeeigenschaften
323

DIN EN ISO 604 (1997)
Kunststoffe Bestimmung der Druckeigenschaften
323

Liste der verwendeten Abkürzungen und Formelzeichen

DSC	**Differential Scanning Calorimetry**	
DDK		Dynamische Differenzkalorimetrie
DWDK		Dynamische Wärmestrom-Differenzkalorimetrie
DLDK		Dynamische Leistungs-Differenzkalorimetrie
TMDSC		Temperaturmodulierte DSC
A_{DSC}	[%]	Aushärtegrad
c_p	[J/g°C], [J/gK]	Spezifische Wärmekapazität
H	[J], [J/g]	Enthalpie
ΔH	[J], [J/g]	Enthalpieänderung
$\Delta H_{m,f,S}$	[J], [J/g]	Schmelzenthalpie
$\Delta H_{c,K}$	[J], [J/g]	Kristallisationsenthalpie
ΔH_r	[J], [J/g]	Reaktionsenthalpie
$\Delta H_{m,f,S}^0$	[J], [J/g]	Schmelzenthalpie eines 100 % kristallinen Materials
K, (α)	[%]	Kristallisationsgrad
m	[g]	Masse
ρ	[g/cm³]	Dichte
P	[W]	Leistung
ΔP	[W]	Leistungsdifferenz
$\dot{Q}$	[W], [W/g]	Wärmestrom
$\Delta\dot{Q}$	[W], [W/g]	Wärmestromdifferenz
t	[s]	Zeit
T	[°C], [K]	Temperatur
ΔT	[°C], [K]	Temperaturdifferenz

v_h	[°C/min], [K/min]	Heizrate
v_k	[°C/min], [K/min]	Kühlrate

Glasübergangstemperaturen

T_g	[°C], [K]	Glasübergangstemperatur
T_{mg}	[°C], [K]	Mittenpunktstemperatur
T_{ig}	[°C], [K]	Anfangstemperatur
T_{eig}	[°C], [K]	extrapolierte Anfangstemperatur
T_{fg}	[°C], [K]	Endtemperatur
T_{efg}	[°C], [K]	extrapolierte Endtemperatur

Schmelztemperaturen

T_m	[°C], [K]	Schmelztemperatur
T_m^0	[°C], [K]	Gleichgewichtsschmelztemperatur
T_{im}	[°C], [K]	Anfangstemperatur
T_{eim}	[°C], [K]	Extrapolierte Anfangstemperatur
T_{pm}	[°C], [K]	Peaktemperatur
T_{efm}	[°C], [K]	Extrapolierte Endtemperatur
T_{fm}	[°C], [K]	Endtemperatur

(Kristallisations- und Reaktionstemperaturen analog mit dem Index c bzw. r)

Temperaturmodulierte DSC

A(t)	[°C/min], [K/min]	Heizratenamplitude (zeitabhängig)
A_{mod}	[°C/min], [K/min]	Modulationsamplitude
$A_{mod.\Delta H}$	[W/g]	Amplitude des modulierten Wärmestromsignals
$A_{mod.v}$	[°C/min], [K/min]	Amplitude der modulierten Heizrate
P	[s]	Periodendauer

OIT **Oxidative Induction Time/Temperature (Oxidative Induktionszeit/Temperatur)**

stat. OIT		Bestimmung der OIT-Zeit bei konstanter Temperatur
dyn. OIT		Bestimmung der OIT-Temperatur bei dynamischer Temperaturerhöhung
t_U	[min]	Umschaltzeit von Stickstoff auf Sauerstoff
t_{eio}	[min]	Extrapolierte Anfangszeit der Oxidation
t_x^{st}	[min]	Zeit nach x [W/g] exothermer Abweichung von der Basislinie
T_{eio}	[min]	Extrapolierte Anfangstemperatur der Oxidation
T_x^{dy}	[min]	Temperatur nach x [W/g] exothermer Abweichung von der Basislinie

TG **Thermogravimetrie**

DTG-Kurve		differenzielle TG-Kurve dm/dt
$A_{(1,\ 2...)}$		Anfangspunkt
$T_{A(1,\ 2...)}$	[°C], [K]	Temperatur beim Anfangspunkt
$t_{A(1,\ 2...)}$	[min]	Zeit beim Anfangspunkt
$C_{(1,\ 2...)}$		Mittenpunkt
$T_{C(1,\ 2...)}$	[°C], [K]	Temperatur beim Mittenpunkt
$t_{C(1,\ 2...)}$	[min]	Zeit beim Mittenpunkt
$B_{(1,\ 2...)}$		Endpunkt
$T_{(B1,\ 2...)}$	[°C], [K]	Temperatur beim Endpunkt
$t_{(B1,\ 2...)}$	[min]	Zeit beim Endpunkt
Index $_{1,\ 2...}$		1. und 2. Stufe
m_s	[mg], [%]	Ausgangsmasse
m_i	[mg], [%]	Mittelpunkt zwischen zwei Zersetzungsstufen
m_f	[mg], [%]	Masse nach Erreichen der Endtemperatur
m_{B1}	[mg], [%]	Masse beim Endpunkt des 1. Massenverlustes

m_{A2}	[mg], [%]	Masse beim Anfangspunkt des 2. Massenverlustes
m_{max}	[mg], [%]	maximal auftretende Masse
Δm	[mg], [%]	Massenänderung
$M_{L(1, 2...)}$	[mg], [%]	Massenverlust
M_G	[mg], [%]	Massenzunahme
T_{p1}	[°C], [K]	1. Peakmaximum der DTG-Kurve
T_{p2}	[°C], [K]	2. Peakmaximum der DTG-Kurve

TMA	**Thermomechanische Analyse**	
l	[mm]	Länge
l_0	[mm]	Ausgangslänge/Bezugslänge
Δl	[µm], [mm]	Längenänderung
$\Delta l/l_0$	[µm/m]	Längenänderung bezogen auf die Ausgangslänge
Δl_{th}	[µm], [mm]	temperaturabhängige Längenänderung
T_0	[°C], [K]	Bezugstemperatur
$\alpha(T)$	[$10^{-6}K^{-1}$], [µm/mK] [10^{-6}°C^{-1}], [µm/m°C]	differentieller thermischer Längenausdehnungskoeffizient
$\overline{\alpha}\ (\Delta T)$	[$10^{-6}K^{-1}$], [µm/mK] [10^{-6}°C^{-1}], [µm/m°C]	mittlerer thermischer Längenausdehnungskoeffizient zwischen zwei Temperaturen
$T_{g\alpha}$	[°C], [K]	Glasübergangstemperatur aus der α-Kurve
F		Kalibrierfaktor aus $\alpha_{Experiment}$ und $\alpha_{Literatur}$

pvT	**pressure-volume-Temperature - Test**	
v	[cm^3/g]	spezifisches Volumen
Δv	[mm^3]	Volumenänderung
ρ	[g/cm^3]	Dichte
p	[bar]	Druck
β	[$10^{-6}K^{-1}$], [$\mu m^3/m^3K$] [$10^{-6}{}^\circ C^{-1}$], [$\mu m^3/m^3{}^\circ C$]	differentieller thermischer Volumenausdehnungs-koeffizient
ξ	[mm^2/N]	isotherme Kompressibilität

DMA	**Dynamisch Mechanische Analyse**	
E	[MPa], [N/mm^2]	Elastizitätsmodul
G	[MPa], [N/mm^2]	Schubmodul
E* / G*	[MPa], [N/mm^2]	komplexer E- /G-Modul
E′ / G′	[MPa], [N/mm^2]	Speichermodul
E′′ / G′′	[MPa], [N/mm^2]	Verlustmodul
δ	[rad], [°]	Phasenwinkel
tan δ		Verlustfaktor
f	[Hz], [s^{-1}]	Frequenz
ω	[Hz], [s^{-1}]	Kreisfrequenz
σ , σ_A	[MPa], [N/mm^2]	Spannung, Spannungamplitude
ε, ε_A	[%]	Verformung, Verformungsamplitude
F	[N]	Kraft
M	[Nm]	Drehmoment
τ	[MPa], [N/mm^2]	Schubspannung
γ	[-]	Scherung
k		Geometriefaktor

T_g	[°C], [K]	Glasübergangstemperatur
T_{eig}	[°C], [K]	extrapolierte Anfangstemperatur
T_{mg}	[°C], [K]	Mittenpunktstemperatur
T_{fig}	[°C], [K]	extrapolierte Endtemperatur
$T_{g2\%}$,T_{GA}	[°C], [K]	Beginn des Glasübergangs nach der 2 %-Methode
T_{g0}, T_W	[°C], [K]	Beginn des Glasübergangs nach der Tangentenmethode
$T_g(E''_{max})$, $T_g(G''_{max})$	[°C], [K]	Peakmaximumtemperatur des Verlustmoduls
$T_g(\tan \delta_{max})$	[°C], [K]	Peakmaximumtemperatur des Verlustfaktors

µTA Mikro-Thermische Analyse

µTA™	Mikro-Thermische Analyse
V	Spannung (Z Piezo Element)

Abkürzungen der verwendeten Kunststoffe

ABS	Acrylnitril-Butadien-Styrol
ASA	Acrylnitril-Styrol-Acrylester
BR	Butadienkautschuk
COC	Cycloolefin Copolymer
EP	Epoxidharz
EPDM	Ethylen-Propylen-Dien-Kautschuk
mPE	metallocenpolymerisiertes Polyethylen
IIR	Butylkautschuk (CIIR, BIIR)
NR	Naturkautschuk
PA	Polyamid
PA 6-3-T	amorphes Polyamid
PAI	Polyamidimid
PB	Polybuten
PBT	Polybutylenterephthalat
PC	Polycarbonat
PEEK	Polyetheretherketon
PEHD	Polyethylen hoher Dichte
PELD	Polyethylen niederer Dichte
PELLD	lineares Polyethylen niederer Dichte
PEUHMW	ultrahochmolekulares Polyethylen
PEI	Polyetherimid
PEK	Polyetherketon
PEKEKK	Polyetherketonetherketonketon
PES	Polyethersulfon
PET	Polyethylenterephthalat
PI	Polyimid
PK	Polyketon
PMMA	Polymethylmethacrylat
POE	Polyolefin-Elastomer (TPE-O, TPE-V)
POM-C	Polyoxymethylen - Copolymerisat

POM-H	Polyoxymethylen - Homopolymerisat
PP-B	Polypropylen - Block-Copolymer
PP-C	Polypropylen - Copolymer
PP-H	Polypropylen - Homopolymer
PP-R	Polypropylen - Randompolymer
PPE	Polyphenylenether
PPO	Polyphenylenoxid
PPS	Polyphenylensulfid
PS	Polystyrol
PS-I	Polystyrol - isotaktisch
PS-S	Polystyrol - syndiotaktisch
PSU	Polysulfon
PTFE	Polytetrafluorethylen
PVDF	Polyvinylidenfluorid
PVC	Polyvinylchlorid
PVC-U	Polyvinylchlorid ohne Weichmacher
PVC-P	Polyvinylchlorid mit Weichmacher
SAN	Styrol-Acrylnitril
SB	schlagfestes Polystyrol
SEBS	Styrol-Ethenbuten-Styrol
SBR	Styrol-Butadien-Kautschuk
SMC	Sheet molding compound
TPE	thermoplastisches Elastomer
UP	Ungesättigtes Polyesterharz
VE	Vinylesterharz
CF	Kohlenstofffasern
GF	Glasfasern
FVK	Faserverstärkte Kunststoffe

1 Dynamische Differenzkalorimetrie - DDK, DSC

1.1 Grundlagen der Dynamischen Differenzkalorimetrie

1.1.1 Einleitung

Mit Hilfe der Kalorimetrie wird die Wärmemenge bestimmt, die bei einer physikalischen oder chemischen Umwandlung eines Stoffes aufgebracht werden muss oder entsteht. Dementsprechend ändert sich die innere Energie des Stoffes, die bei konstantem Druck als Enthalpie H bezeichnet wird.

Für praktische Anwendungen ist vor allem die Enthalpieänderung ΔH zwischen zwei Zuständen relevant.

$$\Delta H = \int c_p \cdot dT$$

Vorgänge, die zu einer Erhöhung der Enthalpie (Schmelzen, Verdampfen, Glasübergang) führen, werden als endotherm, Vorgänge, welche die Enthalpie erniedrigen (Kristallisation, Härtungsverlauf, Zersetzen), als exotherm bezeichnet, Bild 1.1.

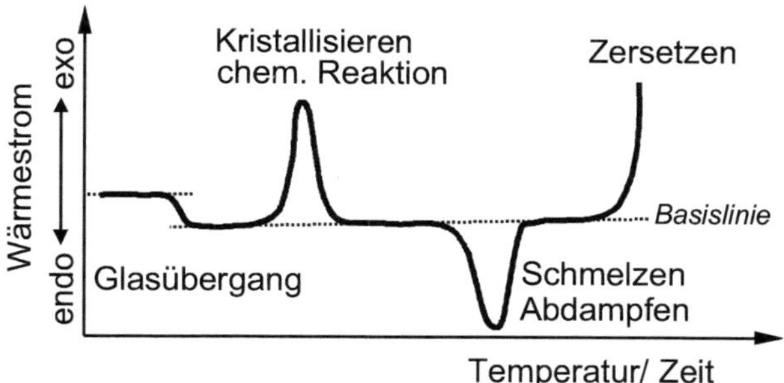

Bild 1.1 Schematische Darstellung einer DSC-Kurve mit den möglichen Effekten

Die Änderung der Enthalpie wird mit Hilfe eines sog. Kalorimeters als abweichender Verlauf des Wärmestroms $\dot{Q}$ von der Basislinie gemessen. Unter der Basislinie versteht man den Teil der Kurve außerhalb des Reaktions- oder Umwandlungsbereichs. In diesem Bereich selbst wird eine Gerade angelegt, von der man annimmt, dass die Reaktions- und/oder Umwandlungswärme gleich Null ist.

Die spezifische Wärmekapazität c_p gibt an, wieviel Energie aufgewendet werden muss, um 1 g eines Stoffes um 1 °C bei konstantem Druck zu erwärmen. Da die Bestimmung von c_p gerätetechnisch aufwendig ist, wird bei der Dynamischen Differenzkalorimetrie der Wärmestrom $\dot{Q}$, d.h. die Wärmemenge pro Zeiteinheit und Masse m ermittelt. Dieser ist der spezifischen Wärmekapazität direkt proportional. Der Proportionalitätsfaktor ist die Heizrate v.

$$\frac{\dot{Q}}{m} = v \cdot c_p$$

Anhand der dargestellten Formel werden die Zusammenhänge zwischen den wichtigsten Einflussgrößen - Heizrate und Masse - deutlich.

Wärmestrom wird in Abhängigkeit von Temperatur und/oder Zeit gemessen

1.1.2 Messprinzip

Die Dynamische Differenzkalorimetrie (DDK, DSC) beinhaltet nach DIN EN ISO 11357-1 [1] und DIN 51 005 [2] zwei Prüfverfahren, bei denen kalorische Effekte einer Probe im Vergleich zu einer Referenzsubstanz gemessen werden:

Dynamische Wärmestrom - Differenzkalorimetrie (DWDK)
Dynamische Leistungs - Differenzkalorimetrie (DLDK)

Bei der **DWDK** besteht die Messzelle aus einem Ofen, in dem Probe und Referenz zusammen nach einem vorgegebenen Temperaturprogramm aufgeheizt bzw. abgekühlt werden. Die Temperatur beider Messstellen, die sich auf einer wärmeleitenden Metallscheibe befinden, wird kontinuierlich gemessen. Solange Probe und Referenz dem Temperaturprogramm gleichermaßen folgen können, sind die Wärmeströme vom Ofen in die Probe $\dot{Q}_{OP}$ und in die Referenz $\dot{Q}_{OR}$ konstant; die Temperaturdifferenz zwischen beiden Messstellen ist somit konstant.

Wäre beispielsweise Eis das Probematerial, bleibt dessen Temperatur während des eigentlichen Schmelzvorgangs, trotz eines dynamischen Heizprogramms, bei 0 °C konstant, demzufolge hängt die Probentemperatur gegenüber der Referenztemperatur nach, bis genügend Wärme zum vollständigen Aufschmelzen zugeführt wurde. Demgegenüber erwärmt sich die Referenzprobe dem vorgegebenen Heizprogramm entsprechend gleichmäßig weiter. Aus der Differenz der beiden Temperaturen (ΔT) resultiert die Wärmestromänderung $\Delta \dot{Q}$.

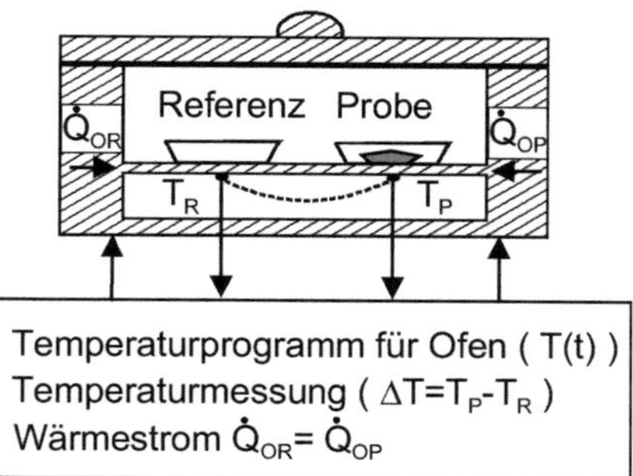

Bild 1.2 Schematischer Aufbau - Wärmestrom-Differenzkalorimeter

T_R = Temperatur der Referenz, T_P = Temperatur der Probe, $\dot{Q}_{OR}$ = Wärmestrom vom Ofen zum Referenztiegel, $\dot{Q}_{OP}$ = Wärmestrom vom Ofen zum Probentiegel

Die Vorteile der Wärmestrom-Differenzkalorimeter liegen vor allem in der meist relativ robusten Bauart, in der einfachen Handhabung und der problemlosen Messung auch von ausgasenden Proben. Die gemessenen Kurven zeichnen sich durch eine stabile Basislinie aus und ermöglichen recht deutliche Messungen von Glasübergängen.

Bei der **DLDK** besteht die Messzelle aus zwei getrennten kleinen Öfen, die unabhängig voneinander nach einem definierten Grundleistungsheizprogramm geregelt werden. Kommt es nun beim Aufheizen durch eine exotherme oder endotherme Reaktion der Probe zu einer Temperaturdifferenz ΔT zwischen Referenz- und Probenofen, wird diese durch verstärktes Heizen des Probenofens idealerweise zu Null ausgeglichen. Die gegenüber der Referenzheizleistung P_R ermittelte Heizleistungsdifferenz ΔP entspricht der Wärmestromänderung $\Delta \dot{Q}$.

Leistungs-Differenzkalorimeter ermöglichen aufgrund geringer Zeitkonstanten der kleinen Öfen die Messung sehr schneller Reaktionsabläufe. Wegen der schnell reagierenden elektrischen Kompensation treten real nur sehr geringe Temperaturdifferenzen zwischen Probe und Referenz auf.

Im allgemeinen Sprachgebrauch weit verbreitet, werden beide Verfahren der Dynamischen Differenzkalorimetrie als **DSC** - **D**ifferential **S**canning **C**alorimetry bezeichnet. Nach [1] werden beide Verfahren unter dem Begriff Dynamische Differenz-Thermoanalyse zusammengefasst und mit DSC abgekürzt. Beide Methoden liefern für die praktische Anwendung nahezu gleiche Informationen, deshalb wird im weiteren Text der Begriff DSC verwendet.

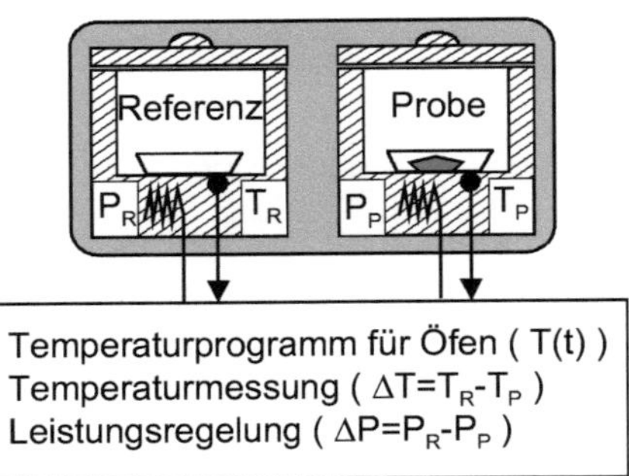

Bild 1.3 Schematischer Aufbau - Leistungs-Differenzkalorimeter

T_R = Temperatur der Referenz, T_P = Temperatur der Probe,
P_R = Heizleistung des Referenzofens, P_P = Heizleistung des Probenofens

DWDK und DLDK liefern vergleichbare Informationen
Zusammenfassende, übliche Bezeichnung: DSC

Zusätzlich zu den zwei klassischen Messprinzipien der DSC wurde die Tzero™-Sensortechnologie entwickelt. Während bei den klassischen Messverfahren Temperaturen zwischen Referenz und Probe gemessen werden und dadurch die Leistungsregelung aktiviert wird (DLDK), können jetzt die Vorgänge sowohl in der Probe wie auch in der Referenz getrennt gegenüber einem neutralen Sensor erfasst werden.

Der Aufbau des Ofens mit den Plattformen für die Tiegel soll die gegenseitige Beeinflussung von Probe und Referenz minimieren. Die durch starke Reaktionen der Proben oder Veränderungen der Messzelle auftretenden Wärmestromdifferenzen können mit dem Tzero-Sensor direkt gemessen und korrigiert werden.

Dies bringt im wesentlichen Vorteile für die Linearität der Basislinie und damit für die Auflösung von Messeffekten. Lineare Basislinien ohne Drift oder „Bauch“ gewährleisten eine sichere und reproduzierbare Auswertung. Damit entfällt die Notwendigkeit, wie sie bei manchen Messungen besteht, die Basislinie von der Messkurve abziehen zu müssen.

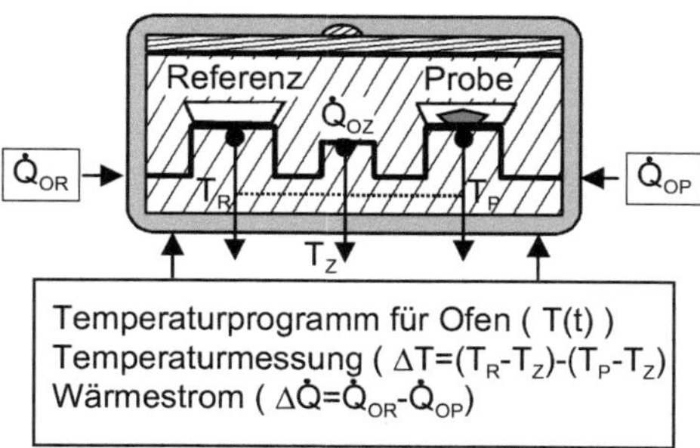

Bild 1.4 Schematischer Aufbau Tzero™-Sensortechnologie

T_R = Temperatur der Referenz, T_P = Temperatur der Probe, , T_Z = Temperatur des Tzero-Sensors, $\dot{Q}_{OR}$ = Wärmestrom vom Ofen zum Referenztiegel, $\dot{Q}_{OP}$ = Wärmestrom vom Ofen zum Probentiegel, $\dot{Q}_{OZ}$ = Wärmestrom vom Ofen zur Tzero-Sensor-Messstelle

Zur technischen Charakterisierung unterschiedlicher DSC-Geräte ist es hilfreich, einige Leistungskennzahlen zu vergleichen.

Als **Empfindlichkeit** wird das kleinste messbare Signal herangezogen. Um einen Effekt als signifikant zu erkennen, ist die Kenntnis des sog. Rauschens notwendig. Zu diesem Zweck wird die Basislinie entweder mit oder ohne Probe erfasst. Die Empfindlichkeit wird üblicherweise als Effektivrauschen in μW angegeben, Bild 1.5.

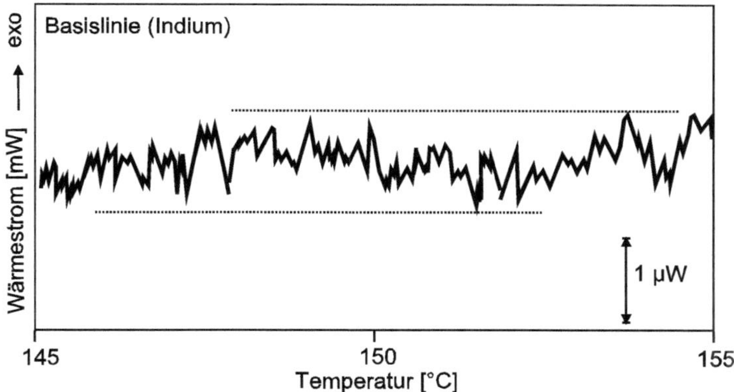

Bild 1.5 Basislinienrauschen (= Empfindlichkeit) einer DSC-Messung, Indium

Die **Zeitkonstante** kennzeichnet das zeitliche Auflösevermögen eines Gerätes. Sie hängt von der thermischen Leitfähigkeit des Systems, insbesondere der Messscheibe bzw. der Öfen ab und wird in Sekunden angegeben. Bild 1.6 zeigt die Schmelzkurve von Indium, gemessen in einem Wärmestrom- und einem Leistungs-Differenzkalorimeter.

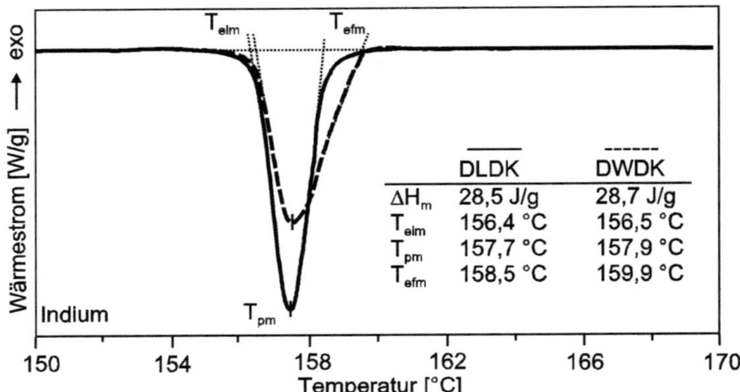

Bild 1.6 Schmelzkurve eines Metalls (Indium) gemessen in einem Leistungs-Differenzkalorimeter (DLDK) und einem Wärmestrom-Differenzkalorimeter (DWDK)

ΔH_m = Schmelzenthalpie, T_{eim} = extrapolierte Anfangstemperatur, T_{pm} = Peaktemperatur, T_{efm} = extrapolierte Endtemperatur

Die Kurven unterscheiden sich hinsichtlich ihrer Form. Kurven, die mittels DLDK gemessen werden, zeichnen sich durch einen etwas steileren Abfall und einen insgesamt schmaleren Peak aus. Die Kurve kehrt nach Durchlaufen des Peakmaximums sehr schnell wieder auf die Basislinie zurück, die extrapolierte Endtemperatur T_{efm} (Bezeichnungen s. Bild 1.8) liegt unterhalb der Temperatur T_{efm} einer im Wärmestromkalorimeter gemessenen Kurve. Die extrapolierten Anfangstemperaturen T_{eim} und Peaktemperaturen T_{pm} sind ebenso wie die ermittelte Schmelzenthalpie ΔH_m bei beiden Messgeräten nahezu identisch.

Die kleinere Zeitkonstante der Leistungs-Differenzkalorimeter beruht auf den sehr kleinen Öfen und der damit verbundenen geringen Trägheit, die für sehr schnell ablaufende Reaktionen vorteilhaft ist. Geräte mit einer hohen Zeitkonstante (> 10 s) können für manche Einsatzbereiche aufgrund der geringeren Empfindlichkeit geeigneter sein, vor allem dort, wo Geräte beispielsweise direkt im Produktionsbereich stehen und somit Erschütterungen oder anderen Störimpulsen ausgesetzt sind.

1.1.3 Messablauf und Einflussfaktoren

Die Vorgehensweise bei der DSC-Messung ist:

Probenpräparation
Einwiegen der Probe in einen Tiegel
Verschließen des Tiegels mit Hilfe einer Presse
Einbringen des Probe- und Referenztiegels in die Messzelle
Einstellen des Spülgasstroms
Einstellen eines Messprogramms

Die geräte- und probenspezifischen Einflussgrößen sind:

Die Einflussfaktoren und Fehlermöglichkeiten bei der Versuchsdurchführung werden anhand von Messkurven praktischer Beispiele in Kap. 1.2.2 ausführlich erläutert.

1.1.4 Auswertung

DSC-Untersuchungen ermöglichen grundsätzlich die Messung endo- und exothermer Effekte, die auf einer Enthalpieerhöhung bzw. -erniedrigung des Stoffes basieren. DIN EN ISO 11357-1 [1] und ASTM D 3417-99 [3] empfehlen die Darstellung eines endothermen Effekts in negative y-Richtung, DIN 53 765 [4] hingegen in positive y-Richtung. Um dieser zwiespältigen Vorzeichenregelung zu entgehen, werden im weiteren statt der Vorzeichen die Ausdrücke **endotherm** und **exotherm** angewandt.

Ein Normentwurf DIN EN ISO 11357-1/A1 [44] von November 2000 wird als Änderung der DIN EN ISO 11357-1 [1] vorgeschlagen. In diesem Entwurf wird die graphische Darstellung der Effekte analog zu DIN 53 765 vorgesehen.

1.1.4.1 Glasübergang

Der Glasübergang von amorphen Polymeren oder den amorphen Bereichen teilkristalliner Thermoplaste kennzeichnet den Übergang vom glas- oder energieelastischen in den gummi- oder entropieelastischen Zustand, wobei bei Überschreiten der Glasübergangstemperatur T_g die Kettensegmentbeweglichkeit „frei", bzw. bei Unterschreiten von T_g „eingefroren" wird. Da eine neue Form der thermischen Beweglichkeit (Segmentbewegung) auftritt oder verschwindet, ändert sich die spezifische Wärmekapazität c_p stufenweise im T_g-Bereich. Volumen und Enthalpie des Materials ändern sich merklich [5]. Dabei handelt es sich nicht um eine echte Phasenumwandlung, sondern um einen Relaxationsübergang. Den Temperaturbereich, in dem der Übergang stattfindet, nennt man Glasübergangs- oder Einfrierbereich. Zur Charakterisierung des Glasübergangs wird die Glasumwandlungstemperatur T_g angegeben, bei der die Hälfte der Änderung der spezifischen Wärmekapazität erreicht ist [4].

Bild 1.7 zeigt einen typischen Glasübergang, der durch einen endothermen Vorgang, der stufenförmigen Änderung des Wärmestroms (bzw. der Wärmekapazität), gekennzeichnet ist. Die zu definierenden Temperaturen sind dargestellt.

Besonders bei amorphen Thermoplasten kommt es im Glasübergangsbereich zu großen, meist sprunghaften Eigenschaftsänderungen. Bei teilkristallinen Thermoplasten sind diese aufgrund der vorhandenen, noch nicht geschmolzenen kristallinen Phase weniger stark ausgeprägt und hängen vom Kristallisationsgrad, d.h. vom Anteil der kristallinen Phase ab.

Die Glasübergangstemperatur T_g kennzeichnet die Erweichung der physikalischen Bindungskräfte in Kunststoffen. Sie hängt von der chemischen Struktur sowie vom Verzweigungs- und Vernetzungsgrad des Kunststoffs ab. Oberhalb einer kritischen Molmasse ist T_g bei Thermoplasten von der Molmasse unabhängig, nicht jedoch vom Vernetzungsgrad bei Duroplasten und Elastomeren. Gestalt und Temperaturlage des Glasübergangs hängen von der Morphologie des Kunststoffs ab, die Morphologie wiederum stark von den vorangegangenen Verarbeitungsbedingungen ab, z.B. der Abkühlung und Erstarrung, der thermischen Vorgeschichte des Kunststoffs.

Temperaturlage des Glasübergangsbereichs hängt von der verarbeitungsbeeinflussten Morphologie (z.B. Orientierungen, Kristallisation, Vernetzung, Eigenspannungen) ab

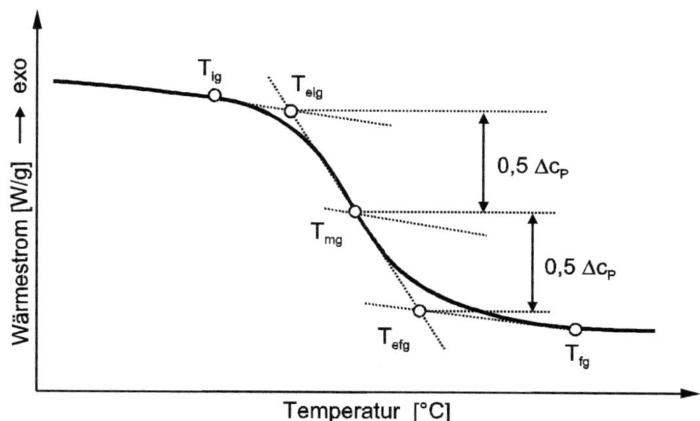

T_{ig}	*Anfangstemperatur:*	Temperatur der ersten nachweisbaren Abweichung von der Basislinie
T_{eig}	*Extrapolierte Anfangstemperatur:*	Schnittpunkt der Wendetangente mit der von Temperaturen unterhalb des Glaübergangs extrapolierten Basislinie
T_{mg}	*Mittenpunktstemperatur, Glasübergangs-temperatur:*	Temperatur, bei der die Hälfte der Änderung der spezifischen Wärmekapazität ($0{,}5\Delta c_p$) erreicht ist; die Temperatur des Schnittpunkts der Mittellinie zwischen den extrapolierten Basislinien vor und nach dem Glasübergang mit der Messkurve
T_{efg}	*Extrapolierte Endtemperatur:*	Schnittpunkt der Wendetangente mit der von Temperaturen oberhalb des Glasübergangs extrapolierten Basislinie
T_{fg}	*Endtemperatur:*	Temperatur der letzten nachweisbaren Abweichung von der Basislinie
Δc_p	*Änderung der spez. Wärmekapazität*	Stufenhöhe des endothermen Glasübergangs

Bild 1.7 Charakteristische Temperaturen eines **Glasübergangs** nach DIN EN ISO 11357-1 [1]

Index „g" für engl. „glass transition", Anfangstemperaturen „i" für „initial", Endtemperaturen „f" für „final"

In verschiedenen gültigen Normen werden die einzelnen Punkte zur Beschreibung der Glasübergangsstufe z.T. unterschiedlich bezeichnet:

DIN EN ISO 11357-1 [1]	DIN 53 765 [4]	ASTM D 3418-99 [6]	
T_{ig} Anfangstemperatur	T_{gO} Onsettemperatur	-	[°C]
T_{eig} extrapolierte Anfangstemp.	T_{gO}^{E} extrapolierte Onsettemperatur	T_{eig} extrapolated onset temperature	[°C]
T_{mg} Mittenpunktstemperatur:	T_g Glasübergangs-temperatur	T_{mg} midpoint temperature	[°C]
T_{efg} extrapolierte Endtemperatur	T_{gE}^{E} extrapolierte Endtemperatur	T_{efg} extrapolated end temperature	[°C]
T_{fg} Endtemperatur	T_{gE} Endtemperatur	-	[°C]
Δc_p spezifische Wärmekapazität	Δc_p spezifische Wärmekapazität	-	[J/g°C]

Tabelle 1.1 Bezeichnungen für charakteristische Werte des Glasübergangs in verschiedenen Normen

Der Schnittpunkt der Wendetangente mit der Messkurve und der Schnittpunkt der Mittellinie der Basislinien mit der Messkurve sind nicht immer identisch, da das Anlegen der Tangenten an die Basislinie oft nicht eindeutig erfolgen kann und stark von der Wahl der Bezugstemperaturen abhängt.

Zu Wiederholungsmessungen (zwei aufeinanderfolgende Messungen) und zur Reproduzierbarkeit (Messungen in verschiedenen Laboratorien) werden in [6] bzw. [7] für den Glasübergang Abweichungen von 2,5 °C (Wiederholungsmessungen) bzw. 4,0 °C (Reproduzierbarkeit) angegeben.

Ein Rundversuch, durchgeführt an Polystyrol unter Anwendung zehn verschiedener DSC-Geräte, hat eine Glasübergangstemperatur T_g von 107 °C mit einer Spannweite von +/- 2 °C ergeben. Dabei wurden gleiche Einwaage, Heizrate und Auswertemethode vorausgesetzt [8].

Nach [4] erfolgt die Angabe der Temperaturwerte je nach Breite des thermischen Effektes auf 0,1 °C bzw. 1 °C genau.

Aufgrund eigener Erfahrungen zur Auswertung und Wiederholbarkeit von Glasübergangstemperaturen polymerer Werkstoffe sollten Temperaturangaben bestenfalls auf 1 °C genau erfolgen. Die von der speziellen Gerätesoftware gelieferten hundertstel-

und sogar tausendstel-°C-Angaben sind weder messtechnisch noch verfahrensspezifisch begründet und täuschen eine scheinbare Messgenauigkeit und damit auch Materialeigenschaft vor. Sie tragen eher zur Verwirrung bei und verfälschen den Blick auf wesentliche reale Einflussfaktoren.

Den Glasübergang charakterisierende Temperaturen auf 1 °C genau angeben.

1.1.4.2 Schmelzen

Beim Schmelzen (endotherm) handelt es sich um eine Umwandlung vom festen kristallinen in den amorphen flüssigen Zustand. Dabei tritt keinerlei Massenverlust oder chemische Veränderung auf. Diese Umwandlung ist mit einer endothermen Enthalpieänderung verbunden.

Im Gegensatz zu Metallen, bei denen der Schmelzpunkt die Gleichgewichtstemperatur zwischen Feststoff und Flüssigkeit charakterisiert, ergibt sich bei teilkristallinen Kunststoffen ein relativ breiter Schmelzbereich. Wie der Glasübergangsbereich wird auch der Schmelzbereich im wesentlichen von der Struktur der Kunststoffe bestimmt.

Der Schmelzvorgang, der Verlauf der Schmelzkurve und dementsprechend die daraus bestimmten Kennwerte hängen stark von der thermischen und mechanischen Vorgeschichte der Probe ab (s. Kap. 1.2.3.3).

Das Schmelzprofil wird außerdem durch die Temperatur-Zeit-Behandlung während des Aufheizens beeinflusst (z.B. Heizrate); geringe Heizraten begünstigen bei Kunststoffen eine Nach- und/oder Umkristallisation (s. Bild 1.35).

Schmelzprofil wird durch verarbeitungsbeeinflusste Morphologie (z.B. Orientierungen, Kristallisation) sowie den Prüfbedingungen (z.B. Heizrate) gekennzeichnet

Die kennzeichnenden Temperaturen, die Enthalpie eines Schmelzprozesses und die Bezeichnungen einer DSC-Messkurve sind aus DIN EN ISO 11357-1 [1] entnommen und in Bild 1.8 dargestellt.

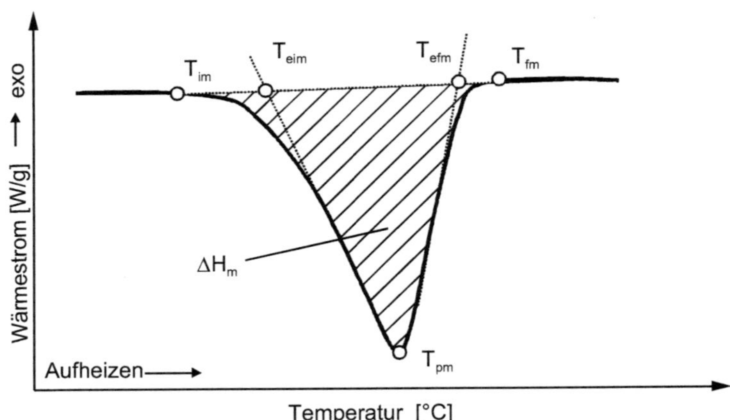

T_{im}	*Anfangstemperatur:*	messbarer Beginn des Schmelzens; Temperatur der ersten nachweisbaren Abweichung von der Basislinie; untere Integrationsgrenze zur Enthalpiebestimmung
T_{eim}	*extrapolierte Anfangstemperatur:*	Schnittpunkt des extrapolierten linearen Teils der abfallenden Peakflanke mit der von Temperaturen unterhalb des Peaks extrapolierten Basislinie
T_{pm}	*Peaktemperatur:*	Temperatur des Peakmaximums
T_{efm}	*extrapolierte Endtemperatur:*	Schnittpunkt des extrapolierten linearen Teils der ansteigenden Peakflanke mit der von Temperaturen oberhalb des Peaks extrapolierten Basislinie
T_{fm}	*Endtemperatur:*	messbarer Endpunkt des Schmelzens; Temperatur der letzten nachweisbaren Abweichung von der Basislinie; obere Integrationsgrenze zur Enthalpiebestimmung; flüssiger Zustand der Probe
ΔH_m	*Enthalpieänderung:*	Die Menge der aufgenommenen Wärme (ΔH positiv); *Die Enthalpieänderung wird gemäß [1] nur mit ΔH bezeichnet. Um eine konsequente Bezeichnungsweise einzuhalten, wurde der Index „m" auch für die Enthalpieänderung beim Schmelzen eingeführt.*

Bild 1.8 Charakteristische Temperaturen einer Schmelzkurve nach DIN EN ISO 11357-1[1]

Index „m" für „melt", Anfangstemperaturen „i" für "initial", Endtemperaturen „f" für „final"

In verschiedenen gültigen Normen werden die einzelnen Punkte zur Beschreibung der charakteristischen Temperaturen des Schmelzvorgangs z.T. unterschiedlich bezeichnet. Einen Überblick der verschiedenen Bezeichnungsweisen und ihren Abkürzungen soll Tabelle 1.2 bieten.

DIN EN ISO 11357-1 [1]	DIN 53 765 [4]	ASTM D 3417/3418 [3,6]	
T_{im} Anfangstemperatur	T_{SO} Onsettemperatur	-	[°C]
T_{eim} extrapolierte Anfangstemperatur	T_{SO}^{E} extrapolierte Onsettemperatur	T_{eim} melting extrapolated onset temperature	[°C]
T_{pm} Peaktemperatur	T_{SP} Peaktemperatur	T_{pm} melting peak temperature	[°C]
T_{efm} extrapolierte Endtemperatur	T_{SE}^{E} extrapolierte Endtemperatur	T_{efm} melting extrapolated end temperature	[°C]
T_{fm} Endtemperatur	T_{SE} Endtemperatur	-	[°C]
ΔH_m Enthalpieänderung	ΔH_S Schmelzenthalpie	ΔH_f heat of fusion	[J/g]

Tabelle 1.2 Bezeichnungen für charakteristische Werte beim Schmelzen in verschiedenen Normen

In der Praxis wird nicht immer die komplette Schmelzkurve beschrieben, sondern nur eine bestimmte Temperatur als „Schmelztemperatur“ oder „melting temperature“ T_m bezeichnet.

Der Schmelzpeak von Metallen (s.Bild 1.6) ist durch eine steile Abstiegsflanke charakterisiert. Bei der Anfangstemperatur T_{im} beginnt der Schmelzvorgang, bis die gesamte Probe bei der Peaktemperatur T_{pm} aufgeschmolzen ist. Anschließend kehrt die Kurve wieder auf die Basislinie zurück (Anstiegsflanke). In diesem Bereich findet der Temperaturausgleich zwischen Probe und Referenz statt. Als „Schmelztemperatur“ T_m wird die extrapolierte Anfangstemperatur T_{eim} oder das Peakmaximum T_{pm} bezeichnet.

Teilkristalline Kunststoffe sind aus mehr oder weniger perfekten (vollkommenen) Kristalliten mit unterschiedlicher Lamellendicke aufgebaut. Die Schmelzkurve spiegelt diese uneinheitliche Struktur wieder, Bild 1.9.

Bei der Anfangstemperatur T_{im} beginnen zunächst die dünneren oder weniger perfekt aufgebauten Kristallite, sofern sie mit der DSC detektierbar sind, zu schmelzen. Die

Peaktemperatur T_{pm} kennzeichnet die Temperatur, bei der die meisten Kristallite aufschmelzen. Ob die Neigung der Flanke der Schmelzkurve, die auf die Basislinie zurückführt, in erster Linie von apparativen Trägheitseffekten und der Wärmeleitfähigkeit der Kunststoffprobe bestimmt wird, oder ob noch vorhandene dickere Kristallite aufgeschmolzen werden, kann hier nicht eindeutig beantwortet werden [9,10,11]; in Bild 1.9 wurde dies gestrichelt dargestellt.

Bei der Endtemperatur T_{fm} sind mit Sicherheit alle Kristallite aufgeschmolzen, und somit ist die kristalline Ordnung aufgelöst. Diese Temperatur wird auch die experimentelle Schmelztemperatur T_m genannt [12].

Schmelzkurve charakterisiert die Lamellendickenverteilung; bei T_{fm} sind alle Kristallite aufgeschmolzen

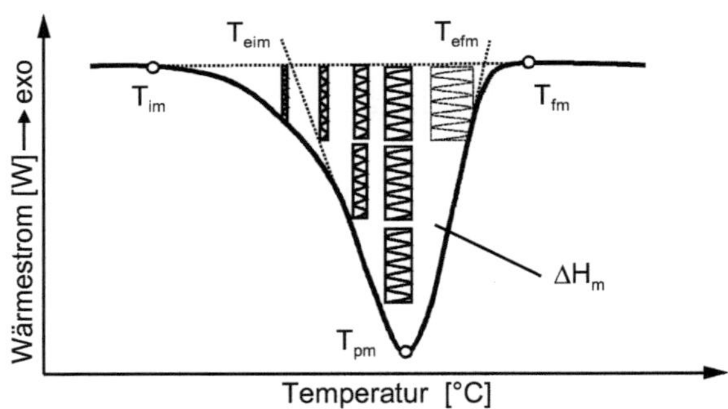

Bild 1.9 Schmelzkurve eines teilkristallinen Thermoplasten; schematische Darstellung der Lamellendickenverteilung

T_{im} = Anfangstemperatur, T_{eim} = extrapolierte Anfangstemperatur,
T_{pm} = Peaktemperatur, T_{efm} = extrapolierte Endtemperatur,
T_{fm} = Endtemperatur, ΔH_m = Schmelzenthalpie

Bei den bisher aufgeführten Temperaturen handelt es sich um Kennwerte, die von verschiedenen Parametern abhängen. Eine Materialkonstante hingegen ist die **Gleichgewichtstemperatur T_m^0**, der thermodynamische Gleichgewichtsschmelzpunkt. T_m^0 kennzeichnet den Schmelzpunkt eines vollkommenen (perfekten), unendlich großen Kristalls, bei dem die Temperaturen T_m und T_c gleich sind.

Gleichgewichtstemperatur T_m^0 kennzeichnet den Schmelzpunkt eines (nicht existierenden) perfekten, unendlich großen Kristalls ($T_m = T_c$)

Um diese Temperatur mit Hilfe der DSC zu ermitteln, bedient man sich der Temperaturdifferenz, die bei realen Kristalliten zwischen dem Schmelzen und Kristallisieren auftritt. Die Probe wird aufgeschmolzen und aus der Schmelze heraus auf eine bestimmte Temperatur T_c (isotherme Kristallisationstemperatur) abgekühlt.

Nach vollständiger Kristallisation wird die Probe erneut aufgeheizt und die Schmelztemperatur T_m des resultierenden Schmelzpeaks ausgewertet. Als Schmelztemperatur T_m kann T_{pm} oder besser T_{fm} herangezogen werden [14]. Die Messungen erfolgen bei unterschiedlichen isothermen Kristallisationstemperaturen.

Die jeweilige Schmelztemperatur T_m wird über der Kristallisationstemperatur T_c aufgetragen. Es ergibt sich ein weitgehend linearer Zusammenhang (gestrichelte Kurve). Die gemessenen Werte werden linear extrapoliert und mit der Ursprungsgeraden ($T_m = T_c$) geschnitten. Der Schnittpunkt mit der extrapolierten Geraden charakterisiert T_m^0.

Bild 1.10 stellt die Ermittlung der Gleichgewichtstemperatur exemplarisch dar.

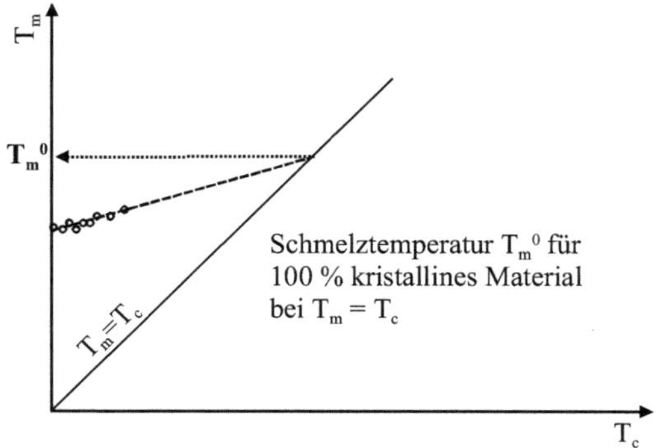

Bild 1.10 Ermittlung der Gleichgewichtsschmelztemperatur T_m^0, schematisch

T_m = Schmelztemperatur (entspricht T_{pm} oder T_{fm}),
T_c = Temperatur der isothermen Kristallisation

Anmerkung: *Bei der Ermittlung von T_m^0 muss eine Kristallisation während der Abkühlphase durch möglichst schnelles Abkühlen auf die isotherme Kristallisationstemperatur T_c vermieden werden. Während des darauffolgenden Aufheizens in der DSC-Apparatur dürfen keine Relaxations- oder Rekristallisationsvorgänge ablaufen, da die folgenden Messwerte sonst verfälscht werden.*

Die **Enthalpieänderung ΔH** einer Probe, bezogen auf die Einwaagemenge [J/g], wird aus der Fläche zwischen der Kurve und der linearen Verbindungslinie zwischen der Anfangstemperatur T_{im} und der Endtemperatur T_{fm} (Grundlinie für die Integration) berechnet. Diese Enthalpieänderung wird beim Schmelzen Schmelzenthalpie ΔH_m, ΔH_f, oder ΔH_S genannt und kennzeichnet die Energie, die notwendig ist, um vorhandene kristalline Anteile aufzuschmelzen.

Schmelzenthalpie - notwendige Energie zum Aufschmelzen kristalliner Anteile

Der kristalline Anteil im Verhältnis zu einem Vergleichswert für vollständige Kristallisation ist der Kristallisationsgrad K oder α. Um Verwechslungen mit dem thermischen Längenausdehnungskoeffizienten α zu vermeiden, wird im weiteren die Bezeichnung K für den Kristallisationsgrad verwendet.

Aus der gemessenen Schmelzenthalpie ΔH_m und dem Literaturwert für 100 % kristallines Material ΔH_m^0 kann der Kristallisationsgrad K der Probe berechnet werden.

$$K = \frac{\Delta H_m}{\Delta H_m^0} \cdot 100 \quad [\%]$$

Anmerkung: *Es gibt verschiedene Methoden zur Bestimmung der Kristallinität von teilkristallinen Polymeren wie Röntgenographie, Dichtemessung, Kalorimetrie, IR-Spektroskopie. Man geht dabei von unterschiedlichen Eigenschaften der kristallinen und amorphen Anteile aus. Verschiedene Ordnungs- und Übergangszustände werden dabei unterschiedlich oder gar nicht erfasst, ebenso können sich die Gleichgewichtszustände, kristalline Modifikationen und Orientierungen während der Messung ändern. Dieses erklärt z.B. die unterschiedlichen Angaben für ΔH_m^0. Die verwendete Messmethode sollte daher immer angegeben werden.*

Tabelle 1.3 gibt aus der Literatur zusammengefasste Enthalpiewerte für ΔH_m^0 und Gleichgewichtsschmelztemperaturen T_m^0 wieder. Da keine eindeutigen Literaturwerte für ΔH_m^0 vorliegen, sollte bei der Angabe des Kristallisationsgrades der Bezugswert nicht fehlen.

Die im Vergleich dazu aufgelisteten Peaktemperaturen T_{pm} wurden an unterschiedlichen Proben mit einer Heizrate von 10 °C/min ermittelt.

Werkstoff	ΔH_m^0 [J/g] [Wunderlich]	ΔH_m^0 [J/g] [van Krevelen]	ΔH_m^0 [J/g] [LKT]	T_m^0 [°C] [Wunderlich]	T_m^0 [°C] [LKT]	T_{pm} [°C] [LKT]
PELD	293	293	-	141	-	105 - 120
PEHD	293	293	-	141	-	130 - 140
PP-H	207	207	205	188	191	160 - 165
POM-H	326	326	270	184	210 - 230	175 - 190
POM-C	-	-	220	-	180 - 190	140 - 170
PA6	230	230	-	260	-	220
PA66	255	300	-	301	-	260
PA11	244	226	-	220	-	187
PA610	284	208	-	233	-	222
PA46	-	-	-	-	-	280 - 290
PET	140	145	-	280	-	240 - 260
PBT	140	-	-	248	-	220 - 230
PTFE	82	82	-	-	-	327

Tabelle 1.3 Charakteristische Temperatur- und Enthalpiewerte für kristalline Anteile in teilkristallinen Thermoplasten [15, 16, 17]

T_{pm} aus Schmelzkurve (2. Aufheizen), Heizrate 10 °C/min, nach vorangegangener Abkühlung, Kühlrate 10 °C/min
Wunderlich - [15]
van Krevelen - [16]
LKT - Lehrstuhl für Kunststofftechnik, Universität Erlangen

Mit Hilfe der DSC kann die **Schmelzenthalpie ΔH_m^0** eines 100 % kristallinen Materials ermittelt werden. In diesem Fall werden die Ergebnisse der Messungen zur Gleichgewichtsschmelztemperatur herangezogen, Bild 1.10. Aufgetragen werden die nach der isothermen Kristallisation ermittelten Schmelzenthalpien ΔH_m über der Kristallisationstemperatur T_c, Bild 1.11.

Die Messwerte werden linear extrapoliert und die Schmelzenthalpie ΔH_m^0 bestimmt, die sich bei der zuvor ermittelten Gleichgewichtstemperatur T_m^0 ergibt; diese entspricht derjenigen eines theoretisch 100 % kristallinen Materials [14].

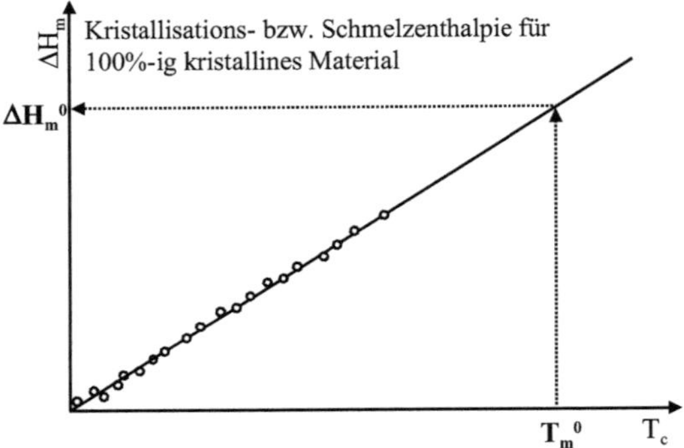

Bild 1.11 Bestimmung der Kristallisations- bzw. Schmelzenthalpie ΔH_c^0 bzw. ΔH_m^0 bei der Gleichgewichtstemperatur T_m^0, schematisch

T_c = Temperatur der isothermen Kristallisation,
ΔH_m^0 = Schmelzenthalpie bei Gleichgewichtstemperatur,
ΔH_c^0 = Kristallisationsenthalpie bei Gleichgewichtstemperatur

Schmelzenthalpie ΔH_m^0 liegt bei der Gleichgewichtstemperatur T_m^0

In [6] werden für die Peaktemperatur T_{pm} bei Wiederholungsmessungen (zwei aufeinanderfolgende Messungen) 1,5 °C angegeben, die Reproduzierbarkeit (zwischen verschiedenen Laboratorien) beträgt 2,0 °C.

Für die Enthalpiebestimmung gibt [18] eine Genauigkeit von +/- 5,5 % an. Nach [4] wird für die Genauigkeit von Temperaturwerten die Angabe je nach Breite des Peaks auf 0,1 °C bzw. 1 °C empfohlen. Enthalpiewerte werden auf 0,1 J/g bzw. 1 J/g angegeben.

1.1.4.3 Kristallisation

Die Kristallisations- bzw. Abkühlkurve (exotherm) einer DSC-Messung kennzeichnet den Enthalpieverlauf aus dem flüssigen, amorphen Zustand von hohen Temperaturen aus kommend, übergehend in den festen, kristallinen Phasenzustand, Bild 1.12.

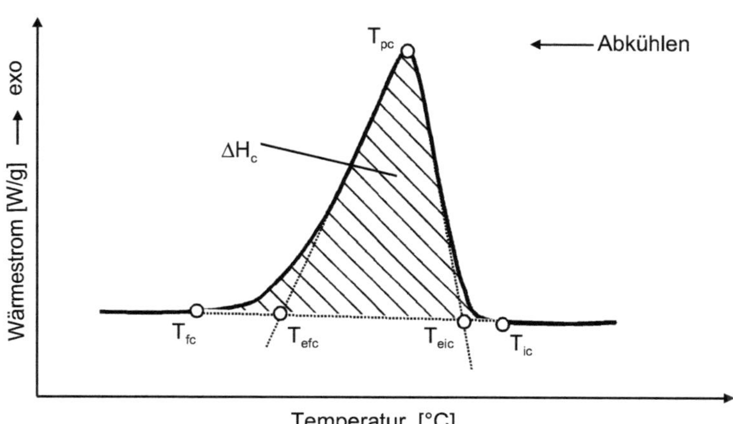

T_{ic}	*Anfangstemperatur:*	messbarer Beginn der Kristallisation; Temperatur der ersten nachweisbaren Abweichung von der Basislinie; obere Integrationsgrenze zur Enthalpiebestimmung
T_{eic}	*extrapolierte Anfangstemperatur:*	Schnittpunkt des extrapolierten linearen Teils der ansteigenden Peakflanke mit der von Temperaturen oberhalb des Peaks extrapolierten Basislinie
T_{pc}	*Peaktemperatur:*	Temperatur des Peakmaximums
T_{efc}	*extrapolierte Endtemperatur:*	Schnittpunkt des extrapolierten linearen Teils der fallenden Peakflanke mit der von Temperaturen unterhalb des Peaks extrapolierten Basislinie
T_{fc}	*Endtemperatur:*	messbarer Endpunkt der Kristallisation; Temperatur der letzten nachweisbaren Abweichung von der Basislinie; untere Integrationsgrenze zur Enthalpiebestimmung
ΔH_c	*Enthalpieänderung:*	Menge der freigesetzten Wärme (ΔH negativ); Die Enthalpieänderung wird gemäß [1] nur mit ΔH bezeichnet. Für eine konsequente Bezeichnungsweise wurde der Index „c" für die Enthalpieänderung bei der Kristallisation eingeführt.

Bild 1.12 Charakteristische Temperaturen einer Kristallisationskurve nach ISO/DIN 11357-3 [35] und in Anlehnung an DIN EN ISO 11357-1 [1]

Index „c" für engl. "crystallization", Anfangstemperaturen „i" für „initial", Endtemperaturen „f" für „final"

Die charakteristischen Temperaturen werden nach einem Normenentwurf ISO/DIN 11357-3 wie folgt bezeichnet [35]; DIN EN ISO 11357-1 [1] beschreibt diese nur für die Kristallisation in der Aufheizkurve.

In verschiedenen gültigen Normen werden die einzelnen Punkte zur Beschreibung der Kristallisationskurve z.T. unterschiedlich bezeichnet:

DIN EN ISO 11357-1 [1]*, [35]	DIN 53 765 [4]	ASTM D 3417/3418-99 [3,6]	
T_{ic} Anfangstemperatur	T_{KO} Onsettemperatur	-	[°C]
T_{eic} extrapolierte Anfangstemperatur	T_{KO}^{E} extrapolierte Onsettemperatur	T_{eic} crystallization extrapolated onset temperature	[°C]
T_{pc} Peaktemperatur	T_{KP} Peaktemperatur	T_{pc} crystallization peak temperature	[°C]
T_{efc} extrapolierte Endtemperatur	T_{KE}^{E} extrapolierte Endtemperatur	T_{efc} crystallization extrapolated end temperature	[°C]
T_{fc} Endtemperatur	T_{KE} Endtemperatur	-	[°C]
ΔH_c Enthalpieänderung	ΔH_K Kristallisationsenthalpie	ΔH_c heat of crystallization	[J/g]

**Die Bezeichnungen wurden in Anlehnung an die Norm formuliert, da diese nur eine exakte Beschreibung des Kristallisationspeaks beim Aufheizen, d.h. von tiefen Temperaturen kommend, liefert.*

Tabelle 1.4 Bezeichnungen für charakteristische Temperaturen beim Kristallisieren in verschiedenen Normen

Bei der Anfangstemperatur T_{ic} beginnen die Kristallisation (Bild 1.12) und die Kaltkristallisation (Bild 1.13) sichtbar. In der Praxis wird die extrapolierte Anfangstemperatur T_{eic} als wichtigste Temperatur der Abkühlkurve herangezogen.

Die Peaktemperatur T_{pc} kennzeichnet die Temperatur, bei der die Kristallisationsgeschwindigkeit maximal ist. Die extrapolierte Endtemperatur T_{efc} und die Endtemperatur T_{fc} kennzeichnen das detektierbare Ende des Kristallisationsvorgangs unter den gegebenen Temperatur-Zeit-Bedingungen.

Anfangs- und Endtemperatur T_{ic} und T_{fc} können nur gemessen werden, wenn der thermische Effekt die Empfindlichkeitsgrenze der DSC überschreitet.

Der Wert für die Anfangs- und Endtemperatur T_{ic} und T_{fc} hängt auch von der Empfindlichkeit des DSC-Gerätes ab.

Die Lage der Kristallisationskurve auf der Temperaturskala und die daraus bestimmten Kennwerte werden von der Abkühlgeschwindigkeit beeinflusst. Mit zunehmender Abkühlgeschwindigkeit verschiebt sich die Kristallisationskurve in Richtung niedriger Temperaturen.

Die Kristallisation aus der Schmelze ist erst nach Unterschreiten der theoretischen Schmelztemperatur T_m^0 (Unterkühlung) möglich. Es müssen Kristallisationskeime vorhanden sein. Diese bilden sich entweder selbst aus oder/und werden durch bewusste Zugabe bestimmter Substanzen (Keimbildner, Nukleierungsmittel) forciert.

Die Gesamtkristallisationsgeschwindigkeit, die bei der DSC-Messung registriert wird, ist von der Keimbildungs- und Wachstumsgeschwindigkeit bestimmt. Diese Prozesse laufen parallel ab und sind stark von der Unterkühlung ΔT (= T_m^0 - T_c) abhängig.

Mit der DSC wird die mittlere Gesamtkristallisationsgeschwindigkeit erfasst.

Eine zunehmende Abkühlgeschwindigkeit führt zu einer starken Unterkühlung, wodurch die thermodynamischen Voraussetzungen für die Kristallisation verbessert, die kinetischen (Molekülbeweglichkeit) aber verringert werden. Als Folge erreicht die Gesamtkristallisationsgeschwindigkeit (wie auch Keimbildungs- und Wachstumsgeschwindigkeit) in Abhängigkeit der Temperatur ein Maximum zwischen T_m^0 und T_g.

Während der Kristallisation bei hoher Unterkühlung, die infolge der zunehmenden Abkühlgeschwindigkeit stattfindet, wird der Kristallisationsgrad immer geringer. Wenn die Schmelze sogar auf Temperaturen unterhalb von T_g abgeschreckt wird, friert das Material im Glaszustand ein. Eine geringe Unterkühlung aufgrund langsamer Abkühlung ergibt einen höheren Kristallisationsgrad.

Für isotherme Abkühlbedingungen gilt: je niedriger T_c ist, desto kleiner der erreichbare Kristallisationsgrad K. Bei nichtisothermer Abkühlung sind die Bedingungen für die Keimbildung und das Kristallwachstum wesentlich komplizierter, da sie sich ständig verändern [28].

Das Zusetzen von Keimbildnern vergrößert die Keimdichte, die Kristallisation beginnt, gleiche Abkühlgeschwindigkeit vorausgesetzt, bei höheren Temperaturen, d.h. bei einer geringen Unterkühlung.

Neben der Kristallisation in der Abkühlphase kann auch eine Kristallisation in der Aufheizphase gemessen werden, eine sog. **Kaltkristallisation**, Bild 1.13. Diese tritt beim Erwärmen über T_g auf, wenn die Kristallisation beim Abkühlen unvollständig war, besonders beim Abschrecken unter den Glasübergang.

Die kennzeichnenden Temperaturen werden nach [1] entsprechend zu Bild 1.12, jedoch von tiefen Temperaturen beginnend, bezeichnet.

Die Anfangstemperatur T_{ic} kennzeichnet den Beginn der Kristallisation beim Aufheizen und beim Abkühlen.

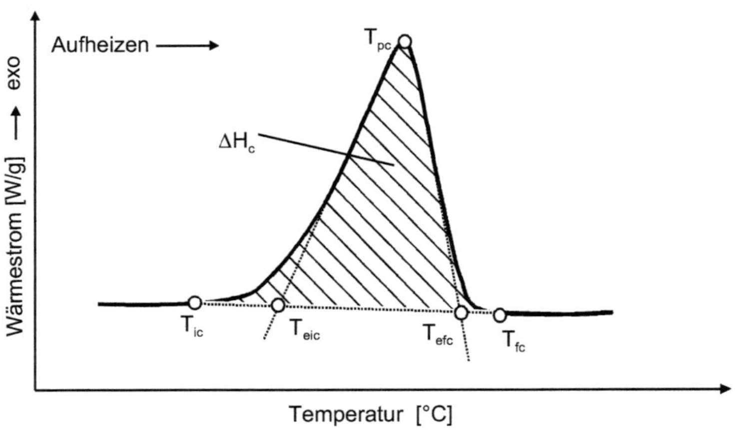

Bild 1.13 Charakteristische Temperaturen einer Kaltkristallisationskurve nach DIN EN ISO 11357-1 [1]

Index „c" für engl. „crystallization", Anfangstemperaturen „i" für „initial", Endtemperaturen „f" für „final"

1.1.4.4 Chemische Reaktion - dynamisches Verfahren

Analog zu den charakteristischen Temperaturen beim Schmelzen und Kristallisieren werden bei Auftreten einer chemischen Reaktion die Bezeichnungen mit dem Index „r" versehen. Bei T_{ir} beginnt die chemische Reaktion erkennbar und endet bei T_{fr}. Die Fläche ΔH_r charakterisiert die Enthalpieänderung einer exo- oder endothermen Reaktion (Reaktionsenthalpie).

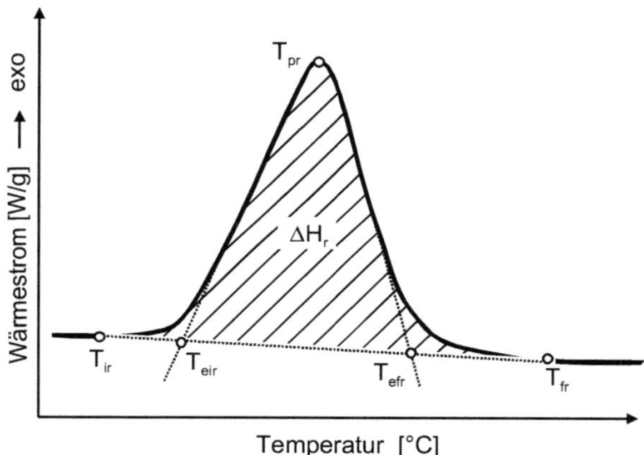

Bild 1.14 Charakteristische Temperaturen einer chemischen Reaktion (hier: die Aushärtung von Gießharzen). DIN 53765 [4] beschreibt die chem. Reaktion, die Bezeichnung der Temperaturen erfolgt in Anlehnung an DIN EN ISO 11357-1 [1]

Index „r " für engl. „reaction", Anfangstemperaturen „i" für „initial", Endtemperaturen „f" für „final"

1.1.4.5 Spezifische Wärmekapazität

Die spezifische Wärmekapazität c_p bei konstantem Druck kennzeichnet die Wärmemenge, die aufgewendet werden muss, um die Temperatur einer Substanz um 1 °C zu erhöhen. Für die Berechnung thermischer Prozesse wird diese Größe immer benötigt.

Zur Ermittlung der spezifischen Wärmekapazität einer unbekannten Substanz sind insgesamt drei Messungen notwendig, und zwar wie folgt:

zwei leere Tiegel

mit Kalibriersubstanz gefüllter Proben- und leerer Referenztiegel

mit Substanz gefüllter Proben- und leerer Refernztiegel.

Bei der Kalibrierung wird zunächst die Differenz der Wärmeströme (leere Tiegel und Kalibriersubstanz, meist Saphir als Probe) herangezogen, zur Berechnung der spezifischen Wärmekapazität der unbekannten Probe die Differenz der Wärmestöme zwischen leerem Tiegel und Probenmaterial. Die spezifische Wärmekapazität c_p wird temperaturabhängig nach folgender Formel bestimmt [19].

$$c_p = \frac{\left[\dot{Q}(\text{Probe}) - \dot{Q}(\text{leererTiegel})\right]}{v \cdot m}$$

Die entsprechenden Wärmestromkurven zur Bestimmung der spezifischen Wärmekapazität mit Hilfe der DSC sind in Bild 1.15 exemplarisch dargestellt.

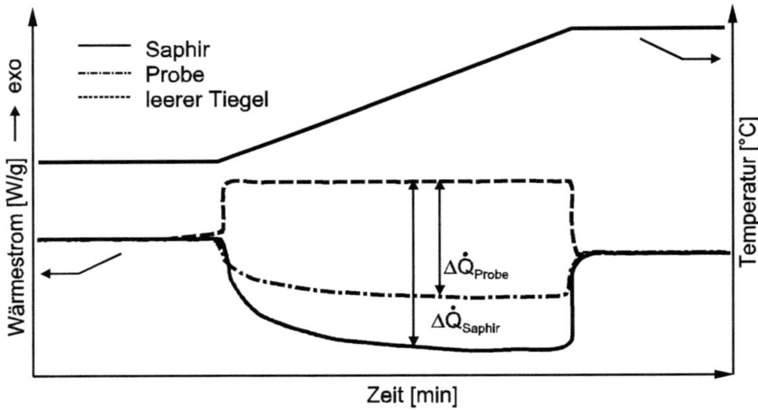

Bild 1.15 Wärmestromkurven zur Bestimmung der spezifischen Wärmekapazität nach DIN 53 765

Die c_p-Werte von Saphir stehen in tabellarischer Form zur Verfügung, diese ändern sich beispielsweise im Temperaturbereich von 0 bis 200 °C von 0,718 bis 1,016 J/g°C. Aus diesem Grunde empfehlen sich Messungen bei konstanten Temperaturen oder die Aufteilung eines breiten Temperaturbereiches in kleine Temperaturschritte.

Im gewählten Temperaturbereich der Messung darf keine chemische Reaktion oder physikalische Umwandlung der Probe stattfinden.

Mit der TMDSC wird die spezifische Wärmekapazität nach einer Kalibrierung direkt gemessen (s. Kap. 1.1.6).

1.1.4.6 Prüfbericht

DIN EN ISO 11357-1 liefert wertvolle Hinweise zur Erstellung eines vollständigen Prüfberichts, der alle Messparameter und Probeninformationen beschreibt.

Der Prüfbericht soll, soweit zutreffend, folgende Angaben enthalten [1]:

Hinweis auf verwendete Normen;

alle nötigen Angaben für die vollständige Kennzeichnung des untersuchten Materials;

Typ des verwendeten DSC-Geräts;

Art und Typ der Tiegel;

Art, Gewicht und Eigenschaften der verwendeten Kalibriersubstanzen;

Art und Volumenstrom des verwendeten Gases;

Entnahme, Vorbereitung der Probe und Verfahren der Probenvorbehandlung;

Masse des Probekörpers;

thermische Vorgeschichte der Probekörper und der Probe vor der Prüfung;

die Parameter des Temperaturprogramms einschließlich Anfangstemperatur, Heizrate, Endtemperatur und Kühlrate;

Massenänderung der Probe (soweit gegeben);

Prüfergebnisse;

Datum der Prüfung;

DSC-Kurve.

1.1.5 Kalibrierung

Gemessene Temperaturen und Enthalpieänderungen müssen „wahren“ Werten zugeordnet werden. Da die Temperaturmessung in einem DSC-Gerät nicht direkt in der Probe durchgeführt wird, ergibt sich eine Differenz zwischen tatsächlicher Probentemperatur und angezeigter, direkt unterhalb der Probe ermittelter Messtemperatur, die durch Kalibrierung bestimmt werden muss. Da diese Differenz jedoch nicht über den gesamten Temperaturbereich linear ist, müssen mindestens zwei Kalibriersubstanzen im relevanten Temperaturbereich der Messung herangezogen werden. Die Kalibrierung wird im wesentlichen durch folgende Punkte beeinflusst [1]:

Gerätetyp

Art und Durchflussmenge des Spülgases

Art, Maße und Position der Tiegel

Masse der Probe

Heiz- und Kühlrate

Art des Kühlsystems.

Empfehlenswert ist eine regelmäßige Kalibrierung des Gerätes unter Berücksichtigung der Herstellerempfehlungen. Die meisten empfohlenen Kalibriersubstanzen können für die Kalibrierung sowohl der Temperatur als auch der Enthalpie herangezogen werden, s. Tab. 1.5.

Kalibrierparameter = Messparameter; mindestens zwei Kalibriersubstanzen im probenrelevanten Temperaturbereich

1.1.5.1 Temperaturkalibrierung

Die zur Temperaturkalibrierung verwendeten Materialien richten sich nach dem für die Probe erforderlichen Messbereich. Für viele Polymere eignet sich Indium zur Kalibrierung des mittleren Temperaturbereiches. Für tiefe Temperaturen können n-Heptan oder Wasser, für hohe Temperaturen Blei oder Zink eingesetzt werden, s. Tab. 1.5.

Zum Vergleich mit Literaturwerten werden Ergebnisse dynamischer Messungen mit unterschiedlichen Heizraten auf die Heizrate Null extrapoliert, was in den meisten Geräten softwaremäßig standardisiert ist, Bild 1.16 [20]. Für geringe Temperaturgradienten, z.B. bei hochreinen Metallen, wird zur Kalibrierung die gemessene extrapolierte Anfangstemperatur T_{eim} herangezogen, bei größeren Temperaturgradienten oder breiteren Peaks das Peakmaximum T_{pm} [12].

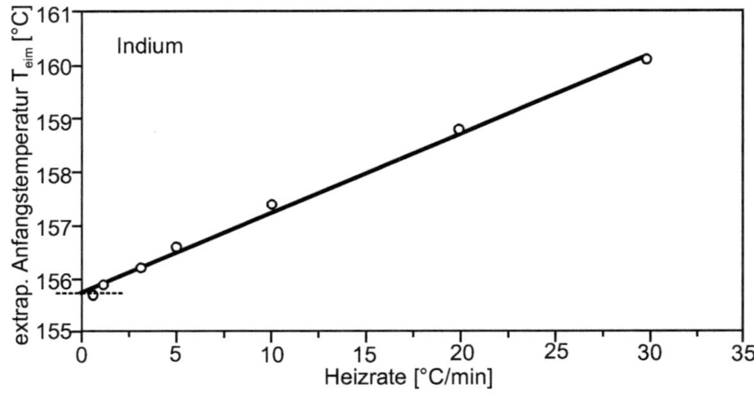

Bild 1.16 Experimentell ermittelte extrapolierte Anfangstemperaturen T_{eim} von Indium in Abhängigkeit der Heizrate

Einwaage 6,418 mg, Spülgas Stickstoff

Es sollten mindestens zwei Kalibriersubstanzen in einem für die Probe günstigen Temperaturbereich gemessen werden. Kalibriermaterialien sollten nicht mehr als 10 °C über ihre Umwandlungstemperatur hinaus erhitzt werden, um Reaktionen zwischen Probe und den üblichen Tiegelmaterialien zu vermeiden. Die Temperaturkalibrierung wird immer in der Aufheizphase vorgenommen.

1.1.5.2 Wärmekalibrierung (Enthalpiekalibrierung)

Die Wärmekalibrierung erfolgt mittels Substanzen bekannter Umwandlungswärme, z.B. Indium, Zinn oder Zink, s. Tabelle 1.5. Die gemessene Umwandlungswärme ist der Peakfläche proportional, die durch die DSC-Kurve und eine konstruierte Basislinie begrenzt wird (s. Kap. 1.1.4.2). Der Proportionalitätsfaktor zwischen gemessener Fläche und Schmelzenthalpie der verwendeten Kalibriersubstanz wird ebenfalls als Funktion der Temperatur bestimmt. Die Ausgleichskurve liefert einen temperaturabhängigen Kalibrierfaktor. Es sollten mindestens zwei Substanzen mit unterschiedlichen Umwandlungswärmen jeweils dreifach gemessen und der Mittelwert herangezogen werden [21].

1.1.5.3 Wärmestromkalibrierung mittels bekannter Wärmekapazität

Unter idealen Bedingungen ist die Differenz der wahren Wärmeströme in die Probe und in die Referenz durch die Differenz der Wärmekapazitäten gegeben. Die wahre Wärmestromdifferenz wird aus zwei Messkurven ermittelt. Die erste Messung resultiert aus einer Messung mit leeren Tiegeln, die zweite aus einer Messung mit Probe (z.B. Saphir) und Referenz. Aus der Differenz der beiden Messkurven ergibt sich nach Multiplikation mit dem Kalibrierfaktor (z.B. mit c_p von Saphir) die wahre Wärmestromdifferenz bzw. aus der gemessenen Wärmestromdifferenz die Wärmekapazitätsdifferenz [21].

Für die Wärmestrom- bzw. Wärmekapazitätskalibrierung sind mindestens zwei aufeinanderfolgende Messungen notwendig.

Saphirscheiben sind für Messungen der spezifischen Wärmekapazität in einem breiten Temperaturbereich geeignet. Soll die spezifische Wärmekapazität für einen grossen Temperaturbereich bestimmt werden, muss dieser aufgrund der Temperaturabhängigkeit der c_p-Werte von Saphir sowohl bei der Messung als auch bei der Kalibrierung in kleine Abschnitte unterteilt werden [22].

Folgende Tabellen beinhalten relevante Werte von Kalibriersubstanzen bezüglich der Umwandlungs- oder Schmelztemperaturen, Schmelzenthalpien und der temperaturabhängigen c_p-Werte von Saphir.

Kalibriersubstanz	Umwandlungs- oder Schmelz-temp. (Gleichgewichtstemp.) [°C]	Schmelzenthalpie [J/g]
Cyclohexan (Umwandlung)	-83*	
Quecksilber (Schmelzen)	-38,9	11,47
1,2-Dichlormethan (Schm.)	-32*	
Cycolhexan (Schmelzen)	7*	
Phenylether (Schmelzen)	30*	
o-Terphenyl (Schmelzen)	58*	
Biphenyl (Schmelzen)	69,2	120,2
Kaliumnitrat (Umwandlung)	127,7	
Indium (Schmelzen)	157	28,42
Kaliumperchlorat (Umw.)	299,5	
Zinn (Schmelzen)	231,9	60,22
Blei (Schmelzen)	327,5	23,16
Zink (Schmelzen)	419,6	107,38

**Peaktemperatur*

Tabelle 1.5 Übersicht der Umwandlungs- oder Schmelztemperaturen und Schmelzenthalpien verschiedener Kalibriersubstanzen, aus DIN EN ISO 11357-1 [1]

Referenzmaterial	extrapolierte Anfangstemp. T_{eim} [°C]	:Mittenpunktstemperatur T_{mg} [°C]
Polystyrol	104,5	107,5

Tabelle 1.6 Übersicht der den Glasübergangsbereich kennzeichnenden Temperaturen einer Kalibriersubstanz, entnommen aus DIN EN ISO 11357-1 [1]

Temperatur [°C]	c_p [J/g°C]	Temperatur [°C]	c_p [J/g°C]
-103,15	0,3913	76,85	0,8713
-83,15	0,4659	96,85	0,902
-63,15	0,5356	116,85	0,9296
-43,15	0,5996	136,85	0,9545
-23,15	0,6579	156,85	0,977
-3,15	0,7103	176,85	0,9975
0	0,718	196,85	1,0161
16,85	0,7572	216,85	1,033
36,85	0,7994	236,85	1,0484
56,85	0,8373	256,85	1,0627

Tabelle 1.7 Spezifische Wärmekapazität von Saphir (Aluminiumoxid) [23]

1.1.6 Temperaturmodulierte DSC (TMDSC)

Ein spezielles Verfahren der Dynamischen Differenzkalorimetrie stellt die temperaturmodulierte DSC dar. Mit Hilfe dieser Methode können reversible Effekte (Glasübergang, Schmelzen) von irreversiblen Effekten (Vernetzung, Zersetzung, Abdampfen, Kaltkristallisation usw.) unterschieden werden. Dies ermöglicht eine Trennung sich überlagernder oder kurz aufeinanderfolgender Vorgänge sowie eine signifikante Auswertung schlecht ausgeprägter Glasübergänge, z.B bei teilkristallinen Thermoplasten. Zusätzlich wird die spezifische Wärmekapazität in einer einzigen Messung ermittelt.

Temperaturmodulierte DSC:

Trennung überlagerter Effekte (reversible und irreversible Vorgänge);
Messung schlecht ausgeprägter Glasübergänge;
Messung der spezifischen Wärmekapazität in einer einzigen Messung

Das Gesamtwärmestromsignal, welches dem Wärmestromsignal einer konventionellen DSC-Messung (Summenkurve) entspricht, wird in ein reversibles und irreversibles Wärmestromsignal aufgeteilt. Der reversible Anteil, häufig auch als sensitiv oder wiederholbar bezeichnet, kann bei mehrfachem Aufheizen reproduziert werden und ist wärmekapazitätsbedingt sowie heizratenabhängig. Der irreversible Anteil, auch als latent oder nicht wiederholbar bezeichnet, kann nach Ablauf nicht reproduziert werden.

Bild 1.17 stellt einen typischen Messkurvenverlauf einer solchen temperaturmodulierten DSC-Messung dar.

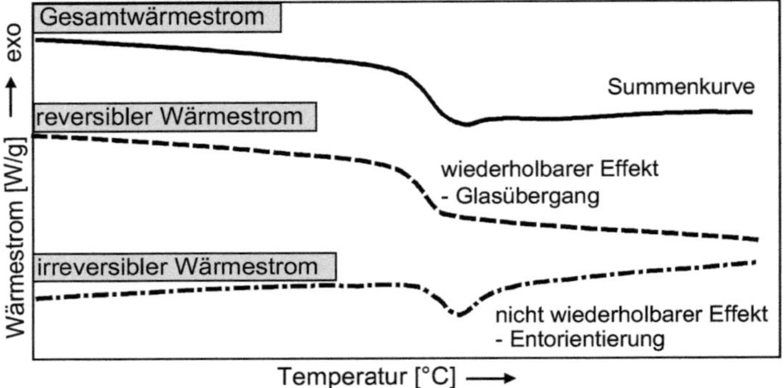

Bild 1.17 Messplot einer TMDSC-Messung; Gesamtwärmestrom, reversibler und irreversibler Wärmestrom

Im Gesamtwärmestromverlauf sind Glasübergang und Entorientierung überlagert. Aus diesem Grund gestaltet sich die T_g-Auswertung schwierig. Im Gegensatz dazu zeigt der reversible Wärmestromverlauf eine gut ausgeprägte Glasübergangsstufe, die sich problemlos auswerten lässt. Im irreversiblen Wärmestromsignal wird die Entorientierung allein sichtbar.

Der grundsätzliche Unterschied zum Standardmessverfahren mit linearer Heizrate liegt im periodischen Aufheizen der Probe, das je nach Gerätetyp sinusförmig, dreieckig oder sägezahnförmig erfolgen kann. Der „mittlere Amplitudenwert“ der periodischen Schwingung steigt linear an.

TMDSC - periodisches Aufheizen der Probe;
periodische Heizrate steigt im Mittel linear

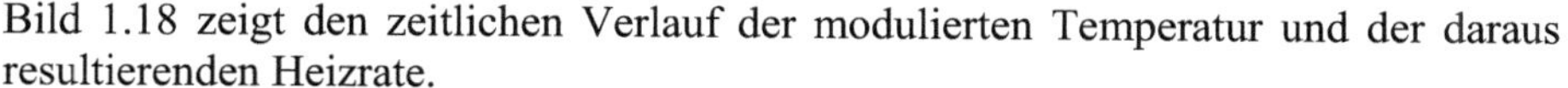

Bild 1.18 zeigt den zeitlichen Verlauf der modulierten Temperatur und der daraus resultierenden Heizrate.

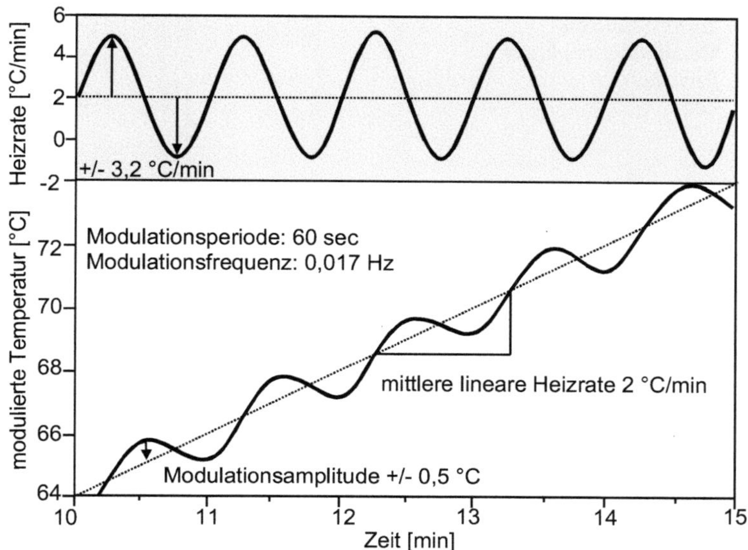

Bild 1.18 Zeitlicher Verlauf der modulierten Temperatur (unten) und der modulierten Heizrate (oben)

Gekennzeichnet und wesentlich beeinflusst wird der Verlauf durch die **mittlere lineare Heizrate**, in diesem Fall 2 °C/min, sowie **Amplitude** (+/- 0,5 °C/min) und **Frequenz** (Periode 60 s ≈ 0,017 Hz) **der modulierten Temperatur**.

Das entspricht einer momentanen modulierten Heizrate, die um den Wert der linearen Heizrate von 2 °C/min um +/- 3,2 °C/min schwingt (oben im Bild 1.18). Das bedeutet, dass die Heizratenschwingung einen Vorzeichenwechsel durchläuft, was neben Heizzyklen (maximale Heizrate 5,2 °C/min) auch Kühlzyklen (minimale Heizrate -1,2 °C/min) zur Folge hat. Kühlphasen sind nicht immer erwünscht; besonders für die Betrachtung von Schmelzprozessen werden die Parameter so gewählt, dass die Probe nicht gekühlt wird.

Der auftretenden maximalen Heizratenamplitude kommt somit eine große Bedeutung zu. Diese setzt sich aus dem Anteil der linearen Heizrate und einem Schwingungsanteil zusammen. Die Heizratenamplitude berechnet sich aus:

$$A(t) = v + A_{mod} \cdot \frac{2\pi}{P} \cdot \cos\left(\frac{2\pi}{P} \cdot t\right)$$

A(t) = *Heizratenamplitude (zeitabhängig)*
v = *lineare Heizrate*
A_{mod} = *Modulationsamplitude*
P = *Periode*
t = *Zeit*

Grundsätzlich eignen sich kleine Amplituden für die Betrachtung von Schmelzvorgängen, größere zur Messung von Glasübergängen. Die Periode sollte so gewählt werden, dass während eines Messeffekts (z.B. Glasübergang) mindestens vier Zyklen ablaufen.

Im Gegensatz zum Standardmessverfahren sind relativ langwierige Experimente notwendig, wobei sich jedoch das Ergebnis im Vergleich zur normalen DSC-Messungen durch verbessertes Auflösevermögen und erhöhte Empfindlichkeit auszeichnet. Durch die niedrige lineare Grundheizrate wird eine hohe Auflösung erreicht, durch den steilen periodischen Anstieg der Heizrate eine erhöhte Empfindlichkeit.

langsamer linearer Anstieg der Temperatur
- hohe zeitliche Auflösung,

steiler periodischer Anstieg der Heizrate
- hohe Empfindlichkeit (starkes Signal)

Das modulierte Wärmestromsignal wird kontinuierlich einer Fouriertransformation unterzogen, um daraus die interessierenden Ergebnisse, den Gesamtwärmestrom sowie den reversiblen und irreversiblen Anteil ableiten zu können.

Der Gesamtwärmestrom als Summenkurve entspricht dem Wärmestrom einer konventionellen DSC-Messung. Zur Berechnung des reversiblen Wärmestroms ist die spezifische Wärmekapazität notwendig. Diese wird aus den Messdaten des modulierten Wärmestroms und der modulierten Heizrate berechnet.

Anhand von Bild 1.19 werden die Zusammenhänge zur Berechnung der spezifischen Wärmekapazität c_p deutlich [23].

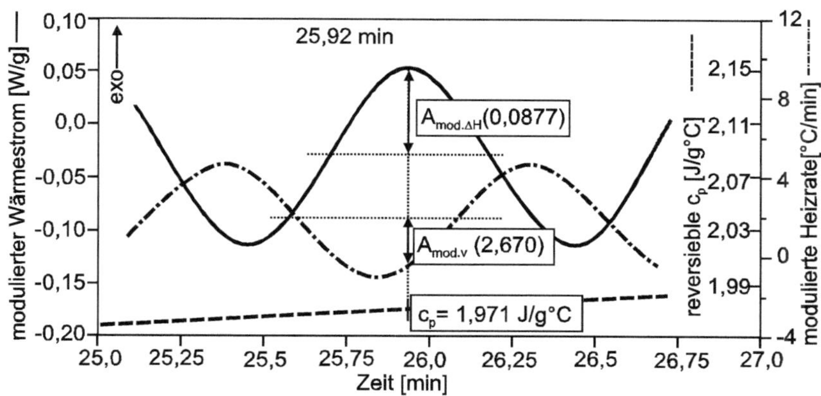

Bild 1.19 Graphische Darstellung zur Ermittlung der spezifischen Wärmekapazität c_p aus der Amplitude des modulierten Wärmestroms und der Amplitude der modulierten Heizrate

Anhand des Beispiels wurde eine bestimmte Messzeit bzw. Messtemperatur, in diesem Fall eine Zeit von 25,92 min herangezogen, bei der die **Amplitude des modulierten Wärmestromsignals** ($A_{mod.\,\Delta H}$ = 0,0877 W/g) und die **Amplitude der modulierten Heizrate** ($A_{mod.\,v}$ = 2,67 °C/min) aus den Kurven herausgemessen wurden. Aus dem Verhältnis beider Werte, multipliziert mit einem Kalibrierfaktor, ergibt sich direkt die Wärmekapazität zu diesem Zeitpunkt mit einem Wert von c_p = 1,971 J/g°C. Die Werte für das folgende Rechenbeispiel sind aus Bild 1.19 bei einer Zeit von 25,92 min entnommen und sollen diesen Zusammenhang verdeutlichen.

$$c_p = K \cdot \frac{A_{mod.\Delta H}}{A_{mod.\,v}} \quad \left[\frac{J}{g\,°C}\right] \Rightarrow \; c_p = 1 \cdot \frac{0{,}0877\ J \cdot 60\ s}{2{,}670\ °C \cdot s \cdot g} = 1{,}971 \quad \left[\frac{J}{g\,°C}\right]$$

K = *1*
$A_{mod.\,\Delta H}$ = *0,0877 W/g = 0,0877 J/s·g*
$A_{mod.\,v}$ = *2,670 °C/min = 2,670 °C/60 s*

Durch Multiplikation der spezifischen Wärmekapazität mit der mittleren Heizrate ergibt sich der reversible Wärmestrom. Durch Subtraktion des reversiblen Wärmestroms vom Gesamtwärmestrom ergibt sich der irreversible Wärmestrom. Auf die nähere Darstellung der komplexen mathematischen Zusammenhänge wird verzichtet; sie sind eingehend in der aufgeführten Literatur beschrieben [23, 36, 37, 38].

Momentan gibt es noch keine einheitliche Bezeichnung für das Verfahren der Temperaturmodulierten DSC. Je nach Hersteller werden solche Geräte als MDSC^{TM} - *Modulierte DSC*, ADSC - *Alternierende DSC*, DDSC - *Dynamische DSC* oder ODSC - *Oszillierende DSC* bezeichnet.

1.1.7 Übersicht praktischer Anwendungen

Beispielhaft verdeutlicht Tabelle 1.8 welche DSC-Kennwerte zur Charakterisierung thermischer Eigenschaften herangezogen werden können. Anhand von Kurven praktischer Beispiele werden diese in Kap. 1.2.3 - Beispiele aus der Praxis erläutert.

Anwendung	Kennwert	Beispiel
Werkstoffidentifizierung, Rezepturbestandteile	T_{pm}, T_g	Unterscheidung von Polyamiden (PA6 und PA66), mehrere Schmelzpeaks und T_g\`s bei unverträglichen Mischungen und Rezyklaten
Modifikationen, zusätzliche Komponenten	T_g	Verschiebung des Glasübergangsbereiches durch Weichmacherzugabe, Reste von Lösemitteln oder Monomeren
Reinheit, Verunreinigungen, Verträglichkeit, Mischbarkeit	T_{pm}, T_g	Reste von PE in PP-Formteil, Silikonkautschuk in EP-Harz, T_g-Verschiebung
Prozesstemperaturen	T_{pm}, T_g, ΔH_m, c_p	Hinweise zu Verarbeitungsbedingungen, z.B. Massetemperatur, Nachdruck, Vorwärmtemperatur, Schweißtemperatur
Abkühlbedingungen im Werkzeug	T_{pc}, ΔH_c, ΔH_m	Aussage über Erstarrungs- und Werkzeugtemperatur, Kristallisationsverhalten, Kristallisationsgrad
Beurteilung der thermischen Vorgeschichte	T_{pm}, T_g, ΔH_m	Rückschlüsse auf zu kaltes Werkzeug, Rekristallisation

Anwendung	**Kenn-wert**	**Beispiel**
Tempereffekte	T_{pm}	Feststellen von Gebrauchstemperaturen
Kristallinität	ΔH_m	Information über Bauteilqualität, mechanische Eigenschaften
Aushärtezustand/-grad	T_g, T_{pr}, ΔH_r	Verschiebung des Glasübergangs, Lage und Größe der Restreaktion
Aus-/Härtebedingungen	T_g, T_{eir}, ΔH_r	Härtungsbeginn, Optimieren der Härteparameter durch geeignete Wahl von Temperatur und Zeit
Lagerstabilität, Reaktivität einzelner Komponenten	ΔH_r	Reaktionsenthalpie nach längerer Lagerzeit

Tabelle 1.8 Beispiele für praktische Anwendungen von DSC-Messungen bei Kunststoffen mit den jeweils relevanten Kennwerten

1.2 Praktische Vorgehensweise

In diesem Kapitel stehen zunächst die Messparameter im Vordergrund, deren überlegte Auswahl für einen sinnvollen und aussagefähigen Messablauf verantwortlich ist. Auf mögliche Fehler, die sich beim Umgang mit Probe, Messgerät und Messparametern ergeben können, wird anhand anschaulicher Beispiele hingewiesen. Den umfangreichen Interpretationsmöglichkeiten der Thermischen Analyse widmet sich der letzte Teil dieses Abschnitts.

Querverweise sollen dem Leser helfen, den Überblick für den Gesamtzusammenhang zu bewahren.

1.2.1 Das Wichtigste in Kürze

Probenvorbereitung Die Festlegung der **Entnahmestelle** und fachgerechte **Präparation** der sehr kleinen Probe ist von großer Bedeutung. Bei Formteilen und Granulaten muss die Probe möglichst schonend mit einem Skalpell entnommen werden. Die Stelle der Probenentnahme wird immer problemspezifisch gewählt und dokumentiert.

Einwaagemenge Die **Einwaagemenge** hängt vom zu messenden thermischen Effekt ab. Um Schmelz- und Kristallisationsvorgänge zu untersuchen, beträgt die Einwaagemenge 5 bis 10 mg; bei hochempfindlichen Geräten reichen 1 bis 5 mg aus. Für die Messung von Glasübergängen empfiehlt sich eine Einwaagemenge von 10 bis 20 mg. Zur Messung der spez. Wärmekapazität werden höhere Massen (20 bis 40 mg) eingewogen. Die max. Abweichung der Einwaage darf +/- 0,01 mg nach [1] nicht überschreiten.

Schmelz-/Kristallisationsvorgänge - 1 bis 10 mg;
Glasübergang - 10 bis 20 mg Einwaage

Tiegel Es gibt verschiedene Tiegelmaterialien und -formen; vorzugsweise wird mit Einweg-**Aluminiumtiegeln** gearbeitet. Tiegel und Deckel sollen nach [1] auf +/- 0,01 mg ausgewogen werden.

Spülgas Um Reaktionen mit der Umgebung zu vermeiden, wird die Zelle während einer Messung mit Inertgas (Stickstoff, Helium oder Argon) gespült. Oxidationsvorgänge werden durch Sauerstoff gefördert.

Messprogramm

Das Messprogramm muss material- und probenspezifisch mit geeigneten Parametern für Start-/Endtemperatur und Heizrate gewählt werden.

Starttemperatur

Die **Starttemperatur** sollte mind. 50 °C unterhalb des ersten erwarteten Effektes liegen; sie muss solange gehalten werden, bis eine Anpassung der Probe an diese Temperatur gesichert ist. Bei RT ist eine Anpassungszeit von 5 min ausreichend, bei -100 °C ist eine Zeitspanne von ca. 20 min vorzusehen; dabei sollte die Angabe der aktuellen Temperatur und des Wärmestromsignals am Gerät beobachtet werden.

Heizrate

Die geeignete **Heizrate** hängt vom zu messenden Effekt ab. Bei Schmelz- und Kristallisationsuntersuchungen hat sich eine Heizrate von 10 °C/min (oder höher, bei Unterdrückung der Umkristallisation), bei der Bestimmung von Glasübergängen von 20 °C/min bewährt.

Heizrate bei Schmelz-/Kristallisationsvorgängen - 10 °C/min; bei Glasübergängen - 20 °C/min

Bei **isothermen Messungen** wird die Probe entweder schnell auf eine bestimmte Temperatur aufgeheizt oder abgekühlt und isotherm gemessen. Dabei sollte die Heizrate bis zur isothermen Haltetemperatur möglichst hoch gewählt werden, jedoch nicht über 50 °C/min, um ein mögliches „Überschwingen“ zu vermeiden. Bei der Beobachtung einer isothermen Kristallisation muss die Probe sehr schnell abgekühlt werden, um das Kristallisieren während der Abkühlphase auszuschließen.

Zum anderen kann die Messzelle ohne Probe auf die gewünschte Temperatur aufgeheizt werden, z.B. um die Aushärtung eines Harzsystems zu verfolgen; dabei wird die Probe erst nach Erreichen dieser Temperatur eingebracht. Durch das Einbringen der kalten Probe in die warme Messzelle kommt es zu einem starken „Einschwingeffekt“, der die Auswertung erschwert.

Endtemperatur

Um eine sichere Auswertung zu ermöglichen, sollte die **Endtemperatur** bei der Bestimmung von Glasübergängen ca. 50 °C über dem Effekt liegen. Beim Aufschmelzen teilkristalliner Thermoplaste muss mind. über die Endtemperatur T_{fm} (Bild 1.6) des Schmelzprozesses hinaus aufgeheizt werden, um die Einflüsse der thermischen und mechanischen Vorgeschichte auszuschalten. Empfehlenswert ist eine Endtemperatur von maximal 30 °C über T_{fm}, um evtl. beginnender Zersetzung vorzubeugen. Die Endtemperatur sollte etwa 2 min zur Einstellung des Temperaturgleichgewichts gehalten werden, wenn danach weitere Programmschritte folgen.

Kühlrate

Die **Kühlrate** sollte im Normalfall der Heizrate entsprechen, besonders, wenn auf die Starttemperatur abgekühlt und anschließend wieder aufgeheizt wird. Die Kühlrate ist für die „neu" geschaffene Vorgeschichte verantwortlich.

1. Aufheizen

Das **1. Aufheizen**, die sog. 1. Fahrt, ermöglicht Aussagen über den Istzustand der Probe, z.B. bedingt durch die thermische und mechanische Vorgeschichte (Verarbeitungseinflüsse, Kristallisations- und Aushärtegrad, Einsatztemperaturen). Durch die folgende geregelte Abkühlung wird eine „neue", jedoch bekannte Probenvorgeschichte geschaffen.

2. Aufheizen

Informationen des **2. Aufheizens**, der sog. 2. Fahrt, werden zur Bestimmung materialspezifischer Kennwerte herangezogen.

3. Aufheizen

Bei Reaktionsharzen zur Absicherung der Ergebnisse des 2. Aufheizens besonders bei trägen und hochvernetzten Harzsystemen.

1. Aufheizen - Proben-Istzustand (thermische und mechanische Vorgeschichte + materialspezifische Eigenschaften)

2. Aufheizen - nur materialspezifische Eigenschaften (nach geregelter Abkühlung)

Auswertung/ Interpretation

Nach erfolgreicher Durchführung der DSC-Messung, unter Berücksichtigung günstiger Messparameter, können die Effekte sinnvoll ausgewertet und interpretiert werden.

Die Interpretation erfordert in erster Linie genaue Kenntnisse über Material, Verarbeitungsbedingungen und Probenpräparation.

1.2.2 Einflussfaktoren und Fehler bei der Messung

1.2.2.1 Probenvorbereitung

Die Probenvorbereitung teilt sich in Präparation, Wahl einer geeigneten Entnahmestelle und einer evtl. Vorbehandlung der Probe.

Flüssige oder pulverförmige Proben werden mit Hilfe von Pipette, Spritze, Spatel oder auch Zahnstocher in den Tiegel eingebracht. Da sie sich leicht verteilen lassen, ist ein guter Kontakt zum Tiegelboden gewährleistet. Es ist ratsam, bei flüssigen Proben den Tiegeldeckel nur aufzulegen, da das Material sonst beim Verschließen aus dem Pfännchen herausgedrückt werden kann. Granulate, Formteile oder größere Fertigteile erfordern eine aufwendigere Probenentnahme.

Die **Probenpräparation** sollte schonend, ohne Deformation oder Erwärmung erfolgen. Dies geschieht bei weichen Materialien am günstigsten mit einem Skalpell oder Stanzeisen, bei harten Werkstoffen mit einer wassergekühlten Säge oder einem Seitenschneider. Bild 1.20 verdeutlicht den Einfluss der Probendeformation auf die Schmelzenthalpie einer Polyethylen-Platte; es wurde eine ca. 5 mm dicke PE-Platte in einem Schraubstock fest eingespannt und gewaltsam mit einer Zange verdreht. Die Probenentnahme erfolgte sowohl aus dem unbelasteten Grundmaterial, als auch aus den verdrehten und gequetschten Bereichen mit Hilfe eines Skalpells.

Neben der Abnahme der Schmelzenthalpie um 15 % lag auch die Reproduzierbarkeit der Peaktemperatur bei den gequetschten und verdrehten Proben im Gegensatz zum Grundmaterial schlechter als 5 %. Offensichtlich wurde die kristalline Struktur gestört und geschädigt.

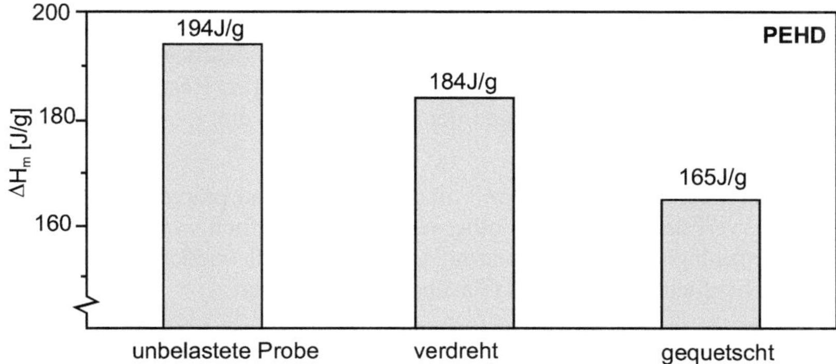

Bild 1.20 Einfluss der mechanischen Präparation auf die Schmelzenthalpie ΔH_m einer PE-Platte

1. Aufheizen, Einwaage ca. 3 mg, Heizrate 10 °C/min, Spülg. Stickstoff

Als weiteres Beispiel für den Einfluss der Probenvorbereitung wurde ein ungefülltes EP-Harz (gehärtet: 2 Wochen bei RT) zum einen mit einem Seitenschneider abgezwickt, zum anderen mit einem Hammer zerschlagen und anschließend präpariert, Bild 1.21.

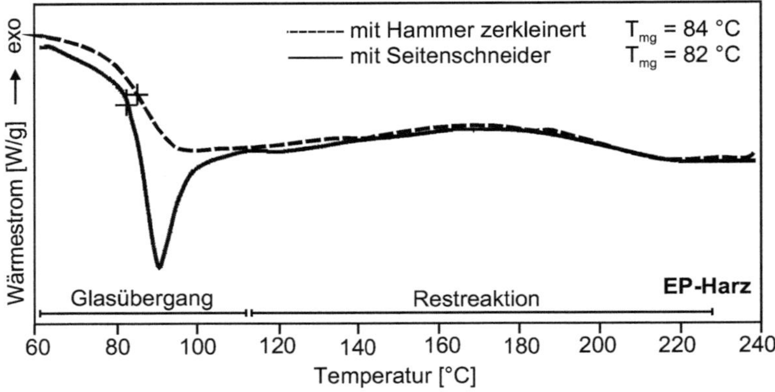

Bild 1.21 Beeinflussung des Kurvenverlaufs einer EP-Harz-Probe durch die Probenvorbereitung

T_{mg} = Glasübergangstemperatur (Mittenpunktstemperatur), 1. Aufheizen, Einwaage ca. 19 mg, Heizrate 20 °C/min, Spülgas Stickstoff

Die mit dem Seitenschneider abgezwickte Probe wurde als einzelnes Teil im Tiegel verschlossen und gemessen. Es werden mehrere Effekte deutlich; der Glasübergang mit anschließendem endothermen Effekt und eine exotherme Restreaktion. Der endotherme Effekt erschwert das Anlegen der Tangenten für die T_g-Auswertung und die Abschätzung der Restreaktion.

Zerschlägt man eine zweite Probe mit einem Hammer und präpariert mehrere kleine Bruchstücke, verschwindet der endotherme Peak. Vermutlich wurde die Probe durch den Hammerschlag kurzzeitig erwärmt, ist dann schnell wieder abgekühlt, was in einer unterschiedlichen Gestalt des Glasübergangs resultiert.

Präparationseinflüsse können das Messergebnis erheblich beeinflussen, daher möglichst schonende Probenpräparation

Die DSC-Analyse steht und fällt mit einem guten Wärmeübergang zwischen Probe, Tiegel und Messzelle. Eine große **Auflagefläche** der Probe im Tiegel verbessert den Wärmeübergang.

Bild 1.22 zeigt die Aufheizkurven zweier gleich dimensionierter PP-Proben mit einem Gewicht von ca. 10 mg, flach und hochkant in den Probentiegel eingebracht. Bei der flachen Probe ist die Wärmeübertragung günstig, bei der hohen Probe kommt es aufgrund der geringen Kontaktfläche zu einer Verzögerung, es dauert länger, bis die gesamte Probe aufgeschmolzen ist. Die Peaktemperaturen T_{mp} der 1. Aufheizkurve unterscheiden sich um 3 °C. Nach dem vollständigen Aufschmelzen hat sich das Material gleichmäßig im Tiegel verteilt, somit liefert die 2. Aufheizkurve keinerlei Unterschied zwischen den Proben.

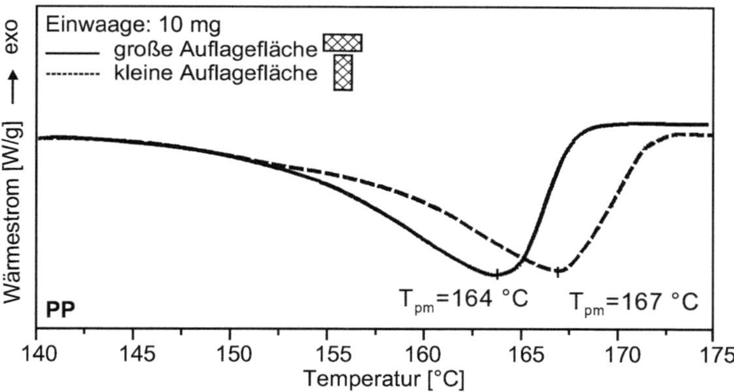

Bild 1.22 Einfluss der Probenauflagefläche auf die Schmelzkurve von PP

T_{pm} = Peaktemperatur, 1. Aufheizen, Einwaage ca. 10 mg, Heizrate 10 °C/min, Spülgas Stickstoff

große Kontaktfläche begünstigt gute Wärmeübertragung

Neben einer schonenden Probenentnahme kommt auch der gewählten **Entnahmestelle** aus dem Fertigteil eine wichtige Bedeutung zu. Vor allem bei spritzgegossenen Bauteilen differieren die Werte aus angussnahen/-fernen oder werkzeugoberflächennahen/-fernen Bereichen erheblich. Aufgrund konstruktiver Einflüsse (Wanddicke), verschieden langer Verweildauer im Werkzeug (Fließwege, Bindenähte), unterschiedlicher Nachdruckwirkung, der Werkzeug- und der Massetemperatur wird das

Kristallisationsverhalten örtlich stark beeinflusst. Bild 1.23 zeigt das Aufschmelzverhalten der Oberflächen eines PE-Flaschenkastens im angussnahen Bereich und am Griff (angussfern).

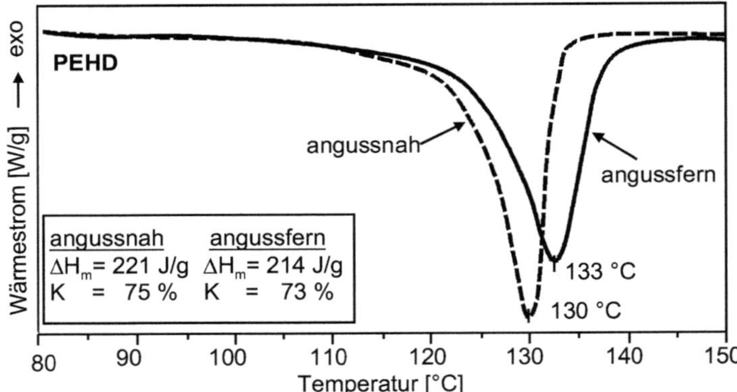

Bild 1.23 Peakgestalten und Kristallisationsgrade bei angussnaher und angussferner Probenentnahme an einem Flaschenkasten aus PEHD

T_{pm} = Peaktemperatur, ΔH_m = Schmelzenthalpie, K = Kristallisationsgrad bezogen auf ΔH_m^0 = 293 J/g, 1. Aufheizen, Einwaage ca. 3 mg, Heizrate 10 °C/min, Spülgas Stickstoff

Auffällig ist die unterschiedliche Peaklage. Die angußnahe Probe beginnt bei niedrigeren Temperaturen zu schmelzen, die Peaktemperatur T_{pm} liegt um 3 °C unterhalb von T_{pm} der angussfernen Probe. Der angussnahe Bereich wurde während der gesamten Zeit der Formfüllung mit Druck beaufschlagt, was zu einer Schmelzpunkterhöhung führt. Die effektive Unterkühlung ΔT ist somit größer und führt zur Ausbildung dünnerer Lamellen, die bei niedrigeren Temperaturen schmelzen (s. Kap. 1.2.3.1 und 1.2.3.5).

Im angussfernen Bereich wurde das Material zwar schneller abgekühlt und somit in einem niedrigeren Temperaturbereich kristallisiert, die Unterkühlung ist jedoch im Vergleich geringer. Die Schmelzenthalpien unterscheiden sich nur geringfügig.

Neben angussnaher und angussferner Probenentnahme liefern auch Messungen entlang des Probenquerschnitts wichtige Informationen über die Verarbeitung.

Bild 1.24 zeigt dies am Beispiel eines Formteils aus POM mit einer Wandstärke von ca. 3 mm. Das Material wurde im Spritzgiessprozeß verarbeitet, die Probenentnahme erfolgte über den Querschnitt gesehen an der Oberfläche und in der Mitte. Die gemessenen Schmelzkurven unterscheiden sich hinsichtlich der Schmelzenthalpie und des daraus resultierenden Kristallisationsgrades. Die oberflächennahe Probe zeigt eine um etwa 10 % geringere Schmelzenthalpie bzw. Kristallisationsgrad, da sie an der kalten Werkzeugwand schnell abgekühlt wurde. Auch die Breite der Kurven unterscheidet sich. In der Probenmitte konnten sich insgesamt Kristallite mit breiteren Lamellen ausbilden.

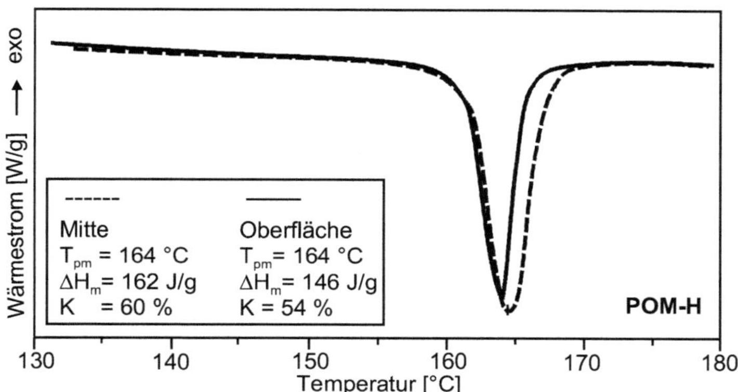

Bild 1.24 Einfluss der Entnahmestelle (Oberfläche, Probenmitte) auf die Schmelzkurve von POM-H

T_{pm} = Peaktemperatur, ΔH_m = Schmelzenthalpie, K = Kristallisationsgrad (bezogen auf ΔH_m^0 = 326 J/g), 1. Aufheizen, Einwaage ca. 3 mg, Heizrate 10 °C/min, Spülgas Stickstoff

Probenentnahmestelle im Formteil gezielt wählen und genau dokumentieren

Zwei typische Beispiele sollen veranschaulichen, wie stark sich die **Probenvorbehandlung** auf die gemessenen Kennwerte auswirkt und wie sie evtl. zu Fehlinterpretationen führen kann.

Die **Wasseraufnahme von Polyamid** durch Anlagerung von Wasser an die polaren Amidgruppen (-NHCO-) in den weniger dicht gepackten amorphen Bereichen hat sowohl elektrische, mechanische als auch thermische Eigenschaftsänderungen zur Folge (s. Kap. TMA, DMA, TGA).

Kunststoffe können Wasser aufnehmen (z.B. Polyamide); damit ändern sich die Eigenschaften

Diese Wasserabsorption zeigt sich in der DSC-Kurve durch einen sog. „Wasserbauch", Bild 1.25. Bei Erwärmung beginnt das Wasser ab etwa 30 °C zu verdampfen, was einen endothermen Effekt in der DSC verursacht. Erst ab ca. 100 °C nähert sich die Basislinie wieder dem ursprünglichen Wert. Wegen der besonders festen Bindung des Wassers und kompakten Probenform muss mit einem Austritt bis über 150 °C gerechnet werden, zumal das Wasser aus dem Probeninneren nicht ungehindert ausdiffundieren kann. Das eingelagerte Wasser erhöht die Einwaage der Probe und verfälscht somit die Enthalpieberechnung. Um durch das abdampfende Wasser einen Druckaufbau im Probentiegel zu vermeiden, wird in den Tiegeldeckel ein kleines Loch (max. 0,5 mm) gestanzt.

Im angeführten Beispiel wurden zwei identisch verarbeitete Polyamidproben, nass (8 % H_2O) und trocken (0,1 % H_2O) konditioniert, untersucht. Da die Wasseraufnahme die verarbeitungsbedingte Kristallinität kaum beeinflussen kann, ist die niedrigere Schmelzenthalpie ΔH_m (12 %) der nassen Probe auf die Einwaageverfälschung durch das aufgenommene Wasser zurückzuführen.

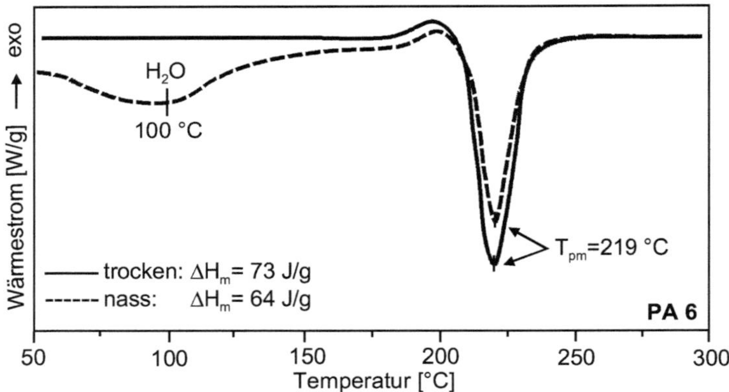

Bild 1.25 Einfluss der Feuchte auf das Schmelzverhalten von PA6

ΔH_m = Schmelzenthalpie, T_{pm} = Peaktemperatur, 1. Aufheizen, Einwaage ca. 4 mg, Heizrate 10 °C/min, Spülgas Stickstoff

Flüchtige Substanzen wie Wasser oder Lösemittel sollten vor Messbeginn durch geeignete Verfahren (Trocknen oder Abdampfen) entfernt werden. Um zu kontrollieren, ob ein Gewichtsverlust während der DSC-Messung stattgefunden hat, empfiehlt es sich, den Tiegel mit Probe vor und nach der Messung zu wiegen. Weitere Effekte der Wasseraufnahme (s. Kap. 1.2.3.4) sind die Erniedrigung des Glasübergangs und die Änderung der Probensteifigkeit über der Temperatur (s. Kap. 4.2.3.2 und 5.2.3.2).

Eine Anwendung der DSC ist die Bestimmung des **Aushärtegrades von Reaktionsharzen** (Kap. 1.2.3.9). Zunächst wird die Vernetzungsenthalpie des frisch angesetzten Harz-Härter-Gemisches als Ausgangswert gemessen. Während des 1. Aufheizens wird bis zu einer Temperatur, bei der keine Reaktionswärme mehr feststellbar ist, vollständig aushärtet. Dieser Ausgangswert wird mit den gemessenen Enthalpien verglichen, die sich bei unterschiedlichen Nachhärtebedingungen ergeben.

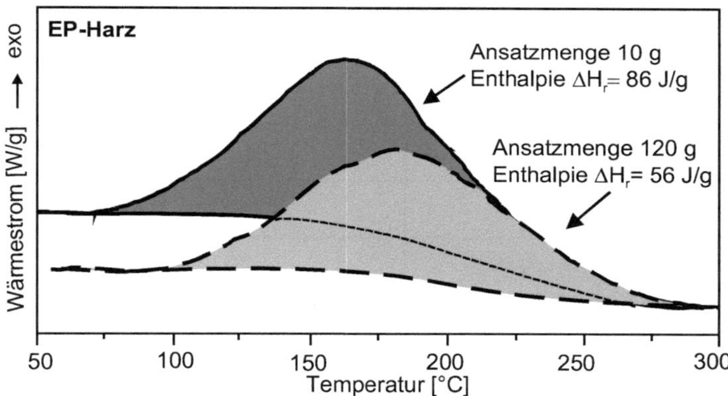

Bild 1.26 Einfluss der Ansatzmenge auf die Restenthalpie ΔH_r von EP-Harz nach einem Tag Lagerung bei 23 °C

1. Aufheizen, Einwaage ca. 20 mg, Heizrate 20 °C/min, Spülgas Stickstoff

Den Einfluss der Ansatzmenge der Reaktionspartner zeigt Bild 1.26. Bei gleichbleibendem Mischungsverhältnis wurden unterschiedliche Ansatzmengen (10 und 120 g) einen Tag im Normalklima (23 °C/50 % rel. Feuchte) gelagert. Die in den folgenden DSC-Messungen ermittelten unterschiedlichen Enthalpien ergaben sich durch die bei der exothermen Reaktion entstehende unterschiedliche Eigenerwärmung, die bei einer großen Ansatzmenge deutlich höher ist als bei einer kleinen. Diese Eigenerwärmung beschleunigt die Aushärtung während des einen Tages und führt bei der anschließenden DSC-Messung zu einer geringeren Restenthalpie sowie einem späteren Beginn des Nachhärteprozesses. An diesem Beispiel wird auch die Problematik der Übertragbarkeit von Laborergebnissen auf praxisrelevante Mengen deutlich.

Ansatzmenge eines Harz-Härter-Gemisches beeinflusst Härtungsverlauf

1.2.2.2 Einwaagemenge

Aufgrund der physikalischen Zusammenhänge hat die Probenmasse einen erheblichen Einfluss auf das Wärmestromsignal (s. Kap. 1.1.1). Überladungseffekte und Temperaturgradienten in der Probe sollten davon abhalten, nach dem Motto „viel hilft viel" zu verfahren. Vielmehr sollte die Probeneinwaage dem zu messenden Effekt angepasst werden. Richtwerte sind nach [4]:

Thermischer Effekt	Einwaagemenge
Glasübergang	10 bis 20 mg
Schmelzen/Kristallisieren	5 bis 10 mg*
Chemische Reaktionen	10 bis 20 mg
Spezifische Wärmekapazität	20 bis 40 mg

**Aufgrund eigener Erfahrungen ist hier eine Einwaagemenge von 1 bis 2 mg vorteilhaft, wenn die Empfindlichkeit des Messgerätes ausreicht.*

Bei teilkristallinen Thermoplasten kann eine zu hohe Einwaagemenge zum Austreten der Schmelze aus dem Tiegel führen, was sich in einer verwackelten Basislinie hinter dem Schmelzpeak äussert. Die verzögerte Wärmeleitung durch höhere Einwaagemengen verbreitert den Schmelzpeak und verschiebt die Peaktemperatur T_{pm} zu höheren Temperaturen, ohne dass sich Schmelzenthalpie ΔH_m und extrapolierte Anfangstemperatur T_{eim} ändern, Bild 1.27.

Die Anstiegsflanke des Schmelzpeaks wird von einem gerätespezifischen Effekt, dem Temperaturausgleich zwischen Probe und Referenz, und einem probenspezifischen Effekt, der Wärmeübertragung in der Probe, beeinflusst (s. Kap. 1.2.3.1). Hohe Einwaagemengen führen aufgrund der erhöhten Trägheit zu einer immer flacher werdenden Anstiegsflanke und somit zu einem breiteren Peak.

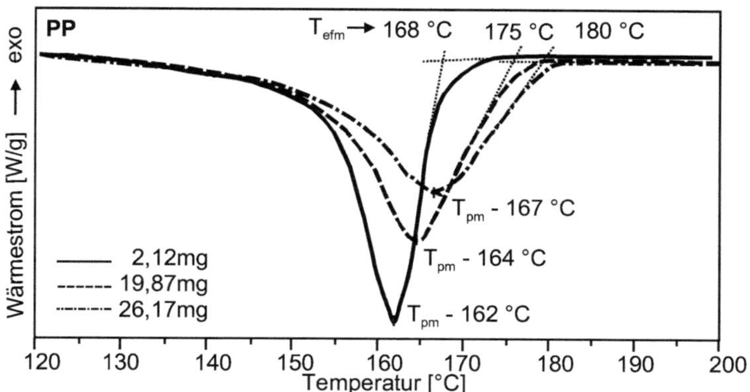

Bild 1.27 Einfluss der Einwaagemenge auf die Schmelzkurve von PP

T_{pm} = Peaktemperatur, T_{efm} = extrapolierte Endtemperatur, 2. Aufheizen, Heizrate 10 °C/min, Spülgas Stickstoff

Am Beispiel des oben gezeigten PP und einem PBT wurde die Breite der Anstiegsflanke als Differenz zwischen extrapolierter Endtemperatur T_{efm} und Peaktemperatur T_{pm} in Abhängigkeit der Einwaagemenge aufgetragen, Bild 1.28. Es besteht bei diesen beiden Proben ein nahezu linearer Zusammenhang zwischen der Temperaturdifferenz und der Einwaage.

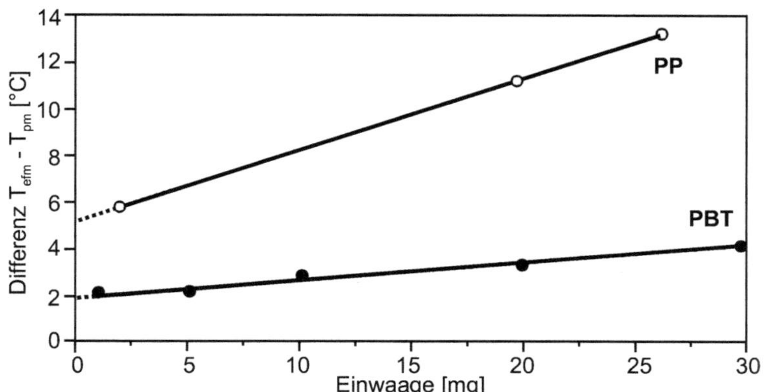

Bild 1.28 Temperaturdifferenz zwischen extrapolierter Endtemperatur T_{efm} und Peakmaximum T_{pm} in Abhängigkeit der Heizrate bei PP und PBT

Um Schmelzvorgänge möglichst exakt, mit nur geringen Trägheits- und Wärmeleitungseffekten behaftet zu verfolgen, sollte die Einwaage so gering wie möglich sein. Es empfiehlt sich eine Einwaagemenge von ca. 1 bis 2 mg, sofern die Empfindlichkeit des Messgerätes dies zulässt.

Schmelzen mit möglichst geringer Einwaagemenge untersuchen

Zur Bestimmung von **Glasübergängen** empfiehlt sich eine gößere Einwaage. Bild 1.29 zeigt die Abhängigkeit der Glasübergangstemperatur T_{mg} von der Einwaage bei einem Polycarbonat und einem vollständig ausgehärteten Epoxidharz. Die Glasübergangstemperatur des im Vergleich zum PC etwas schlechter wärmeleitenden Epoxidharzes unterliegt einer größeren Abhängigkeit von der Einwaage als die des PC. Dies zeigt, dass vergleichende Messungen gleiche Einwaagemengen erfordern.

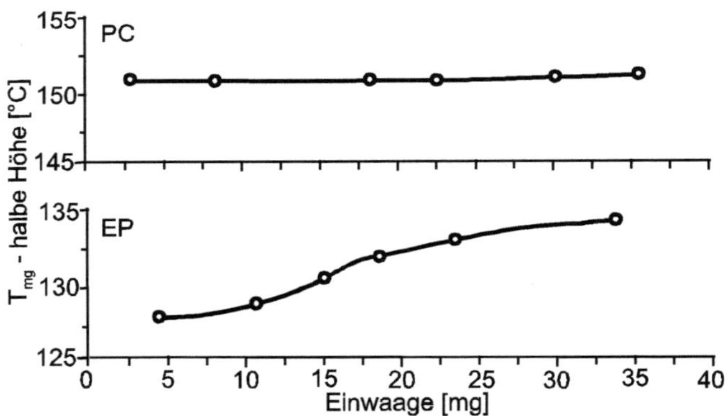

Bild 1.29 Einfluss der Einwaagemenge auf T_{mg} (Mittenpunktstemperatur) bei PC und EP

2. Aufheizen, Heizrate 20 °C/min, Spülgas Stickstoff

Vergleichende Messungen erfordern gleiche Einwaagemengen

Den Kunststoffen zugesetzte Füll- und Verstärkungsstoffe beeinflussen die Einwaage und somit quantitative Aussagen, beispielsweise über eine gemessene Schmelz- oder

Reaktionsenthalpie, die auf die Einwaage bezogen wird. Besonders Untersuchungen von Duroplasten, die in der Regel mit **Füll- und Verstärkungsstoffen** hochgefüllt sind, erfordern die genaue Kenntnis des reaktiven Kunststoffanteils im Tiegel. Unter der Voraussetzung einer bekannten und homogenen Füllstoffverteilung kann die Einwaagemenge bereits vor Messbeginn angepasst werden. Der sicherste Weg zur exakten Einwaage führt jedoch über eine sich der DSC-Messung anschließenden Thermogravimetrischen Analyse, wobei der Kunststoffanteil der DSC-Probe durch dessen Zersetzung bestimmt wird.

Gefüllte und verstärkte Kunststoffe erfordern zusammensetzungsbezogene Korrektur der Einwaagemenge

Durch Darstellung von DSC-Kurven in normierter Form, wobei der Wärmestrom auf die Einwaage bezogen in W/g aufgetragen wird, ist ein Vergleich von Messkurven an Proben unterschiedlicher Einwaagemenge vereinfacht.

1.2.2.3 Tiegel

Es gibt verschiedene Tiegelarten. Sie unterscheiden sich im Werkstoff, Volumen und der speziellen Einsatzmöglichkeit (z.B. Drucktiegel). Für die Kunststoffanalyse bis 600 °C werden in der Regel Einwegtiegel aus Aluminium verwendet, die normalerweise keine Reaktion mit den zu messenden Kunststoffen zeigen. Vereinzelt wurden nicht reproduzierbare Effekte aufgrund von Trenn- oder Ziehfett aus der Tiegelfertigung beobachtet. Um dem vorzubeugen, können die Tiegel in Aceton oder Methanol gereinigt werden. Die Tiegel und Deckel sollen nach DIN EN ISO 11357-1 [1] auf +/- 0,01 mg ausgewogen und mit einer Pinzette in die Probenhalterung der Messzelle eingebracht werden.

Für Temperaturen über 600 °C kommen Tiegel aus Quarz, Edelmetall oder Oxidkeramik zum Einsatz. Die Probenvolumina liegen zwischen 10 und 50 µl, bei sog. Großraumpfännchen zwischen 75 bis 100 µl. Im Normalfall wird das Tiegelpfännchen mit dem -deckel unter Zuhilfenahme einer speziellen Presse dicht verpreßt (kaltverschweißt). Der so präparierte Tiegel kann einem Innendruck von etwa 2 bis 4 bar standhalten.

Für Routinemessungen (in [4] vorgeschrieben) sollte der Deckel perforiert sein, um einem Druckaufbau im Tiegel vorzubeugen. Derartige Deckel sind marktgängig, die Perforation kann aber auch mit einer Nadel durchgeführt werden. Bei extrem flüchtigen Proben (z.B. wässrige Lösungen) spielt die Größe der Perforation eine Rolle, hierbei kommen vorperforierte Deckel zum Einsatz.

Im Normalfall - Aluminiumtiegel mit perforiertem Deckel

Bei der Verwendung von performierten Deckeln besteht die Gefahr des Massenaustritts und somit einer Verfälschung der Ergebnisse. In Bild 1.30 ist dieser Effekt für ein glasfaserverstärktes PA66 dargestellt.

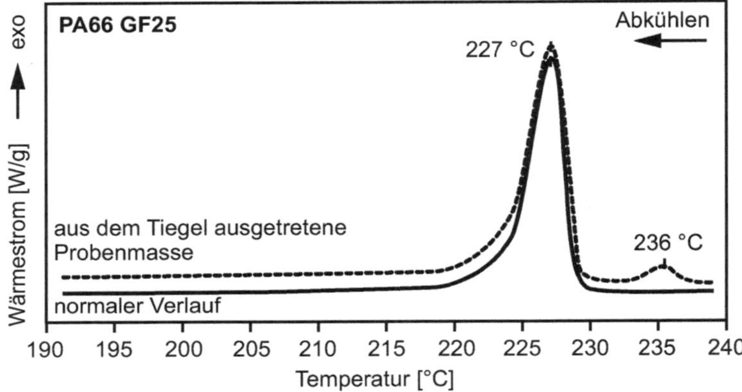

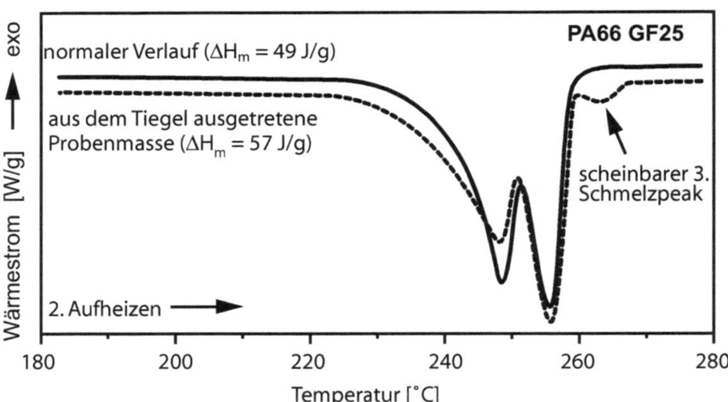

Bild 1.30 Kristallisationsverlauf (oben) und 2. Aufheizen (unten) von PA66 GF25 mit aus dem Tiegel ausgetretener Probenmasse und normalen Verlauf

Einwaage ca. 3 mg, Heizrate 10 °C/min, Spülgas Stickstoff

Eine sorgfältige Inaugenscheinnahme der Tiegel ist deshalb nach jeder Messung erforderlich. Bild 1.31 zeigt den tatsächlichen Kurvenverlauf einer isothermen Aushärtereaktion und den Kurvenverlauf bei ausgetretener Probemasse.

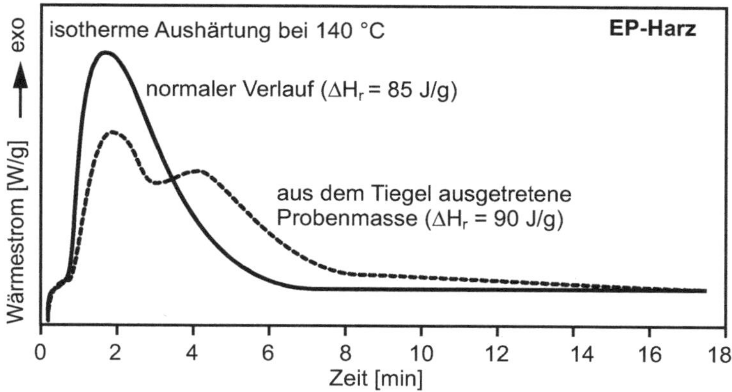

Bild 1.31 Isothermer Aushärteverlauf von EP-Harz mit aus dem Tiegel ausgetretener Probenmasse und normalen Verlauf

Einwaage ca. 5 mg, Isotherm 140 °C, Spülgas Stickstoff

Anmerkung: Die Gefahr des Austretens der Masse aus dem Tiegel ist um so größer, je geringer die Viskosität des Materials bei erhöhter Temperatur ist.

Bei der Untersuchung chemischer Reaktionen, bei denen ein Reaktionsprodukt entsteht, beispielsweise die Wasserabspaltung bei der Vernetzung von Phenolharz, oder bei der ein flüchtiger Reaktionspartner an der Reaktion beteiligt ist, beispielsweise Styrol in UP-Harz, kommen Drucktiegel zum Einsatz. Diese werden mit einem speziellen Werkzeug verschraubt und halten einem Innendruck von etwa 150 bar Stand. Dabei ist zu beachten, dass zum einen ein Druckaufbau im Tiegel möglich ist, zum anderen verändert sich die Konzentration leichtflüchtiger Reaktionspartner während der Reaktion nicht (s. Kap. 1.2.3.9). Wegen der erforderlichen Tiegelwanddicke (Tiegel sind etwa 10-mal schwerer) und der damit verbundenen Trägheit sollten die Heizraten besonders niedrig sein.

Bei leichtflüchtigen Komponenten Drucktiegel verwenden.

Die **Referenzmessstelle** des DSC-Gerätes wird meistens mit einem leeren Tiegel bestückt. Referenzmaterialien kommen dann zum Einsatz, wenn der thermische Effekt sehr klein ist und die Probeneinwaagemenge aufgrund hoher Füllstoffanteile nicht mehr erhöht werden kann. Referenzmaterialien, die sich im üblichen Messbereich bis 600 °C inert verhalten, sind Aluminiumoxid und Quarzglaspulver. Idealerweise wird der reine Füllstoff als Referenz verwendet, wobei dessen evtl. auftretende thermische Effekte in einer separaten Messung bestimmt werden müssen.

Im folgenden Beispiel wird der Glasübergang eines glasfaserverstärkten Polybutylenterephthalats (PBT GF30) aus der Messung mit gefülltem Referenztiegel im Gegensatz zur Messung mit leerem Referenztiegel besser erkenn- und auswertbar. Der Referenztiegel wurde mit der Menge an Quarzsand gefüllt, die dem Glasfaseranteil des Kunststoffs in etwa entspricht.

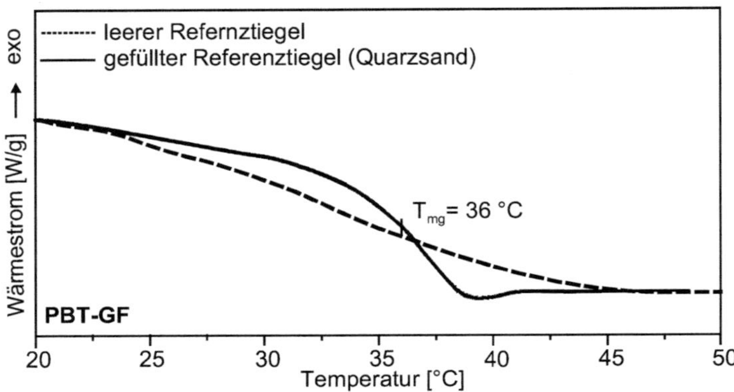

Bild 1.32 Einfluss der Referenztiegelfüllung auf die Kurvenform des Glasübergangs von PBT GF30

2. Aufheizen, Einwaage ca.10 mg, Heizrate 20 °C/min, Spülgas Stickstoff

1.2.2.4 Spülgas

Sollen Reaktionen (Oxidation) zwischen Probe und Umgebung vermieden werden, müssen DSC-Messungen unter Inertgasatmosphäre, d.h. Stickstoff, Helium oder Argon hoher Reinheit (99,99999 %) durchgeführt werden.

Der Gasstrom muss durch einen Druckminderer auf ca. 1 bar begrenzt und mittels Durchflussmesser einstellbar sein. Der nach [4] empfohlene Durchfluss beträgt etwa 20 ml/min. Da die Messzellen je nach Gerät unterschiedlich groß sind, sollten die Herstellerangaben eingehalten werden. Eigene Versuche haben ergeben, dass Peaktemperatur und Schmelzenthalpie nur geringfügig vom Spülgasdruck und damit von der Durchflussmenge abhängen; ein gewisser Mindestdruck muss jedoch vorliegen, um die Messzelle vollständig zu spülen.

Bei der Messung der spezifischen Wärmekapazität c_p, die definitionsgemäß druckabhängig ist, beeinflusst der Spülgasdruck das Ergebnis.

Spülgasdruck beeinflusst T_{pm} und ΔH_m nur wenig, c_p stärker

Um Temperaturgradienten durch das Spülgas zu vermeiden, sollte dieses vor dem Einströmen in die Zelle vorgewärmt werden. Messungen von Raumtemperatur ausgehend bis etwa 600 °C werden in der Regel (auch aus Kostengründen) mit Stickstoffspülung durchgeführt.

Wie wichtig die inerte Atmosphäre für die korrekte Messung z.B. der Schmelzenthalpie ist, zeigt Bild 1.33. Bei einigen Kunststoffen und je nach Stabilisierung kann die Zersetzung ohne Inertgas bereits während des Schmelzvorgangs beginnen, so dass keine klare Basislinie im Schmelzezustand ermittelt werden kann. Eine quantitative Enthalpieauswertung ist dann nur eingeschränkt möglich.

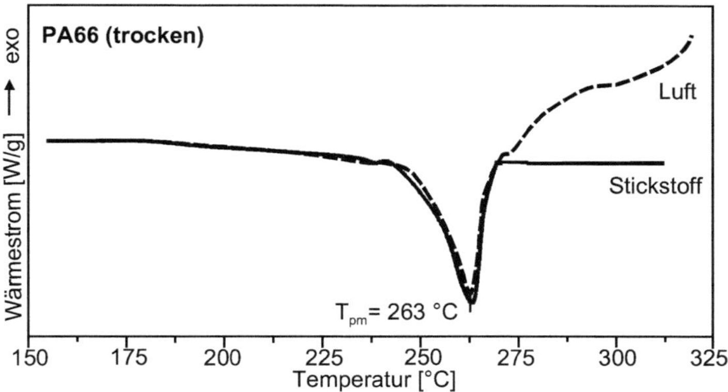

Bild 1.33 Einfluss des Spülgases, Stickstoff und Luft, auf die Schmelzkurven von PA66

T_{pm} = Peaktemperatur, 1. Aufheizen, Einwaage ca. 3 mg, Heizrate 10 °C/min

Für Tieftemperaturmessungen wird häufig Helium eingesetzt, da dieses Gas aufgrund seiner günstigeren Wärmeleitung im Tieftemperaturbereich eine schnellere Temperaturkonstanz in der Messzelle ermöglicht. Eigene Erfahrungen haben gezeigt, dass eine konstante Starttemperatur von -100 °C unter Helium nach etwa 10 min, unter Stickstoff aber erst nach 30 min erreicht wird.

Es sollte unbedingt darauf geachtet werden, die Kalibrierung mit dem gleichen Gas durchzuführen, das bei der späteren Messung eingesetzt wird, sonst können Enthalpieunterschiede bis zu 60 % auftreten.

Helium: Starttemperatur << RT
Stickstoff: Starttemperatur > RT

Gleiches Spülgas bei Kalibrierung und Messung

1.2.2.5 Messprogramm

Bei der Durchführung **isothermer Messungen** muss der auftretende Effekt während der Anpassungszeit der Probe auf die konstante Messtemperatur minimiert werden. Entweder wird die Probe bei RT in die Messzelle eingebracht und möglichst schnell auf die gewünschte Temperatur aufgeheizt, dies kann bei hohen Heizraten zum Überschwingen, d.h. zu einer kurzzeitig erhöhten Temperatur führen. Oder die Probe wird erst nach Erreichen der Messtemperatur in die Messzelle eingebracht, was einen starken „Einschwingeffekt“ mit sich bringt.

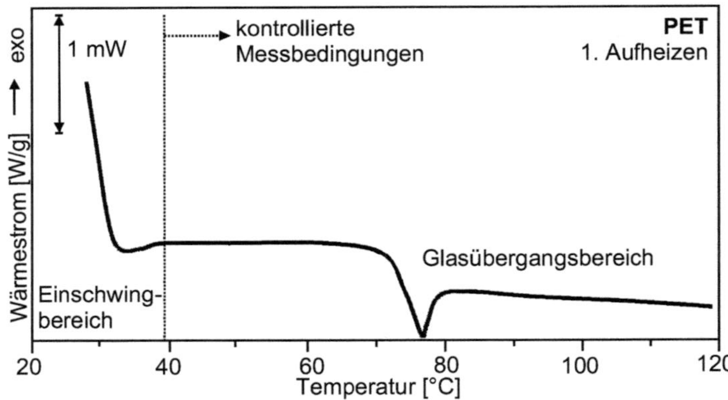

Bild 1.34 Einschwingeffekt nach dem Start einer DSC-Messung am Beispiel von PET

1. Aufheizen, Einwaage ca. 3 mg, Heizrate 10 °C/min, Spülgas Stickstoff

Bei **dynamischen Messungen** kommt neben der Start- und Endtemperatur vor allem der Heizrate große Bedeutung zu. Die **Starttemperatur** sollte wegen des Auftretens eines Einschwingeffektes mindestens 50 °C unter dem Temperaturbereich des erwarteten Effektes liegen. Die dann stabile Basislinie erlaubt eine zuverlässige Auswertung. Bild 1.34 zeigt einen solchen Einschwingeffekt, der sich über 10 bis 20 °C hinziehen kann, am Beispiel der Glasübergangsbestimmung eines PET. Gleichzeitig wird die relative Größe in mW deutlich, die ein solcher Einschwingeffekt beispielsweise im Vergleich zur Glasübergangsstufe des PET einnehmen kann.

Für die Untersuchung von Schmelzvorgängen teilkristalliner Thermoplaste, die meist weit über 100 °C schmelzen, bedeutet dies in der Praxis einen Messbeginn ab RT, ebenso bei den üblichen amorphen Thermoplasten.

Bei der Messung der meisten ausgehärteten Duroplaste kann ebenso bei RT begonnen werden. Tiefere Starttemperaturen müssen für Enthalpiebestimmungen vor allem von kalthärtenden Harzsystemen eingehalten werden, da diese bereits bei RT reagieren.

Falls hohe Weichmacheranteile (z.B. in PVC), Elastomerkomponenten (Butadien im ABS), thermoplastische Elastomere oder reine Elastomere charakterisiert werden, ist eine sehr tiefe Starttemperatur von bis zu -150 °C erforderlich, da die Glasübergangstemperaturen sehr tief liegen.

Kunststoffgruppe	Starttemperatur
Thermoplaste*	RT*
Elastomere	-150 bis -80 °C
ausgehärtete Duroplaste	RT
nicht ausgehärtete Duroplaste	-50 °C

**Bei weichmacherhaltigen oder elastomermodifizierten Kunststoffen liegt die Startemperatur deutlich tiefer.*

Vor Messbeginn muss sichergestellt sein, dass die Probe tatsächlich die angezeigte Temperatur erreicht hat; dies erfolgt durch eine Haltezeit (Equilibrierzeit); bei RT in ca. 2 min, bei tiefen Temperaturen in ca. 10 bis 20 min. Um eine sinnvolle Auswertung zu ermöglichen, sollte die **Endtemperatur** bei der Messung von Glasübergängen ca. 50 °C über dem Effekt liegen. Zur Untersuchung von Schmelzprozessen muss die Endtemperatur hoch genug liegen, um Verarbeitungseinflüsse zu löschen, doch nicht zu hoch, um thermische Zersetzung zu vermeiden. In der Praxis liegt die Endtemperatur etwa 30 °C oberhalb der Endtemperatur T_{fm} des Schmelzvorgangs.

Starttemperatur 50 °C unter dem Temperaturbereich des erwarteten Effektes, Endtemperatur 30 °C oberhalb, aber Gefahr beginnender Zersetzung

Die **Heizrate** bestimmt nicht nur die Dauer der Messung, sondern auch deren Ergebnis. Auch sie muss dem zu messenden Effekt angepaßt werden. In [4] werden folgende Heizraten empfohlen:

Thermischer Effekt	Heizrate
Glasübergang	20 °C/min
Schmelzen, Kristallisieren	10 °C/min*

**Zur Unterdrückung einer evtl. Nachkristallisation eine höhere Heizrate wählen.*

Davon abweichende Heizraten sind natürlich möglich. Da der gemessene Wärmestrom der Heizrate direkt proportional ist, führen höhere Heizraten zu einem grösseren Signal und können somit besonders kleine Effekte, wie z.B. schlecht ausgeprägte Glasübergänge bei hochgefüllten Duroplasten oder geringe Anteile kristalliner Verunreinigungen deutlicher hervorheben. Jedoch führt eine hohe Heizrate zu einer schlechteren Auflösung beispielsweise eng nebeneinander liegender Schmelzpeaks.

hohe Heizrate - deutlichere Darstellung kleiner Effekte - schlechtere Auflösung

Einfluss von Heiz- und Kühlrate auf den Glasübergang

Bild 1.35 zeigt den Einfluss der Heizrate auf den Glasübergang eines **amorphen Kunststoffs**, Polycarbonat. Mit steigender Heizrate vergrößert sich die Stufe des Glasübergangs und wird besser auswertbar.

Die zugeführte thermische Energie löst frühere, meist durch die Verarbeitung eingebrachte nicht stabile Strukturen (Molekülorientierungen, Eigenspannungen, noch nicht kristallisierte Bereiche usw.) auf und passt sie ebenso wie die Gleichgewichtsstrukturen der aktuellen Temperatur an, solange die Umwandlungen schneller ablaufen als die Dauer der Temperaturzufuhr. Das ist oberhalb von T_g der Fall. Parallel dazu nimmt c_p stufenartig zu, um dann (monoton) konstant mit der Temperaturerhöhung weiterzulaufen. Bei höherer Heizrate wirkt die Wärmezufuhr verzögert und reicht erst bei höheren Temperaturen aus, um die Umwandlung der dann beweglicheren Makromoleküle auszulösen, was sich in einer sprunghaften Änderung von c_p und einem Überschwingen in Form eines lokalen Maximums bemerkbar macht. Dementsprechend verschiebt sich T_{mg} geringfügig zu etwas höheren Temperaturen.

Der nach Durchlaufen des Glasübergangs erreichte c_p-Wert ist von der Heizrate unabhängig gleich groß. In Bild 1.35 ist nicht c_p in Abhängigkeit der Temperatur aufgetragen, sondern das direkte Messsignal, der Wärmestrom. Die c_p-Kurven können durch Division von Wärmestrom und Heizrate ermittelt werden (nach vorangegangener Kalibrierung).

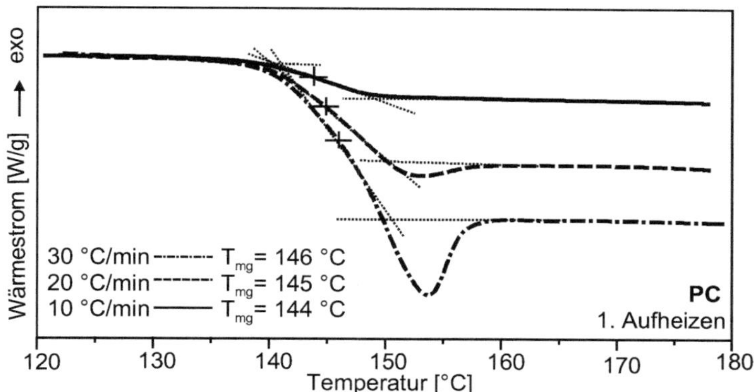

Bild 1.35 Einfluss der Heizrate auf die Ausbildung des Glasübergangs bei einer DSC-Kurve von PC

T_{mg} = Mittenpunktstemperatur, 1. Aufheizen, Einwaage ca. 13 mg, Spülgas Stickstoff

steigende Heizrate vergrößert die Glasübergangsstufe, T_{mg} verschiebt sich zu etwas höheren Temperaturen

Den Einfluss der Abkühlgeschwindigkeit auf den Glasübergang im 2. Aufheizen zeigt Bild 1.36 am Beispiel des oben genannten Polycarbonats. Je geringer die Abkühlgeschwindigkeit v_k ist, um so deutlicher ausgeprägt wird das lokale Maximum.

Gestalt des Glasübergangs wird durch vorangegangene Abkühlrate beeinflusst

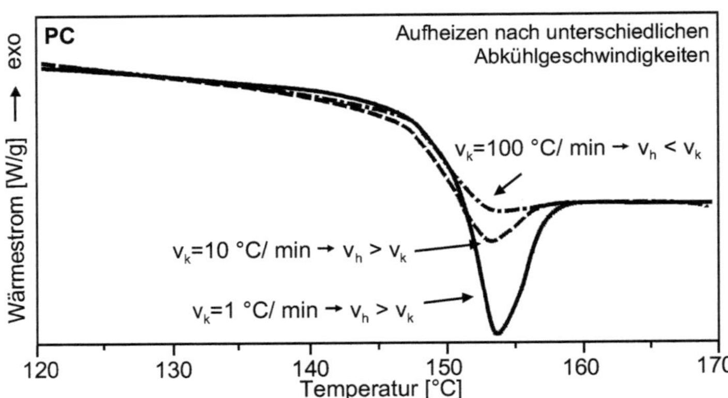

Bild 1.36 Einfluss der Kühlrate auf die Ausbildung des Glasübergangs beim 2. Aufheizen von PC

v_k = Kühl-, v_h = Heizrate, Einwaage ca. 11 mg, Heizrate 20 °C/min, Spülgas Stickstoff

Einfluss von Heiz- und Kühlrate auf die Schmelz- und Kristallisationskurve

Nach DIN 53 765 wird für das Aufschmelzen teilkristalliner Kunststoffe eine Heizrate von 10 °C/min empfohlen. Die gewählte Heizrate wirkt sich jedoch besonders bei Proben, die zur Nach-/Umkristallisation neigen, stark auf das Messergebnis aus. Da die Nach-/Umkristallisation ein zeitabhängiger Vorgang ist, wird sie durch kleine Heizraten begünstigt.

Teilkristalline Kunststoffe besitzen eine mehr oder weniger metastabile Struktur, weil die Kristallisation während der vorangegangenen Verarbeitung normalerweise nicht vollständig abläuft. Diese metastabile Struktur kann während des Aufheizens durch Nach-/Umkristallisation in eine stabilere Form umgewandelt werden. In diesem Fall geben die Schmelzkurven nicht den ursprünglich vorhandenen Materialzustand wieder. Eine Überlagerung von exothermer Nach-/Umkristallisation und endothermem Schmelzen kann in extremen Fällen zur Ausbildung eines Doppelpeaks führen, welcher jedoch nicht auf das Vorhandensein von zwei Kristallmodifikationen rückschliessen lässt.

Eine Nachkristallisation kennzeichnet eine Umwandlung von amorphen Bereichen in kristalline Bereiche im Gegensatz zur Umkristallisation, bei der eine kristalline Struktur in eine andere kritstalline Struktur übergeht. Die Neigung zur Nach- oder Umkristallisation hängt neben dem Werkstoff an sich vor allem auch von dessen bisheriger thermischer Vorgeschichte ab. Schnell abgekühlte oder abgeschreckte Proben zeigen im Vergleich zu getemperten, höher auskristallisierten Proben eine erhöhte Kristallisationsneigung.

Zur Charakterisierung des Ausgangszustandes, ohne Wirkung einer Nach-/Umkristallisation, scheint für POM eine Heizrate von v_h = 10 °C/min günstig zu sein. PP zeigt hingegen noch eine deutliche Änderung der Enthalpiewerte zu höheren Heizraten hin, Bild 1.37.

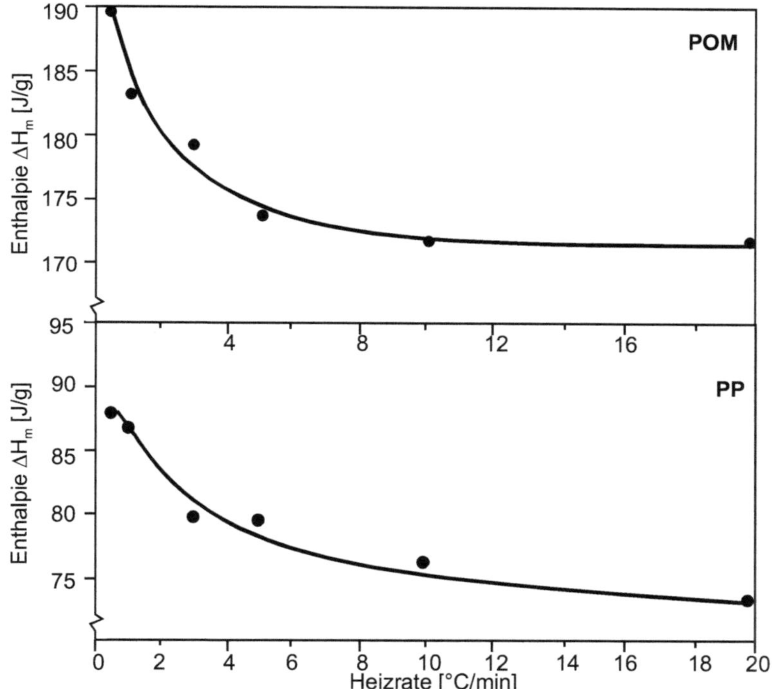

Bild 1.37 Einfluss der Heizrate auf die Schmelzenthalpien ΔH_m von PP und POM, vorangegangene Kühlrate v_k = 10 °C/min

Einwaage ca. 3 mg, Spülgas Stickstoff

geringe Heizraten ermöglichen während der Messung:
Nachkristallisation (amorph → kristallin) und/oder
Umkristallisation (kristallin → kristallin, Schmelzenthalpie ΔH_m steigt)

Mit steigender Heizrate verschieben sich die charakteristischen Peaktemperaturen beim Schmelzen, das Peakmaximum T_{pm} und vor allem die extrapolierte Anfangstemperatur T_{eim}, einerseits wegen der zunehmenden thermischen Trägheit generell zu höheren Temperaturen. Andererseits haben metatabile Strukturen besonders bei niedrigen Heizraten ausreichend Zeit, sich in perfektere Strukturen umzuwandeln, z.B. Kristallite mit weniger Störstellen und größerer Lamellendicke, die dann bei höherern Temperaturen schmelzen (s. Kap. 1.1.4.2).

Bild 1.38 zeigt die Peaktemperatur T_{pm} von PEHD-Proben unterschiedlicher Vorgeschichte in Abhängigkeit von der Quadratwurzel der Heizrate.

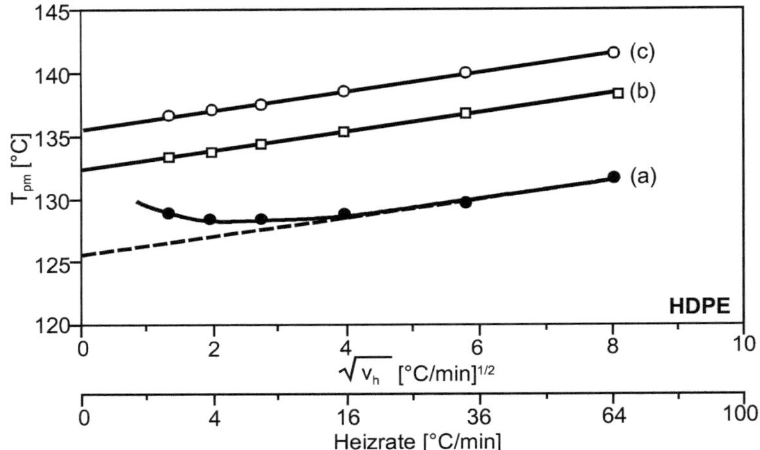

(a) 1 mm dicke Platte von 170 °C in Eiswasser abgeschreckt
(b) Probe (a) 50 h bei 130 °C getempert
(c) Probe (a) 167 h bei 131,5 °C getempert

Bild 1.38 Abhängigkeit der Temperatur des Schmelzpeaks von der Quadratwurzel der Aufheizgeschwindigkeit,
PEHD-Proben mit unterschiedlicher Vorgeschichte [13]

T_{pm} = Peaktemperatur, Einwaage 1 mg

Die Kurven (b) und (c) ergeben einen linearen Zusammenhang. Der durch eine Extrapolation auf die theoretische Heizrate 0 gewonnene Schmelzpunkt beträgt 132,3 °C bei Probe (b) und 135,2 °C bei Probe (c). Probe (a) zeigt die typische Nachkristallisation während der Erwärmung.

Bei Aufheizgeschwindigkeiten unter 20 °C/min verschieben während der Messung ablaufende Rekristallisationsvorgänge den Schmelzpeak zu höheren Temperaturen.

Erst oberhalb einer Heizrate von 20 °C/min kann der Rekristallisationsprozeß innerhalb der Messdauer nicht mehr stattfinden, und man mißt nun den durch die apparative thermische Trägheit bestimmten Schmelzpunkt der nach dem Abschrecken in der Probe vorhandenen Struktur. Aus diesem Teil der Kurve erhält man durch Extrapolation auf die Heizrate 0 für die abgeschreckte Probe (a) einen Schmelzpunkt von ungefähr 125 °C [13].

Neigung zur Um-/Nachkristallisation hängt von thermischer Vorgeschichte ab.

Die Abkühlbedingungen beim Verarbeitungsprozess sind maßgeblich für die Strukturbildung des Kunststoffes verantwortlich (s. Kap. 1.1.4.3). Mittels DSC können Abkühlbedingungen durch Variation der **Kühlrate** nachgestellt werden. Anhand der 1. Aufheizkurve sind somit Rückschlüsse auf den vorangegangenen Verarbeitungsprozeß möglich, es können aber auch gezielte Vorgeschichten durch bestimmte Kühlraten geschaffen werden.

Abkühlbedingungen sind für die ausgebildete Struktur verantwortlich.

Hohe Kühlraten verschieben den gesamten Kristallisationspeak zu tieferen Temperaturen. Bild 1.39 zeigt diesen Einfluss der Kühlrate auf die charakteristischen Temperaturen der Kristallisationskurven am Beispiel eines PP, die extrapolierte Anfangstemperatur T_{eic} und Peaktemperatur T_{pc}. Dabei wurden die Temperaturen in Abhängigkeit der Kühlrate linear (links) und in Abhängigkeit der Quadratwurzel der Kühlrate (rechts) aufgetragen.

Die Extrapolation der resultierenden Kurven liefert für T_{eic} mit 137 °C und T_{pc} mit 134 °C unabhängig von der Auftragung die gleichen Werte. Da sich bei der Darstellung der Temperaturen über die Quadratwurzel der Kühlrate ein linearer Zusammenhang ergibt, kann die Extrapolation einfacher durchgeführt werden und ist somit der linearen Auftragung vorzuziehen.

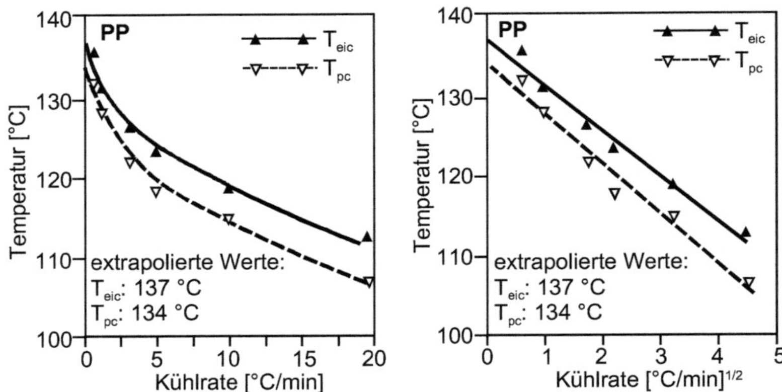

Bild 1.39 Einfluss der Kühlrate auf die charakteristischen Kristallisationstemperaturen bei PP, links: lineare Darstellung, rechts: Quadratwurzel der Kühlrate

T_{eic} = extrapolierte Anfangstemperatur, T_{pc} = Peaktemperatur, Endtemperatur des 1. Aufheizens 200 °C, 2. Aufheizen, Einwaage ca. 3 mg, Spülgas Stickstoff

Hohe Kühlraten verschieben die gesamte Kristallisationskurve zu tieferen Temperaturen.

Unterschiedliche Kühlraten beeinflussen direkt das Kristallisationsverhalten, deshalb sollte bei vergleichenden Messungen mit einheitlichen Kühlraten gearbeitet werden. Bild 1.40 zeigt den Einfluss unterschiedlicher Abkühlgeschwindigkeiten auf das Schmelzverhalten am Beispiel von PBT. Die Probe wurde aus der Schmelze (Endtemperatur 1. Aufheizen 300 °C) heraus mit unterschiedlicher Kühlgeschwindigkeit abgekühlt. Schnelles Abkühlen, v_k = 100 °C/min (hohe Unterkühlung), bedingt einen geringeren Kristallisationsgrad und kann beim Aufheizen zu einer Kaltkristallisation führen. Langsames Abkühlen (v_k = 1 °C/min) führt zu einem anderen Erscheinungsbild der Schmelzkurve. Bei dieser Probe bilden sich ähnlich wie bei anderen polymorphen Kunststoffen (z.B. Polyamiden) zwei unterschiedliche kristalline Strukturen aus, die wiederum bei verschiedenen Temperaturen (Doppelpeak) schmelzen.

Vergleichende Messungen zur Beurteilung des Kristallisationsverhaltens mit gleicher Kühlrate durchführen.

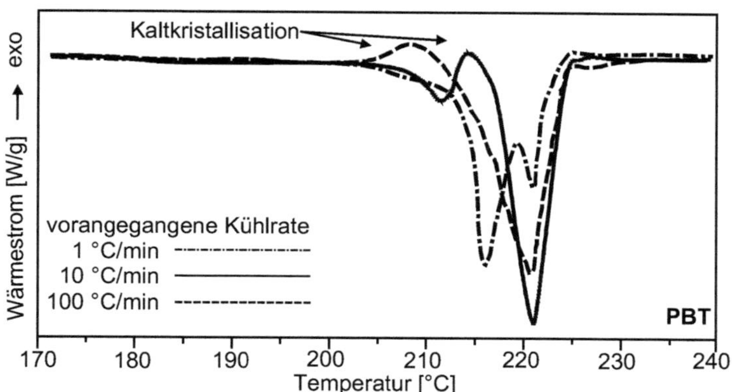

Bild 1.40 Einfluss der Kühlrate auf das Schmelzverhalten von PBT

Einwaage ca. 5 mg, Heizrate 10 °C/min, Spülgas Stickstoff

Nicht definierte und unbekannte Kühlvorgänge können bei der Interpretation von DSC-Kurven zu erheblicher Verwirrung führen.

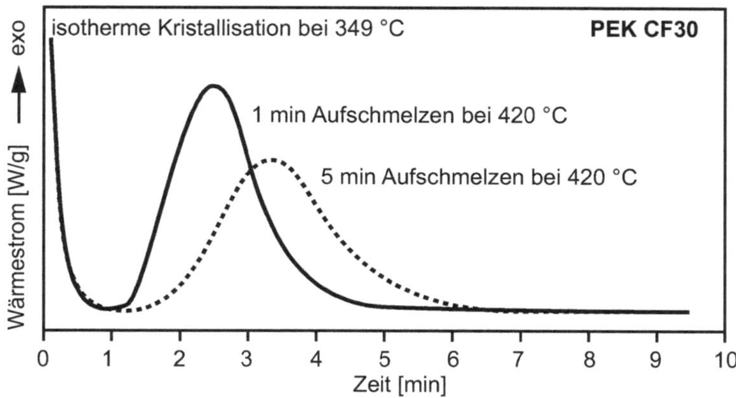

Bild 1.41 Einfluss der Haltezeit bei der Endtemperatur (hier 420 °C) auf die nachfolgende isotherme Kristallisation (hier 349 °C) eines PEK CF30

Einwaage ca. 10 mg, isotherm 349 °C, Spülgas Stickstoff

Auch die Haltezeit bei der Endtemperatur nach dem 1. Aufheizen ist, neben dieser selbst, ein wichtiger Faktor, der bei vergleichenden Messungen konstant gehalten werden sollte. Bild 1.41 zeigt isotherme Kristallisationsversuche von PEK CF30 bei einer Temperatur von 349 °C. Das Material war vermutlich bei einer Haltezeit von 1 min bei 420 °C noch nicht ausreichend aufgeschmolzen, die nachfolgende Kristallisation verlief willkürlich und nicht reproduzierbar. Eine Haltezeit von 5 min erschien in diesem Fall sinnvoll, da unter diesen Bedingungen reproduzierbare Werte ermittelt werden konnten.

Die Messungen isothermer Kristallisationsvorgänge können sich als sehr zeitaufwendig erweisen und eignen sich somit für Nachtmessungen. Es sollte jedoch darauf geachtet werden, dass die Versuche immer wieder an neuen Probekörpern durchgeführt werden. In Bild 1.42 ist ein PEK CF30 dargestellt, dass 3 mal für eine isotherme Kristallisation bei 349 °C unter Stickstoff herangezogen wurde. Der Kristallisationspeak wird immer schmaler und ist zu geringeren Zeiten verschoben, was auf eine Schädigung des Materials schließen läßt.

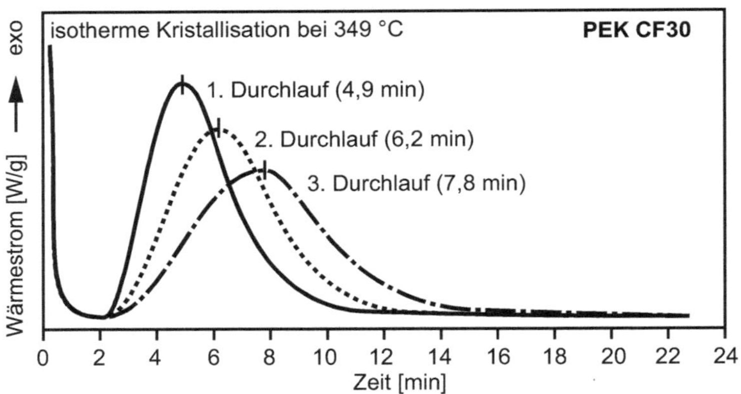

Bild 1.42 Schädigung eines PEK CF30 durch mehrmalige Verwendung einer Probe, isotherme Kristallisationsversuche bei 349 °C

Einwaage ca. 10 mg, isotherm 349 °C, Spülgas Stickstoff

1.2.2.6 Auswertung

Auswertung der Glasübergangstemperatur

Neben der genormten T_g-Auswertung in [1] und [4] als Mittenpunktstemperatur (entspricht der halben Stufenhöhe) erlaubt die Gerätesoftware häufig noch andere Möglichkeiten zur Auswertung der Glasübergangsstufe.

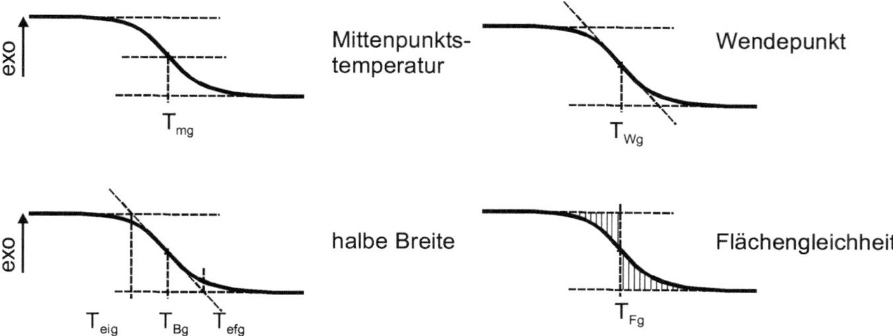

Bild 1.43 Unterschiedliche Methoden zur Auswertung der Glasübergangsstufe

Bei ideal ausgebildeten Glasübergängen, die vor und nach der Stufe eine gleichmäßige Basislinie besitzen, führen alle vier Auswertemethoden zum gleichen Ergebnis. Häufig wird jedoch das Anlegen der Tangenten durch unsaubere Basislinien erschwert.

Das Verfahren der **Mittenpunktstemperatur** (entspricht der halben Stufenhöhe) ist eine zuverlässige Auswertemethode, die sowohl in aktuellen Normen [1, 4] als auch in der Literatur [8, 12, 24] empfohlen wird. Eigene Erfahrungen haben dies bestätigt; es wurden jeweils 10 Einzelmessungen an PC (Einwaage 10 bis 14 mg) und EP-Harz (Einwaage 14 bis 17 mg) durchgeführt.

Die Ergebnisse sind in Tabelle 1.9 dargestellt. Auswertungen nach der **halben Breite** sollten gleiche Werte liefern. Erschwert werden kann der Bestimmung von Anfangs- bzw. Endtemperaturen bei dieser Methode durch den Glasübergang überlagernde Effekte.

Die Bestimmung des **Wendepunktes** erfolgt je nach Gerätesoftware mit unterschiedlichen Berechnungsalgorithmen und führt daher zu voneinander abweichenden Werten.

Die Methode der **Flächengleichheit** ist in der Praxis wenig verbreitet.

Unterschiedliche Auswertealgorithmen führen zu unterschiedlichen Ergebnissen.

DLDK (Dynamische Leistungs-Differenzkalorimetrie)

	Wendepunkt (T_{Wg})* [°C]	T_{mg} [°C]	halbe Breite (T_{Bg}) [°C]
PC - Mittelwert	150	148	147
s +/-	0,6	1,4	1,5
EP - Mittelwert	115	114	114
s +/-	1,0	1,1	1,1

DWDK (Dynamische Wärmestrom-Differenzkalorimetrie)

	Wendepunkt (T_{Wg}) [°C]	T_{mg} [°C]	halbe Breite (T_{Bg}) [°C]
PC - Mittelwert	151	149	149
s +/-	2,3	1,0	1,3
EP - Mittelwert	116	115	115
s +/-	0,6	0,5	0,5

**In diesem Fall musste der Wendepunkt manuell als Maximum der 1. Ableitung bestimmt werden.*

Tabelle 1.9 Einfluss des Messverfahrens und der Auswertemethode auf die ermittelte Glasübergangstemperatur, PC und EP, 2. Aufheizen, s = Standardabweichung, je 10 Messungen

Einwaage ca. 15 mg, Heizrate 20 °C/min, Spülgas Stickstoff

Anhand dieser Beispiele wird eine gute Reproduzierbarkeit der jeweils ermittelten Glasübergangstemperaturen deutlich. Unterschiedliche Auswertemethoden liefern für die beiden verwendeten Kunststoffe nur geringe Differenzen, diese können bei schlecht ausgeprägten Kurven deutlich größer werden [25]. Vergleicht man die Glasübergangstemperaturen bei unterschiedlichen Messprinzipien (DLDK und DWDK) fällt auch hier eine gute Übereinstimmung der Werte auf. Eigene Erfahrungen haben gezeigt, dass schlecht ausgeprägte Glasübergänge mit Hilfe eines Wärmestrom-Kalorimeters deutlicher zu erkennen und bestimmen sind.

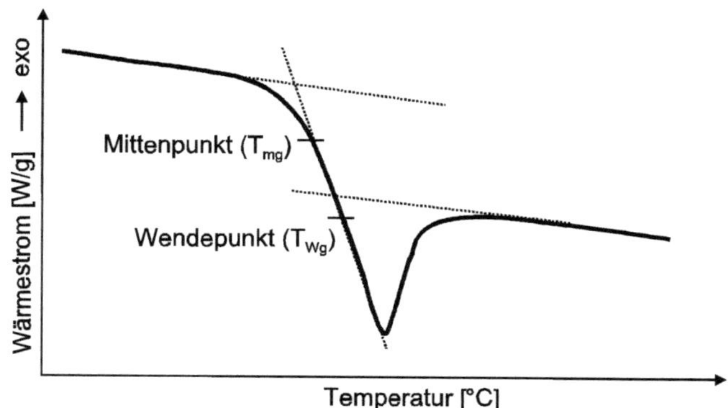

Bild 1.44 T_g-Auswertung: T_{mg} = Mittenpunktstemperatur, T_{Wg} = Wendepunkt

Der Anwender sollte sich immer für eine Auswertemethode entscheiden und diese beibehalten. Problematisch kann die Glasübergangsauswertung werden, wenn der Glasübergang von einem zusätzlichen endo- oder exothermen Effekt überlagert wird. Besonders kritisch für die Auswertung solcher Kurven ist die Wendepunktmethode, die aufgrund der für den Wendepunkt relevanten höheren Flanke zu höheren Werten führt. Eigene Erfahrungen haben gezeigt, dass das Verfahren der Mittenpunktstemperatur (halbe Stufenhöhe) auch für schlecht ausgeprägte Glasübergänge zuverlässige Ergebnisse liefert.

T_g - Auswertung als Mittenpunktstemperatur T_{mg} (halbe Stufenhöhe)

Enthalpieauswertung

Die Auswertung von Schmelz- bzw. Kristallisationskurven wurde bereits ausführlich beschrieben (s. Kap. 1.1.4.2). Für die Enthalpieauswertung werden die Basislinien meist vor und nach dem Effekt mittels einer geraden Linie verbunden, obwohl auch beim Schmelzen und Kristallisieren eine c_p-Änderung auftritt. Bei chemischen Reaktionen, die mit einer ausgeprägten c_p-Änderung verbunden sind, ist es häufig nicht sinnvoll, eine lineare Verbindungslinie anzuwenden. Besonders die Vernetzungsreaktionen von Duroplasten können zu einem erheblichen Basislinienversatz führen. In diesem Fall wird die Tangente vor und nach dem Effekt mit Hilfe einer geschwungenen Basislinie angepaßt. Zur Konstruktion solcher Basislinien gibt es jedoch unterschiedliche Berechnungsalgorithmen, die eine Vergleichbarkeit der Ergebnisse einschränken.

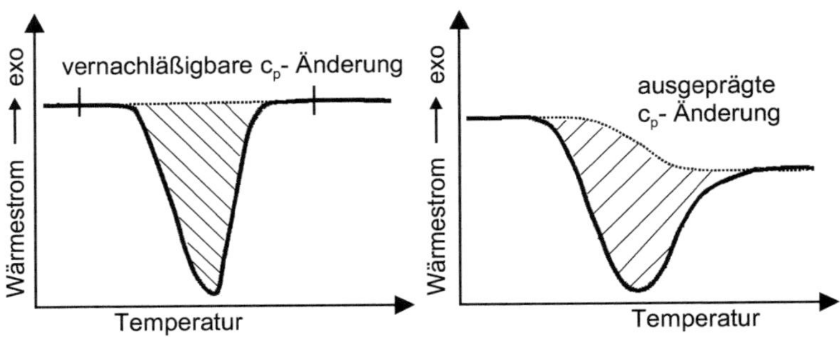

Bild 1.45 Unterschiedliche Basislinientypen (linear und geschwungen) zur Integration der Enthalpie, schematisch

Bei der Integration von Schmelz- oder Kristallisationskurven werden geschwungene Basislinien selten eingesetzt, häufiger dagegen beim Abdampfen flüchtiger Substanzen oder bei chemischen Reaktionen.

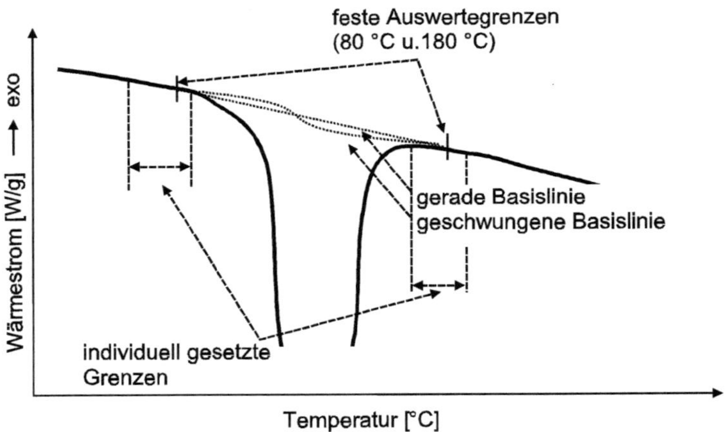

Bild 1.46 Schematische Darstellung einer Schmelzkurve mit Auswertegrenzen, lineare und geschwungene Basislinie bei PP, entsprechend Tab. 1.10

Neben unterschiedlicher Steigung haben auch die Temperaturen, bei denen die zur Basislinienkonstrukion notwendigen Tangenten angelegt werden, erheblichen Einfluss auf das Ergebnis. An 10 Proben eines PP-Granulates (Einwaage 3 bis 5 mg) wurde eine Fehlerabschätzung hinsichtlich der Peaktemperatur T_{pm} und der Schmelzenthalpie ΔH_m durchgeführt. Dabei wurden die Art der Basislinie (geschwungen und gerade) und deren Temperaturgrenzen zum Anlegen der Tangenten variiert, Bild 1.46. Letztere wurden zum einen mit 80 °C und 180 °C vorgegeben, zum anderen jeweils dem Bediener als günstig erscheinend, individuell gewählt.

Die Konstruktion der Basislinie hat keinen relevanten Einfluss auf die Peaktemperatur T_{pm}. Die Vergleichbarkeit der beiden Messprinzipien ist ebenfalls gegeben. Bei der Enthalpieauswertung hängt der ermittelte Wert ΔH_m stark von der gewählten Basislinie ab. Bei nicht idealem Kurvenverlauf können in ein- und derselben Messung Enthalpieunterschiede von bis zu 30 % (Vergleich geschwungene und gerade Basislinie) resultieren.

Zusammenfassend läßt sich erkennen, dass die größere Empfindlichkeit der hier verwendeten DLDK im Vergleich zu der verwendeten DWDK auch größere Probleme bei der Reproduzierbarkeit der Kurvenauswertung mit sich bringt. Auf die Verwendung von geschwungenen Basislinien sollte bei der Auswertung von Schmelzvorgängen möglichst verzichtet werden.

Einheitlichen Basislinientyp anwenden,
Auswertegrenzen nach individueller Betrachtung sinnvoll setzen.

Bei vergleichenden Messungen ist die Einhaltung fester Temperaturgrenzen bzw. -bereiche anzuraten. Die beste Reproduzierbarkeit wurde bei der individuellen Festlegung der Auswertegrenzen erzielt. Aufgrund von Verschmutzung oder Alterung der Messzelle können nichtlineare, unsaubere Basislinien auftreten; hierbei besteht die Möglichkeit, eine mit zwei leeren Tiegeln aufgenommene Basislinie von der Messkurve abzuziehen. Jedoch muss es immer das Ziel sein, mit einer sauberen Messzelle zu arbeiten, d.h. diese in regelmäßigen Abständen und nach chemischen Reaktionen stets zu reinigen.

DLDK (Dynamische Leistungs-Differenzkalorimetrie)

	gerade Basislinie Grenzen 80 u. 180 °C	gerade Basislinie individuelle Grenzen	geschw. Basislinie Grenzen 80 u.180 °C
T_{pm} Mittelw. [°C] s +/- [°C]	163 0,9	164 0,9	164 0,9
ΔH_m Mittelw. [J/g] s +/- [J/g]	99,4 3,3	83,8 2,2	68,4 2,6

DWDK (Dynamische Wärmestrom-Differenzkalorimetrie)

	gerade Basislinie Grenzen 80 u. 180 °C	gerade Basislinie* individuelle Grenzen	geschw. Basislinie* Grenzen 80 u.180 °C
T_{pm}Mittelw. [°C] s +/- [°C]	163 0,5	163 0,5	163 0,5
ΔH_mMittelw.[J/g] s +/- [J/g]	93,5 1,8	93,5 1,8	93,5 1,8

**Aufgrund einer geraden Basislinie wurde hier kein Unterschied zwischen verschiedenen Auswertegrenzen festgestellt. Die geschwungene Basislinie wird somit zu einer Geraden und liefert keine abweichenden Werte.*

Tabelle 1.10 Einfluss des Messverfahrens, der Basislinienform und Auswertegrenzen auf Peaktemperatur T_{pm} und Schmelzenthalpie ΔH_m von PP, s = Standardabweichung, 10 Messungen

1.2.3 Beispiele aus der Praxis

1.2.3.1 Identifizierung von Kunststoffen

Kunststoffe haben eine für sie typische molekulare Struktur und Morphologie. Mit Hilfe der DSC ist es in vielen Fällen möglich, anhand der Messung charakteristischer Schmelz- und Glasübergangstemperaturen unbekannte Kunststoffe zu identifizieren.

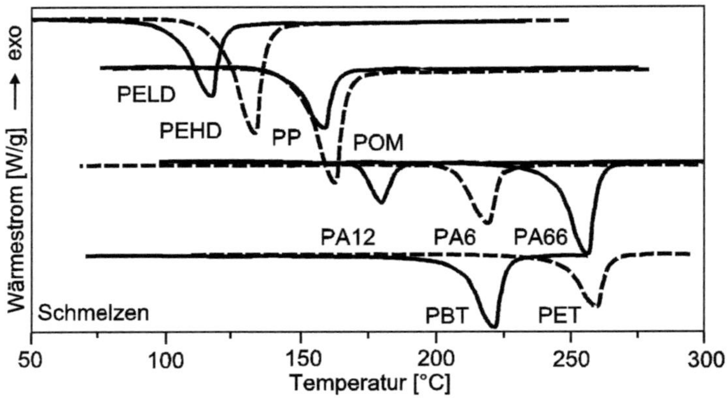

Bild 1.47 Schmelzkurven verschiedener teilkristalliner Thermoplaste

Einwaage ca. 5 mg, Heizrate 10 °C/min, Spülgas Stickstoff

Bild 1.47 zeigt Schmelzpeaks verschiedener teilkristalliner Kunststoffe, bei denen eine zuverlässige Identifizierung durch die Peaktemperatur T_{pm} möglich ist. Die Kurven resultieren aus dem 2. Aufheizen in der DSC, bei der die thermische und verarbeitungsbedingte Vorgeschichte durch eine vorangegangene geregelte Abkühlung eliminiert wurde. Es wird deutlich, dass anhand der Peaktemperatur eine deutliche Unterscheidung innerhalb der Kunststoffgruppen selbst, z.B. PA12, PA6 oder PA66 (s. Tab. 1.3) gegeben ist. Die Identifizierung der Kunststoffgruppe, z.B. Polyamide, Polyolefine etc. kann vorab durch einfache Prüfungen wie Brenn- oder Schwimmversuche erfolgen und vereinfacht somit die Zuordnung der Peaktemperatur zum Werkstoff.

Amorphe Thermoplaste werden durch ihre Glasübergangstemperatur charakterisiert, wie Bild 1.48 an Beispielen veranschaulicht. Im allgemeinen kann eine eindeutige Zuordnung erfolgen. Diese wird jedoch dann erschwert, wenn verträgliche Mischungen von Kunststoffen vorliegen, wobei sich eine einzige Glasübergangstemperatur ausbildet, die im Temperaturbereich zwischen beiden beteiligten Komponenten liegt (s. Kap. 1.2.3.7). Die Glasübergangstemperatur von PVC kann beispielsweise durch Weichmacherzugabe erniedrigt werden. Während PVC-hart eine Glasübergangstemperatur von ca. 80 °C aufweist, sinkt die T_g von PVC-weich in Abhängigkeit des Weichmacheranteils auf bis zu -50 °C.

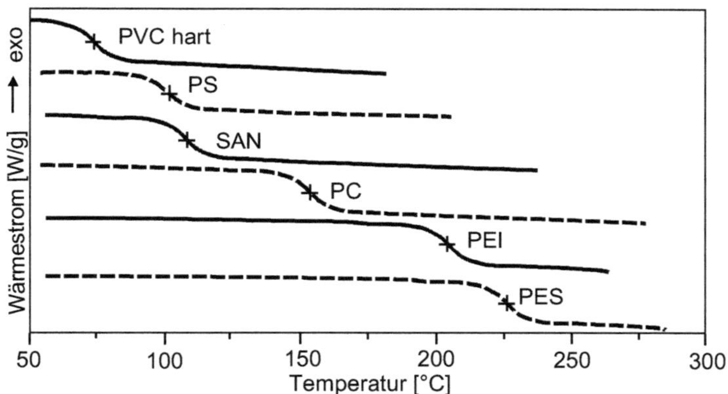

Bild 1.48 Glasübergänge verschiedener amorpher Thermoplaste

Einwaage ca. 15 mg, Heizrate 20 °C/min, Spülgas Stickstoff

Art und Form von monomeren Ausgangsstoffen bestimmen die Grundstruktur (linear, verzweigt, vernetzt) von Polymeren. Bifunktionelle Monomere ergeben lineare Makromoleküle (Ketten- oder Fadenmoleküle). Bei tri- und höherfunktionellen Monomeren bilden sich verzweigte und/oder vernetzte Strukturen.

Beim Polyethylen wird z.B. der Verzweigungsgrad durch die Zahl der Seitenketten pro 1000 Hauptkettenatome quantifiziert:

PEHD	linear, wenige Kurzketten (ca. 4 bis 10 pro 1000 C-Atome)
PELD	langkettig bis strauchartig verzweigt
PELLD	linear, viele Kurzketten (ca. 10 bis 35 pro 1000 C-Atome)

Verzweigungsgrad und -art bewirken erhebliche Eigenschaftsunterschiede (Kristallisationsneigung, Härte u.a.) [26]. Somit ergeben sich auch Unterschiede in der Schmelztemperatur und -enthalpie, anhand derer eine Identifizierung der Polymere erfolgen kann.

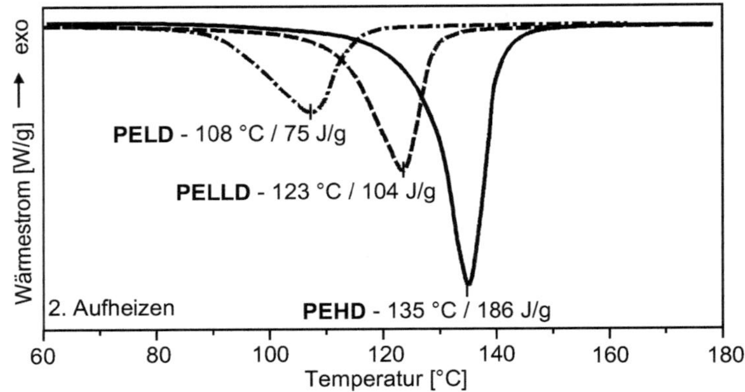

Bild 1.49 Schmelzverhalten verschiedener Polyethylene, 2. Aufheizen [41]

Einwaage ca. 5 mg, Heizrate 10 °C/min, Spülgas Stickstoff

Bestehen die Makromoleküle aus Grundbausteinen (Monomeren) der gleichen Art, werden sie als Homopolymere bezeichnet. Werden Monomere unterschiedlicher Arten chemisch verknüpft, so entstehen Copolymere.

Diese neue Strukturvariation gestattet eine Vielzahl von Anordnungsmöglichkeiten (Random-/statistische Copolymere, Sequenz-, Segmentcopolymere, Block- oder Pfropfcopolymere) [26]. Im folgenden Bild ist das unterschiedliche Schmelzverhalten verschiedener Polypropylentypen gezeigt [26].

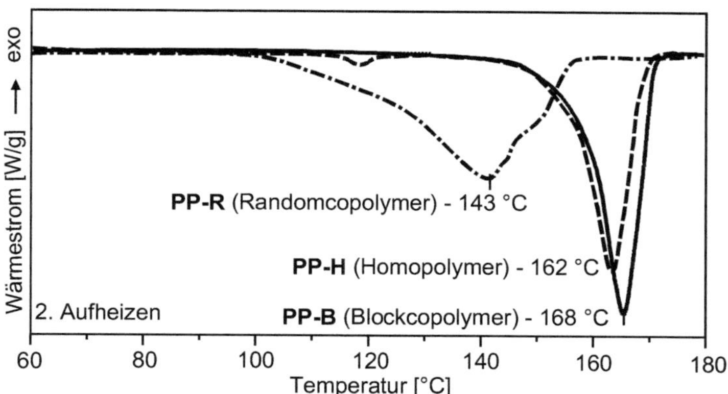

Bild 1.50 2. Aufheizen von unterschiedlichen Polypropylentypen

Einwaage ca. 5 mg, Heizrate 10 °C/min, Spülgas Stickstoff

Ein weiteres Beispiel für das unterschiedliche Schmelzverhalten von Homo- und Copolymeren ist in Bild 1.51 anhand von POM gezeigt. Das Copolymer schmilzt deutlich früher und kann somit sehr gut vom Homopolymer unterschieden werden.

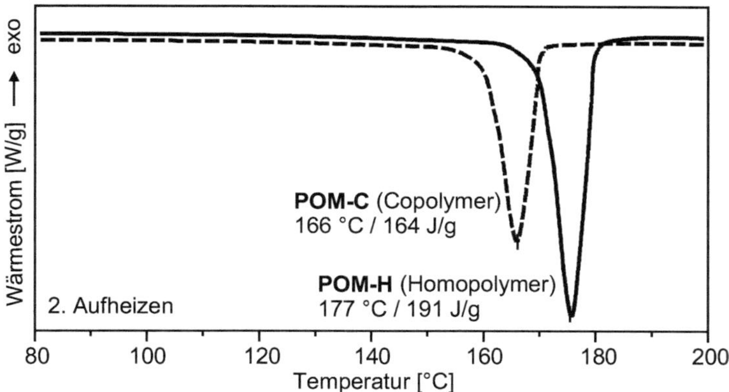

Bild 1.51 Schmelzverhalten von POM Homo- und Copolymeren, 2. Aufheizen

Einwaage ca. 5 mg, Heizrate 10 °C/min, Spülgas Stickstoff

1.2.3.2 Kristallisationsgrad

Eigenschaften von Kunststoffen werden maßgeblich von deren Kristallisationsgrad beeinflusst (s. Kap. 1.1.4.2). Je höher der Kristallisationsgrad, desto steifer und fester, aber auch spröder ist das Formteil.

Die Kristallinität eines Kunststoffs wird durch seine chemische Struktur und durch die Abkühlbedingungen beim Verarbeitungsprozeß sowie eine evtl. Wärmenachbehandlung beeinflusst.

Kristallisationsgrad wird durch chemische Struktur und thermische Vorgeschichte beeinflusst.

Bild 1.52 zeigt in der 1. Aufheizkurve das Schmelzen eines POM-C-Formteils.

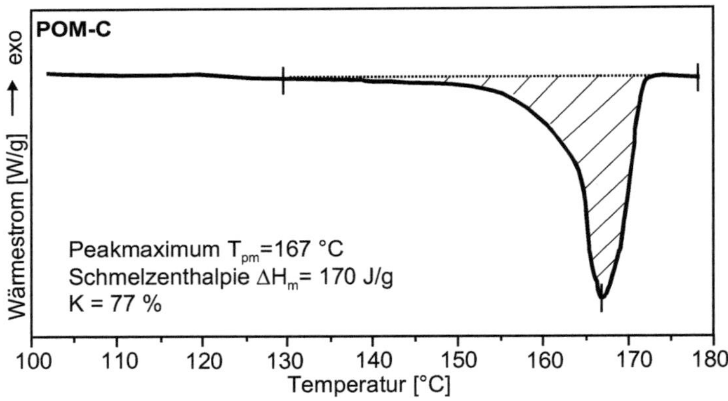

Bild 1.52 Schmelzkurve von POM-Copolymerisat

1. Aufheizen, Einwaage ca. 3 mg, Heizrate 10 ° C/min, Spülgas Stickstoff

Zur Bestimmung des Kristallisationsgrades wird die gemessenen Schmelzenthalpie ΔH_m = 170 J/g mit dem Literaturwert für POM-C ΔH_m^0 = 220 J/g ins Verhältnis gesetzt (s. Kap. 1.1.4.2), woraus sich für diese Probe ein Kristallisationsgrad von K = 77 % ergibt.

$$K = \frac{\Delta H_m}{\Delta H_m^0} \cdot 100 = \frac{170\ J/g}{220\ J/g} \cdot 100 = 77 \quad [\%]$$

Die Berechnung kann u.U. auch die Identifizierung eines Kunststoffs unterstützen. Im geschilderten Fall könnte die Peaktemperatur von 167 °C auch auf PP deuten. Würde man den Kristallisationsgrad unter Annahme des Literaturwertes von 207 J/g für PP berechnen, ergebe sich ein Wert von 84 %, was sehr hoch und damit unrealistisch ist. Somit ist es wahrscheinlicher, dass es sich hier um POM und zwar um ein Copolymer handelt. Weitere Informationen liefern einfache Bestimmungsmethoden (Dichte, Brennverhalten etc.).

Ein geringer Kristallisationsgrad kann die Folge niedriger Werkzeugwandtemperaturen und hoher Abkühlgeschwindigkeiten bei der Verarbeitung sein, insbesondere bei geringen Wanddicken des Formteils. Werden solche Formteile bei erhöhten Temperaturen eingesetzt, kann es zu einer Nachkristallisation kommen, die u.a. zu unerwünschter Schwindung führt.

Eine Nachkristallisation kann bewusst durch Tempern herbeigeführt werden.
Bild 1.53 veranschaulicht, wie der Kristallisationsgrad von Spritzgießteilen mit zunehmender Werkzeugwandtemperatur und verschiedenen nachfolgenden Temperbedingungen steigt.

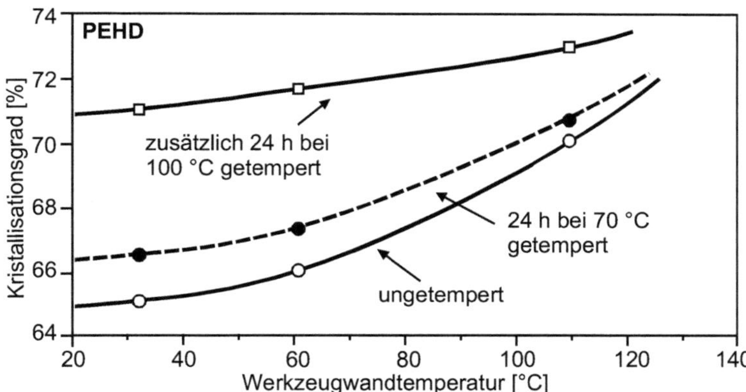

Bild 1.53 Kristallisationsgrad von Spritzgießformteilen in Abhängigkeit der Werkzeugwandtemperatur und bei verschiedenen nachträglichen Tempervorgängen [26]

1.2.3.3 Thermische und mechanische Vorgeschichte

Informationen über die thermische und mechanische Vorgeschichte zeigen sich im Kurvenprofil des 1. Aufheizens einer DSC-Messung. Die 2. Aufheizkurve dient zur

Bestimmung von Materialkennwerten in Vergleichsversuchen unter den gegebenen dynamischen Bedingungen (Endtemperatur des 1. Aufheizens, Abkühlgeschwindigkeit, Heizrate des 2. Aufheizens).

Bild 1.54 zeigt anhand einer PE-Probe zunächst das 1. Aufheizen, von RT ausgehend mit 10 °C/min bis auf 200 °C. Anschließend wird mit einer Kühlrate von 10 °C/min kontrolliert auf RT abgekühlt (Abkühlkurve) und wieder auf 200 °C aufgeheizt (2. Aufheizen). Ausgewertet wurden jeweils die Peaktemperatur und die Schmelz- bzw. Kristallisationsenthalpie.

Der Vergleich von 1. und 2. Aufheizkurve zeigt bei der 2. Aufheizkurve eine höhere Peaktemperatur und eine höhere Schmelzenthalpie, somit einen höheren Kristallisationsgrad. Die Schmelzenthalpie ΔH_m der 2. Aufheizkurve entspricht in etwa der Kristallisationsenthalpie ΔH_c aus der Abkühlkurve und liegt um ca. 20 % höher als die Schmelzenthalpie aus der 1. Fahrt. Dies deutet darauf hin, dass beim vorangegangenen Verarbeitungsprozess eine höhere Abkühlgeschwindigkeit als im DSC-Versuch vorlag.

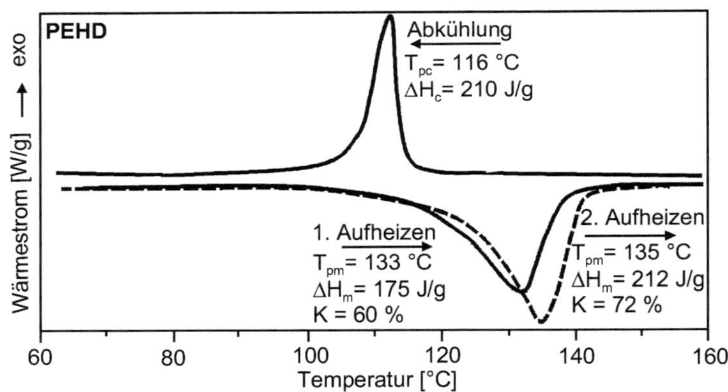

Bild 1.54 1. Aufheizen, definierte Abkühlung und 2. Aufheizen einer PEProbe

Einwaage ca. 3 mg, Heizrate 10 °C/min, Kühlrate 10 °C/min, Spülgas Stickstoff

Der Einfluss der Abkühlgeschwindigkeit auf das 2. Aufheizen wird nochmals in Bild 1.55 an PA 6 dargestellt (vgl. a. Bild 1.39). Die Proben wurden jeweils 2 min bei 280 °C aufgeschmolzen und anschließend mit unterschiedlichen Kühlraten abgekühlt. Es entstehen zwei Kristallmodifikationen, die je nach Ausprägung einen tendenziellen Rückschluss auf die Abkühlgeschwindigkeit einer Probe zulassen.

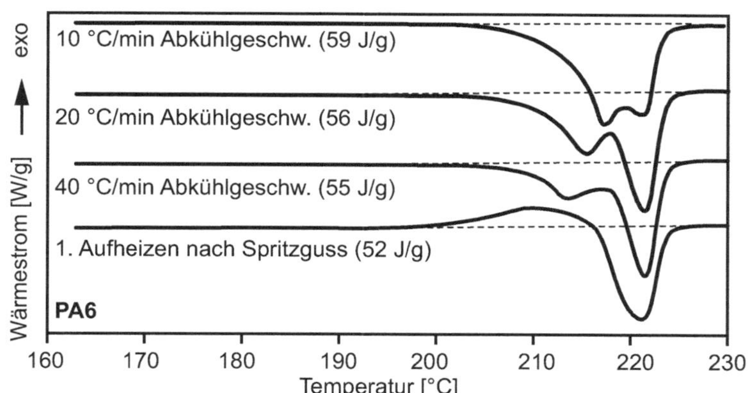

Bild 1.55 2. Aufheizen von PA6 nach unterschiedlicher Abkühlgeschwindigkeit

Einwaage ca. 2 mg, Heizrate 10 °C/min, Spülgas Stickstoff

In der Literatur werden für PA6 ebenfalls zwei Peaktemperaturen (215 °C und 223 °C) angegeben, die einer niedriger schmelzenden γ- und einer höher schmelzenden α-Modifikation zugeschrieben werden. Aufgrund des Schmelzverhaltens der Proben, die mit unterschiedlicher Kühlrate hergestellt wurden, liegt die Entstehung des Doppelpeaks aufgrund eines zeitabhängigen Rekristallisationsvorgangs nahe.

1. Aufheizkurve - Thermische und mechanische Vorgeschichte
2. Aufheizkurve - Materialkennwerte nach kontrollierter Abkühlung

Einen weiteren Hinweis auf die thermische Vorgeschichte liefert die während des Aufheizvorgangs stattfindende **Kaltkristallisation** (s. Kap. 1.1.4.3).

Dieser Effekt kann anhand von PET verdeutlicht werden. Bild 1.56 zeigt die 1. Aufheizkurve einer derartigen Probe, die aus der Schmelze sehr schnell unter T_g abgekühlt wurde, was die Kristallisation weitgehend unterbunden hat. Es entstand ein durchsichtiger, überwiegend amorpher Werkstoff, wie er z.B. bei Getränkeflaschen eingesetzt wird. Die 1. Aufheizkurve zeigt eine ausgeprägte, für einen teilkristallinen Thermoplasten relativ hohe endotherme Glasübergangsstufe. Ab einer Temperatur von etwa 140 °C setzt die Kaltkristallisation (ΔH_c = 23,9 J/g) infolge erhöhter Segmentbeweglichkeit ein. Die neu gebildeten und bereits vorhandenen Kristallite beginnen bei ca. 220 °C zu schmelzen, die Schmelzenthalpie ΔH_m beträgt 33,2 J/g.

Vergleicht man die Schmelzenthalpie von 33,2 J/g mit der Kristallisationsenthalpie ΔH_c = 23,9 J/g, wird deutlich, dass der überwiegende Teil der Kristallite erst beim Aufheizen entstanden ist. Der Differenzbetrag, 9,3 J/g, entspricht dem Anteil der direkt nach der Verarbeitung vorhandenen Kristallite, woraus sich mit dem Literaturwert von ΔH_m^0 = 140 J/g ein Kristallisationsgrad von ca. 6,6 % berechnet.

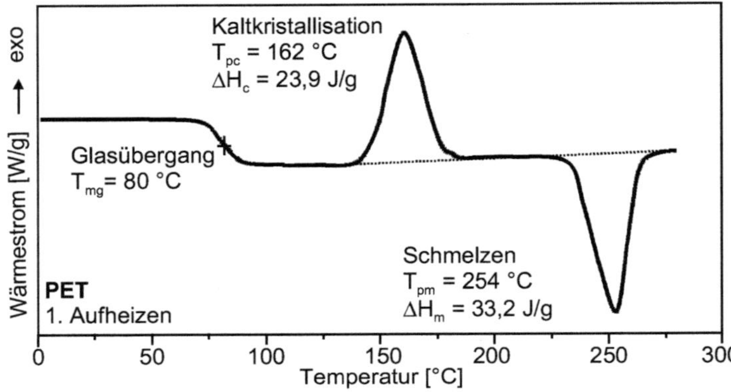

Bild 1.56 Aufheizkurve von PET mit den Effekten Glasübergang, Kaltkristallisation und Schmelzen

Einwaage ca. 3 mg, Heizrate 10 °C/min, Spülgas Stickstoff

Es gibt neue Ansätze, diese ursprüngliche Kristallinität unter Berücksichtigung der reversiblen Schmelzenthalpie mit Hilfe der TMDSC zu ermitteln [23].

Die Auswirkung des Temperns auf eine PPS-Probe zeigt Bild 1.57. Beim Aufheizen einer ungetemperten Probe ist in der 1. Aufheizkurve eine Kaltkristallisation bei ca. 110 °C zu erkennen. Nachträgliches **Tempern** des Formteils, in diesem Beispiel 3 h bei 200 °C, erhöht den Kristallisationsgrad. Zudem entsteht ein kleiner endothermer Peak bei ca. 210 °C, der sog. Temperpeak. Dieser kennzeichnet das Aufschmelzen der bei der Tempertemperatur entstandenen kleinen und weniger temperaturstabilen Kristallite.

Tempern unterhalb der Peaktemperatur (T_{pm}) führt zu einem zusätzlichen endothermen Peak

Um Fehlinterpretationen eines solchen Effektes, wie z.B. hinsichtlich des Vorhandenseins einer zweiten Komponente (evtl. PA6) zu vermeiden, ist es notwendig, eine 2. Aufheizfahrt durchzuführen, bei der dieser Tempereffekt verschwindet, während ein Schmelzpeak einer möglichen Zweitkomponente erneut auftreten würde.

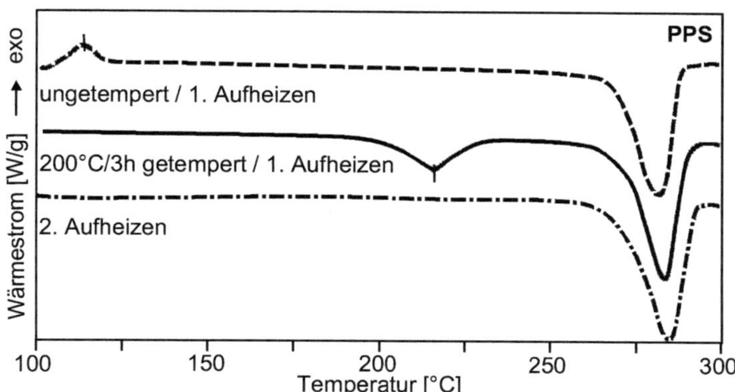

Bild 1.57 Schmelzkurven von PPS mit unterschiedlicher thermischer Vorgeschichte

1. und 2. Aufheizen, Einwaage ca. 5 mg, Heizrate 10 °C/min, Spülgas Stickstoff

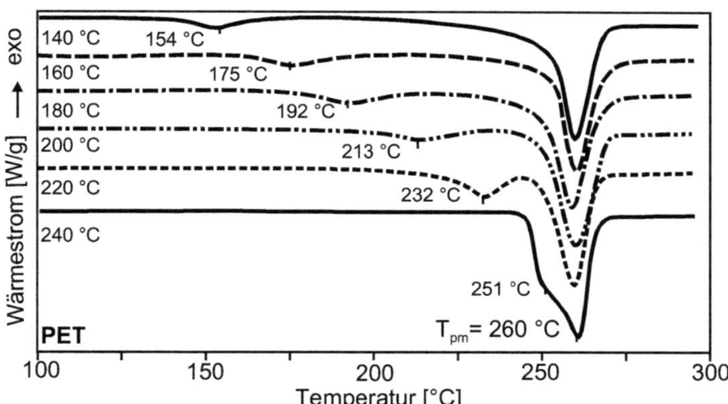

Bild 1.58 Einfluss unterschiedlicher Tempertemperaturen auf die Schmelzkurve von PET, Temperzeit jeweils 15 h

1. Aufheizen, Einwaage ca. 5 mg, Heizrate 10 °C/min, Spülgas Stickstoff

Die Lage eines Temperpeaks oder einer Temperschulter ist abhängig von der Tempertemperatur, Bild 1.58 und Bild 1.59. Liegt sie oberhalb T_g, bilden sich je nach Höhe der Tempertemperatur sehr kleine Kristallite unterschiedlicher Lamellendicke aus, die bei einer Temperatur von etwa 10 bis 15 °C oberhalb der Tempertemperatur wieder aufschmelzen.

Erfolgt das Tempern nahe der Schmelztemperatur, bildet sich eine sog. Temperschulter aus, die nicht mehr vollständig vom Schmelzpeak zu trennen ist. Bild 1.59 zeigt typische Temperschultern am Beispiel von HDPE.

Mit zunehmender Tempertemperatur steigt neben der Temperaturlage der Schulter auch ihre Höhe aufgrund der zunehmenden Anzahl von Kristalliten gleicher Lamellendicken an.

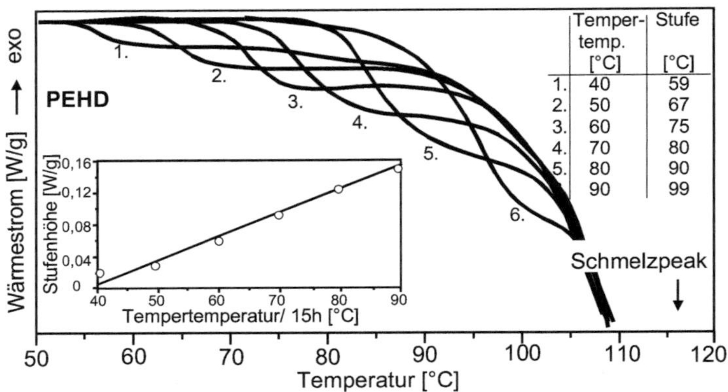

Bild 1.59 Einfluss der Tempertemperatur auf die Schmelzkurve (Anfangsbereich vergrößert) bei PEHD, Temperzeit jeweils 15 h

1. Aufheizen, Einwaage ca. 5 mg, Heizrate 10 °C/min, Spülgas Stickstoff

Anhand von Temperversuchen mit definierter Temperatur und Zeit können mittels DSC thermische Einsatzbedingungen von Kunststoffen nachgestellt und beurteilt werden. Dabei sollte auf möglichst praxisnahe Bedingungen, wie z.B. das Tempern des gesamten Formteils, evtl. in einem bestimmten Medium bzw. dieselbe Probenentnahmestelle der zu vergleichenden Proben geachtet werden.

Bei einigen Kunststoffen ist das Durchlaufen eines gestaffelten Temperprogramms üblich, um das Eigenschaftsprofil durch Beeinflussung der Kristallinität zu optimieren. Ein Beispiel dafür ist PEEK, das von 340 °C ausgehend bei vier weiteren Temperaturen (330, 320, 310 und 300 °C) getempert wurde, Bild 1.60. Die darauffolgende Aufheizkurve charakterisiert alle 5 Temperschritte durch je einen Temperpeak.

Insgesamt steigt die Kristallinität der Probe im Vergleich zum ungetemperten Werkstoff um ca. 25 % an.

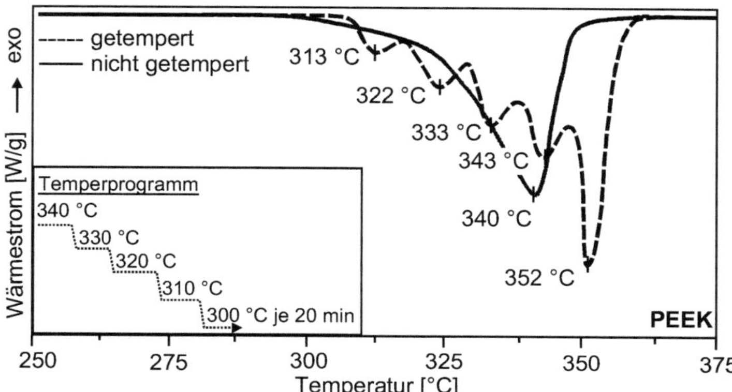

Bild 1.60 Einfluss eines Temperprogramms auf die Schmelzkurve von PEEK im Vergleich zum ungetemperten Werkstoff [39]

1. Aufheizen, Einwaage ca. 7 mg, Heizrate 20 °C/min, Spülgas Stickstoff

Die Temperaturlage eines Temperpeaks oder einer Temperschulter hängt von der Tempertemperatur ab.

Die Temperzeit wirkt sich besonders bei hohen Tempertemperaturen aus. Bild 1.61 zeigt den Einfluss der Temperzeit auf die Peakform und Temperaturlage der DSC-Kurve am Beispiel eines ungefüllten PA6. Alle Proben wurden bei 210 °C getempert.

Mit zunehmender Temperzeit, einige Sekunden bis 10 Minuten, verschiebt sich der Schmelzbeginn um ca. 5 °C zu höheren Temperaturen, die Enthalpie steigt geringfügig an und die Kurvenform verändert sich drastisch. Die durch zwei Peaks gekennzeichneten Kristallmodifikationen gehen immer weiter in eine Kristallmodifikation über, siehe auch Bild 1.55. Das Ende des Aufschmelzvorgangs bleibt unbeeinflusst.

Tempereffekte sind nach dem Ausschalten der thermischen Vorgeschichte beim 2. Aufheizen nicht mehr zu erkennen.

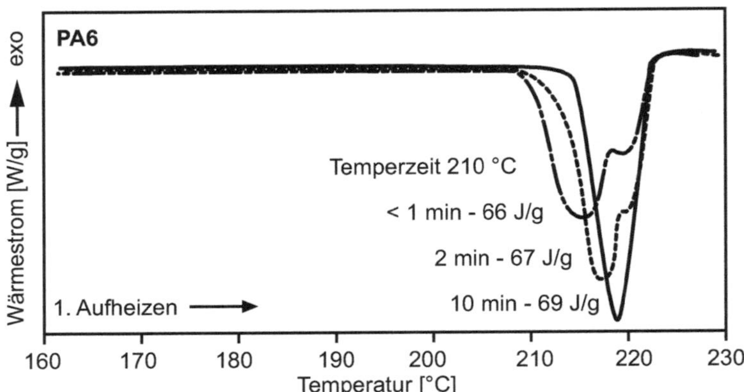

Bild 1.61 Schmelzverhalten eines PA6 nach unterschiedlichen Temperzeiten bei 210 °C

1. Aufheizen, Einwaage ca. 3 mg, Heizrate 10 °C/min, Spülgas Stickstoff

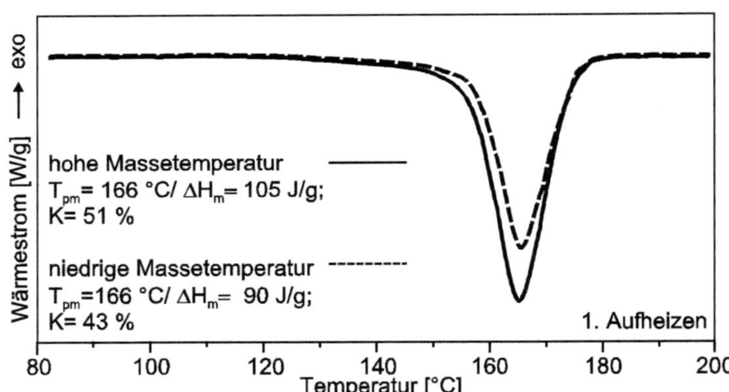

Bild 1.62 Einfluss der Massetemperatur beim Spritzgießen auf das Schmelzverhalten eines PP-Formteils

T_{pm} = Peaktemperatur, ΔH_m = Schmelzenthalpie, 1. Aufheizen, Einwaage ca. 4 mg, Heizrate 10 °C/min, Spülgas Stickstoff

Die Auswertung des 1. Aufheizens einer DSC-Messung liefert auch Hinweise auf **Verarbeitungsbedingungen**. Dabei ist keine direkte Zuordnung, beispielsweise von

Kristallinität und Massetemperatur oder Werkzeugtemperatur möglich. Jedoch können Vergleiche ermittelt und somit Tendenzen angegeben werden. Die Variation der Massetemperatur bei der Spritzgiessverarbeitung von PP zwischen 210 und 270 °C wirkt sich unterschiedlich auf den Kristallisationsgrad des entstandenen Formteils aus, Bild 1.62.

In beiden Fällen betrug die Werkzeugtemperatur 40 °C. Die Schmelzkurven zeigen identische Peaktemperaturen, jedoch liegt der Kristallisationsgrad der bei höherer Massetemperatur verarbeiteten Probe höher, da diese mehr Zeit zum Kristallisieren hatte.

Bei der Verarbeitung im 2-Komponentenspritzguß (2K) wird auf einen zunächst hergestellten Vorspritzling eine zweite Komponente aufgespritzt. Der Einfluss der Massetemperatur der 2. Komponente auf die oberflächennahe Grenzschicht der 1. Komponente ist in Bild 1.63 dargestellt.

Das 1. Aufheizen des Vorspritzlings aus PA 6 zeigt einen typischen Kurvenverlauf mit leichter Rekristallisation und anschließendem Schmelzpeak. Die Aufspritztemperaturen der 2. Komponente von 280 °C bzw. 400 °C führen zur Ausbildung von zwei Peaks, die mit steigender Temperatur deutlicher ausgeprägt sind. Im Vergleich dazu enthält Bild 1.63 ebenfalls die Information des 2. Aufheizens, die den Doppelpeak des PA 6 bei den genannten Abkühlbedingungen zeigt.

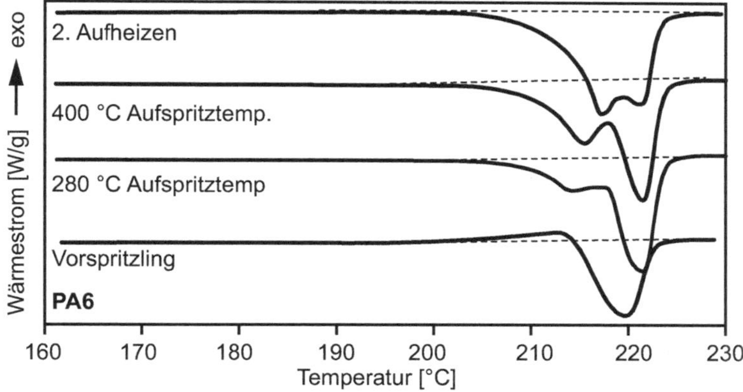

Bild 1.63 Schmelzkurven von PA6-Proben aus dem oberflächennahen Bereich des 2K-Vorspritzlings vor und nach dem Aufspritzen der zweiten Komponente mit unterschiedlichen Massetemperaturen sowie 2. Aufheizen

1. Aufheizen, Einwaage ca. 3 mg, Heizrate 10 °C/min, Spülgas Stickstoff

1.2.3.4 Wasseraufnahme

Kunststoffe, insbesondere polare wie beispielsweise Polyamide, nehmen Wasser aus der Umgebung auf. Die zufällige oder auch bewußt z.B. durch Konditionieren eingeleitete Aufnahme von Feuchtigkeit beeinflusst die Eigenschaften des Kunststoffs (s. Kap. 1.2.2.1).

Wasser wirkt als Weichmacher im Polymeren und senkt dadurch die Glasübergangstemperatur. Bild 1.64 verdeutlicht den Wassereinfluss auf die 1. Aufheizkurven von amorphem PA.

Mit steigendem Wassergehalt sinkt T_g der Polyamide erheblich.

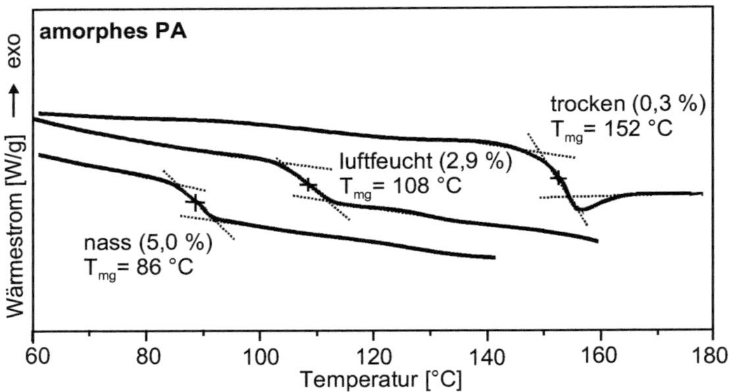

Bild 1.64 Einfluss des Wassergehalts (trocken, luftfeucht, nass) auf den Glasübergang von amorphem PA

1. Aufheizen, Einwaage ca. 14 mg, Heizrate 20 °C/min, Spülgas Stickstoff

Da hauptsächlich die amorphen Bereiche Wasser aufnehmen, ist die Höhe der Wasseraufnahme teilkristalliner Polyamide abhängig vom Kristallisationsgrad. Die Sättigungskonzentration an Wasser sowie die Geschwindigkeit der Wasseraufnahme hängt bei Polyamiden neben der Kristallinität auch von der Anzahl der polaren Amidgruppen und damit vom Typ des Polyamids ab.

In Bild 1.65 ist die Abhängigkeit der Wasseraufnahme von der PA-Struktur, d.h. dem Verhältnis von CH_2-Gruppen zu NHCO-Gruppen (Amid) dargestellt.

Die physikalischen Eigenschaften von Polyamiden können nur bewertet werden, wenn deren Wassergehalt bekannt ist. Deshalb werden Kennwerte i.a. bei drei verschiedenen Feuchtigkeitseinstellungen (Gleichgewichtszuständen) festgelegt [27]:

trocken	=	*≈ 0 % rel. Feuchte (z.B. spritzfrischer Zustand)*
luftfeucht	=	*Lagerung bei 23 °C/50 % rel. Feuchte bis zur Gewichtskonstanz*
nass	=	*Lagerung bei 100 % rel. Feuchte (Wasserlagerung) bis zur Gewichtskonstanz*

Thermoplaste mit einem Wassergehalt von 0 bis 0,2 % werden als trocken bezeichnet. Luftfeuchte Proben enthalten etwa 1,5 bis 2,7 % Wasser; nasse Proben 5 bis 8 %. Da es sich bei der Angabe um Gewichts-% handelt, sind evtl. vorhandene Füllstoffe zu berücksichtigen, die keine Feuchtigkeit aufnehmen.

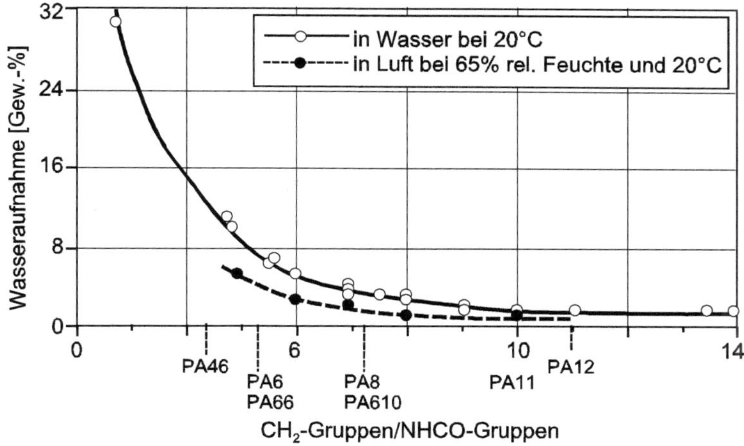

Bild 1.65 Wasseraufnahme verschiedener Polyamide in Abhängigkeit der chemischen Struktur [27]

1.2.3.5 Nukleierung

Die Nukleierung und damit die Kristallisation kann durch die Zugabe von Keimbildnern, durch Verunreinigungen und durch den Verarbeitungsprozeß beeinflusst werden. Durch die Anzahl der Kristallisationskeime werden Zahl und Größe der entstehenden kristallinen Überstrukturen gesteuert. Keimbildner (Nukleierungsmittel, kurzkettige Polymere) bilden mehr Keime und führen unter gleichen Abkühlungsbedingungen zu einem feinkörnigeren sphärolitischen Gefüge.

Bild 1.66 zeigt die Auswirkung bewußt zugesetzter Nukleierungsmittel und deren Konzentration auf das Kristallisationsverhalten von PP. Zunehmender Keimbildnergehalt verschiebt die gesamte Kurve zu höheren Temperaturen, der Kristallisationsbeginn T_{eic} erhöht sich um ca. 6 °C. Die Kristallisationskurve ist im wesentlichen durch T_{eic} und T_{pc} charakterisiert. Das Ende der Kristallisation verläuft schleichend bis zu tiefen Temperaturen und kann mit der DSC nicht vollständig erfasst werden. T_{efc} wird zur Kennzeichnung des Endpunktes bestimmt.

Keimbildnerkonzentration	T_{eic} [°C]	T_{pc} [°C]	T_{efc} [°C]
0,001 %	119	115	111
0,01 %	122	118	115
0,05 %	124	120	117
0,1 %	125	121	118

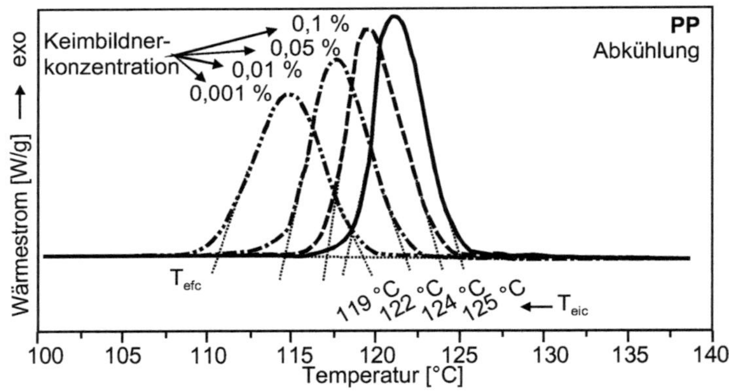

Bild 1.66 Kristallisationsverhalten von PP mit unterschiedlicher Keimbildnerkonzentration

T_{eic} = extrapolierte Anfangstemperatur, T_{pc} = Peaktemperatur, T_{efc} = extrapolierte Endtemperatur, Abkühlkurve, Einwaage ca. 3 mg, Kühlrate 10 °C/min, Spülgas Stickstoff

Den Einfluss der Keimbildnerkonzentrationen auf das 2. Aufheizen stellt Bild 1.67 dar. Proben mit niedriger Keimbildnerkonzentration kristallisieren in tieferen Temperaturbereichen und neigen daher beim Erwärmen und Schmelzen bei der gegebenen Heizrate zum Umkristallisieren in Form eines Doppelpeaks.

Zunehmender Keimbildnergehalt reduziert zwar die Spärolithgröße in einem feineren Gefüge, die Dicke der Lamellen aber, aus denen die Spärolithe aufgebaut sind, nimmt wegen der höheren Kristallisationstemperatur zu.

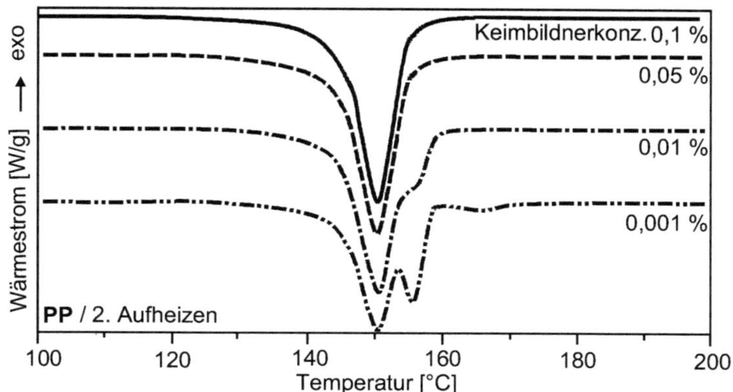

Bild 1.67 Schmelzverhalten von PP mit unterschiedlichen Keimbildnerkonzentrationen

Einwaage ca. 3 mg, Heizrate 10 °C/min, Spülgas Stickstoff

<u>Zugabe von Nukleierungsmitteln</u>
Verschiebung der Kristallisationskurve zu höheren Temperaturen
Veränderte Kristallisation beeinflusst nachfolgende 2. Aufheizkurve

1.2.3.6 Alterung

Bei Alterung von Kunststoffen unterscheidet man nach DIN 50 035, Teil 1 [29] zwischen physikalischer und chemischer Alterung. Während die physikalische Alterung die Morphologie der Kunststoffe (Nachkristallisation, Kristallstruktur, Orientierung, Eigenspannungen usw.) betrifft, ändert sich bei der chemischen Alterung die chemische Struktur (Spaltung der Polymerketten, Vernetzung, Oxidation).

Physikalische Alterung kann zu Effekten, die den bereits gezeigten Erscheinungen entsprechen, z.B. die Ausbildung von Temperpeaks oder die Erhöhung von Peaktemperatur und Schmelzenthalpie, führen. Deutlich wird dies an einer PP-Probe, die 8 h bei 160 °C gealtert wurde, Bild 1.68.

Durch den Tempervorgang bei einer mitten im Schmelzbereich liegenden Temperatur sind kleinere Kristallite mit dünneren Lamellen aufgeschmolzen und konnten zu perfekteren Kristalliten mit dickeren Lamellen umkristallisieren. Der Schmelzbereich dieser Probe ist somit im Vergleich zur ungetemperten Probe zu höheren Temperaturen verschoben. Die Tempertemperatur kann anhand einer Schulter in der Schmelzkurve sowie der Verschiebung des Schmelzpeaks abgeschätzt werden.

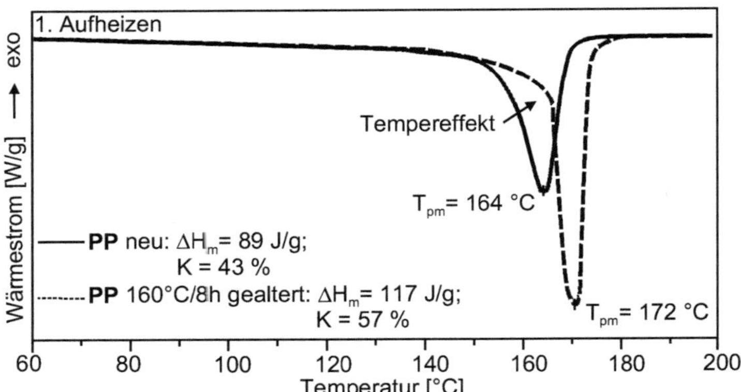

Bild 1.68 Einfluss der physikalischen Alterung auf das Schmelzverhalten von PP, neu und 8 h bei 160 °C getempert

T_{pm} = Peaktemperatur, ΔH_m = Schmelzenthalpie, K = Kristallisationsgrad (bezogen auf ΔH_m^0 = 207 J/g), 1. Aufheizen, Einwaage ca. 5 mg, Heizrate 10 °C/min, Spülgas Stickstoff

Die beiden dargestellten Proben unterscheiden sich nicht in ihrem Kristallisations- und Schmelzprofil beim nachfolgenden Abkühlen bzw. in der 2. Aufheizkurve (hier nicht dargestellt). Daher kann davon ausgegangen werden, dass die chemische Struktur des Materials durch diese physikalische Alterung unbeeinflusst bleibt.

physikalische Alterung

1. Aufheizkurve: erhöhte Peaktemperatur und Kristallinität, Tempereffekt
Abkühlkurve: kein Einfluss
2. Aufheizkurve: kein Einfluss

Am Beispiel eines neuen und eines über mehrere Jahre bei ca. 80 °C im Einsatz befindlichen PP-Formteils in Bild 1.69 und Bild 1.70 wird gezeigt, dass die Veränderung der chemischen Struktur im Vergleich zum Neuteil zu unterschiedlichem Kristallisations- und Schmelzverhalten führt.

Die Kristallisationskurve des gealterten Formteils hat im Gegensatz zum Neuteil zwei Kristallisationspeaks, Bild 1.69.

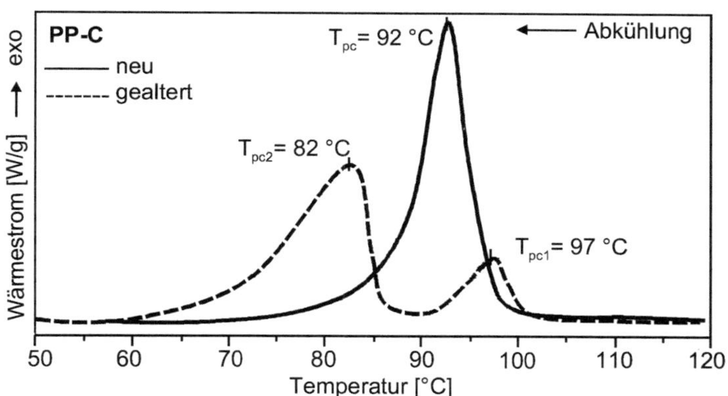

Bild 1.69 Chemische Alterung - Abkühlkurven von PP-Copolymerisat, neu und mehrere Jahre bei ca. 80 °C gealtert

T_{pc} = Peaktemperatur, Einwaage ca. 5 mg, Kühlrate 10 °C/min, Spülgas Stickstoff

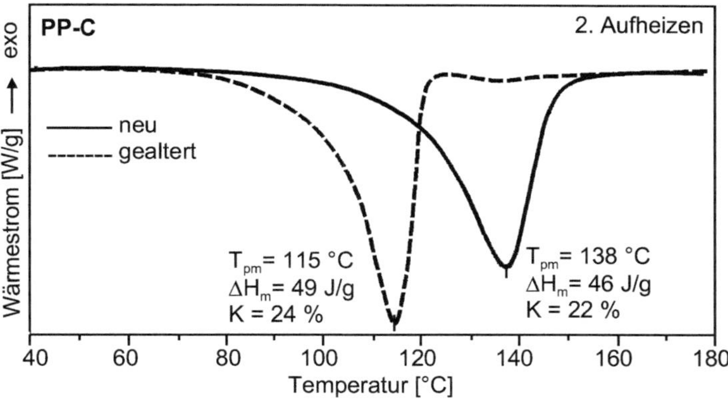

Bild 1.70 Chemische Alterung von PP-Copolymerisat, neu und mehrere Jahre bei ca. 80 °C gealtert, 2. Aufheizen [30]

T_{pm} = Peaktemperatur, ΔH_m = Schmelzenthalpie, K = Kristallisationsgrad, Aufheizen, Einwaage ca. 5 mg, Heizrate 10 °C/min, Spülgas Stickstoff

Die danach gemessenen 2. Aufheizkurven zeigen, dass die Peaktemperatur des gealterten Formteils gegenüber dem neuen deutlich absinkt. Ohne einen Vergleich würde man hier auf PE schließen; mit Hilfe von IR-Messungen kann jedoch nachgewiesen werden, dass es sich um PP handelt. Die erniedrigte Peaktemperatur ist auf die bleibende Veränderung der Struktur (Molekülkettenabbau etc.) zurückzuführen.

Anmerkung: *Chemische Alterung lässt sich mittels DSC besonders gut an Polyolefinen nachweisen. Bei anderen Kunststoffen, z.B. Polyamiden, ist das Verfahren weniger geeignet, da sich die chemische Alterung hier nicht unbedingt in einer Veränderung der Kristallinität bzw. Peaktemperatur wiederspiegelt.*

chemische Alterung
1. Aufheizkurve: Beeinflussung von Peaktemperatur und Kristallinität, evtl. Überlagerung mit physikalischer Alterung
Abkühlkurve: Nukleierungseffekt
2. Aufheizkurve: verringerte Kristallinität und evtl. Peaktemperatur

Bei amorphen Thermoplasten macht sich die chemische Alterung durch ein Absinken der Glasübergangstemperatur bemerkbar, wie Bild 1.71 am Beispiel einer PMMA-Probe verdeutlicht.

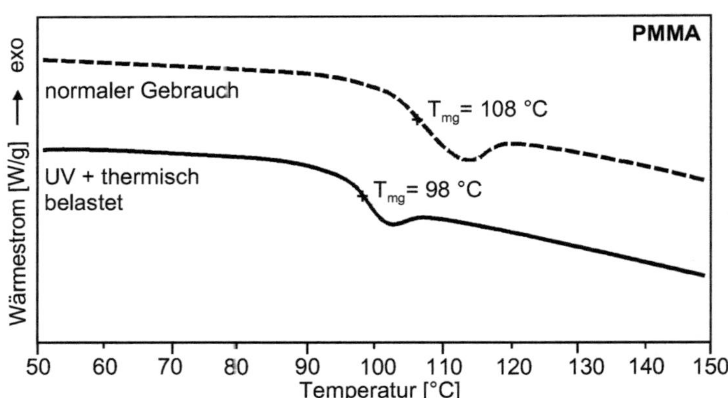

Bild 1.71 Einfluss von UV-Strahlung und thermischer Einwirkung auf PMMA

2. Aufheizen, Einwaage 15 mg, Heizrate 20 °C/min, Spülgas Stickstoff

Es handelt sich um ein Lampengehäuse, das sowohl thermisch als auch mit UV-Strahlen belastet wurde. Die Verringerung der Glasübergangstemperatur ist vermutlich auf ein Plastifizieren durch Abbaukomponenten (Weichmacher) zurückzuführen.

chemische Alterung amorpher Thermoplaste - Verringerung der T_g

1.2.3.7 Vernetzung von Thermoplasten

Auch Thermoplaste können zur Verbesserung bestimmter Werkstoffeigenschaften dreidimensional vernetzt werden. Ein gängiges Verfahren ist die Elektronenstrahlvernetzung, wobei das Formteil durch die Auswahl des Strahlers (α- oder β-Strahler) unterschiedlich tief vernetzt werden kann. Es kommt zu einer Verschiebung der Glasübergangstemperatur sowie der Beeinflussung des Schmelz- und Kristallisationsverhaltens.

Bild 1.72 zeigt die Auswirkung der Elektronenstrahlvernetzung anhand der Schmelzkurven eines PA6-Formteils, welches mit 99 kGy bestrahlt wurde. Die Peaktemperatur verringert sich um etwa 15 °C, die Schmelzenthalpie um 20 bis 30 %. Diese Effekte können sowohl beim 1. als auch beim 2. Aufheizen beobachtet werden, es handelt sich also um eine chemische Veränderung des Materials.

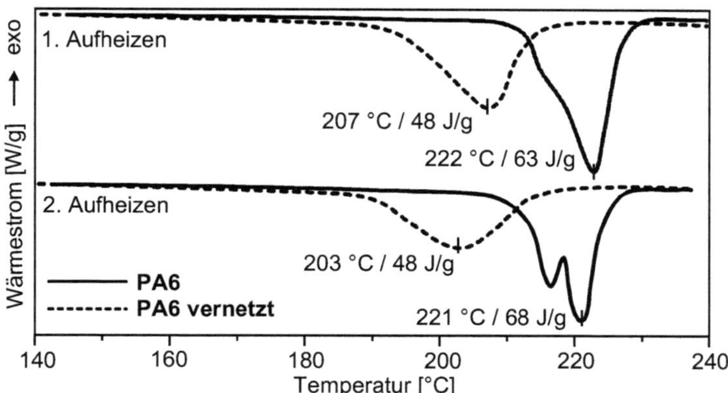

Bild 1.72 Einfluss der Elektronenstrahlvernetzung auf das Schmelzverhalten von PA6

1. und 2. Aufheizen, Einwaage 3 mg, Heizrate 10 °C/min, Spülgas Stickstoff

Auch die Abkühlkurven verändern sich deutlich. Analog zum PA6 ist in Bild 1.73 der Einfluss der Elektronenstrahlvernetzung für ein PBT dargestellt. Der Kristallisationspeak des vernetzten Materials verschiebt sich komplett zu tieferen Temperaturen, der Kristallisationsbeginn in diesem Fall um 23 °C.

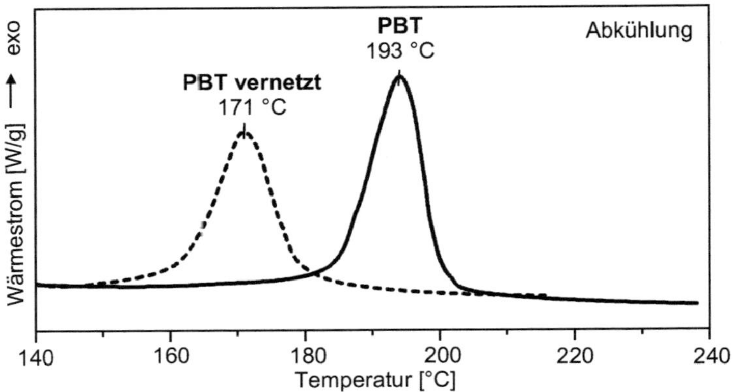

Bild 1.73 Einfluss der Elektronenstrahlvernetzung auf das Kristallisationsverhalten von PBT

Abkühlung, Einwaage 3 mg, Kühlrate 10 °C/min, Spülgas Stickstoff

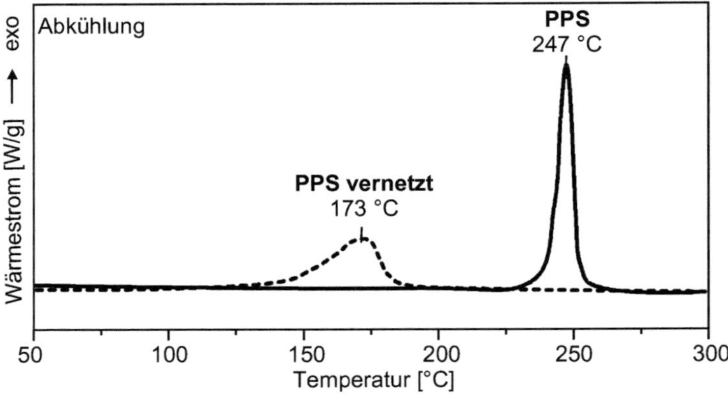

Bild 1.74 Einfluss der thermischen Vernetzung anhand der vorangegangenen Endtemperatur auf das Kristallisationsverhalten von linearem PPS

Abkühlung, Einwaage 3 mg, Kühlrate 10 °C/min, Spülgas Stickstoff

Bei der Werkstoffidentifizierung anhand von DSC-Messungen können in solchen Fällen durchaus falsche Zuordnungen getroffen werden. Neben der Zuhilfenahme anderer Methoden wie z.B. der Infrarot-Spektroskopie empfiehlt es sich in solchen Fällen immer, zusätzlich eine Untersuchung aus dem Formteilinneren durchzuführen, da eine gezielte Vernetzung nur an der Oberfläche stattfindet.

Das o.g. Beispiel zeigt den Effekt der thermischen Vernetzung eines thermoplastischen Materials. Es handelt sich um ein lineares PPS, welches zwischen 380 und 440 °C vernetzt, ermittelt in einem Vorversuch.

Bild 1.74 stellt den Unterschied im Kristallisationsverhalten dar. Das Material wurde beim 1. Aufheizen einmal bis auf 320 °C und im Vergleich dazu bis auf 450 °C aufgeheizt. Die Kristallisationstemperaturen haben sich um mehr als 60 °C verschoben, die Kristallisationsenthalpie um ca. 50 % verändert.

Die der definierten Abkühlung folgenden 2. Aufheizkurven zeigen eine Peakverschiebung um ca. 16 °C und eine Änderung der Schmelzenthalpie um knapp 40 %.

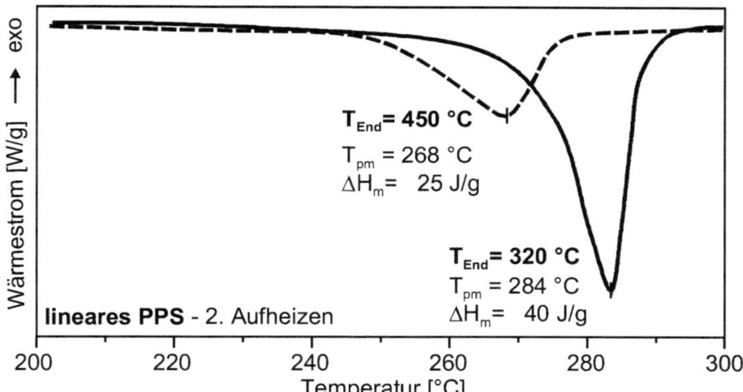

Bild 1.75 Einfluss der thermischen Vernetzung auf das Schmelzverhalten von linearem PPS, T_{End} = Endtemperatur des 1. Aufheizens

2. Aufheizen, Einwaage 15 mg, Heizrate 20 °C/min, Spülgas Stickstoff

1.2.3.8 Mischungen, Blends und Verunreinigungen

Thermoplastische Kunststoffe werden als Blends gezielt gemischt, um bestimmte Eigenschaften zu begünstigen. Dies ermöglicht beispielsweise eine Verbesserung der Verarbeitbarkeit, Lackierbarkeit, Schlagzähmodifizierung, Erhöhung der Wärmeformbeständigkeit oder Verringerung der Spannungsrissempfindlichkeit. Verunreinigungen, die durch den Verarbeitungsprozess oder unsauberes Ausgangsmaterial in das Formteil gelangen, können hingegen dessen Eigenschaften verändern bzw. den Verarbeitungsprozess negativ beeinflussen. DSC-Untersuchungen erlauben neben der Identifizierung thermoplastischer Komponenten in begrenztem Maß eine quantitative Abschätzung der Mischungsanteile je nach Morphologie. Die Mischbarkeit von Kunststoffen ist aus energetischen Gründen in der Regel eingeschränkt, so dass auf molekularer Ebene homogene Mischungen selten sind. In der Regel treten daher Entmischungen aufgrund von Unverträglichkeiten auf.

amorph/amorph

Zwei verträgliche amorphe Mischungen bilden im Idealfall eine gemeinsame Glasübergangstemperatur aus, die im Temperaturbereich zwischen den Glasübergängen der Einzelkomponenten liegt. Bei den wesentlich weiter verbreiteten unverträglichen Mischungen finden sich zwei Glasübergänge bei den Temperaturen der ursprünglichen Einzelkomponenten wieder, d.h. deren Eigenschaften bleiben in der Mischung weitgehend erhalten. Bild 1.76 zeigt ein typisches Beispiel einer solchen unverträglichen Mischung aus ABS und PC.

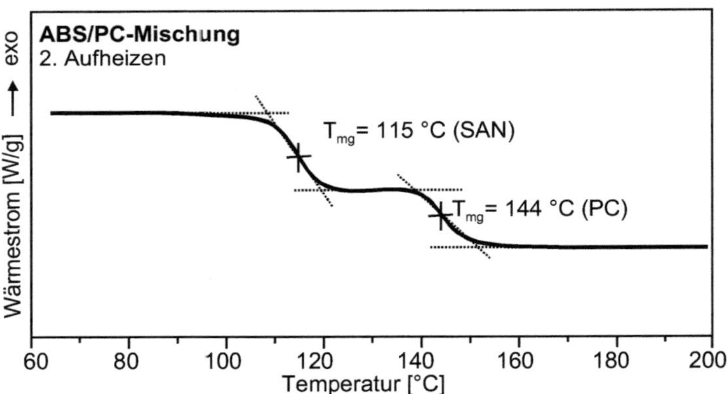

Bild 1.76 Glasübergänge PC und SAN-(ABS-Komponente) einer ABS/PC-Mischung

2. Aufheizen, Einwaage ca. 15 mg, Heizrate 20 °C/min, Spülgas Stickstoff

verträgliche amorphe Mischungen - ein gemeinsamer Glasübergang
unverträgliche amorphe Mischungen - zwei Glasübergänge

Anhand der relativen Stufenhöhe der beiden Glasübergänge von PC und dem im ABS enthalten SAN kann eine quantitative Abschätzung der ABS- und PC-Anteile vorgenommen werden. Dies veranschaulicht Bild 1.62 mittels einer Kalibrierkurve, die an PC-ABS-Mischungen unterschiedlicher, bekannter Zusammensetzung mit Hilfe der Stufenhöhe aufgestellt wurde. Mit steigendem ABS-Anteil steigt die Stufenhöhe des SAN nahezu linear an, was eine Abschätzung dieses Anteils in einer Probe unbekannter Zusammensetzung in diesem Konzentrationsbereich (80 bis 100 % ABS) ermöglicht.

Weitere Beispiele für unverträgliche amorph/amorphe Mischungen sind

- PC gemischt mit PMMA zur Erhöhung der UV-Beständigkeit
- PMMA gemischt mit ABS zur Erhöhung der Witterungsbeständigkeit und Steifigkeit von ABS.

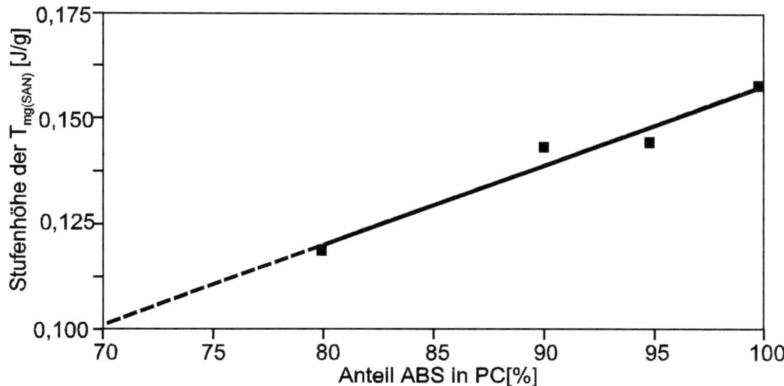

Bild 1.77 Stufenhöhe des SAN-Glasübergangs in ABS/PC-Kalibriermischungen

2. Aufheizen, Einwaage ca. 15 mg, Heizrate 20°C/min, Spülgas Stickstoff

amorph/teilkristallin

Amorph/teilkristalline Mischungen können sich u.U. im Bereich ihrer Glasübergänge homogen verhalten. Dieser Fall liegt z.B. bei Mischungen von amorphem PEI und teilkristallinem PEKEKK vor, bei denen eine einzige gemeinsame Glasübergangstemperatur gemessen wird. Bild 1.78 verdeutlicht dieses Verhalten anhand unterschiedlicher Mischungszusammensetzungen.

Die Mittenpunktstemperatur T_{mg} dieses gemeinsamen Glasübergangs ändert sich linear mit den Gewichtsanteilen der Komponenten, Bild 1.79. Mit Hilfe dieser Kalibrierkurve kann das Mischungsverhältnis von PEI-PEKEKK-Mischungen unbekannter Zusammensetzung abgeschätzt werden.

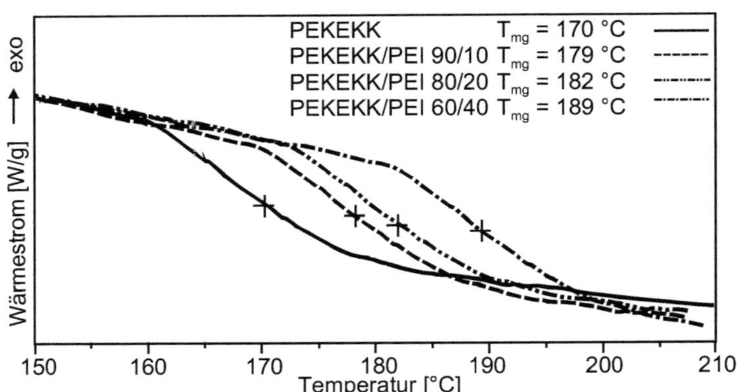

Bild 1.78 Glasübergänge verträglicher PEKEKK/PEI-Mischungen [39]

2. Aufheizen, Einwaage ca. 5 mg, Heizrate 20 °C/min, Spülgas Stickstoff

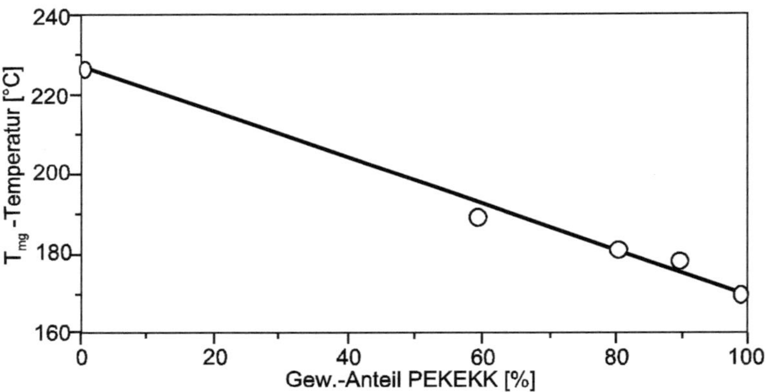

Bild 1.79 Glasübergangstemperatur T_{mg} in Abhängigkeit von PEKEKK-Gew.-Anteilen in PEI

Überdecken sich Schmelzpeak und Glasübergang in ihrer Temperaturlage nicht, kann der teilkristalline Kunststoff in amorphen Werkstoffen auch anhand seines Schmelzpeaks erkannt werden. Messungen an Gemischen aus ABS mit PBT, POM und PP im Konzentrationsbereich von 5 bis 20 % ergaben eine lineare Abhängigkeit der Schmelzenthalpie vom Anteil der teilkristallinen Komponente, Bild 1.80.

Eine Extrapolation über gemessene Standards hinaus sollte nicht durchgeführt werden, da sich Schmelzenthalpie und Mischungsverhältnis, bedingt durch die gegenseitige Kristallisationsbeeinflussung, nicht über den gesamten Bereich linear verhalten. Insgesamt können jedoch geringe Anteile an teilkristallinem Kunststoff (bis zu 0,5 %) noch qualitativ detektiert werden.

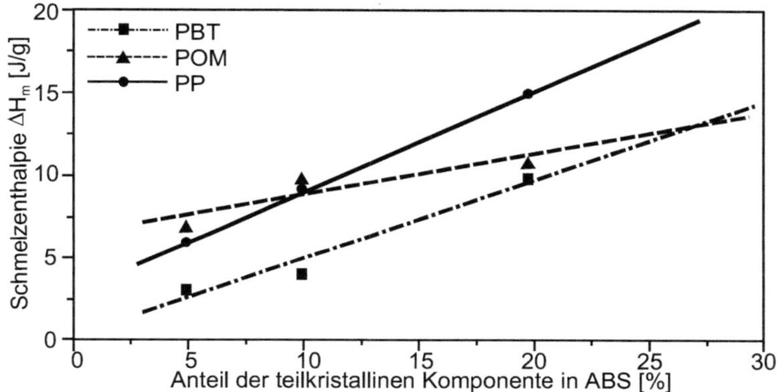

Bild 1.80 Abhängigkeit der Schmelzenthalpie der mit ABS gemischten teilkristallinen Komponenten PBT, POM und PP von deren Mischungsanteil im Bereich von 5-20 %

2. Aufheizen, Einwaage ca. 10 mg, Heizrate 20 °C/min, Spülgas Stickstoff

Weitere Beispiele für Mischungen amorpher und teilkristalliner Komponenten sind: PPE/PA, PPE/PBT, PP/EP(D)M.

teilkristallin/teilkristallin

Zur Optimierung bestimmter Eigenschaften werden auch Mischungen teilkristalliner Komponenten eingesetzt. Typische Beispiele sind PP/PE oder PA/PE-Mischungen, wobei jeweils die Schlagzähigkeit bei tiefen Temperaturen durch den PE-Anteil verbessert werden soll.

In den meisten Fällen findet man in den DSC-Aufheizkurven von Mischungen zweier teilkristalliner Komponenten auch zwei Schmelzpeaks, d.h. es liegt eine heterogene, unverträgliche Mischung vor. Da sich die zwei Mischungskomponenten jedoch in ihrem Kristallisations- und Schmelzverhalten (Temperaturlage und Fläche des Peaks) gegenseitig beeinflussen können, ist eine quantitative Interpretation der DSC-Messkurven oft schwierig.

quantitative Bestimmung verschiedener teilkristalliner Thermoplasten mittels Schmelzenthalpie ist schwierig;
evtl. durch Kalibrierkurven derselben Mischungspartner und bekannter Zusammensetzung möglich

Bild 1.81 zeigt dies anhand von Mischungen aus PA6 und PA66. 25 Gewichtsteile PA6 sind im PA66 nicht zu detektieren, während im umgekehrten Fall (25 Gewichtsteile PA66) sowohl ein PA6- (um 220 °C) als auch ein PA66-Schmelzpeak vorliegt (um 265 °C).

Anmerkung: *Der Doppelpeak ist auf zwei unterschiedliche Kristallmodifikationen zurückzuführen, s.a. Bild 1.40.*

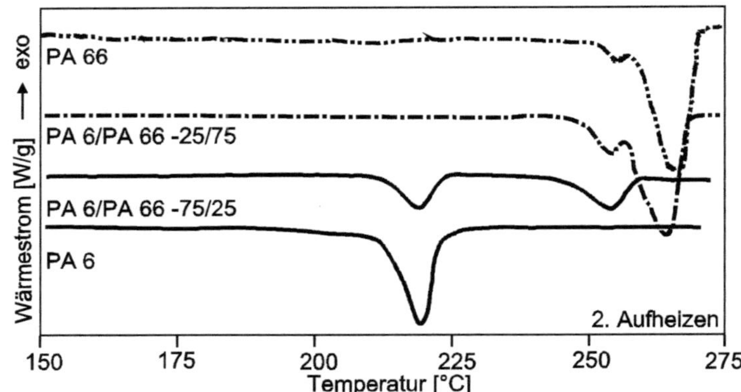

Bild 1.81 Schmelzkurven von PA6/PA66-Mischungen

2. Aufheizen nach Abkühlung mit 10 °C/min, Einwaage ca. 5 mg, Heizrate 10 °C/min, Spülgas Stickstoff

In der Abkühlkurve findet man sowohl für 25 Gew.-Teile PA6 im PA66 als auch für 25 Gew.-Teile PA66 im PA6 jeweils nur einen Kristallisationspeak, Bild 1.82. Die Temperaturlage des Peaks mit 25 Teilen PA6 unterscheidet sich kaum von der des reinen PA66, während die Kristallisation beim niedrigeren PA66-Anteil im Temperaturbereich zwischen den reinen Komponenten PA6 und PA66 stattfindet.

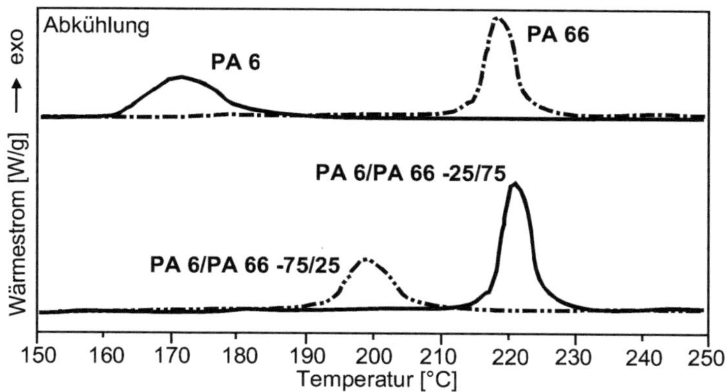

Bild 1.82 Kristallisationskurven von PA6/PA66-Mischungen

Einwaage ca. 5 mg, Kühlrate 10 °C/min, Spülgas Stickstoff

Ein Beispiel für das Verhalten zweier teilkristalliner Werkstoffe, die strukturell weniger miteinander verwandt sind, zeigt Bild 1.83 anhand einer Aufheizkurve von PA6, das zur Verbesserung der Schlagzähigkeit bei tiefen Temperaturen mit PE versetzt wurde. Neben dem dominanten Schmelzpeak des PA6 mit T_{pm} = 224 °C tritt in der 1. Aufheizkurve ein kleiner Schmelzpeak des PE bei T_{pm} = 125 °C auf.

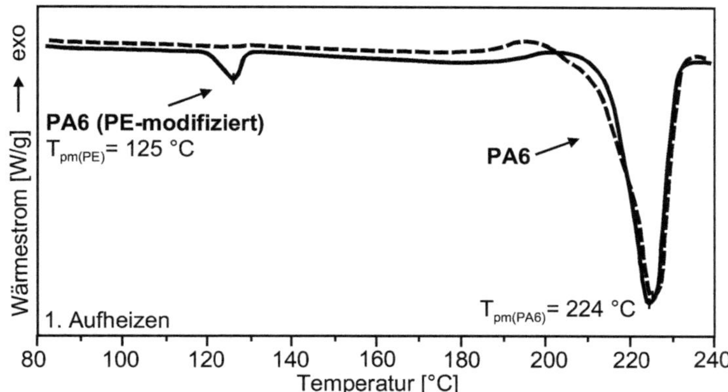

Bild 1.83 Schmelzkurven von PA6-Granulat mit und ohne PE-Modifizierung

Einwaage ca. 3 mg, Heizrate 10 °C/min, Spülgas Stickstoff

In der Abkühlkurve wird der Einfluss des PE auf das verarbeitungsrelevante Verhalten des PA6 besonders deutlich, Bild 1.84. Der Zusatz an Polyethylen wirkt als Keimbildner und verschiebt die gesamte Kristallisationskurve (z.B. den Kristallisationsbeginn um 5 °C) zu höheren Temperaturen.

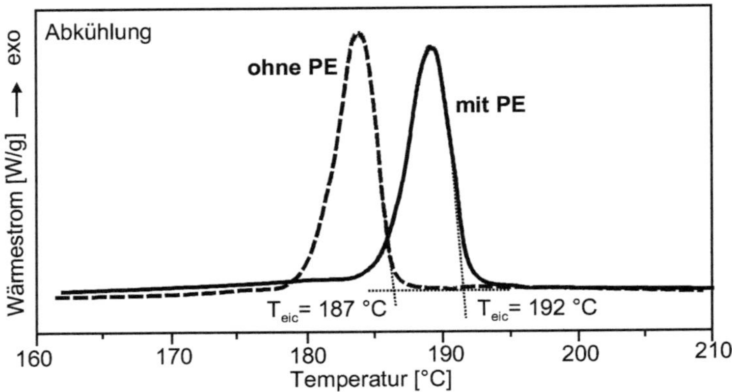

Bild 1.84 Kristallisation von PA6-Granulat mit und ohne PE-Modifizierung

T_{eic} = extrapolierte Anfangstemperatur, Einwaage ca. 3 mg, Kühlrate 10 °C/min, Spülgas Stickstoff

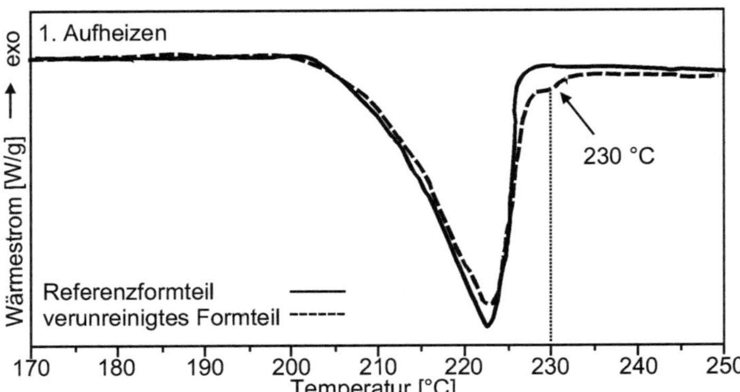

Bild 1.85 Schmelzkurven zweier PA6-Formteile mit und ohne PBT-Verunreinigung

1. Aufheizen, Einwaage ca. 10 mg, Heizrate 10 °C/min, Spülgas Stickstoff

Die Beeinflussung des Kristallisationsverhaltens kann aber auch negative Folgen auf die Bauteilqualität haben, z.B. aufgrund unerwünschter Verunreinigungen. Ein fehlerhaftes Formteil, welches nach der Spritzgiessverarbeitung spröde brach, weist am Ende des Schmelzpeaks bei ca. 230 °C eine kleine Schulter auf. Die Aufheizkurve des ungeschädigten Referenzbauteils zeigt einen unbeeinflussten PA6-Schmelzpeak, Bild 1.85.

Da auf derselben Spritzgiessmaschine Formteile aus PA6 und PBT gespritzt wurden, lag die Vermutung nahe, dass das Polyamid durch Reste von PBT aus dem Trockner oder der Dosiereinrichtung verunreinigt sein könnte. Der Effekt in der Aufheizkurve ist vergleichsweise klein und vom PA-Schmelzpeak überlagert. Die Auswertung der Abkühlkurve liefert weitaus signifikantere Effekte, Bild 1.86.

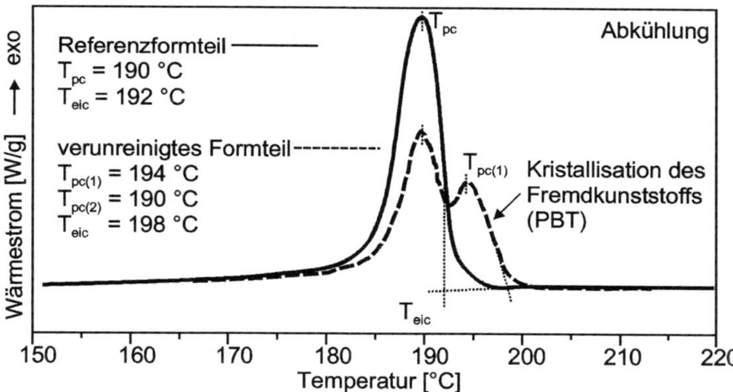

Bild 1.86 Kristallisation von PA6-Formteilen mit und ohne PBT-Verunreinigung

T_{eic} = extrapolierte Anfangstemperatur, T_{pc} = Peaktemperatur, Einwaage ca. 10 mg, Kühlrate 10 °C/min, Spülgas Stickstoff

Deutlich erkennbar treten in der Abkühlung beim verunreinigten Formteil zwei Kristallisationspeaks auf, die besser voneinander getrennt werden können als die zugehörigen Schmelzpeaks in der Aufheizkurve. Der Kristallisationspeak bei T_{pc} = 190 °C kann nach Vergleich mit demjenigen des Gutteils dem PA6 zugeordnet werden. Der bei höherer Temperatur auftretende Kristallisationspeak bei T_{pc} = 194 °C wird von der PBT-Verunreinigung verursacht.

Das durch die PBT-Verunreinigung verfrühte Kristallisieren kann bei der Verarbeitung des Werkstoffs zum Einfrieren des Angusses geführt haben. Aufgrund des danach nicht mehr wirksamen Nachdrucks haben sich vermutlich Lunker im Formteil gebildet.

Teilkristalline Verunreinigungen können in der Abkühlkurve oft deutlichere Effekte hervorrufen als in der Aufheizkurve.

1.2.3.9 Aushärtung von Duroplasten

Beim Härten von Duroplasten (Reaktionsharzen) werden mit der DSC im wesentlichen zwei Effekte gemessen;

- der endotherme Glasübergang und
- die exotherme Vernetzungsenthalpie.

Je nach Harzsystemansatz erfolgt die Vernetzung bereits bei RT oder bei erhöhten Temperaturen. Man spricht von kalt- bzw. heißhärtenden Systemen, Bild 1.87. Entsprechend liegt auch die Glasübergangstemperatur heißhärtender Systeme höher.

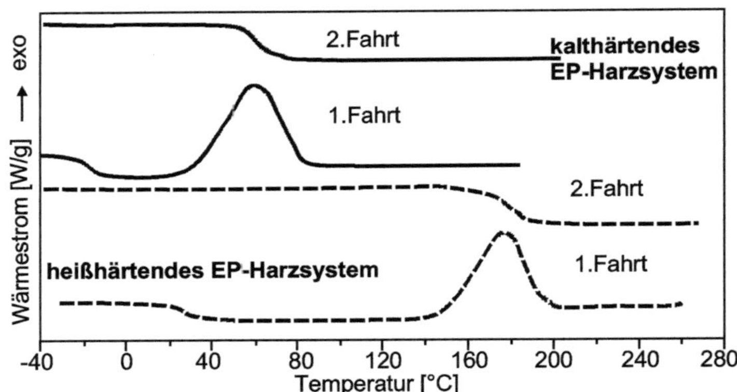

Bild 1.87 1. und 2. Aufheizen von kalt- und heißhärtenden EP-Harzsystemen

Einwaage ca. 15 mg, Heizrate 10 °C/min, Spülgas Stickstoff

Im Gegensatz zu der in der Praxis häufig bei isothermer Umgebungstemperatur stattfindenden Härtung erfolgt im vorliegenden Beispiel die Härtung während der Aufheizung.

Das kalthärtende Harzsystem zeigt bei ca. -20 °C einen Glasübergang, der im wesentlichen dem des unvernetzten Harzes entspricht. Bei ca. 40 °C beginnt die exotherme Härtereaktion. In der 2. Aufheizung (zur Bestätigung evtl. auch 3. Aufheizung, da bei langsam härtenden oder hochvernetzenden Systemen ein 2. Aufheizen evtl. nicht reicht.) tritt kein Reaktionspeak mehr auf, und es kann die unter Praxisbedingungen maximal erreichbare, vereinfacht als „vollständig" bezeichnete Aushärtung anhand der nicht mehr steigenden Glasübergangstemperatur ermittelt werden. Voraussetzung dafür ist, dass die Endtemperatur der 1. Aufheizung nicht so hoch lag, dass bereits ein Abbau und damit eine T_g-Erniedrigung eingetreten ist. Ist die Endtemperatur andererseits zu niedrig gewählt (d.h. der Reaktionspeak wurde in der 1. Aufheizung nicht vollständig durchlaufen), wird keine vollständige Aushärtung erreicht.

Die Vernetzung heißhärtender Systeme findet bei erhöhten Temperaturen statt, was zu einer höheren Glasübergangstemperatur und somit höheren Gebrauchstemperaturen führt.

Der Härtungsbeginn zeigt nicht nur eine Abhängigkeit von der Temperatur, sondern auch von der Zeit. Deshalb gibt es bei der Messung der Härtereaktion von Reaktionsharzen mit der DSC auch eine Abhängigkeit des Reaktionsverlaufs von der Heizrate. Geringe Heizraten führen gegenüber hohen Heizraten zu einem Reaktionsbeginnn bei niedrigeren Temperaturen. Führt man hingegen isotherme Härtereaktionen durch, beginnt die Härtung umso früher, je höher die Haltetemperatur ist.

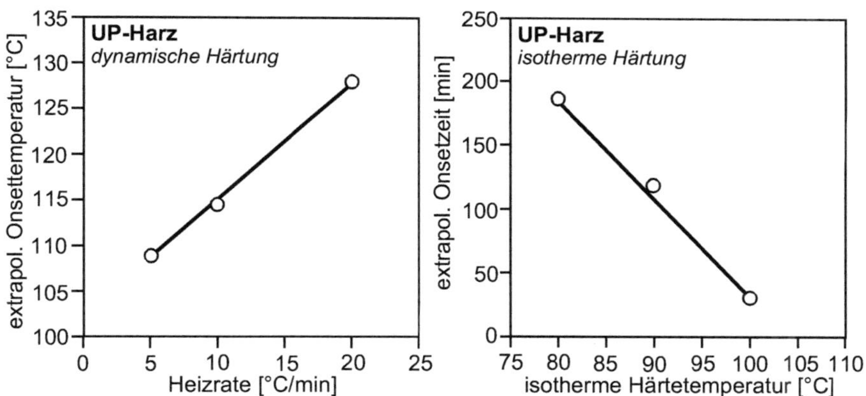

Bild 1.88 Aushärtung von UP-Harz, Abhängigkeit des Reaktionsbeginns von der Heizrate bzw. der isothermen Härtungstemperatur

Einwaage ca. 6 mg, Spülgas Stickstoff, Drucktiegel

Auch die Größe der Reaktionsenthalpie wird durch die Messparameter (Heizrate, isotherme Haltetemperatur) beeinflusst. Vor allem bei sehr niedrigen Heizraten oder isothermen Haltetemperaturen kann es zu verändertem Reaktionsverhalten kommen.

Zur Bestimmung des **Aushärtegrades** A_{DSC} eines Formstoffes wird die freiwerdende Restreaktionsenthalpie ΔH_r, zur Gesamtreaktionsenthalpie $\Delta H_{ges.}$ einer frisch angesetzten Reaktionsharzmasse gleicher Zusammensetzung ins Verhältnis gesetzt. Der Aushärtegrad eines Harzsystem beeinflusst entscheidend eine Vielzahl von Eigenschaften des Formteils, besonders die chemische Beständigkeit und Alterung, weniger, aber auch, die mechanischen Eigenschaften.

$$A_{DSC} = \left(1 - \frac{\Delta H_r}{\Delta H_{ges}}\right) \cdot 100\ [\%]$$

A_{DSC} - *Aushärtegrad aus DSC-Messung*
ΔH_{ges} - *Gesamtreaktionsenthalpie*
ΔH_r - *freiwerdende Reaktionsenthalpie*

Bei gefüllten oder faserverstärkten Materialien muss der tatsächlich vorhandene reaktionsfähige Kunststoffanteil ermittelt werden, um quantitative Aussagen über den Aushärtegrad zu ermöglichen. Dies geschieht z.B. durch eine Veraschung oder TG-Messung.

Aushärtegrad beeinflusst die Eigenschaften eines Formteils, z.B. chemische Beständigkeit, Dämpfung und Steifigkeit.

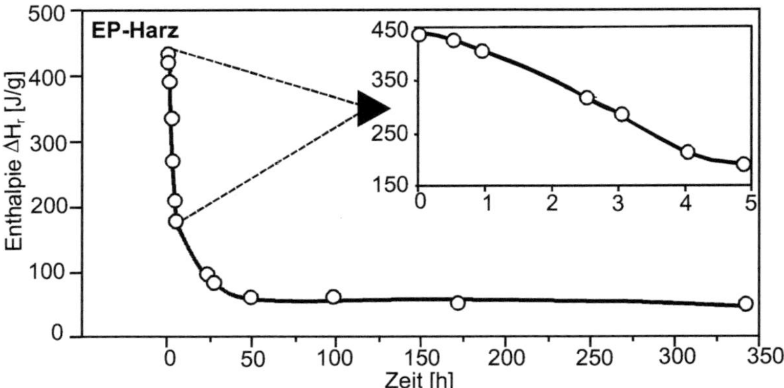

Bild 1.89 Zeitlicher Verlauf der Restenthalpie von kalthärtendem EP-Harz nach unterschiedlicher Lagerzeit bei RT

Zeit und Temperatur während der Aushärtereaktion bestimmen in erheblichem Maß den Aushärtegrad. In Bild 1.89 ist für ein kalthärtendes EP-Harz, das nach dem Anmischen unterschiedlich lang bei RT gelagert wurde, die Abnahme der mittels DSC ermittelbaren Reaktionsenthalpie dargestellt. Die stärkste Enthalpieänderung tritt in den ersten 24 Stunden auf, verlangsamt sich, aber selbst nach 2 Wochen wird noch eine Restreaktion mittels DSC gemessen. Eine schnellere und vollständige Aushärtung dieses Harzsystems ist somit nur durch eine **Nachhärtung** bei erhöhter Temperatur zu erreichen.

Bei der Messung weitgehend ausgehärteter Reaktionsharze kann mittels DSC häufig keine signifikante Restreaktion (Enthalpie) mehr detektiert werden, da sich nur noch wenige Bindungen bilden, was mit einer geringen Wärmeabgabe verbunden ist. Da durch das Knüpfen dieser „letzten" Bindungen jedoch die Netzwerkdichte noch angehoben wird, erhöht sich die Glasübergangstemperatur weiterhin. In diesem späteren Stadium der Aushärtung empfiehlt sich daher die Charakterisierung des Aushärtezustands mit Hilfe der T_g. Bild 1.90 veranschaulicht an einem VE-Harz den Zusammenhang von T_g und dem über die Restenthalpie bestimmten Aushärtegrad für verschiedene Nachhärtezustände (unterschiedlich lange Nachhärtung bei verschiedenen Temperaturen). Im Bereich höherer Aushärtegrade steigt T_g überproportional an.

T_g-Anstieg zeigt weitere Aushärtung an, auch wenn keine Restenthalpie mehr detektiert werden kann.

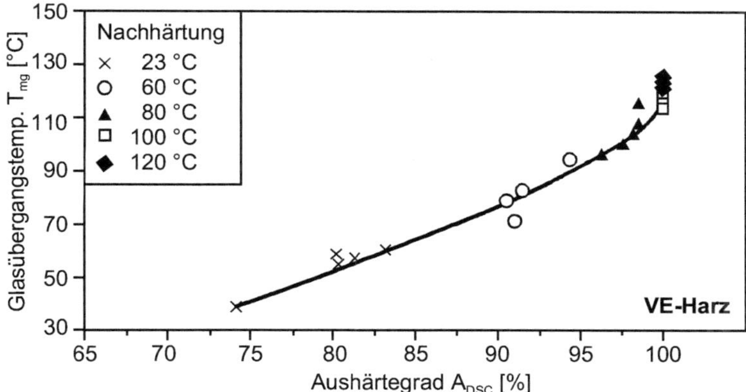

Bild 1.90 Glasübergangstemperatur T_{mg} aus DSC-Messung über dem Aushärtegrad A_{DSC} aus Restenthalpiemessungen für unterschiedliche Aushärtezustände eines VE-Harzes [25]

Neben der Beurteilung des Aushärtezustandes können mit Hilfe der DSC auch Mischungsfehler, insbesondere bei Epoxidharzen, festgestellt werden. Wird in oder spätestens nach der 2. Aufheizung eine bestimmte Soll-Glasübergangstemperatur nicht erreicht, so lag vermutlich ein falsches Mischungsverhältnis vor.

Flüchtige Reaktionspartner, wie z.B. Styrol in UP-Harz, erschweren die Ermittlung der Reaktionsenthalpien. Bei der Bestimmung der Gesamtreaktionsenthalpie, beispielsweise einer frisch angesetzten UP-Harzmischung, kann Styrol entweichen und dann während des Aufheizvorgangs keinen Beitrag mehr zur Aushärtereaktion leisten. Die Styrolverdampfung kann sich evtl. auch der Kurve in Form eines endothermen Verdampfungspeaks überlagern. Dies lässt sich durch die Verwendung von Drucktiegeln verhindern, aus denen das Styrol nicht entweichen kann (s. Kap. 3.2.2.1). Dies ist in Bild 1.91 an der Vernetzungsreaktion einer SMC-Paste im Normal- und Drucktiegel dargestellt. Im Drucktiegel wird eine Gesamtreaktionsenthalpie von 177 J/g gemessen, gegenüber einem nur etwa halb so hohen Wert von 87 J/g bei Verwendung des Normaltiegels. Diese Fehlerquelle ist bei der Ermittlung von Gesamtreaktionsenthalpien zu berücksichtigen. Es ist jedoch auch zu beachten, dass der im druckdichten Tiegel vorliegende erhöhte Druck wiederum die Aushärtereaktion und damit die Enthalpie beeinflusst.

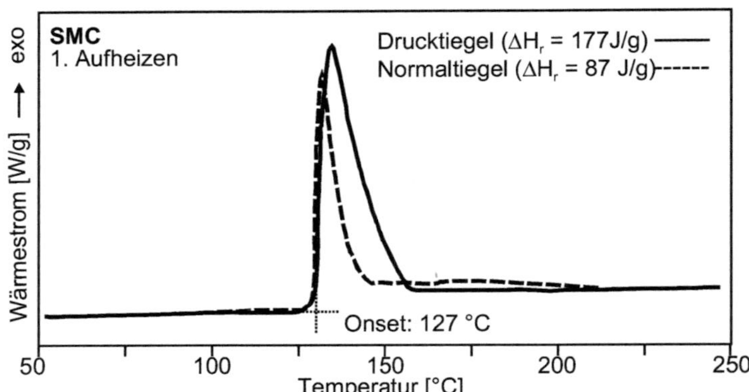

Bild 1.91 Vernetzungsreaktion von SMC-Paste im Normal- u. Drucktiegel

1. Aufheizen, Einwaage ca. 20 mg, Heizrate 10 °C/min, Spülgas Stickstoff

Flüchtige Reaktionssubstanzen erfordern dicht verschliessbare Tiegel.

Ein weiterer Aspekt, der bei der Handhabung von Duroplasten berücksichtigt werden muss, ist die **Lagerstabilität** der reaktiven Mischungen. Warm- und heißhärtende verarbeitungsfertige Harzsysteme können unter Tiefkühlung eine bestimmte Zeit lang aufbewahrt werden. Dass auch bei entsprechender Lagerung schon eine geringfügige Vernetzung auftreten kann, zeigen die DSC-Kurven zweier unterschiedlich alter Proben einer SMC-Paste, Bild 1.91.

Während die frisch angelieferte SMC-Paste eine Reaktionsenthalpie von 177 J/g aufweist, zeigt eine gelagerte Charge (-20 °C/2 Jahre), deren Behälter ab und zu zur Probenentnahme kurzzeitig geöffnet wurde, eine um 26 % geringere Enthalpie. Zudem findet sich in dieser Aufheizkurve ein endothermer Effekt zwischen 70 °C und 100 °C, der auf das Abdampfen des Kondenswassers zurückzuführen ist, das sich auf der kalten Probe während des Öffnens niedergeschlagen hat.

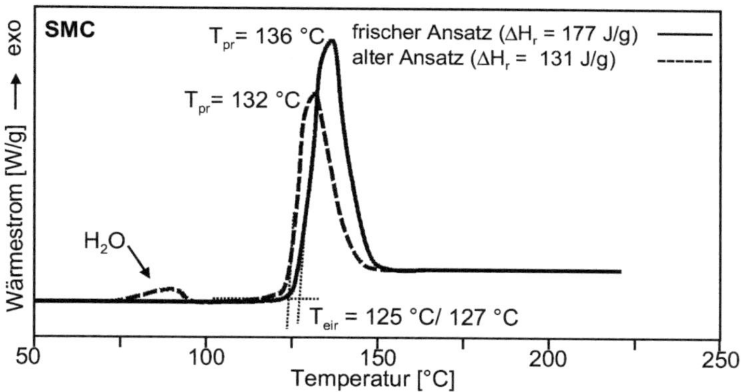

Bild 1.92 Vernetzungsreaktion von frischer und gelagerter (2 Jahre bei -20 °C) SMC-Paste

1. Aufheizen im Drucktiegel, Einwaage ca. 20 mg, Heizrate 10 °C/min, Spülgas Stickstoff

Aufgrund der oben geschilderten Probleme ist es bei 2-Komponenten-Systemen üblich, Harz-Härtersysteme erst unmittelbar vor der Verarbeitung zu mischen. Diese Vorgehensweise muss auch immer bei der Ermittlung der Gesamtreaktionsenthalpie mit der DSC eingehalten werden. Wie stark sich eine Lagerung bei unterschiedlichen Temperaturen (Kühlschrank, RT, erhöhte RT z.B. im Sommer) auf die Gesamtreaktionsenthalpie auswirken kann, zeigt Bild 1.93.

Das angesetzte Harz-/Härtersystem wurde zeitabhängig bei verschiedenen Temperaturen gelagert. Auch eine Lagerung im Kühlschrank führt bereits zu einer Nachhärtung und verfälscht somit die Messergebnisse des gewünschten Ausgangszustands (bei kühl gelagerten Proben ist auf Kondenswasserbildung zu achten). Dies trifft in besonderem Maße auf kalthärtende Harze zu, da diese schon bei relativ geringen Temperaturen zu reagieren beginnen.

unverzügliche Messung frisch angesetzter Harz-/Härtergemische; längere Lagerung auch bei tiefen Temperaturen kann bereits zum Reaktionsbeginn führen (vor allem bei kalthärtenden Harzsystemen).

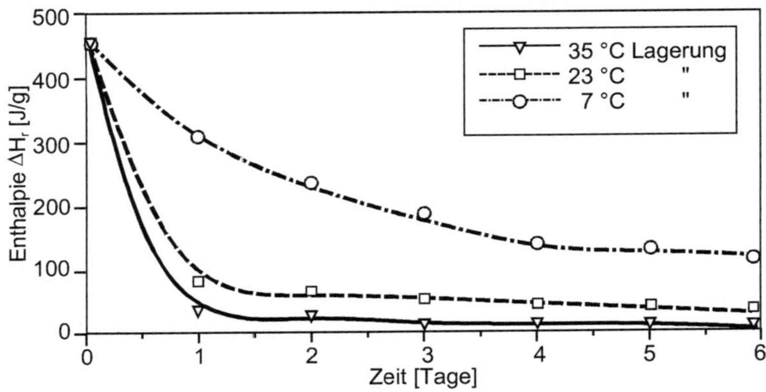

Bild 1.93 Einfluss von Lagertemperatur und -zeit auf die Reaktionsenthalpie eines kalthärtenden EP-Harzes

1.2.3.10 Ergebnisse von Rundversuchen

Um eine Aussage über die Vergleichbarkeit von Messresultaten und eine Einschätzung der Messsicherheit des eigenen Labors treffen zu können, werden Ringversuche durchgeführt. Definierte Probekörper werden von verschiedenen Laboren gleichzeitig nach festgelegten Richtlinien geprüft und ausgewertet. Die Reproduzierbarkeit der Messungen mit demselben Verfahren am identischen Objekt, im selben Labor, mit derselben Geräteausrüstung durch denselben Bearbeiter in kurzem Zeitabstand wird durch die **Wiederholgrenze r** gekennzeichnet.

Unter Vergleichsbedingungen werden Messungen an Proben nach demselben Verfahren an identischem Material durchgeführt. Verschiedene Bearbeiter mit unterschiedlicher Geräteausrüstung, meistens in verschiedenen Laboren, werten ihre Ergebnisse aus, die durch die **Vergleichsgrenze R** gekennzeichnet sind.

Bestimmung der Glasübergangstemperatur nach DIN 53765

Es wurden amorphe und teilkristalline Proben untersucht, und zwar PMMA, PC und PSU. Bei den Ergebnissen war zu beobachten, dass sich die Wiederhol- und Vergleichsgrenzen in sehr engem Rahmen bewegen: die Wiederholgrenze r (innerhalb eines Labors) liegt im Bereich zwischen 1,0 °C und 2,0 °C; die Vergleichsgrenze R (unter verschiedenen Laboren) zwischen 3,0 bis 5,0 °C [42]. Dies bedeutet also für die Praxis, dass sich die Glasübergangstemperaturen am selben Ort um maximal 1 bis 2 °C, an verschiedenen Orten um maximal 3 bis 5 °C unterscheiden, Tabelle 1.11.

Probe	Ereignis	Mittelwert T_{mg} [°C]*	Wiederholgrenze r [°C]*	Vergleichsgrenze R[°C]*
PMMA	1. Aufheizen	103,8	1,99	5,26
	Abkühlen	96,5	2,10	5,04
	2. Aufheizen	103,0	1,32	3,92
PC	1. Aufheizen	148,3	1,51	2,58
	Abkühlen	142,1	1,99	4,06
	2. Aufheizen	146,9	1,54	3,22
PSU	1. Aufheizen	187,4	1,90	3,22
	Abkühlen	181,5	1,68	4,37
	2. Aufheizen	187,1	1,12	3,22

**Die Temperaturangabe auf eine bzw. zwei Nachkommastellen wurde aus der Literatur übernommen. Die Ergebnisse des Ringversuchs zeigen aber auch, dass die grundsätzliche Temperaturangabe bei Polymeren auf ein °C genau völlig ausreichend ist.*

Tabelle 1.11 Bestimmung der Glasübergangstemperatur T_{mg}, der Wiederholgrenze r (gleiches Labor) und der Vergleichsgrenze R (fremdes Labor) für verschiedene Thermoplaste in Ringversuchen [42]

Eine zusätzliche Auswertung der Daten nach einer in der Literatur vorgeschlagenen Methode durch Mittelwertbildung der Glaspunkte aus dem zweiten Heizlauf und dem Abkühlen, brachte keine signifikante Verbesserung der Daten hinsichtlich Wiederhol- und Vergleichsgrenze [42].

Änderung der spezifischen Wärmekapazität (Δc_p)

Neben der eigentlichen Bestimmung der Glasübergangstemperatur lässt sich aus der Stufenhöhe bei T_g-Messungen auch die Änderung der spezifischen Wärmekapazität (Δc_p) ermitteln. Es wurde festgestellt, dass die Wiederholgrenzen r der einzelnen

Proben beim 2. Aufheizen sehr ähnlich sind. Keinen so eindeutigen Bereich der Werte gibt es für die Vergleichsgrenze R, folgende Tabelle zeigt die Ergebnisse beim 2. Aufheizen.

Probe	spez. Wärmekapazität Δc_p [J/K·g]	Wiederholgrenze r [J/K·g]	Vergleichsgrenze R [J/K·g]
PMMA	0,309	0,048	0,126
PC	0,235	0,039	0,081
PSU	0,225	0,042	0,078

Tabelle 1.12 Bestimmung der spez. Wärmekapazität Δc_p, der Wiederholgrenze r (gleiches Labor) und der Vergleichsgrenze R (fremdes Labor) für verschiedene Thermoplaste in Ringversuchen [42]

Ein Vergleich der Werte der 2. Heizläufe zeigt, dass in diesem Ringversuch DSC-Geräte nach dem Leistungskompensationsprinzip tendenziell niedrigere Mittelwerte messen als DSC-Geräte nach dem Wärmestromprinzip. Ob hier aber tatsächlich eine Abhängigkeit der Messwerte vom verwendeten Messprinzip vorliegt, lässt sich aufgrund dieses Ringversuches nicht abschliessend beurteilen und bedarf weiterer Abklärung [42].

Kristallinität von teilkristallinen Thermoplasten

Rundversuche an Polyethylenen haben gezeigt, dass bei Starttemperaturen um 25 °C die Anfahrauslenkung der Messkurve keine eindeutige Basislinie und somit auch keine Ermittlung eindeutiger Kristallisationsgrade zulassen. Es empfiehlt sich bei Messungen unter Vergleichs- und Wiederholbedingungen (z.B. für eine Qualitätskontrolle), sowohl die Start- als auch die Onset-Temperatur im voraus bzw. so tief als möglich festzulegen [43].

1.2.3.11 Erstellung von TTT-Diagrammen

Wie bereits in Kapitel 1.2.3.9 veranschaulicht, lässt sich mit Hilfe der DSC die Härtungsreaktion von Harzen untersuchen, wobei aus isothermem Halten die Kinetik der Reaktion, d.h. der zeit- und temperaturabhängige Aushärtegrad, ermittelt wird und jedem Aushärtezustand eine Glasübergangstemperaur zugeordnet werden kann.

Einen schematischen Überblick über das isotherme Härtungsverhalten ermöglicht das Time-Temperature-Transition (TTT)-Diagramm, das u.a. auf DSC-Kennwerten basiert, Bild 1.94. In diesem Diagramm ist die Temperatur, die als Härtungstemperatur betrachtet werden kann, über der Zeit aufgetragen. Geht man entlang einer horizontalen Linie im Diagramm von links nach rechts, entspricht dies einer isothermen Härtung bei der zugehörigen Temperatur.

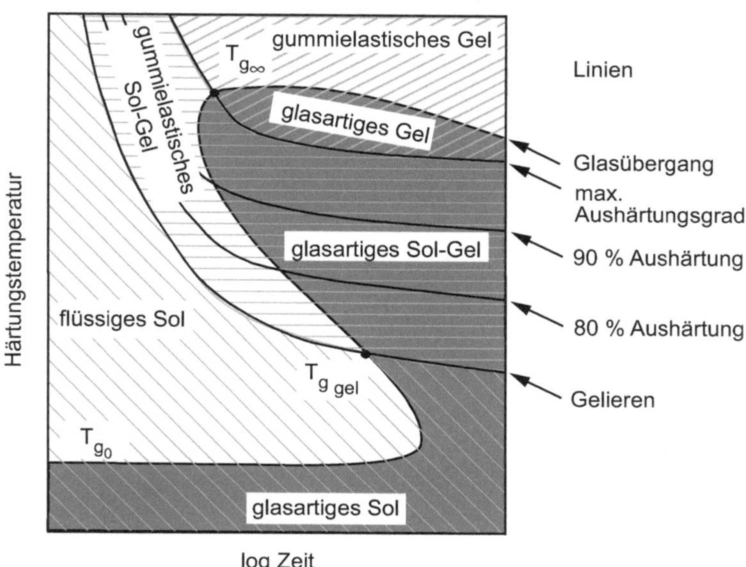

Bild 1.94 Schematische Darstellung des TTT-Diagramms [47]

Im Laufe des Härtungsvorgangs durchläuft das Harz die drei charakteristischen morphologischen Zustände flüssig, gelartig (gummielastisch) und fest (glasartig).

Während das Gelieren die Grenze der Verarbeitbarkeit kennzeichnet, bestimmt der Glasübergang den beginnenden Einsatzbereich des Fertigteils.

Experimentell ermittelt man den Übergang von flüssig zu gelartig aus dem rheologischen Verhalten des Harzes, z.B. anhand von isothermen rotationsviskosimetrischen Messungen. Des weiteren kann man mit Hilfe der DSC für jeden Zeitpunkt bei jeder gewählten Temperatur den Aushärtegrad bestimmen, wobei in der Praxis aus mindestens 3 isothermen Messungen, Bild 1.95, mit numerischen Methoden die Reaktionskinetik berechnet wird; so entstehen die „Aushärtegradlinien".

Da es Gesetzmäßigkeiten für den Zusammenhang von Aushärtegrad und Glasübergangstemperatur gibt, lässt sich daraus die Linie für den Übergang in den glasartigen Zustand konstruieren. Zusätzlich dient die DSC dazu, die Glasübergangstemperaturen T_{g0} des vollständig ungehärteten Harzes (1. Aufheizen) sowie $T_{g\infty}$ des vollständig ausgehärteten Harzes (2. oder 3. Aufheizen) zu bestimmen.

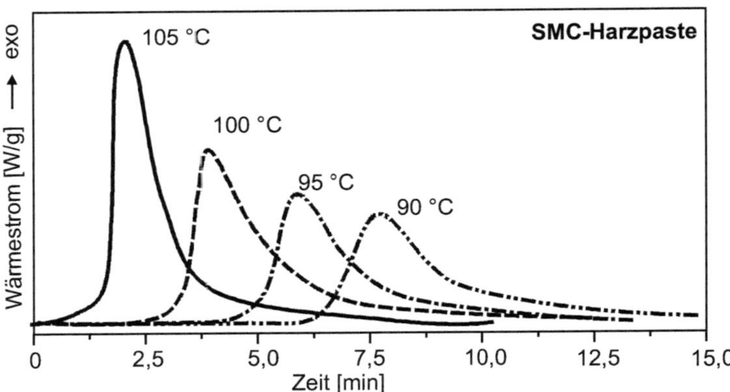

Bild 1.95 Isotherme Reaktionsverläufe einer SMC-Paste bei verschiedenen Aushärtetemperaturen zur Modellierung eines TTT-Diagrammes

Einwaage ca. 10 mg, Spülgas Stickstoff

Je nach Harztyp kann das Aussehen des TTT-Diagramms sehr unterschiedlich sein. Bei Epoxidharzen erfolgt aufgrund ihres Polyadditionsmechanismus, bei dem sich vergleichsweise kurze Oligomere nach und nach miteinander verknüpfen, das Gelieren bei hohen Aushärtegraden (oft über 50 %), während die in einer Kettenreaktion härtenden UP-Harze meist schneller reagieren und aufgrund der langen, höherfunktionellen Ausgangsmoleküle sehr rasch (bei wenigen % Umsatz) gelieren. Außerdem bestimmt auch innerhalb einer Harzsorte die Funktionalität, d.h. die Anzahl der reagierenden Gruppen pro Harzmolekül, entscheidend die Gestalt des TTT-Diagramms.

Bei der Betrachtung von TTT-Diagrammen ist zu beachten, dass es sich um eine Idealdarstellung handelt, d.h. Exothermieentwicklungen, wie sie in der Praxis auftreten, oder aber Temperatur-Stufen-Programme sind nicht berücksichtigt.

Zur Bestimmung zuverlässiger und reproduzierbarer Werte für ein TTT-Diagramm sind aufgrund der oftmals zahlreichen und teilweise leichtflüchtigen Zusatzstoffe sowie wegen der Gefahr der Reaktion der Ausgangsstoffe mit der Luftfeuchtigkeit einige Aspekte zu beachten:

wenn möglich, Verwendung einer Messmethode zur Bestimmung der verschiedenen Kennwerte (zur Glasübergangsbestimmung nahezu ausgehärteter Substanzen würde sich oft auch die DMA-Messung anbieten, die aber beim frisch angesetzten Harzsystem schwer einsetzbar ist, deshalb werden meist DSC-Messungen für die Glasübergangsbestimmung aller Zustände verwendet),

Verwenden von Drucktiegeln, um das Abdampfen leichtflüchtiger Zusatzstoffe zu verhindern,

Wahl der je nach Gerät geeigneten Heizrate zum Aufheizen auf die isotherme Härtetemperatur (ca. 40 60 °C/min); zu hohe Heizraten verursachen ein Überschwingen des Ofens und damit undefinierte Reaktionsbedingungen; zu niedrige Heizraten können eine vorzeitige Härtung des Harzsystemes während der dynamischen Aufheizphase bewirken,

korrekte und reproduzierbare Bedingungen beim Anmischen des frischen Harzsystems (Lagerung im Kühlschrank, Wahl einer sinnvollen Ansatzmenge, Gewährleistung einer homogenen Vermischung vor allem bei hochgefüllten Systemen).

1.2.3.12 Beispiele zur Temperaturmodulierten DSC (TMDSC)

Der Einsatz einer temperaturmodulierten DSC ist vor allem bei sich überlagernden Effekten und schlecht sichtbaren Glasübergängen sinnvoll, bei denen konventionelle Messungen zu einem schwer oder nicht interpretierbaren Signal führen.

Liegen irreversible und reversible Prozesse nebeneinander vor und überlagern sie sich, können diese mit Hilfe der TMDSC getrennt dargestellt werden. Häufig sind reversible, wiederholbare Effekte (Glasübergänge, Schmelz- und Kristallisationspeaks) durch irreversible, nicht wiederholbare Effekte (Temperpeaks, Molekülorientierungen) überlagert. Derartige irreversible Effekte lassen sich zwar auch mit konventionellen Methoden durch ein dem 1. Aufheizen nachgeschaltetes Abkühlen und anschließendes zweites Aufheizen eliminieren, jedoch kann sich dadurch das Probenmaterial verändern; bei vernetzenden Kunststoffen kann es z.B. zu einer Erhöhung der Glasübergangstemperatur kommen. Des weiteren sind die Signale der mittels TMDSC getrennten Effekte wesentlich deutlicher als in einer normalen Messung.

TMDSC trennt überlagerte Effekte (thermische und mechanische Vorgeschichte von Materialeigenschaft) in der 1. Aufheizfahrt

Bild 1.96 zeigt die TMDSC-Messung eines ABS-Granulats. Die durchgezogene Kurve kennzeichnet die Summenkurve des Gesamtwärmestromverlaufs, diese entspricht der normalen DSC-Messung. Als problematisch für die Auswertung der Glasübergangstemperatur sind der unsaubere Basislinienverlauf vor T_{mg} (106 °C) und der endotherme Effekt nach T_{mg} anzusehen. Die reversible Wärmestromkurve ermöglicht eine eindeutige Auswertung der Glasübergangstemperatur. Die irreversible Wärmestromkurve zeigt zwei endotherme Effekte, das Abdampfen von Wasser zwischen 60 °C bis 100 °C und das Lösen der Orientierung um 105 °C. Diese beiden Effekte treten nur in der 1. Aufheizkurve auf und sind nicht wiederholbar.

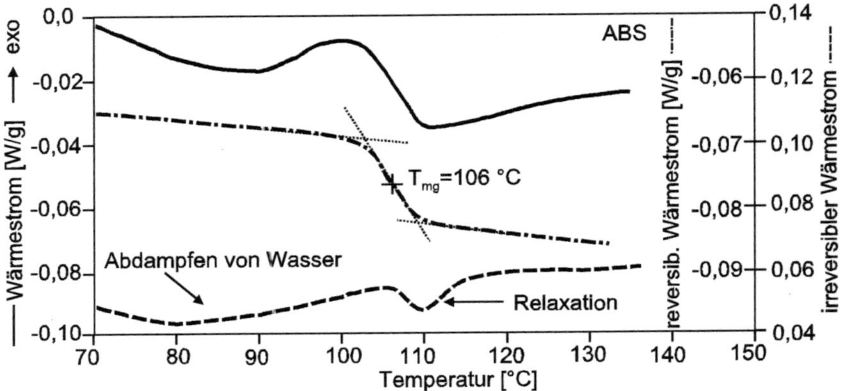

Bild 1.96 Bestimmung der Glasübergangstemperatur T_{mg} von ABS mit der TMDSC, Kurvenüberlagerung durch Abdampfen von Wasser und Lösen der Orientierungen (Relaxation)

Einwaage ca. 10 mg, Heizrate 2 °C/min, Amplitude +/- 0,5 °C, Periode 60 s, Spülgas Stickstoff

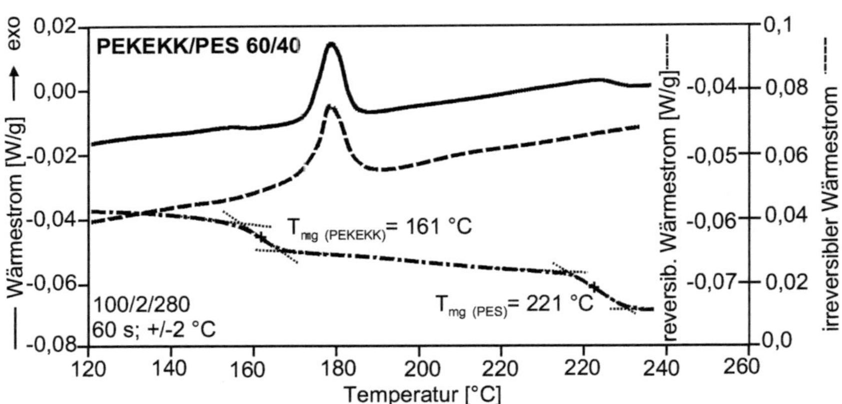

Bild 1.97 Glasübergänge und Nachkristallisation einer PEKEKK/PES-Mischung (60/40) in der TMDSC

Einwaage ca. 7 mg, Heizrate 2 °C/min, Amplitude +/- 0,5 °C, Periode 60 s, Spülgas Stickstoff

Bei einer Mischung aus PEKEKK/PES (60 zu 40 Gew.-Teile) wird das Gesamtwärmestromsignal von der Nachkristallisation des teilkristallinen PEKEKK dominiert, Bild 1.97. Der reversible Wärmestrom zeigt die Glasübergangstemperaturen des teilkristallinen PEKEKK (161 °C) und des rein amorphen PES (221 °C). Der irreversible Wärmestrom hebt die exotherme Nachkristallisation des PEKEKK heraus.

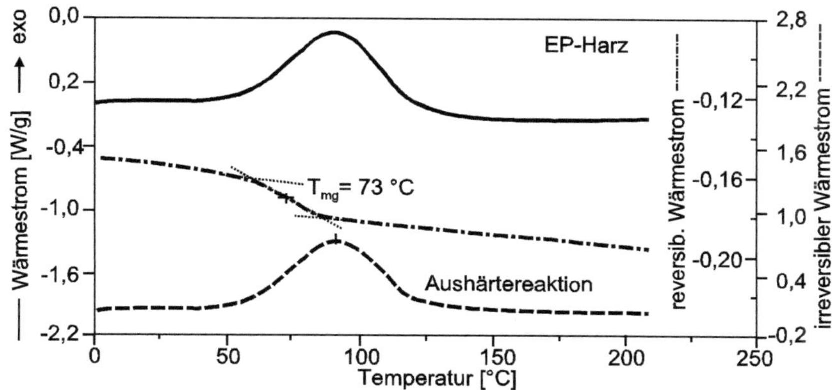

Bild 1.98 Nachhärtereaktion und Glasübergang eines EP-Harzes in der TMDSC

Einwaage ca. 25 mg, Heizrate 2 °C/min, Amplitude +/-0,5 °C, Periode 60 s, Spülgas Stickstoff

In Bild 1.98 ist die Überlagerung einer Nachhärtereaktion eines noch nicht vollständig ausgehärteten EP-Harz-Formteils mit dem Glasübergang dargestellt. Der Gesamtwärmestrom zeigt nur die exotherme Aushärtereaktion. Durch die reversible Wärmestromkurve kann der im gleichen Temperaturbereich liegende Glasübergang mit einer Mittenpunktstemperatur T_{mg} = 73 °C ausgewertet werden. Im irreversiblen Wärmestrom wird die Nachhärtereaktion allein sichtbar.

1.3 Literatur

[1] DIN EN ISO 11357-1 Dynamische Differenz-Thermoanalyse (DSC) November 1997

[2] DIN 51 005 Thermische Analyse (TA) August 1993

[3] ASTM D 3417-99 — Standard Test Method for Enthalpies of Fusion and Crystallization of Polymers by Differential Scanning Calorimetry (DSC)

[4] DIN 53 765 — Thermische Analyse, Dynamische Differenzkalorimetrie (DDK)
März 1994

[5] Ehrenstein, G.W. — Polymer-Werkstoffe, 2. Aufl.
Carl Hanser Verlag, München 1999

[6] ASTM D 3418-99 — Standard Test Method for Transition Temperatures of Polymers by Differential Scanning Calorimetry

[7] ASTM E 794-01 — Standard Test Method for Melting Temperatures and Crystallization Temperatures by Thermal Analysis

[8] Rieger, J. — Bestimmung der Glastemperatur mittels DSC
Kunststoffe 85 (1995) 4, S. 528-530

[9] Könnecke, K. — Persönliche Mitteilung, Februar 1998

[10] Henning, I. — Persönliche Mitteilung, Februar 1998

[11] Wingfield, M. — Persönliche Mitteilung, Februar 1998

[12] Wunderlich, B. — Thermal Analysis
Academic Press, Inc., San Diego, 1990

[13] Illers, K.-H. — Die Ermittlung des Schmelzpunktes von kristallinen Polymeren mittels Wärmeflußkalorimetrie (DSC)
European Polymer Journ. (1974) 10, S. 911-916

[14] Varga, J., Garzo, G. — Isothermal Crystallization of the β-Modification of Polypropylene
Acta Chimica Hungarica 128 (1991) 3, S. 303-317

[15] Wunderlich, B. — Advanced Thermal Analysis Laboratory (ATHAS), Dept. Chem. University Tennessee, Knoxville, TN 37996-1600, USA

[16] van Krevelen, D.W. — Properties of Polymers, 3rd edition
Elsevier Scientific Publishing Company, Amsterdam 1997

[17]	Rieger, J.	Persönliche Mitteilung, 1992
[18]	ASTM E 793-01	Standard Test Method for Enthalpies of Fusion and Crystallization by Differential Scanning Calorimetry
[19]	Widmann, G., Riesen, R.	Thermoanalyse Hüthig Buch Verlag GmbH, Heidelberg 1990
[20]	Höhne, G.W.H., u.a.	Die Temperaturkalibrierung dynamischer Kalorimeter PTB-Mitteilungen 100, Januar 1990
[21]	Sarge, S.M., u.a.	Die kalorische Kalibrierung dynamischer Kalorimeter PTB-Mitteilungen 103, Juni 1993
[22]	DIN 51 007	Differenzthermoanalyse (DTA) Juli 1994
[23]	TA Instruments GmbH	Bedienerhandbuch für DSC 2920 TA Instruments, Alzenau 1997
[24]	Turi, E.A.	Thermal Characterization of Polymeric Materials, Second Edition Academic Press, Inc., San Diego 1997
[25]	Ehrenstein, G.W., Bittmann, E.	Duroplaste Aushärtung, Prüfung, Eigenschaften Carl Hanser Verlag, München 1997
[26]	Saechtling, H., Oberbach, K.	Kunststofftaschenbuch, 28. Aufl. Carl Hanser Verlag, München 2001
[27]	Ehrenstein, G.W.	Schadensanalyse Carl Hanser Verlag, München 1992
[28]	Wunderlich, B.	Makromolecular Physics - Vol. II Academic Press New York, San Fransisco, London 1976
[29]	DIN 50 035	Begriffe auf dem Gebiet der Alterung von Materialien März 1989

[30]	Pongratz, S.	Charakterisierung der Alterung mit Methoden der Thermischen Analyse Seminarband, Thermische Methoden in der Kunststoffprüfung, Lehrstuhl für Kunststofftechnik, Erlangen 2003
[31]	Hemminger, W.F., Cammenga, H.K.	Methoden der Thermischen Analyse Springer-Verlag Berlin, Heidelberg 1989
[32]	Mathot, V.B.F.	Calorimetry and Thermal Analysis of Polymers Carl Hanser Verlag, München 1994
[33]	Domininghaus, H.	Die Kunststoffe und ihre Eigenschaften, 5. Aufl. VDI -Verlag GmbH, Düsseldorf 1998
[34]	ISO 11357-2	Differential Scanning Calorimetry (DSC)-Part 2: Determination of Glass Transition Temperature (1999)
[35]	ISO 11357-3	Differential Scanning Calorimetry (DSC)-Part 3: Determination of Temperature and Enthalpy of Melting and Crystallization (1999)
[36]	Gill, P.S., Sauerbrunn, S.R, Reading, M.	Modulated Differential Scanning Calorimetry J. of Thermal Analy. 40 (1993) 3, S. 931-939
[37]	Wunderlich, B., Jin, Y., Boller, A.	Mathematical Description of Differential Scanning Calorimetry Based on Periodic Temperature Modulation Thermochim. Acta 238 (1994), S. 277-293
[38]	Schawe, J.E.K	Modulated Temperature DSC Measurements - the Influence of Experimental Conditions Thermochimica Acta 271 (1996), S. 127-140
[39]	Szameitat, M.	Reibung und Verschleiß von Mischungen aus hochtemperaturbeständigen thermoplastischen Kunststoffen, Dissertation Universität Erlangen - Nürnberg 1998 Lehrstuhl für Kunststofftechnik
[40]	Möhler, H.	Die Thermische Analyse in der Kunststoffprüfung Kunststoffe 84 (1994) 6, S. 736-743

[41] Widmann, G., Jandali, M. — Applikationssammlung Thermische Analyse, Thermoplaste, Mettler-Toledo GmbH (1997), S. 19

[42] Affolter, S., Ritter, A., Schmid, M. — Ringversuche an polymeren Werkstoffen, Abschlussbericht 2000, EMPA St. Gallen

[43] Affolter, S., Schmid, M., Wampfler, B. — Ringversuche an polymeren Werkstoffen: Thermoanalytische Verfahren Kautschuk Gummi Kunststoffe 52 (1999) Nr. 7-8, S. 519

[44] DIN EN ISO 11357-1/A1 Norm-Entwurf — Dynamische Differenz-Thermoanalyse (DSC) Teil 1: Allgemeine Grundlagen, Änderung 1 November 2000

[45] Höhne, G.W.H., Hemminger, W., Flammersheim, H.-J. — Differential Scanning Calorimeter An Introduction for Practitioners Springer Verlag, Heidelberg 1997

[46] Merzlyakov, M., Schick, C. — Complex Heat Capacity Measurements by TMDSC Influence of non-linear Thermal Response Thermochimica Acta 330 (1999), S. 55-64

[47] Ehrenstein, G.W., Bittmann, E., Wacker, M. — Härtung von Reaktionsharzen: Das Time-Temperature-Transition-Diagramm Internetveröffentlichung, Februar 2003 http://www.lkt.uni-erlangen.de

2 Oxidative Induktionszeit/-Temperatur - OIT

2.1 Grundlagen der OIT-Methode

2.1.1 Einleitung

Kunststoffe unterliegen während ihrer gesamten Lebensdauer der Alterung. Die OIT stellt ein Verfahren dar, bei dem mit Hilfe der DSC eine vergleichende Aussage über die Stabilität von Werkstoffen gegenüber thermisch-oxidativem Angriff getroffen werden kann.

Alterungseffekte (s. Kap. 1.2.3.6) können durch Zugabe von Stabilisatoren behindert bzw. verzögert werden. Stabilisatoren sind chemische Substanzen, die in den Abbaumechanismus eingreifen und beginnende Kettenreaktionen beenden oder zumindest verzögern. Die wichtigsten Stabilisatoren bieten Schutz gegen Oxidation, thermische Belastung und Licht- bzw. Strahlungseinflüsse.

wichtigste Stabilisatoren:
Antioxidantien, Verarbeitungstabilisatoren, Lichtschutzmittel

Die meisten Kunststoffe benötigen eine Stabilisierung gegen thermisch-oxidativen Abbau. Als Verarbeitungsstabilisatoren bei kurzzeitiger hoher thermischer Belastung von Schmelzen in Anwesenheit von Sauerstoff werden im allgemeinen Phosphite und Phosphonite verwendet. Da die Verarbeitungstemperaturen durchaus bis 200 °C über der Gebrauchstemperatur liegen können, gelten für sie andere Anforderungen als für die Langzeitstabilisatoren für Kunststoffe im festen Zustand, die gegen den Abbau bei langzeitigem Einsatz bei Gebrauchstemperaturen wirken sollen. Hierzu werden oftmals Phenole verwendet [5].

Weiterhin gibt es Lichtschutzmittel wie UV-Absorber und sterisch gehinderte Amine (HALS - Hindered Amin Light Stabilisator). Sie sind i.a. in Konzentrationen von Bruchteilen eines Prozentes wirksam. Gewöhnlich wird ein System aus verschiedenen Stabilisatoren mit dem Ziel eines synergistischen Effektes eingesetzt, wobei dies nicht zwingend ist [1].

Zur Beurteilung der Wirkung von Stabilisatoren werden stabilisierte Kunststoffe in Wärmeschränken gelagert und anschliessend auf verschiedene Kennwerte geprüft. OIT-Messungen im DSC werden häufig aufgrund der einfachen Probenpräparation und kurzen Messzeit angewandt. Von einem Rückschluss auf die Langzeitbeständigkeit und einer Bewertung unterschiedlich stabilisierter Polymere ist jedoch abzuraten.

Schnellmethode zur Bestimmung der Stabilisatorwirkung im DSC-Messgerät (gleiche Stabilisatoren vorausgesetzt)

Die Übertragung von OIT-Ergebnissen auf den Einsatz und die Wirksamkeit von Stabilisatoren in der Praxis ist nicht direkt möglich. Es ergeben sich dabei folgende Probleme, aufgezeigt am Beispiel der Stabilisierung eines PP:

Phosphite und Phosphonite bewirken bei hohen Testtemperaturen lange OIT-Zeiten, sind jedoch bei Gebrauchstemperaturen (deutlich tiefer) weniger effektiv.

Niedermolekulare phenolische Verbindungen sind unter den Bedingungen der OIT-Prüfung flüchtig, während sie bei erhöhten Einsatz- oder Prüftemperaturen zur Langzeit-Thermostabilität beitragen können.

Bei hochmolekularen Antioxidantien (meist sterisch gehinderte Phenole) korreliert die OIT gut mit der Konzentration des Antioxidans. Dennoch sind OIT-Werte nicht auf das Langzeitverhalten extrapolierbar.

Lichtschutzstabilisatoren (HALS) auf der Basis sterisch gehinderter Amine sind bei Prüftemperaturen um 200 °C nicht als Radikalfänger aktiv. In Ofenalterungsversuchen bei typischerweise 100 °C ist ihr Beitrag zur Langzeitstabilität jedoch beträchtlich [2, 3].

OIT-Zeiten erlauben keine konkreten Aussagen über die Langzeitwirkung von Stabilisatoren.

Weiterhin ist zu beachten:

Die OIT-Messung des Kunststoffs erfolgt im schmelzflüssigen Zustand. OIT-Messungen werden somit bei Temperaturen durchgeführt, die in der Größenordnung der Schmelze-/Verarbeitungstemperaturen liegen, aber weit über den üblichen Gebrauchstemperaturen. Bei teilkristallinen Thermoplasten sammeln sich die Stabilisatoren zunächst in den amorphen Bereichen. Nach dem Aufschmelzen der Kristallite steigt ihre Mobilität und Löslichkeit abrupt. Sie verteilen sich auf die ganze Masse, gleichzeitig sinkt die Konzentration [4, 5, 6].

Bei einer Phenol/Phosphit-Stabilisatormischung wandelt sich das Phosphit in einem Ofen bei 149 °C innerhalb weniger Stunden in Phosphat um, so dass nur noch die Phenole für die Alterungszeit bestimmend sind. Bei Phenol/Thiosynergist-Mischungen kennzeichnet dagegen der Thiosynergistgehalt die Alterung wesentlich. Die OIT-Werte zeigen dagegen keinen Einfluss [7].

Bei der Ofenalterung haben Probendicke und äussere Belastungen, aber auch die Luft- oder Medienströmung der Umgebung einen Einfluss.

2.1.2 Messprinzip

Oxidationsreaktionen lassen sich aufgrund der exothermen Reaktion von Kunststoffen mit Sauerstoff im DSC beurteilen. Die Probe wird bei erhöhter Temperatur einem oxidierenden Spülgas (Sauerstoff oder Luft) ausgesetzt. Zwei Varianten haben sich bewährt:

Dynamisches Verfahren, Kenngröße „OIT-Temperatur“

Statisches Verfahren, Kenngröße „OIT-Zeit“

Beim **dynamischen Verfahren** wird die Probe mit definierter Heizrate (dynamisch) von Messbeginn an unter Sauerstoff- oder Luftatmosphäre aufgeheizt. Die Oxidationsreaktion wird durch das Abweichen von der Basislinie als exotherme Reaktion deutlich. Diese Abweichung kann durch eine bestimmte kennzeichnende Temperatur charakterisiert werden. Der Vorteil dieses Verfahrens liegt im niedrigen Zeitaufwand, der Nachteil in der geringeren Empfindlichkeit bei ständig steigenden Temperaturen. Feine Unterschiede in der Stabilisatorwirksamkeit können deshalb nicht ermittelt werden. Das dynamische Verfahren kann bei fast allen Kunststoffen herangezogen werden.

Angabe von OIT-Temperaturen (dynamisches Verfahren)
weniger empfindlich schnelleres Verfahren
Einsatz bei fast allen Kunststoffen

Beim **statischen Verfahren**, das genormt ist in z.B. DS 2131.2 [8] und ASTM D 3895-98 [9], wird die Probe unter inerter Atmosphäre auf eine bestimmte konstante Temperatur oberhalb der Schmelztemperatur aufgeheizt. Diese Temperatur wird gehalten (statisch). Nach der Einstellung des Gleichgewichtszustandes wird das Spülgas von inerter auf oxidative Atmosphäre, meist von Stickstoff auf Sauerstoff oder Luft, gewechselt. Die exotherme Oxidationsreaktion tritt dann nach einer gewissen Zeit auf. Der Vorteil dieses Verfahrens liegt in der Möglichkeit, feine Abstufungen des Stabilisierungsgrades zu erfassen.

Zur Ermittlung einer aussagekräftigen Prüftemperatur sind Vorversuche (dynamische OIT-Messung zur Eingrenzung der Testtemperatur und statische OIT-Messungen zur Eingrenzung der Testzeit) notwendig, die einen größeren Zeitaufwand erfordern. Das statische Verfahren wird bevorzugt bei langzeitig thermisch belasteten Kunststoffen, z.B. Polyolefine im Rohrleitungs- und Apparatebau eingesetzt.

Angabe von OIT-Zeiten (statisches Verfahren)
empfindlicher hoher Zeitaufwand
Einsatz meist bei Polyolefinen (genormt)

2.1.3 Messablauf und Einflussfaktoren

Die Vorgehensweise bei der OIT-Messung ist:

Probenpräparation
Einwiegen der Probe in einen **offenen** Tiegel
Einbringen von Probe und Referenz in die Messzelle
Einstellen des Spülgasstroms
Wahl des geeigneten Messprogramms
Umschalten auf oxidierende Atmosphäre (statisches Verfahren)

Anmerkung: *OIT-Messungen werden gelegentlich in Anlehnung an den maschinellen Verarbeitungsprozess unter erhöhtem Druck mittels Druck-DSC durchgeführt. Auf diese Art der Messung wird nicht eingegangen.*

Die geräte- und probenspezifischen Einflussgrößen sind:

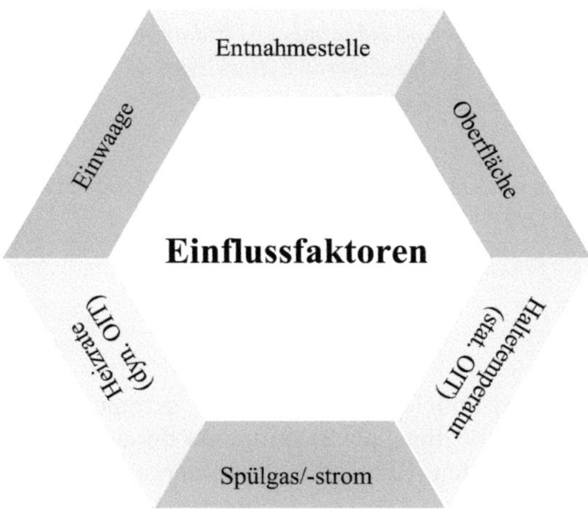

Die Einflussfaktoren und Fehlermöglichkeiten bei der Versuchsdurchführung werden anhand von Messkurven praktischer Beispiele in Kap. 1.2.2 ausführlich erläutert.

2.1.4 Auswertung

2.1.4.1 Dynamisches Verfahren

Bei der dynamischen OIT-Messung wird die Probe kontinuierlich aufgeheizt und der Probenraum von Beginn an mit oxidativem Gas gespült. Bild 2.1 veranschaulicht eine typische Messkurve eines teilkristallinen Thermoplasten, wobei zunächst das Schmelzen als endothermer Effekt zu erkennen ist. Ihm schließt sich bei höheren Temperaturen eine exotherme Abweichung von der Basislinie an, welche die beginnende Oxidationsreaktion charakterisiert.

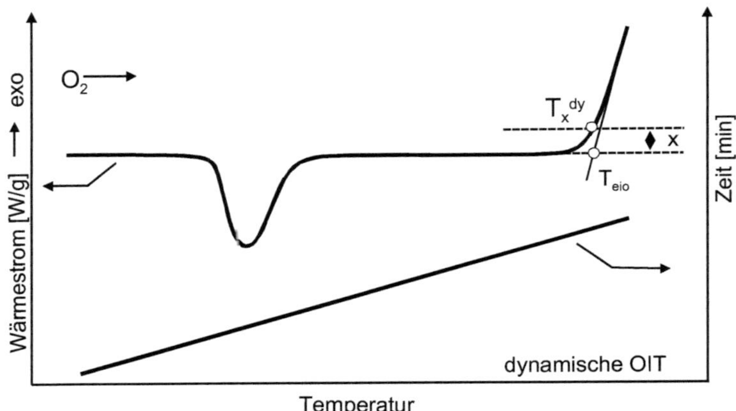

T_{eio}: Extrapolierte Anfangstemperatur der Oxidation, Schnittpunkt der Tangenten vor und während der Oxidation

T_x^{dy}: Temperatur nach exothermen Abweichen des Wärmeflusses um x von der Basislinie

Bild 2.1 Auswertung einer dynamischen OIT- Messkurve, Bezeichnungen in Anlehnung an DIN EN ISO 11357-1 [10]

Index „o“ für engl. „oxidation“, „i“ für „initial“

Die OIT-Temperatur wird üblicherweise durch die extrapolierte Anfangstemperatur T_{eio} anhand des Oxidationsbeginns, als Schnittpunkt der an die gerade Basislinie und an den Steilanstieg angelegten Tangenten, charakterisiert. Bei langsamem Anstieg oder schlecht reproduzierbaren Anfangstemperaturen wird eine Temperatur T_x^{dy}

vorgezogen, die die Veränderung des Wärmestroms um einen Wert x gegenüber der Basislinie kennzeichnet; häufig wird ein Wert von 0,2 W/g verwendet.

2.1.4.2 Statisches Verfahren

Eine Probe wird unter Inertatmosphäre stetig bis über die Schmelztemperatur hinaus auf eine Testtemperatur aufgeheizt, Bild 2.2. Beim Umschalten auf isothermes Halten ergibt sich ein exothermer Versatz in der Wärmestromkurve, der durch die sprunghaft verringerte Energiezufuhr bei der Heizratenänderung von 10 auf 0 °C/min (isotherm) hervorgerufen wird. Das Umschalten von inerter auf oxidative Gasatmosphäre erfolgt erst ca. 1 bis 3 min nach Erreichen der isothermen Haltetemperatur, um eine Temperaturkonstanz in der Probe sicherzustellen.

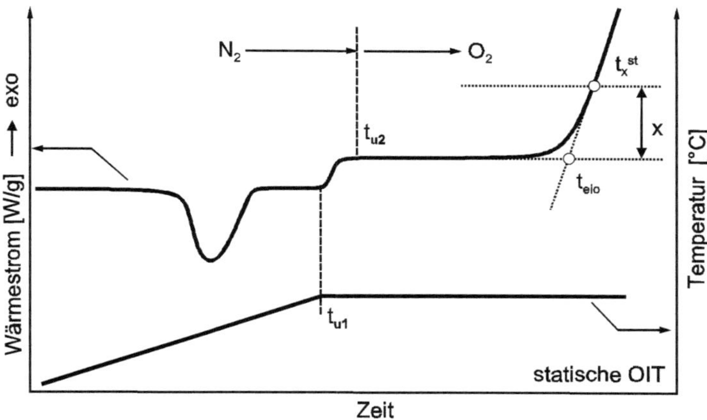

t_{u1}: Umschaltzeit auf konstante Temperatur

t_{u2}: Umschalten von inerter auf oxidative Gasatmosphäre

t_{eio}: extrapolierte Anfangszeit der Oxidation, Schnittpunkt der Tangenten vor und während der Oxidation

t_x^{st}: Zeit nach Abweichen des Wärmeflusses um x von der Basislinie

Bild 2.2 Auswertung einer statischen OIT-Messkurve nach DS 2131.2 [8] und ASTM D 3895-98 [9], Bezeichnungen in Anlehnung an DIN EN ISO 11357-1 [10]

Index „o“ für engl. „oxidation“, „i“ für „initial“

Die Auswertung der exothermen Abweichung von der Basislinie erfolgt analog zum dynamischen Verfahren unter Angabe von OIT-Zeiten, der extrapolierten Anfangszeit t_{eio} bzw. einer konstanten Abweichung von der Basislinie t_x^{st}. Diese Zeit t_x^{st} wird wiederum als Hilfsgröße bei schleichender Reaktion und schwer auswertbaren Anfangszeiten bevorzugt. Für Vergleiche muss bei der Auswertung von t_x^{dy} oder t_x^{st} die Wärmestromänderung x konstant gehalten werden. Bei der Messung mit offenem Tiegel können keine zuverlässigen Umwandlungstemperaturen oder Enthalpien angegeben werden, da ein optimaler bzw. reproduzierbarer Kontakt der Probe zum Tiegel während der Messung nicht gewährleistet ist.

Aufgrund offener Tiegel sind keine exakten Angaben über Umwandlungstemperaturen oder -enthalpien möglich.

2.1.4.3 Prüfbericht

Zur Erstellung des Prüfberichtes kann analog zur DSC (s. Kap. 1.1.4.6) unter Berücksichtigung der verschiedenen OIT-Messmethoden vorgegangen werden.

2.1.5 Übersicht praktischer Anwendungen

Beispielhaft verdeutlicht Tabelle 2.1, welche Anwendungsmöglichkeiten OIT-Messungen zur Beurteilung von Qualitätsmängeln, Verarbeitungsfehlern und anderen Parametern bieten. Anhand von Kurven praktischer Beispiele werden diese in Kap. 2.2.3 - Beispiele aus der Praxis erläutert.

Anwendung	Beispiel
Thermische Beständigkeit eines Kunststoffs, Alterung	Vergleichsmessungen erlauben eine Aussage über Stabilisierungsgrad
Vorhandensein von Stabilisatoren	Abbau des Stabilisators nach thermischer Belastung oder Schädigung durch UV-Strahlung
Wirksamkeit von Stabilisatoren	Verarbeitung im Schmelzezustand (Extrusion, Spritzgießen, Schweißen)
Vergleich der Alterungsbeständigkeit verschiedener Kunststoffe	Schädigung im Gebrauch (Rohrleitungen, Motorbereich)

Tabelle 2.1 Beispiele für praktische Anwendungen von OIT-Messungen bei Kunststoffen

2.2 Praktische Vorgehensweise

2.2.1 Das Wichtigste in Kürze

Probenvorbereitung Die Entnahmestelle wird problemorientiert gewählt (Oberfläche/Probenmitte); die Präparation erfolgt analog zur DSC schonend. Bei vergleichenden Messungen ist die Größe der Probenoberfläche möglichst konstant zu halten, da der oxidative Angriff an der Oberfläche einsetzt.

Einwaagemenge Die Einwaagemenge sollte wegen der meist heftigen Oxidationsreaktion möglichst gering sein. Bei ungleichmäßiger Stabilisatorverteilung ist jedoch eine höhere Einwaage empfehlenswert, diese liegt nach eigenen Erfahrungen zwischen 5 und 10 mg, nach [8] bei mind. 12 mg. Die Probenoberfläche sollte möglichst groß und v.a. reproduzierbar sein. Nach [8] beträgt die Probendicke 0,7 bis 1 mm, der ∅ 6 mm.

Einwaagemenge > 5 mg
Probenoberfläche möglichst groß und reproduzierbar

Tiegel Der DSC-Tiegel wird nach [8] nicht verschlossen; der angreifende Sauerstoff gelangt ungehindert an die Probe. Als Referenz dient ein ebenfalls offener Tiegel. Für kupferinduzierte OIT-Messungen werden nach [9] Kupfertiegel eingesetzt.

Spülgas Die Oxidation wird durch Sauerstoff oder Luft als Spülgas ermöglicht. Bei der *statischen* Messung (T = konst.) erfolgt die Aufheizung unter inerter Atmosphäre.

offene Tiegel, oxidative Spülgasatmosphäre

Messprogramm ***Dynamische OIT***: Die Messung beginnt bei RT oder höher und wird mit einer definierten Heizrate (meist 10 °C/min) bis zur exothermen Zersetzung durchgeführt. Dabei wird die Probe von Messbeginn an mit oxidativen Gas gespült.

Statische OIT: Die Probe wird unter Inertgas auf eine Temperatur, deutlich über der Schmelztemperatur, stetig aufgeheizt (meist 10-20 °C/min), dann isotherm gehalten und nach einer kurzen Anpassungszeit von ca. 3 min (bei Vergleichen gleich halten) mit einem oxidativen Spülgas (Sauerstoff, Luft) beaufschlagt, dabei ist auf einen möglichst schnellen Gaswechsel (nach [8] max. 15 s) zu achten.

dyn. OIT Oxidation bei kontinuierlichem Aufheizen,
stat. OIT Oxidation bei konstanter Temperatur

Auswertung

Dynamische OIT: Es wird die Temperatur bestimmt, bei der sich eine exotherme Abweichung von der Basislinie (Oxidation) zeigt.

Statische OIT: Es wird die Zeit unter oxidativer Atmosphäre bestimmt, bei der eine exotherme Abweichung von der Basislinie (Oxidation) erkennbar ist (T = konst.).

Interpretation

Statische und dynamische OIT-Untersuchungen sind ausschließlich als vergleichende Messungen zu betrachten.

Daraus abgeleitete Aussagen über die voraussichtliche Gebrauchsdauer eines Kunststoffes sind nicht möglich. Aussagen über Kristallinität, Schmelzeffekte u.ä. sind aufgrund schlechterer Wärmeleitung bei fehlenden Deckeln und geänderter Gasatmosphäre unsicher.

keine gesicherten Lebensdauervorhersagen möglich

2.2.2 Einflussfaktoren und Fehler bei der Messung

2.2.2.1 Probenvorbereitung

Die Oxidation von Kunststoffen wird durch die Reaktion freier Radikale mit Sauerstoff bewirkt, welche durch Hitze, Bestrahlung, mechanische Scherung und andere äussere Faktoren entstehen können.

Deshalb ist bei der Probenvorbereitung für OIT-Messungen, genau wie bei Standard-DSC-Messungen, auf eine möglichst schonende Probenentnahme zu achten. Für vergleichende Messungen sind Proben mit möglichst großer Auflagefläche und gleicher Oberfläche (Geometrie) notwendig.

Da Alterung bzw. Stabilisatorabbau in Bauteilen nicht homogen verlaufen, muss die Probenentnahme an einer charakteristischen, festgelegten Stelle erfolgen, z.B. oberflächennah oder am Ort einer eingetretenen Schädigung.

sorgfältige und genau lokalisierte Probenentnahme, Proben gleicher Oberfläche (Geometrie) verwenden

Bild 2.3 veranschaulicht die Vor- und Nachteile unterschiedlicher Probengeometrien für die OIT-Messung. Dabei ist die Probenoberfläche aufgrund des Sauerstoffangriffs wichtig; eine große Oberfläche führt zu einem deutlichen und gut auswertbaren OIT-Signal.

Wenn es die Probenpräparation erlaubt, ist es vorteilhaft, die Probe in einem Stück einzubringen. Viele kleine Probenstücke bieten dem Sauerstoff zwar eine große Angriffsfläche, die Oberfläche kann aber in Vergleichsmessungen nur schwer reproduziert werden und hat somit auch einen unterschiedlichen Wärmeübergang zur Folge.

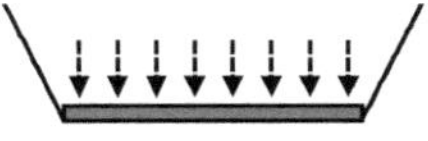

günstige Probe - flacher Film
- große Angriffsfläche für den Sauerstoff
- sehr guter Kontakt zum Tiegelboden

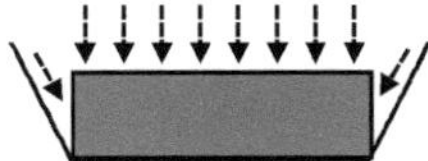

voluminöse Probe
- vergleichsweise kleinere Angriffsfläche für den Sauerstoff
- guter Wärmeübergang, aber Temperaturgefälle in der Probe

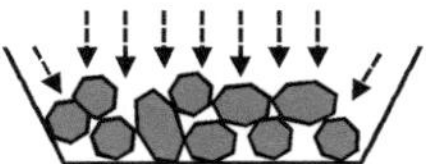

viele kleine Probenteile
- sehr große, jedoch schwer reproduzierbare Angriffsfläche für den Sauerstoff
- eingeschränkter, nicht reproduzierbarer Wärmeübergang durch Zwischenräume
- Probenteilchen können sich im Tiegel bewegen und Störungen in der Messkurve hervorrufen

Bild 2.3 Vor- und Nachteile verschiedener Probenformen

Ein flacher Probenfilm bzw. ein dünnes Probenstück bietet die beste Voraussetzung für gute Messungen, da im Vergleich zum Volumen eine große Fläche für den Sauerstoffangriff zur Verfügung steht und ein guter Kontakt zum Tiegelboden gewährleistet ist. Voluminösere Proben weisen zwar einen besseren Wärmeübergang auf, haben aber den Nachteil eines größeren Temperaturgefälles entlang der Probe und einer vergleichsweise zur Masse kleinen Oberfläche. Die Entnahme einer geeigneten Probe erfolgt am einfachsten durch Heraustrennen einer dünnen Platte, die dann mit Hilfe eines Stanzeisens in die gewünschte Form gebracht wird. In [8] werden Proben mit einer Dicke von 0,7 bis 1 mm und einem Durchmesser von 6 mm empfohlen.

Bild 2.4 zeigt den Einfluss der **Entnahmestelle** auf das OIT-Ergebnis von statischen Messungen. Vom Probekörper, einem 10 Jahre alten Stossfänger aus PP/EPDM, wurden ausgehend von der Oberfläche der Aussenseite bis in knapp 1000 µm Tiefe schichtweise Mikrotomschnitte mit einer Dicke von ca. 50 µm entnommen.

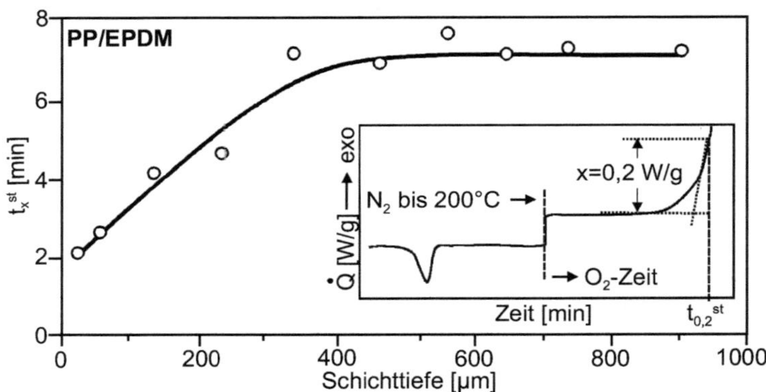

Bild 2.4 Abhängigkeit der OIT-Zeit t_x^{st} (x = 0,2 W/g) von der Schichttiefe eines PP/EPDM-Stossfängers

rechts im Bild: Darstellung der zugehörenden OIT-Messkurve mit Auswertung, Einwaage ca. 10 mg, Haltetemperatur 200 °C

Die Ergebnisse der statische OIT-Messungen zeigen, dass an der Probenoberfläche die OIT-Zeit am geringsten und damit die Schädigung am größten ist, da hier das Stabilisatorsystem durch Umwelteinflüsse (UV-Strahlung, Wasser usw.) stark abgebaut wurde. Bis zu einer Tiefe von 400 µm steigen die OIT-Zeiten, d.h. der Schädigungsgrad sinkt, während im Inneren des Bauteils ein konstanter Wert für die OIT-Zeit gemessen wird, hier ist das Stabilisatorsystem noch aktiv.

Ein weiterer, nicht zu unterschätzender Aspekt bei der Probenvorbereitung ist die **Lagerzeit** der Kunststoffprobe bis zur Messung. Die Oxidation eines Kunststoffs beginnt praktisch mit dessen Lebenslauf. Bereits bei der Verarbeitung wird ein Teil des zugesetzten Stabilisators verbraucht, ebenso bei einer evtl. weiteren Nachbehandlung und im späteren Einsatz des Kunststoffs. Hat die Oxidationsreaktion eingesetzt, setzt sie sich auch bei der Lagerung fort.

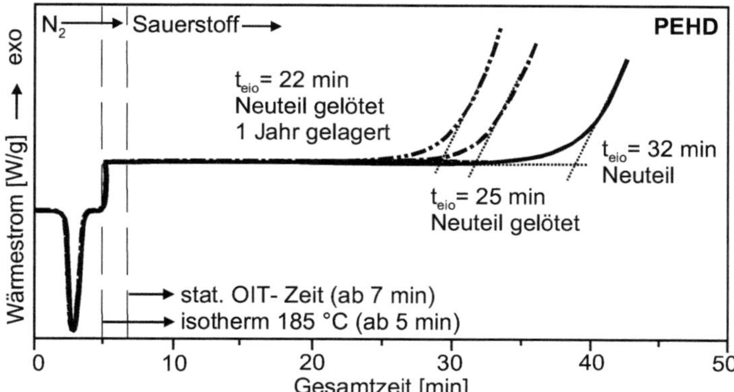

Bild 2.5 Fortschreitender Abbau einer bereits geschädigten Probe aus PEHD durch Lagerung im Normalklima

t_{eio} = extrapolierte Anfangszeit, Einwaage ca. 14 mg

Bild 2.5 veranschaulicht dies für ein PEHD, das nach dem Spritzgießprozeß (Neuteil) durch einen weiteren Bearbeitungsschritt, dem Löten geschädigt wurde. Nach einem Jahr Lagerung des gelöteten Rückstellmusters im Labor verringerte sich die OIT-Zeit um weitere 3 min. Dies zeigt, dass für eine Charakterisierung der Alterung von Kunststoffen der Zeitpunkt von Probenentnahme und Messung möglichst identisch sein sollte und der zeitliche Abstand bis zum Eintreten der Schädigung ebenfalls berücksichtigt werden muss.

2.2.2.2 Einwaagemenge

Neben der von seiten der Messung nicht beeinflussbaren Stabilisatorverteilung, die bei Granulaten und Formteilen zwischen verschiedenen Entnahmestellen schwanken kann, spielt die Einwaagemenge eine große Rolle für die Reproduzierbarkeit von OIT-Messungen.

In Bild 2.6 ist die Abhängigkeit der gemessenen Zeit der stat. OIT eines PP von der Einwaage aufgetragen. Dazu wurden Proben mit Hilfe einer Lochzange aus einer PP-Klarsichthülle gestanzt. Um unterschiedliche Einwaagemengen zu erzielen, wurden mehrere ausgestanzte Proben übereinandergelegt, zusammengedrückt und so gemessen. Die Kurven wurden hinsichtlich der extrapolierten Anfangszeit t_{eio} und einer 0,2 W/g-Abweichung von der Basislinie ausgewertet.

Geringe Einwaagen von 1 bis 2 mg führen zu sehr großen Unterschieden in den gemessenen OIT-Zeiten, d.h. die Reproduzierbarkeit ist extrem schlecht, was möglicherweise von der unterschiedlichen Stabilisatorverteilung in der PP-Folie herrührt. Ab ca. 5 mg Einwaage kann dieser Einfluss durch das Vorhandensein mehrerer Proben aus unterschiedlichen aber vergleichbaren Entnahmeorten nivelliert werden, und die Ergebnisse werden zuverlässiger. In [8] wird eine Einwaagemenge von mindestens 12 mg empfohlen.

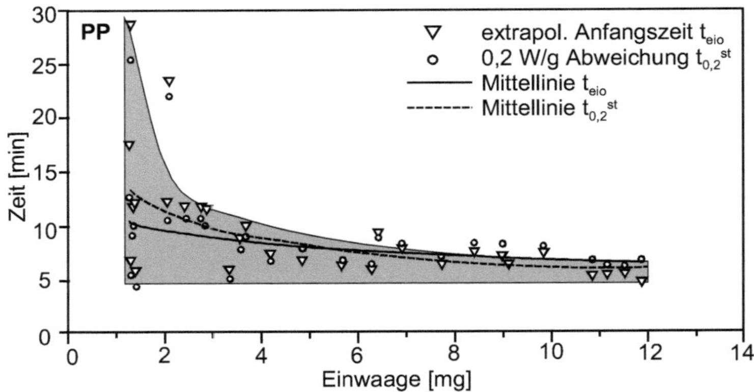

Bild 2.6 Einfluss der Einwaagemenge auf OIT-Zeiten, PP-Klarsichthülle, Haltetemperatur 200 °C

t_{eio} = extrapolierte Anfangszeit, $t_{0,2}^{st}$ = Zeit nach einer Abweichung von der Basislinie um 0,2 W/g

Einwaagemenge > 10 mg erhöht die Zuverlässigkeit der OIT-Messung

2.2.2.3 Tiegel

Als Probentiegel können alle Standard-DSC-Tiegel eingesetzt werden. Normalerweise reichen Aluminiumtiegel, da die Oxidation von Kunststoffen unter 600 °C abläuft. Um den Sauerstoffzutritt zu erleichtern, wird nach [8] kein Deckel auf den Probentiegel gelegt. Der Referenztiegel bleibt ebenso offen. Durch eine günstige Probenform sollte der Kontakt zum Tiegelboden gesichert werden.

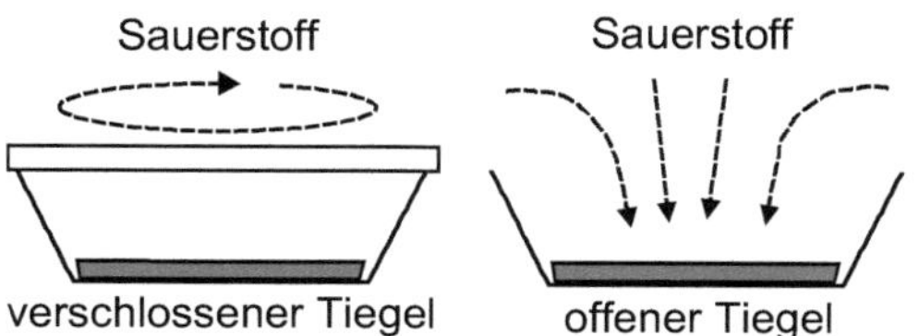

Bild 2.7 Sauerstoffangriff bei geschlossenem und offenen Tiegel

ASTM D 3895-98 [9] beschreibt das Verfahren einer OIT-Messung, wobei spezielle Probentiegel aus Kupfer eingesetzt werden.

2.2.2.4 Spülgas

Bei dynamischer und statischer OIT-Messung müssen die verwendeten inerten Spülgase eine hohe Reinheit aufweisen (99,99999 %), um die Oxidationsreaktion nicht frühzeitig auszulösen. Reiner Sauerstoff (100 % O_2) führt im Vergleich zu Luft, die in der Regel einen Sauerstoffanteil von ca. 22 % enthält, zu einer deutlich früher einsetzenden Oxidationsreaktion, Bild 2.8.

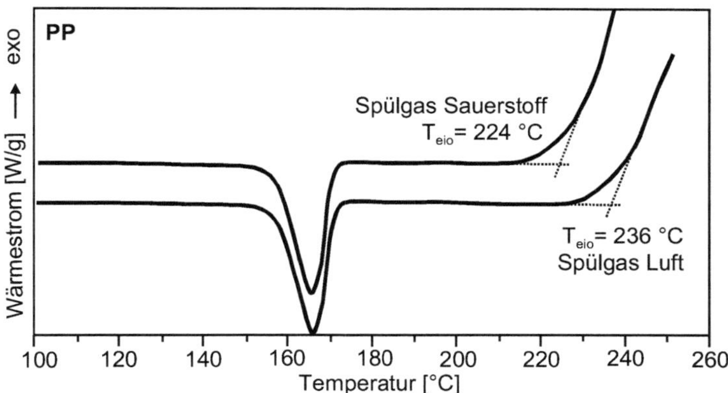

Bild 2.8 Einfluss des oxidierenden Spülgases auf die extrapolierte Anfangstemperatur T_{eio} von PP, dyn. OIT

Einwaage ca. 10 mg, Heizrate 10 °C/min

Noch stärker wirkt sich das Spülgas beim statischen Verfahren aus, Bild 2.9. PEHD-Granulat wurde jeweils bis zu einer Temperatur von 185 °C unter Inertgasatmosphäre aufgeheizt. Nach einer Anpassungszeit von 2 min erfolgte der Spülgaswechsel auf Sauerstoff bzw. Umgebungsluft. Reine Sauerstoffatmosphäre führte nach 32 min zum exothermen Oxidationsbeginn. (Gesamtzeit 39 min - Aufheizzeit 5 min - Anpassungszeit 2 min = t_{eio} 32 min). Im Gegensatz dazu konnte unter Lufteinwirkung bis zum Ende der vorgegebenen Messzeit von 50 min keine Oxidation erkannt werden.

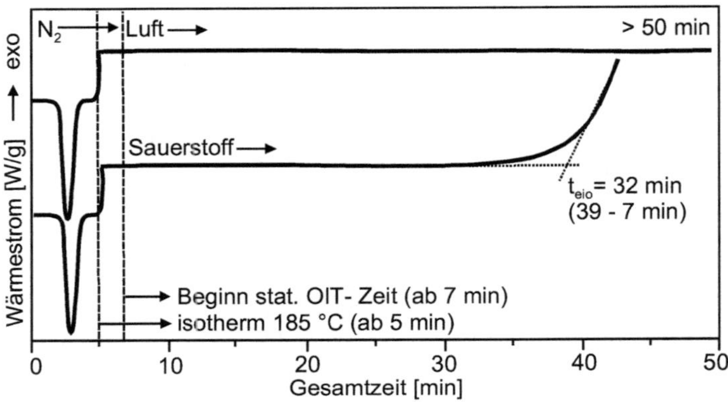

Bild 2.9 Einfluss des oxidativen Spülgases auf die extrapolierte Anfangszeit t_{eio} von PEHD, stat. OIT

Einwaage ca. 10 mg, Haltetemperatur 185 °C

Dem Nachteil der längeren Versuchsdauer mit Luft als oxidierendem Spülgas steht die Möglichkeit einer feineren zeitlichen Abstufung, aufgrund der verhalteneren Oxidationsreaktion, gegenüber, was für die Charakterisierung des Stabilisierungsgrades hilfreich sein kann.

2.2.2.5 Messprogramm

Dynamische OIT

Bei der dynamischen OIT wird die Messung vornehmlich von der **Heizrate** geprägt, Bild 2.10. Schnelles Aufheizen verschiebt die extrapolierte Anfangstemperatur T_{eio} zu höheren Temperaturen aufgrund der Massenträgheit der Probe sowie der kürzeren Einwirkzeit des Sauerstoffs und vergrößert das Wärmestromsignal, da dieses der Heizrate direkt proportional ist (s. Kap. 1.1.1). Die Endtemperatur der dyn. OIT-Messung ergibt sich aus dem Zersetzungsbeginn und kann nicht genau vorhergesagt werden. Richtwerte für die meisten Kunststoffe liegen zwischen 250 °C und 350 °C. Die Starttemperatur sollte unterhalb des Schmelzbeginns liegen, hat aber keinen relevanten Einfluss auf das Messergebnis.

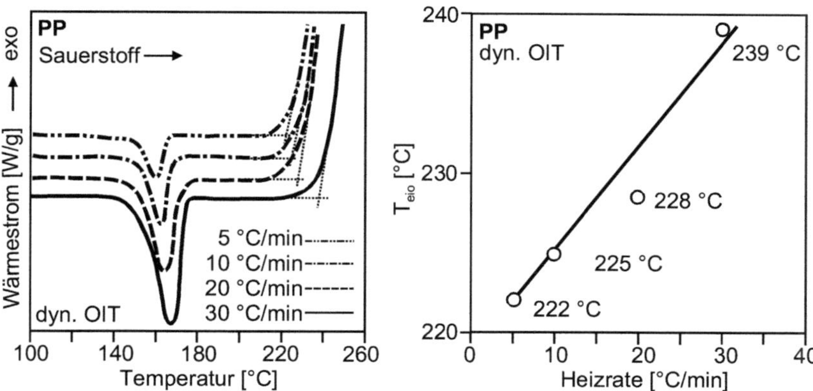

Bild 2.10 links: Messkurven der dyn. OIT von PP bei unterschiedlichen Heizraten
rechts: Auftragung der extrapolierten Anfangstemperatur T_{eio} über der Heizrate

Eine Variation der Heizrate kann u.U. zu einer feineren Differenzierung unterschiedlich stabilisierter Proben führen. Bild 2.11 zeigt dies an bereits im Einsatz befindlichen (alten) und neuen PP-Proben, die jeweils mit einer Heizrate von 5 °C/min bzw. 20 °C/min dynamisch gemessen wurden.

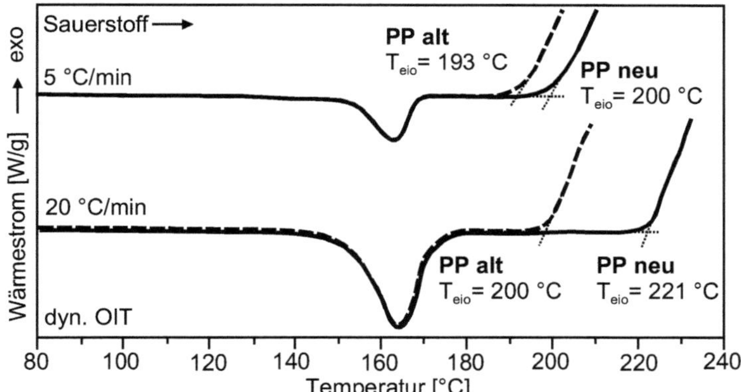

Bild 2.11 Einfluss der Heizrate auf die extrapolierte Anfangstemperatur T_{eio} zweier PP-Proben

Einwaage ca. 10 mg

Bei kleiner Heizrate liegt die extrapolierte Anfangstemperatur T_{eio} des alten PP um 7 °C unterhalb derer des neuen PP, während bei der hohen Heizrate von 20 °C/min eine deutlich höhere Differenz von 21 °C zu finden ist. Dies kann durch das Zusammenwirken von z.B. Reaktionsgeschwindigkeit, Aktivierungsenergie und bereits einsetzendem thermischen Abbau begründet sein.

Statische OIT

Die **Heizrate,** mit der die Probe auf die Haltetemperatur aufgeheizt wird, spielt eine untergeordnete Rolle, solange es nicht zu „Überschwingeffekten" kommt. Die bei der gewünschten Haltetemperatur unter Inertgasatmosphäre eingehaltene Anpassungszeit (Equilibrierungszeit) bis zum Gaswechsel dient zum Einstellen des thermischen Gleichgewichtes. Sie beträgt etwa 3 min und sollte bei vergleichenden Messungen immer gleich gehalten werden. Wird diese zu hoch (z.B. 30 min) angesetzt, besteht die Gefahr der thermischen Zersetzung während dieser Zeit. Der Gaswechsel sollte möglichst schnell, nach [8] innerhalb von 15 s durchgeführt werden.

Der ausschlaggebende Versuchsparameter ist hier die **isotherme Haltetemperatur**. Niedrige Temperaturen führen zu langen Messzeiten. Hohe Temperaturen können aufgrund der schnell einsetzenden Oxidationsreaktion sehr kurze und weniger gut reproduzierbare und differenzierbare Messzeiten zur Folge haben.

Es muss für das jeweilige Material ein Kompromiss zwischen vertretbarer Messzeit und guter Auflösung gefunden werden. Zur ersten Abschätzung empfiehlt sich die Durchführung einer dynamischen OIT-Messung zur Ermittlung der extrapolierten Anfangstemperatur. Aus dieser Messkurve wird die isotherme Haltetemperatur für die statische OIT-Messung gewählt, sie liegt meist knapp unterhalb der extrapolierten Anfangstemperatur T_{eio}.

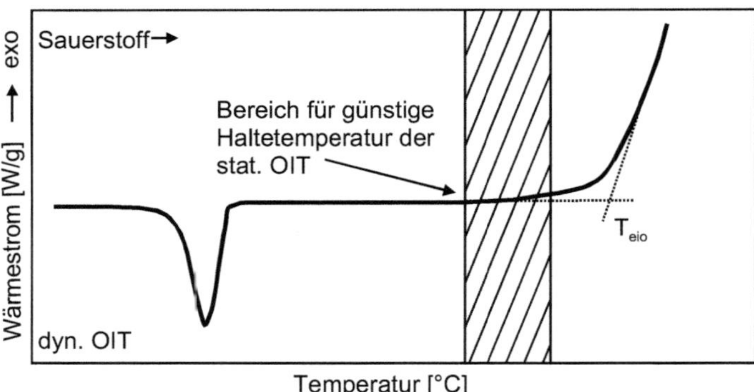

Bild 2.12 Dyn. OIT Messung zur Ermittlung einer günstigen Haltetemperatur für die stat. OIT-Messung

Bild 2.12 veranschaulicht diese Vorgehensweise. Das zur Verfügung stehende Temperaturfenster ist relativ klein, muss aber eingehalten werden, um sinnvolle OIT-Zeiten ermitteln zu können.

In Bild 2.13 ist dargestellt, inwieweit die Höhe der Haltetemperatur den Oxidationsbeginn eines PP beeinflusst. Bei einer Haltetemperatur von 185 °C hat die Oxidation selbst nach einer Stunde noch nicht begonnen, während die Probe bei 190 °C nach ca. 48 min und bei 195 °C bereits nach 10 min zu oxidieren beginnt. Da OIT-Zeiten zwischen 5 und 60 min anzustreben sind, damit die Messwerte nicht aufgrund zu kurzer Zeiten wenig reproduzierbar sind, die Messung aber in wirtschaftlich vertretbarer Zeit durchgeführt werden sollte, erscheint hier eine Haltetemperatur von 190 °C sinnvoll.

Günstige Haltetemperaturen führen zu OIT- Zeiten zwischen 5 und 60 min.

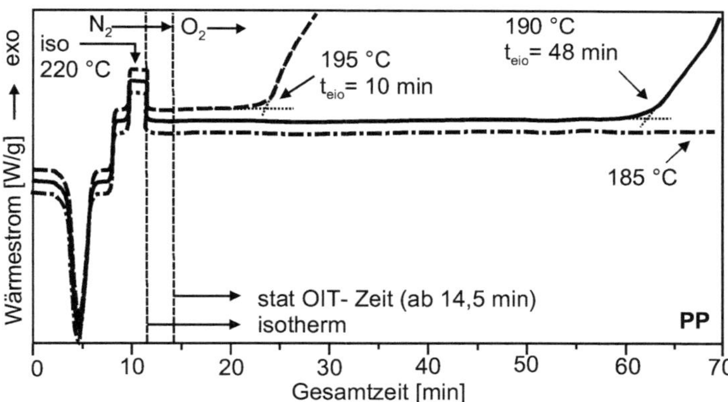

Bild 2.13 Einfluss der Haltetemperaturen in der stat. OIT auf die extrapolierte Anfangszeit t_{eio} von PP

Einwaage ca. 12 mg

Anmerkung: Nach eigenen Erfahrungen ist es bei Thermoplasten sinnvoll, unter Inertgasatmosphäre zunächst 10 bis 20 °C über die gewählte Haltetemperatur hinaus aufzuheizen, diese Temperatur 1 bis 2 min zu halten, um dann wieder auf die Haltetemperatur zurückzukehren. Dies gewährleistet ein gleichmäßiges und vollständiges Aufschmelzen des Materials und eine bessere Benetzung des Tiegelbodens.

2.2.2.6 Auswertung

Wie in Kap. 2.1.4 erläutert, können OIT-Messkurven hinsichtlich des Oxidationsbeginns mit Hilfe einer Tangentenkonstruktion oder einer definierten Abweichung von der Basislinie ausgewertet werden.

Die Wahl der Methode sollte je nach Problemstellung und Kurvenverlauf erfolgen. Bei rauschfreien, sauberen Messkurven mit steilem Kurvenanstieg im relevanten Messbereich unterscheiden sich die Werte beider Methoden kaum, sofern für die Basislinienabweichung ein konstanter Wert (häufig 0,2 W/g) vorgesehen wird. Letztere Auswertung empfiehlt sich auch für eine reproduzierbare Auswertung unsauberer, verrauschter Kurven.

Unterschiede zwischen den Auswerteverfahren treten bei langsam verlaufenden Oxidationsreaktionen mit flachem exothermen Anstieg auf [11]. Dies zeigt Bild 2.14 anhand von stat. OIT-Messungen an PEHD-Proben, die unterschiedlich gealtert wurden. Während nach der Tangentenauswertung keine Unterschiede in der OIT-Zeit erkennbar sind, differieren die nach der Methode der 0,2 W/g-Abweichung ermittelten Werte deutlich. Da die Art der Auswertung im Ermessen des Prüfers liegt, sollte sie genau protokolliert werden.

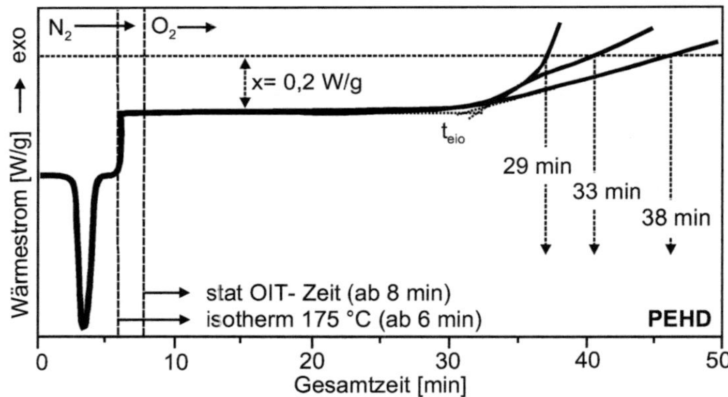

Bild 2.14 Einfluss der Auswertemethode auf die Differenzierung unterschiedlich gealterter PEHD-Proben

Anmerkung: *Wird bei vergleichenden Messungen das Verfahren der Basislinienabweichung bei der dyn. OIT mit unterschiedlicher Heizrate angewandt, ist es notwendig, den Basislinienabstand mit der Heizrate zu korrelieren, z.B. einen 0,1 W/g - Abstand bei einer Heizrate von 10 °C/min, bzw. 0,3 W/g bei einer Heizrate von 30 °C/min.*

Angabe der Auswertemethode - Tangenten oder Basislinienabweichung

Reproduzierbarkeit von OIT-Messungen

Da die Ergebnisse von OIT-Messungen u.U. stark schwanken können, ist es zuweilen schwierig, zwischen Messungenauigkeit und tatsächlichen Effekten, z.B unterschiedlichem Stabilisierungsgrad, zu unterscheiden.

Unter Beachtung der anderen Einflussfaktoren können bei statischen OIT-Messungen dann OIT-Zeiten auf +/- 1 min reproduzierbar gemessen werden. Es empfiehlt sich, nach jeder Messung den ausgebildeten Schmelzefilm anzusehen und Messungen mit offensichtlich unterschiedlicher Benetzung zu verwerfen.

Beim dynamischen Verfahren ist die dargestellte Problematik weniger kritisch, da die Temperatur während der Messung kontinuierlich erhöht wird und zu Beginn der Oxidation höher liegt als die statische Haltetemperatur. Dies begünstigt ein vollständiges Benetzen des Tiegelbodens, so dass dynamische OIT-Temperaturen meist auf +/- 1 °C reproduzierbar sind.

Da es sich bei OIT-Messungen um vergleichende Messungen handelt, ist sicherzustellen, dass die Proben einer Messreihe sich möglichst ähnlich sind, insbesondere hinsichtlich der Probenoberfläche nach dem Aufschmelzen. Die Reproduzierbarkeit der Oberfläche ist insbesondere bei Proben aus Formteilen und Granulaten schwer zu erreichen; hier muss zumindest auf gleiche Einwaagemenge geachtet werden. Trotzdem kann es zu unterschiedlicher Benetzung im Tiegel kommen, wodurch der Sauerstoffangriff unterschiedlich intensiv erfolgt.

statische OIT reproduzierbare OIT-Zeiten auf +/- 1 min;
dynamische OIT reproduzierbare OIT-Temperaturen auf +/- 1 °C

Bild 2.15 veranschaulicht die Benetzungsunterschiede an PP-Granulaten, wie sie nach erfolgter statischer OIT-Messung beobachtet wurden. Es bilden sich unterschiedlicher Schmelzefilme aus, die erheblich voneinander abweichende OIT-Zeiten (Differenz in diesem Fall bis zu 22 min) zur Folge haben.

Ursächlich für dieses unterschiedliche Benetzungsverhalten ist die Änderung von Polarität, Viskosität und Dichte des Kunststoffs während der Oxidation. In der Regel nimmt der polare Anteil der Oberflächenspannung der Probe zu, und es kommt bei ausreichend niedriger Viskosität der Schmelze zu einer Benetzung der Metalloberfläche des Tiegels. Dies kann z.B. durch Abspalten flüchtiger Oxidationsprodukte oder

Vernetzung behindert werden [2]. Eine Verschmutzung an der Tiegeloberfläche beinflusst die Benetzbarkeit des Tiegels ebenfalls.

Für die Reproduzierbarkeit ist ein zusammenhängender Schmelzefilm mit großer Oberfläche günstig.

Anmerkung: *Effekte 1 und 2 (Bild 2.15) überwiegen bei PP und Ziegler PEHD (Ti-Typ). Effekt 3 überwiegt bei PEHD-Cr (Phillips-Typ) infolge Vernetzung während der Oxidation [2].*

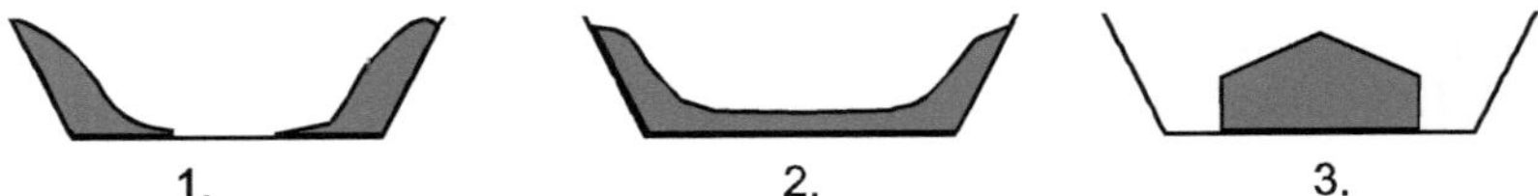

(1)	*Der Schmelzefilm zieht sich an den Seitenrändern des Tiegels hoch und reißt am Tiegelboden ab; große nicht zusammenhängende Oberfläche; geringe OIT-Zeiten, in diesem Fall ca. 26 min*	*geringe OIT-Zeit, schlecht reproduzierbar*
(2)	*Der Schmelzefilm zieht sich am Rand hoch und bleibt am Tiegelboden zusammenhängend; große zusammenhängende Oberfläche; mittlere OIT-Zeiten, in diesem Fall ca. 33 min*	*mittlere OIT-Zeit, gut reproduzierbar*
(3)	*Die Probe behält ihre Form weitgehend; kleine Oberfläche; hohe OIT-Zeiten, in diesem Fall ca. 48 min*	*hohe OIT-Zeit, schlecht reproduzierbar*

Bild 2.15 Verschiedene Möglichkeiten der Tiegelbenetzung durch die Probe

Bei stark verstreckten und relaxierenden Proben, wie z.B. Fasern, kann es beim Aufheizen zu so starken Bewegungen der Probe im Tiegel kommen, dass die Probe ganz oder teilweise aus dem Tiegel springen kann. Neben dem Verschmutzen der Messzelle kann es zu Verfälschungen der Messergebnisse aufgrund veränderter Umgebungsbedingungen kommen. Solche „gefährdeten" Proben sollten in möglichst kleine Abschnitte geschnitten werden, um die Bewegungen einzudämmen.

Schmelzefilm im Tiegel nach der Messung in Augenschein nehmen;
günstig zusammenhängende Oberfläche

Grenzen der OIT - Messung

In Kap. 2.1.1 wurde auf die Problematik der OIT-Messungen und besonders ihre begrenzte Aussagefähigkeit für das Langzeitverhalten von Kunststoffen hingewiesen. Bild 2.16 zeigt am Beispiel von PEHD-Isolationen für Telefonkabel eine extrapolierte Auftragung der Lebensdauer über der Temperatur [12]. Es sind sowohl Werte aus Ofenalterungsuntersuchungen als auch OIT-Zeiten aufgetragen. Wie im Diagramm ersichtlich, führt die Extrapolation der OIT-Resultate zu einer Überbewertung der Lebensdauer im Vergleich zu den Ofenstandzeiten. Bereits bei 70 °C ist die Gebrauchsdauer um mehr als eine Dekade höher, und diese Differenz steigt zu niedrigen Temperaturen noch weiter an.

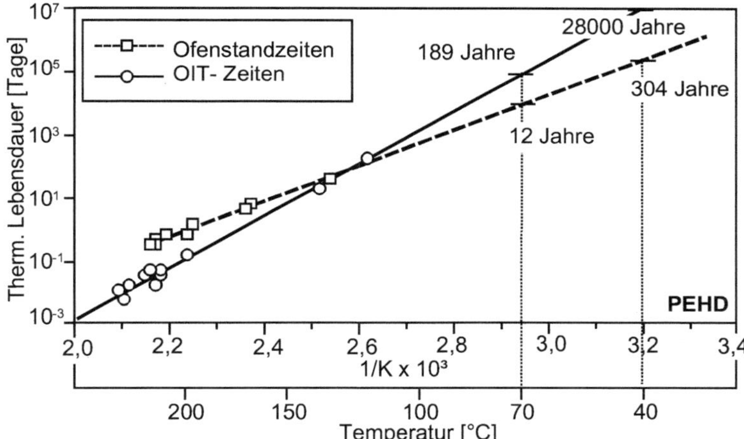

Bild 2.16 Arrhenius-Auftragung der Ofenstandzeiten und der stat. OIT-Ergebnisse, Kabelisolierungen aus PEHD [12]

An dieser Stelle sei wiederholt darauf hingewiesen, dass die Unterscheidung oder ein Vergleich verschiedener Stabilisatoren, die unterschiedliche Wirkungsweisen zeigen, nicht möglich ist (s. Kap. 2.1.1).

Extrapolation von OIT Zeiten ist für Lebensdauervorhersage
<u>nur</u> begrenzt möglich,
Vergleiche nur bei gleichem Stabilisatorsystem sinnvoll

OIT-Kennwerte werden zur Charakterisierung des Stabilisatorabbaus herangezogen. Ist der Stabilisator in einem Kunststoff bereits vollständig abgebaut, verringert sich bei weiterer Schädigung die OIT-Zeit bzw. -Temperatur aufgrund des Kettenabbaus des Polymeren. Die Ursache für die Kennwertänderung ist mittels OIT nicht zu erfassen. Hier sind begleitende Untersuchungen wie z.B. Viskositätsmessungen oder chromatographische Analysen empfehlenswert.

2.2.3 Beispiele aus der Praxis

In Kap. 2.1.5 wurden die praktischen Anwendungen der OIT-Messungen bereits stichpunktartig erwähnt.

2.2.3.1 Vergleich der statischen und dynamischen Messmethode

Um die Unterschiede zwischen den beiden OIT-Messmethoden zu charakterisieren, wurden ein niedrig- und ein hochstabilisiertes PEHD nach beiden Verfahren untersucht. Bild 2.17 zeigt die Messkurven der dynamischen OIT-Messung, mit der ein Temperaturunterschied zweier unterschiedlich stabilisierter Polyethylene von 5 °C für den Oxidationsbeginn T_{eio} festgestellt wird. Die Differenz ist vergleichsweise gering, so dass Stabilisierungsgrade, die zwischen den beiden Extremen liegen, nicht mehr zuverlässig unterschieden werden könnten. Allerdings nimmt diese Messung nur ca. 20 min in Anspruch und führt somit in wesentlich kürzerer Zeit zu einem Ergebnis.

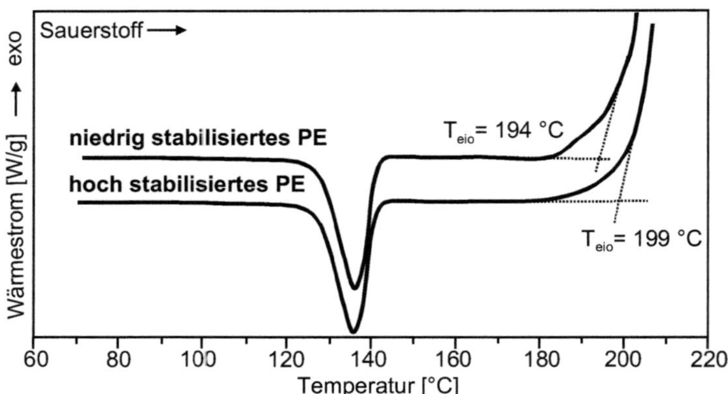

Bild 2.17 Dyn. OIT von niedrig- und hochstabilisiertem PEHD

T_{eio} = extrapolierte Anfangstemperatur, Spülgas Sauerstoff, Einwaage ca. 8 mg, Heizrate 10 °C/min

Mit Hilfe der statischen OIT-Messung bei 175 °C wird bei diesen Proben ein Zeitunterschied der extrapolierten Anfangszeit t_{eio} von 20 min gemessen, was für eine weitere Differenzierung schwächer abgestufter Stabilisierungszustände eine wesentlich bessere Auflösung bietet, Bild 2.18.

Jedoch kann eine höhere Empfindlichkeit bei sich stark in der Stabilisierung unterscheidenden Proben dazu führen, dass die Messzeit über dem empfohlenen Zeitraum von 5 bis 60 min liegt.

dynamische OIT-Messung schnelleres Messergebnis;
statische OIT-Messung höhere Auflösung

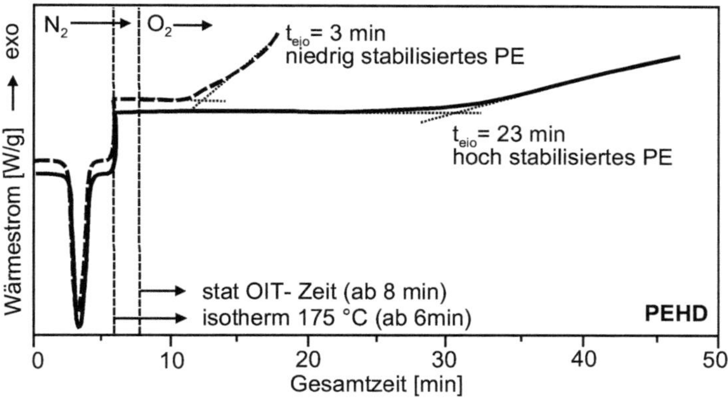

Bild 2.18 Stat. OIT von niedrig- und hochstabilisiertem PEHD

t_{eio} = extrapolierte Anfangszeit, Spülgas ab 8 min Sauerstoff, Einwaage ca. 8 mg

2.2.3.2 Einfluss der Verarbeitungsparameter

Verarbeitungsparameter wie z.B. Temperatur und Verweilzeit bewirken bereits einen Verbrauch der dafür vorgesehenen Verarbeitungsstabilisatoren. Dies muss nicht unbedingt einen negativen Einfluss auf die folgenden Bauteileigenschaften haben. Ist es jedoch erforderlich, verschiedene Bauteile direkt nach der Herstellung auf ihre einheitlichen Verarbeitungsbedingungen hin zu überprüfen, kann die OIT-Methode ein nützliches Hilfsmittel sein. In Bild 2.19 ist am Beispiel eines PS gezeigt, wie sich unterschiedliche Verarbeitungsbedingungen auf die anschließende dynamische OIT des Materials auswirken. Beide Einstellungen „hart“ und „sanft“ zeigen einen im Vergleich zur Neuware reduzierten OIT $T_{0,2\ W/g}$ Wert. Anhand der Werte ist auch eine Charakterisierung der Verarbeitung zwischen „harter“ und „sanfter“ Maschineneinstellung möglich. Dass es sich hierbei tatsächlich um Stabilisatorverbrauch und keinen Materialabbau handelt, wurde mittels Viskositätsmessungen bestätigt.

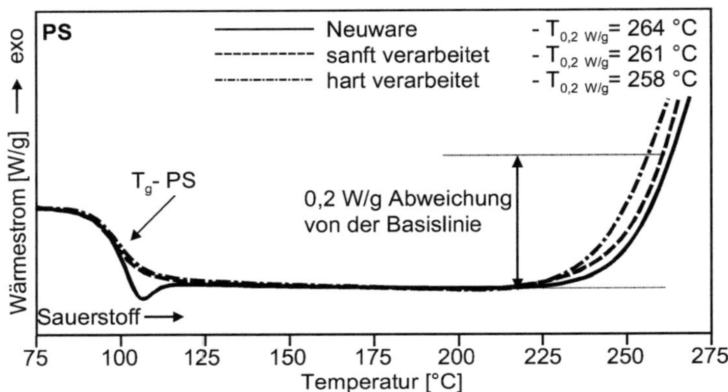

Bild 2.19 Dyn. OIT eines PS mit unterschiedlichen Verarbeitungsbedingungen, Werkzeugtemp.: 260 °C (hart) 210 °C (sanft)

$T_{0,2\ W/g}^{dyn}$ = Temperatur nach 0,2 W/g Abweichung von der Basislinie, Spülgas Sauerstoff, Einwaage ca. 10 mg

2.2.3.3 Stabilisatorabbau durch Mehrfachverarbeitung

Thermoplastische Kunststoffe unterliegen bereits bei der Granulierung sowie bei der Verarbeitung im Spritzgieß- oder Extrusionsprozeß als auch bei der Weiterverarbeitung wie z.B. beim Schweißen hohen Temperaturen. Letztere liegen bei amorphen Thermoplasten weit oberhalb deren Glasübergang, bei teilkristallinen Thermoplasten über der Schmelztemperatur, was die Kunststoffe der Gefahr thermischer, mechanischer und oxidativer Schädigung aussetzt. Wie bereits beschrieben, wirken Verarbeitungsstabilisatoren möglichem Abbau entgegen, werden aber auch durch die Verarbeitungsprozesse z.T. verbraucht. Mehrfachprozesse, wie sie beim Recycling auftreten, begünstigen diesen Vorgang, woraus Werkstoffschädigungen resultieren können. Wie sich die Mehrfachverarbeitung auf die stat. OIT-Kurve von PP auswirkt, veranschaulicht Bild 2.20. Die stetig sinkende OIT-Zeit kennzeichnet den Stabilisator- und möglicherweise auch Polymerkettenabbau. Es wurde hier eine Basislinienabweichung von 0,1 W/g ausgewertet, da die Tangentenauswertung aufgrund des relativ flachen Anstiegs ungünstig erschien.

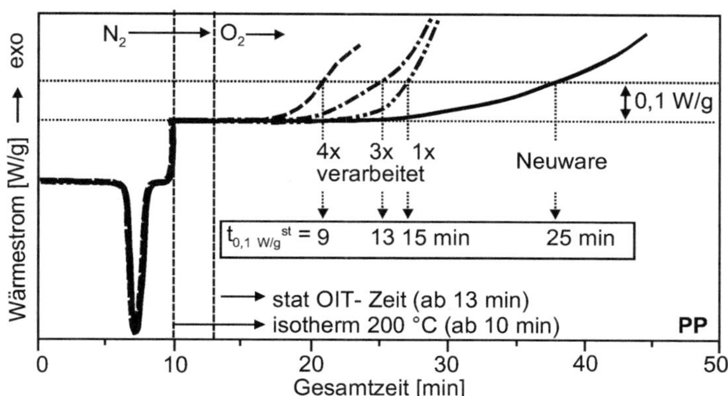

Bild 2.20 Stabilisatorabbau bei Mehrfachverarbeitung von PP (Spritzgießen), stat. OIT

$t_{0,1W/g}^{st}$ = Oxidationszeit nach 0,1 W/g Abweichung, Spülgas nach 13 min Sauerstoff

Am Beispiel eines Gemisches aus ABS und PC wird der Stabilisatorabbau infolge Mehrfachverarbeitung mit Hilfe der dyn. OIT beobachtet. Die OIT-Temperaturen sinken mit der Anzahl der Verarbeitungsstufen, da auch hier die Wirksamkeit des verwendeten Stabilisatorsystems abnimmt.

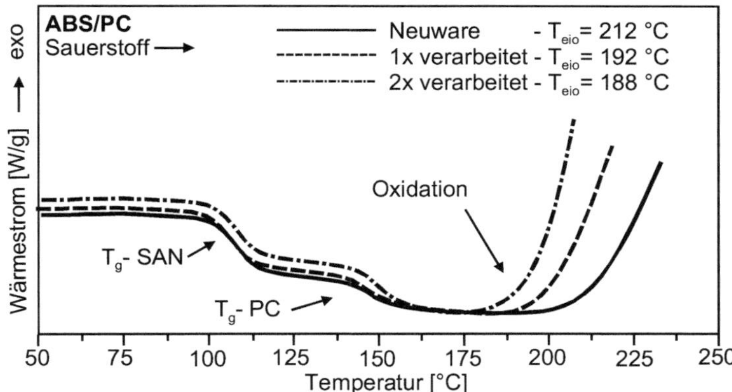

Bild 2.21 Einfluss der Mehrfachverarbeitung (Spritzgießen) auf ABS/PC-Mischungen

dyn. OIT T_{eio} = extrapolierte Anfangstemperatur, Heizrate 10 °C/min, Einwaage ca. 14 mg, Spülgas Sauerstoff

Mehrfachverarbeitung kann Stabilisatorwirksamkeit reduzieren

2.2.3.4 Stabilisatorabbau durch Medieneinfluss

Neben thermisch-oxidativer Belastung können auch Medien, mit denen der Kunststoff in Kontakt steht, die Stabilisatorwirksamkeit beeinflussen, indem sie z.B. das Stabilisatorsystem oder Teile von ihm aus dem Kunststoff herauslösen. Dieser Effekt wurde an einem Wasserleitungsrohr aus PP untersucht, wobei Proben jeweils von der Innen- und Außenseite und aus der Mitte des Querschnitts entnommen wurden, Bild 2.21.

Die stat. OIT-Untersuchung zeigt, dass das Rohr an der Oberfläche sowohl innen als auch aussen gegenüber der Mitte deutlich verringerte extrapolierte Anfangszeiten der Oxidation t_{eio} liefert. Offensichtlich wurde der Stabilisator von außen nach innen abgebaut, was nicht allein auf einen rein thermischen Effekt zurückzuführen ist, da aufgrund der geringen Wandstärke von 3 mm eine gleichmäßige Temperierung anzunehmen ist.

Innen kann der Stabilisator durch das hindurchfließende Wasser extrahiert worden sein, während das Rohr von aussen dem oxidativen Angriff des Luftsauerstoffs ausgesetzt war.

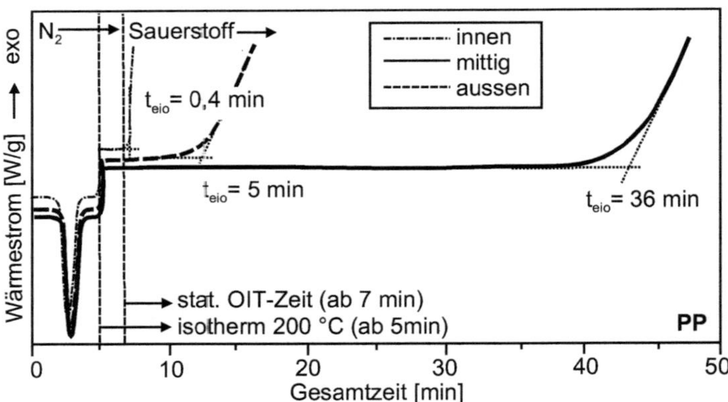

Bild 2.22 Vergleich der extrapolierten Anfangszeiten t_{eio} an einem Wasserrohr aus PP, innen, mittig und aussen, stat. OIT

Einwaage ca. 11 mg

2.2.3.5 Ergebnisse von Rundversuchen

Die Daten aus verschiedenen Ringversuchen zeigen deutlich, dass die Bestimmung der Oxidationsinduktionszeit nach der klassischen statischen Variante (OIT) eine erhebliche Streuung der Messwerte, vor allem für sehr niedrige OIT-Werte, aufweist [17]. Die hohen Werte für Wiederhol- und Vergleichsstandardabweichung zeigen auch, dass die Aussagekraft von OIT-Messungen z.B. hinsichtlich Qualitätskontrolle oder Lebensdauervorhersagen von Polyolefinbauteilen eher kritisch einzuschätzen ist.

schlechte Vergleichbarkeit bei niedrigen stat. OIT-Zeiten

Vor allem bei sehr niedrigen OIT-Werten (wenig oder nicht stabilisierte Materialien) scheint das dynamische Verfahren zur Bestimmung von Oxidationsinduktionstemperatur (OIT*) eine gute Alternative zu sein. Die vorliegenden Versuche zeigen aber auch klar, dass die Differenzierbarkeit zwischen einzelnen Proben mit steigendem OIT* rasch abnimmt. Hier könnte auch mit statischen OIT-Messungen durch Reduktion der Temperatur der Isothermphase (T < 210 °C) oder durch Reduzierung des Sauerstoffgehaltes in der Messkammerbegasung, sowohl die Streuung der Messwerte verringert, als auch die Differenzierbarkeit ähnlicher Proben erhöht werden [17].

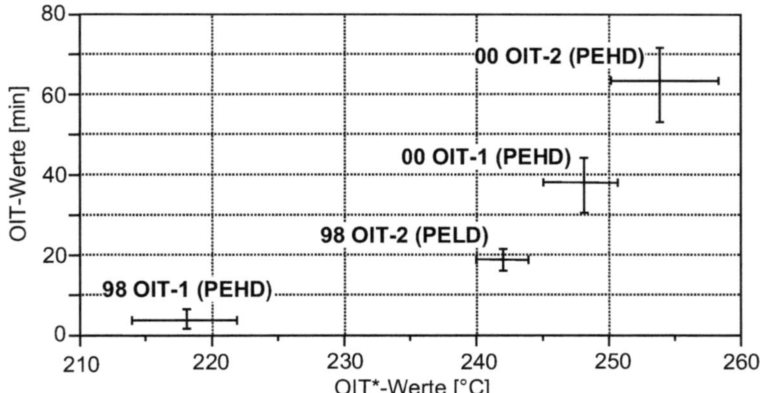

Bild 2.23 Auftragung der Wertepaare aus OIT/OIT*-Messung für die Proben aus den Ringversuchen 1998 und 2000 mit Angabe der entsprechenden Vergleichsgrenzen (R) als Fehlerbalken [17]

2.3 Literatur

[1] Zweifel, H. Stabilization of Polymeric Materials
Springer-Verlag, Berlin Heidelberg 1998

[2] Kramer, E. Persönliche Mitteilung, April 1998

[3] Pauquet, J.R., Todesco, R.V., Drake, W.O. Limitations and Applications of Oxidative Induction Time (OIT) to Quality Control of Polyolefins
Presented at the 42nd International Wire & Cable Symposium, St. Louis, USA, November 1993

[4] Kramer, E., Koppelmann, J., Dobrowsky, J. Oxidation Stability of Cross-linked Polyethylene, Isothermal DTA-Method
J. Thermal Analysis 35 (1989) 2, S. 443

[5] Kramer, E., Koppelmann, J. Thermo-Oxidative Deprodation of Polyolefins Overserved by Isothermal Long-Term DTA
J. Polymer Eng. and Sci. 27 (1987) 13, S. 945

[6] Audouin, L., Langlois, V., Verdu, J. 16th Intern. Conference on Advances in the Stabilization and Degradation of Polymers, Conference Proceedings, Ed. Patsis, A.V.,
Luzern 1994, S. 11

[7] Zweifel, H. Degradation and Stabilization of Polyolefins during Melt Processing, 13th Intern. Conference on Advances in the Stabilization and Degradation of Polymers, Conference Proceedings, Ed Patsis, A.V.,
Luzern 1991, S. 203

[8] DS 2131.2 Dansk Standard, Pipes, Fittings and Joints of Polyethylen Type PEM and PEH for Buried Gas Pipelines, (1982), S. 10

[9] ASTM D 3895-98 Standard Test Method for Oxidative Induction Time of Polymers by Thermal Analysis

[10] DIN EN ISO 11357-1 Dynamische Differenz-Thermoanalyse (DSC) November 1997

[11] Knappe, S. Thermische Analyse in der Qualitätssicherung Kunststoffe 82 (1992) 10, S. 993-998

[12] Krebs, C., Avondet, M. A., Leu, K.W., Langzeitverhalten von Themoplasten - Alterungsverhalten un Chemikalienbeständigkeit Carl Hanser Verlag, München 1999

[13] Ehrenstein, G.W., Pongratz, S. Thermische Einsatzgrenzen von Technischen Kunststoffbauteilen Springer-VDI-Verlag GmbH, Düsseldorf 1998

[14] Widmann, G., Riesen R. Thermoanalyse Hüthig Buch Verlag GmbH, Heidelberg 1990

[15] Schmutz, Th., Kramer, E., Zweifel, H. Oxidation Induction Time (OIT) - a Tool to Characterize the Thermo-Oxidative Degradation of a PEMD Pipe Resin? Presented at the Plastics Pipes IX organized by the Institute of Materials Edinburgh, Scotland, UK, September 1995

[16] Kreiter, J. Mit Thermoanalyse Stabilisierungszustand untersuchen Plastverarbeiter 41 (1990) 7, S. 60-64

[17] Affolter, S., Ritter, A., Schmid, M. Ringversuche an polymeren Werkstoffen, Abschlussbericht 2000, EMPA St. Gallen

3 Thermogravimetrie - TG

3.1 Grundlagen der Thermogravimetrie

3.1.1 Einleitung

Mit Hilfe der Thermogravimetrie (TG) wird die Masse bzw. die Massenänderung einer Probe in Abhängigkeit von der Temperatur und/oder der Zeit gemessen. Massenänderungen treten bei Verdampfung, Zersetzung, chemischen Reaktionen, magnetischen oder elektrischen Umwandlungen auf. Die Thermogravimetrie ist in DIN EN ISO 11358 [1] und DIN 51 006 [2] genormt. Um Verwechslungen mit der Abkürzung T_g für die Glasübergangstemperatur zu entgehen, wird häufig auch die Abkürzung TGA für die Thermogravimetrische Analyse gebraucht.

Massenänderung in Abhängigkeit von Temperatur und/oder Zeit

Von großer Bedeutung sind die Wahl des Spülgases und der Zustand im Probenraum. Verwendet werden inerte oder oxidierende Spülgase, z.B. Stickstoff, Helium, Argon bzw. Sauerstoff oder Luft (in Einzelfällen wird die Messung auch unter Vakuum durchgeführt, bzw. der Probenraum vor Messbeginn evakuiert). Die Wärmeübertragung auf die Probe ist von der Strömungsgeschwindigkeit des Gases abhängig.

3.1.2 Messprinzip

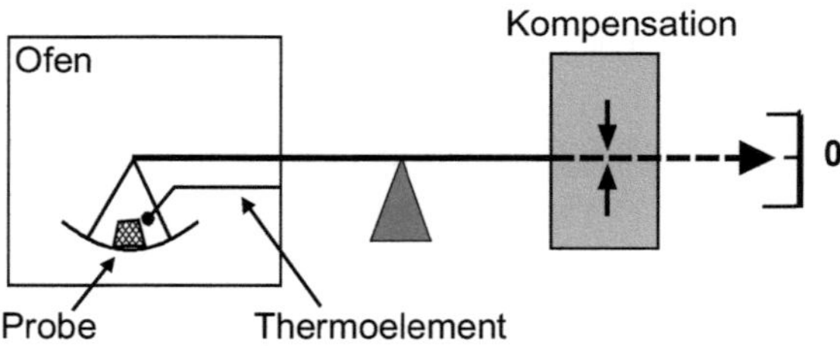

Bild 3.1 Schematische Darstellung einer horizontalen Thermowaage

Die während der Messung auftretende Massenänderung der Probe wird durch eine elektromagnetisch oder elektromechanisch kompensierende Waage mittels lichtschrankengesteuertem Regelkreislauf zur Nulllage ausgeregelt. Aus dem Kompensationssignal wird die Masse der Probe in Abhängigkeit von Temperatur und Zeit bestimmt.

In Bild 3.1 ist eine horizontale Thermowaage dargestellt; ebenso werden auch vertikal aufgebaute thermogravimetrische Apparaturen eingesetzt.

Neben reinen Thermowaagen liefern sog. **simultane Thermowaagen** während eines Aufheizvorgangs gleichzeitig Informationen über die Massen- (TG-Signal) und Temperatur- (DTA-Signal) bzw. Wärmestromänderung (DSC-Signal) der Probe. Auf diese Weise kann beispielsweise ein endothermer Effekt anhand der TG-Kurve direkt einem mit Massenverlust verbundenen (Abdampfen) oder nicht mit Massenverlust (Schmelzen) verbundenen Vorgang zugeordnet werden. Manche Geräte erlauben auch quantitative Aussagen z.B. über Schmelz- oder Vernetzungsenthalpien, die jedoch, verglichen mit einem eigenständigen DSC-Gerät, vor dem Hintergrund ungünstigerer Gerätekennwerte zu sehen sind.

Auch **Kopplungen** von Thermowaagen mit FTIR- oder Massenspektrometern werden in der Kunststoffanalytik eingesetzt. Der Einsatz von Kopplungen ist immer dann vorteilhaft, wenn eine Identifizierung der Stoffe erfolgen muss, die zu einem bestimmten Massenverlust gehören. Das Prinzip solcher Kopplungen besteht darin, dass, die beim Aufheizen in der Thermowaage entstandenen gasförmigen Komponenten mit einem konstanten Gasstrom in eine weitere Messzelle überführt werden. Bei einer TGA/FTIR-Kopplung geschieht dies über eine Transferleitung, die ebenso wie die Messzelle geheizt werden muss, um die Bildung von Kondensat zu unterdrücken. Die Interpretation der Ergebnisse bedarf einiger Erfahrung, vor allem dann, wenn beim thermischen Abbau mehrere Komponenten gleichzeitig auftreten. Bei IR-inaktiven Gase, wie Sauerstoff oder Stickstoff empfiehlt sich eine TGA/MS-Kopplung. Kritisch bei dieser Kopplungsmethode ist die Verknüpfung von TG und MS, da hierbei der Druck von der Thermogravimetrie kommend auf Vakuum im Massenspektrometer reduziert werden muss.

3.1.3 Messablauf und Einflussfaktoren

Die Vorgehensweise bei der Thermogravimetrie ist:

Probenpräparation

Einstellen des Spülgasstroms

Tarieren der Waage

Probeneingabe/ automatisches Wiegen der Probenmasse

Wahl eines geeigneten Messprogramms

Die geräte- und probenspezifischen Einflussgrößen sind:

Die Einflussfaktoren und Fehlermöglichkeiten bei der Versuchsdurchführung werden anhand von Messkurven praktischer Beispiele in Kap. 3.2.2 ausführlich erläutert.

3.1.4 Auswertung

Bei der Thermogravimetrie wird die Massenänderung einer Probe entweder absolut in mg oder relativ in %, bezogen auf die Ausgangsmasse, über der Temperatur oder der Zeit aufgetragen. Die Massenänderung von Kunststoffen kann einstufig oder mehrstufig erfolgen.

Massenänderung kann einstufig oder mehrstufig erfolgen.

3.1.4.1 Einstufige Massenänderung

Bild 3.2 zeigt die Bestimmung charakteristischer Temperaturen einer **einstufigen Massenabnahme** nach DIN EN ISO 11358 [1]. Dabei werden aus der TG-Kurve anhand von Tangentenkonstruktionen die Punkte A, B und C sowie die zugehörenden Temperaturen T_A als Anfangs-, T_B als End- und T_C als Mittenpunktstemperatur bestimmt. Bei einer Auftragung über die Zeit werden die Zeiten t_A, t_B und t_C ausgewertet.

Die Massenabnahme M_L in %, ergibt sich aus den Massen m_s (vor dem Aufheizen) und m_f (bei der Endtemperatur T_B) anhand folgender Gleichung:

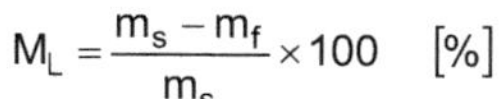

$$M_L = \frac{m_s - m_f}{m_s} \times 100 \quad [\%]$$

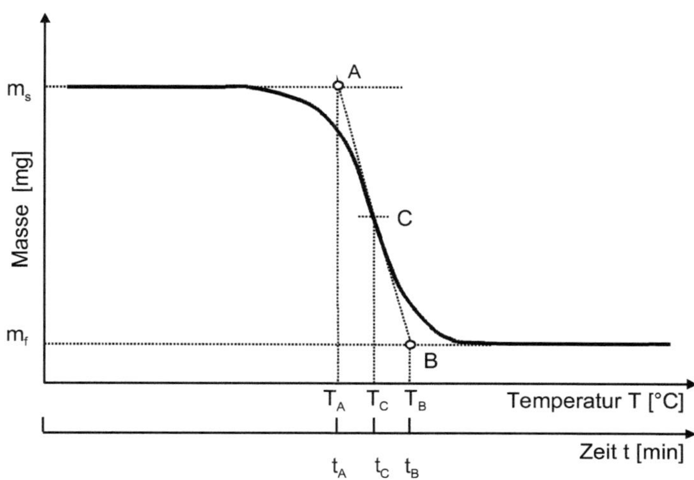

A	*Anfangspunkt:*	Schnittpunkt der Extrapolationsgeraden für die Anfangsmasse mit der Tangente an die TG-Kurve im maximalen Gradienten
B	*Endpunkt:*	Schnittpunkt der Extrapolationsgeraden für die Endmasse nach der Reaktion mit der Tangente an die TG-Kurve im maximalen Gradienten
C	*Mittenpunkt:*	Schnittpunkt der TG-Kurve mit der Parallelen zur Abszissenachse durch den Mittelpunkt zwischen A und B
T_A/t_A	*Anfangspunkttemp./-zeit:*	Temperatur/Zeit beim Anfangspunkt
T_B/t_B	*Endpunkttemp./-zeit:*	Temperatur/Zeit beim Endpunkt
T_C/t_C	*Mittenpunkttemp./-zeit:*	Temperatur/Zeit beim Mittelpunkt
m_s	*Ausgangsmasse:*	Masse vor dem Aufheizen
m_f	*Endmasse:*	Masse nach Erreichen der Endtemperatur

Bild 3.2 Auswertung einer typischen Messkurve mit einstufiger Massenabnahme nach DIN EN ISO 11358 [1], TG-Kurve

Kommt es zu einer **Massenzunahme** M_G, z.B. bei Oxidationsreaktionen (s. Bild 3.13) wird diese unter Berücksichtigung der maximal auftretenden Masse m_{max} bezogen auf die Ausgangsmasse m_s nach folgender Gleichung berechnet:

$$M_G = \frac{m_{max} - m_s}{m_s} \times 100 \quad [\%]$$

In Tabelle 3.1 sind die für die einstufige Massenabnahme vorgestellten Kennwerte aufgelistet, die in verschiedenen gültigen Normen unterschiedlich bezeichnet werden.

DIN EN ISO 11358 [1]	DIN 51006 [2]	Einheit
T_A Anfangspunkttemperatur	T_i Anfangstemperatur	[°C]
t_A Anfangspunktzeit	t_i Anfangszeit	[min]
T_B Endpunkttemperatur	T_f Endtemperatur	[°C]
t_B Endpunktzeit	t_f Endzeit	[min]
T_C Mittenpunkttemperatur	-	[°C]
t_C Mittenpunktzeit	-	[min]
m_s Ausgangsmasse	m_i Masse bei T_i	[mg]
m_f Endmasse	m_f Masse bei T_f	[mg]

Tabelle 3.1 Bezeichnungen für charakteristische Werte einer TG-Kurve

3.1.4.2 Mehrstufige Massenänderung

Bei **mehrstufigen Massenverlusten** werden die zu bestimmenden Punkte mit einem Index A_1, B_1, C_1; A_2, B_2, C_2 usw. beschrieben und den entsprechenden Temperaturen und Zeiten zugeordnet, Bild 3.3. Die resultierenden Temperaturen und Zeiten folgen dieser Bezeichnung entsprechend mit T_{A1}, T_{B1}, T_{C1} bzw. t_{A1}, t_{B1}, t_{C1}. Zusätzlich zur Ausgangs- und Endmasse m_s und m_f wird die Masse m_i zwischen den zwei Massenverlusten bestimmt. Zur Kennzeichnung des Massenverlustes werden jeweils die Differenzen dieser Massen angegeben. Der erste Massenverlust M_{L1} sowie jeder weitere Massenverlust $M_{L2,..}$ ergeben sich aus folgenden Gleichungen:

$$M_{L1} = \frac{m_s - m_i}{m_s} \times 100 \quad [\%] \qquad M_{L2,..} = \frac{m_i - m_f}{m_s} \times 100 \quad [\%]$$

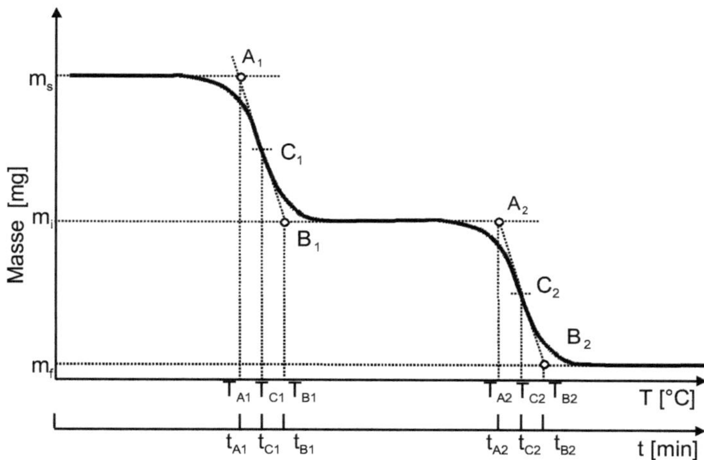

Bild 3.3 Auswertung einer typischen Messkurve mit zweistufiger Massenabnahme nach DIN EN ISO 11358 [1], TG-Kurve, Bezeichnungen s. Bild 3.2

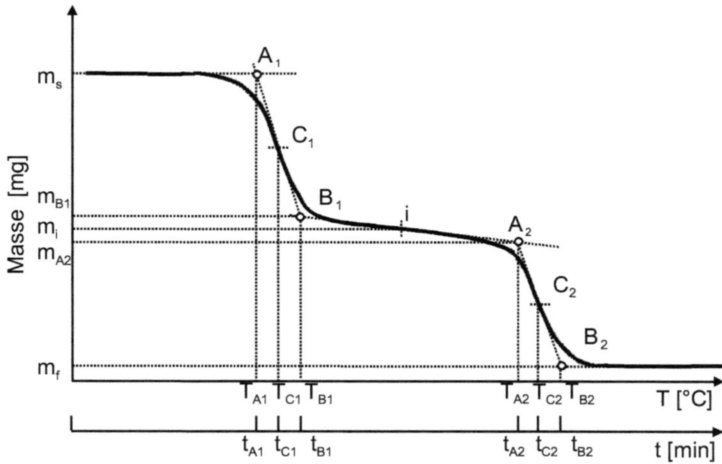

Bild 3.4 Auswertung einer mehrstufigen Massenabnahme, wobei zwischen den einzelnen Stufen die Masse nicht konstant bleibt [1]

m_i = Mittelpunkt zwischen m_{B1} und m_{A2}, Bezeichnungen s. Bild 3.2

Mehrstufige TG-Kurven weisen oft aufgrund dicht aufeinanderfolgender oder sich überlagernder Massenänderungen keinen Kurvenabschnitt mit konstanter Masse auf, wie in Bild 3.4 veranschaulicht. In einem solchen Fall wird m_i als Mittelpunkt zwischen m_{B1} und m_{A2} ermittelt.

Ist auch dies nicht sinnvoll möglich, liefert das differentielle Messsignal dm/dt weiterführende Informationen. Bild 3.5 zeigt am Beispiel einer zweistufigen Massenänderung neben der TG-Kurve die differentielle, sog. DTG-Kurve, anhand derer m_i als kleinster Wert der Kurve zwischen den 2 Stufen festgelegt werden kann.

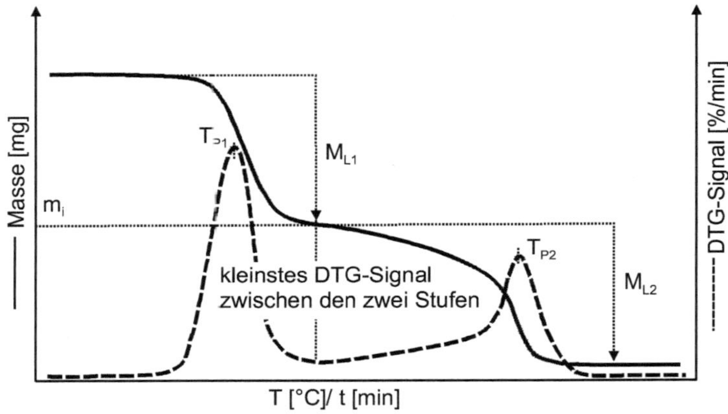

Bild 3.5 Auswertung zweier dicht aufeinanderfolgender Stufen mit Hilfe des DTG-Signals

M_{L1}, M_{L2} = Massenverlust, T_{p1}, T_{p2} = Peaktemperatur der DTG-Kurve

Das Peakmaximum T_p der DTG-Kurve kennzeichnet den Wendepunkt der TG-Kurve und damit die Temperatur maximaler Massenänderung. In der Praxis wird dieser Wert aufgrund der einfachen und reproduzierbaren Auswertung häufig zu Vergleichen herangezogen. Wie bei anderen thermoanalytischen Prüfungen sollten die ausgewerteten Temperaturen aufgrund der Vielzahl der Einflussfaktoren nur auf 1 °C genau angegeben werden. Der Massenverlust kann bei einer einstufigen Zersetzung zuverlässig auf +/- 0,1 % angegeben werden.

Kennzeichnende Temperaturen auf 1 °C genau angeben

3.1.4.3 Prüfbericht

DIN EN ISO 11358 liefert wertvolle Hinweise zur Erstellung eines vollständigen Prüfberichts, der alle Messparameter und Probeninformationen beschreibt.

Der Prüfbericht soll, soweit zutreffend, folgende Angaben enthalten [1]:

Hinweis auf verwendete Normen;

alle nötigen Angaben für die vollständige Kennzeichnung des untersuchten Materials;

Form und Größe der Prüfkörper;

Masse der Prüfkörper;

Vorbehandlung der Prüfkörper vor der Prüfung;

Typ des verwendeten Gerätes;

Größe und Konstruktionswerkstoff der Probenhalterung;

Typ des verwendeten Temperaturfühlers und seine Lage (innerhalb oder ausserhalb der Probenhalterung);

Atmosphäre (Art des Spülgases) und Gasvolumenstrom;

Rate der Temperaturerhöhung (programmiertes Aufheizen) oder Prüftemperatur beim isothermen Verfahren;

für die Temperaturkalibrierung verwendete Kalibriersubstanz;

Massenverlust und/oder Massenzuwachs;

Rückstand;

Temperaturen der Massenänderungen;

jegliche Beobachtungen hinsichtlich Gerät, Prüfbedingungen oder Verhalten der Probe;

Datum der Prüfung;

Messkurve.

3.1.5 Kalibrierung

Die Kalibriermessungen müssen unter den Bedingungen der realen Prüfung durchgeführt werden, d.h. Heizrate, Durchfluss des Spülgases und Position des Thermoelementes müssen übereinstimmen.

3.1.5.1 Auftriebskorrektur

Die Thermowaage muss in verschiedener Hinsicht kalibriert werden. Einerseits ist der temperaturbedingte Auftrieb zu berücksichtigen, andererseits bedarf das Signal der Masse bzw. Massenänderung einer Korrektur. Des weiteren erfolgt wie auch bei der DSC eine Temperaturkalibrierung. Auftriebseffekte resultieren aus Einflüssen der temperaturabhängigen Gasdichte und der aerodynamischen Reibung des Spülgases an der Aufhängung und der Probe [10]. Zur Auftriebskorrektur wird eine Blindmessung ohne Probe durchgeführt, deren Kurve dann, unter Voraussetzung gleicher Messparameter, von der Messkurve abgezogen wird.

3.1.5.2 Kalibrierung der Masse

Die Thermowaage wird mit geeichten Gewichtstücken mit einer Masse zwischen 10 und 100 mg kalibriert; dabei wird kein Spülgas durch die Waage geführt, um Auftriebseffekte und Turbulenzen zu vermeiden [1].

3.1.5.3 Temperaturkalibrierung

Die Kalibrierung muss unter den gleichen Bedingungen für Art des Spülgases, Volumenstrom des Spülgases und Heizrate durchgeführt werden, unter denen die Prüfung an dem Probenkörper durchgeführt werden soll [1]. Zur Kalibrierung der „wahren“ Probentemperatur dienen **Curie-Temperaturen** ferromagnetischer Substanzen. Wird eine solche Substanz in einer Thermowaage einem Magnetfeld ausgesetzt, erfährt sie eine zusätzliche Kraft, die als scheinbare Massenänderung angezeigt wird. Beim Aufheizen verliert die Substanz bei der Curie-Temperatur ihre ferromagnetischen Eigenschaften, so dass die scheinbare Massenänderung wieder verschwindet. Die angezeigten Temperaturen werden auf die tatsächlichen, tabellierten Curie-Temperaturen korrigiert .

Referenzmaterial	T_A [°C]	T_C [°C]	T_B [°C]
Permanorm 3	253	259	267
Nickel	351	353	355
Mumetall	378	382	386
Permanorm 5	451	455	458
Tratoperm	749	750	751

Tabelle 3.2 Kalibriersubstanzen für magnetische Phasenumwandlungen [1]

Nach DIN EN ISO 11358 [1] wird diese Kalibrierung anhand von zwei oder mehr Standardreferenzsubstanzen mit Curie-Temperaturen in dem für Messungen relevanten Temperaturbereich durchgeführt. Die Prozedur einer solchen Kalibrierung ist in [1,3,4,5] näher beschrieben. Nachteilig an diesem Verfahren ist, dass tabellierte Curie-Umwandlungstemperaturen lediglich experimentelle Mittelwerte mit einer relativ hohe Streuung darstellen [3].

Eine weitere, jedoch nicht genormte Methode zur Temperaturkalibrierung nutzt die **Schmelztemperaturen reiner Metalle** (Indium, Blei, Zink, Aluminium, Silber, Gold).

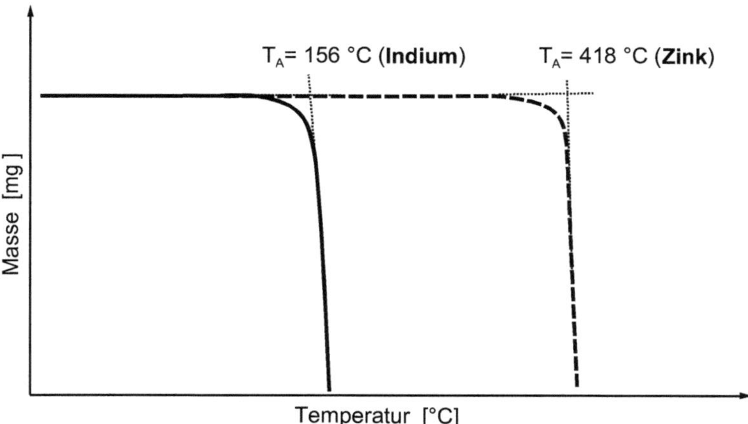

Bild 3.6 TG-Kurve von Indium und Zink für die Temperaturkalibrierung mittels Abtropfen bei der Schmelztemperatur

Heizrate 10 °C/min, Spülgas Stickstoff, T_A *= Anfangstemperatur (kalibriert)*

Ein oder mehrere Metallkörper werden so am Probenhalter befestigt, dass sie beim Schmelzen abtropfen. Dabei hat es sich bewährt, dem verwendeten Metall ein kleines Gewicht anzuhängen, um diesen Effekt zu verstärken. Der Wert T_A, d.h. der Schnittpunkt der Extrapolationsgeraden der Anfangsmasse mit der Tangente an den Steilabfall dient zur Kalibrierung der Temperatur. Bild 3.6 veranschaulicht die TG-Kurven von Indium und Zink.

Messparameter = Kalibrierparameter

Anmerkung: *Aus eigener Erfahrung muss davor gewarnt werden, die Rolle von Kalibrierungen, vor allem bei Kunststoffen, überzubewerten. Die Kalibrierung auf zehntel- oder hundertstel- °C genau ist aufgrund der Vielzahl von Einflussfaktoren auch bei der Thermogravimetrie unrealistisch.*

3.1.6 Übersicht praktischer Anwendungen

Beispielhaft verdeutlicht Tabelle 3.3, welche TG-Kennwerte zur Beurteilung von Qualitätsmängeln, Mischungszusammensetzung, Verarbeitungsfehlern und anderen Parametern herangezogen werden können. Anhand von Kurven praktischer Beispiele werden diese in Kap. 3.2.3 - Beispiele aus der Praxis erläutert.

Anwendung	Kennwert	Beispiel
Quantifizierung der Werkstoff-Zusammensetzung	$M_{L1,2..}$	Weichmacher- und Kunststoffanteile z.B. bei Gummimischungen, flüchtige Bestandteile
Füllstoffgehalt	$M_{L1,2..}$	Bestimmung des Gehalts an Ruß, Kreide, Glasfasern oder anderen anorganischen Füllstoffen
Zersetzungsverhalten (definierte Atmosphäre)	T_A, T_C, T_B, M_L	Zersetzungsbeginn und -fortschritt bei bestimmten Temperaturen; quantitative Erfassung entstehender Zersetzungsprodukte
Zersetzungskinetik	t-Werte	Zersetzungsgeschwindigkeit
Trocknungszeiten/ - temperaturen	T_A, t_A, T_B, t_B	Zeit und Temperatur, bei der vorhandenes Lösemittel oder Wasser z.B. aus Lacken vollständig ausgetreten ist
Feuchtigkeitsgehalt, Abdampfen niedermolekularer Bestandteile	M_L	Gehalt an Wasser und flüchtigen Substanzen

Tabelle 3.3 Beispiele für praktische Anwendungen von TG-Messungen bei Kunststoffen mit den jeweils relevanten Kennwerten.

3.2 Praktische Vorgehensweise

3.2.1 Das Wichtigste in Kürze

Probenvorbereitung Die Probenvorbereitung und -entnahme muss sorgfältig erfolgen, besonders in Anbetracht der Bestimmung leicht flüchtiger, niedermolekularer Bestandteile.

Einwaagemenge Die Mindesteinwaage beträgt je nach Gerät ca. 1 mg. DIN EN ISO 11358 empfiehlt eine Mindesteinwaage von 10 mg [1]. Höhere Einwaagemengen sind durch das Volumen des Probentiegels auf ca. 100 mg begrenzt; dabei sind bereits Temperaturgradienten innerhalb des Probenkörpers zu erwarten.

Einwaagemenge 10 bis 100 mg
Tiegel zwischen den Messungen sorgfältig reinigen

Tiegel Probentiegel bestehen in der Regel aus Platin oder Keramik, aber auch Aluminium (< 600 °C), sie sind mehrfach verwendbar und nach jeder Messung gründlich zu säubern.

Spülgas Es werden sowohl inerte (O_2 < 0,001 %) als auch oxidative Gase eingesetzt. Wassergehalt im Spülgas < 0,001 Gew.-%.

Messprogramm Dynamische Messungen werden mit definierten Heizraten zwischen 0,5 bis 20 °C/min durchgeführt. Isotherme Messungen bei konstanter Temperatur werden zeitabhängig verfolgt. Die Heizrate (ca. 50 °C/min) sollte so gewählt werden, dass während der Aufheizphase auftretende Effekte minimiert, aber ein Überschwingen des Ofens möglichst vermieden werden. Kombinationsprogramme von Heiz- und Haltephasen verbessern das Auftrennen überlagerter Effekte. Die Endtemperatur liegt bei der Kunststoffanalyse zwischen 600 und 1000 °C.

Auswertung Es werden Zersetzungstemperaturen oder -zeiten sowie der Verlauf des TG-Signals und Massenänderungen ermittelt.

Interpretation Eine Identifizierung von Kunststoffen ist meist nicht möglich, da eine Vielzahl von Zusatzstoffen das Zersetzungsverhalten beeinflussen können. Kopplungen mit anderen Analyseverfahren (Infrarotspektroskopie, Massenspektrometrie,

Gaschromatographie etc.) erlauben eine Identifizierung der Zersetzungsprodukte. Aussagen über kinetische Prozesse sind möglich.

Auswertung von Zersetzungstemperaturen/-zeiten und Massenänderungen

3.2.2 Einflussfaktoren und Fehler bei der Messung

3.2.2.1 Probenvorbereitung

Die Probenvorbereitung kann das Ergebnis der thermogravimetrischen Analyse deutlich beeinflussen, insbesondere, wenn die Probe leichtflüchtige Bestandteile enthält. Diese verändern die Ausgangsmasse der Probe bereits während der Vorbereitung der Messung bei Raumtemperatur. Bild 3.7 zeigt diesen Effekt am Beispiel einer lösemittelhaltigen Korrekturtusche, die in der TG bei 23 °C zeitabhängig untersucht wurde.

Nach ca. 5 min bei 23 °C sind fast alle leichtflüchtigen Zusatzstoffe abgedampft. Es bleibt ein Rückstand von 65 %, die Korrekturtusche ist trocken.

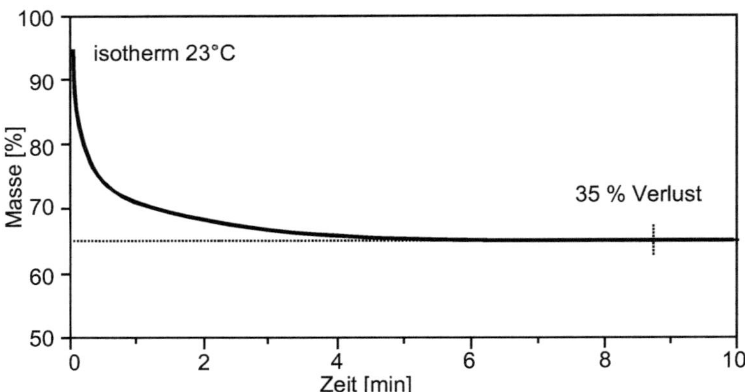

Bild 3.7 Isotherme TG-Messung an Korrekturtusche

Messtemperatur 23 °C, Spülgas Luft

Leichtflüchtige Bestandteile, z.B. Lösemittel oder niedermolekulare Substanzen, reduzieren die Ausgangsmasse m_s.

Ähnliche Probleme tauchen bei styrolhaltigen Reaktionsharzproben auf, wie Bild 3.8 an einer dynamischen TG-Messung einer SMC-Paste veranschaulicht.

Das im SMC enthaltene Styrol entweicht bereits ab Raumtemperatur bei der Probenaufgabe in den Tiegel. Bei der Siedetemperatur des Styrols von 141 °C ist der durch das Styrol bedingte Massenverlust beendet.

Der gemessene verflüchtigte Teil von 7 % entspricht jedoch nicht dem ursprünglichen Styrolanteil in der SMC-Paste. Da die Messung unter dynamischen Bedingungen, bei steigender Temperatur durchgeführt wurde, konnte durch die eingetretene Aushärtungsreaktion des Materials Styrol einpolymerisiert werden. Dieser Vorgang ist nicht mit einer Gewichtsänderung verbunden und somit in der TG-Kurve nicht erkennbar.

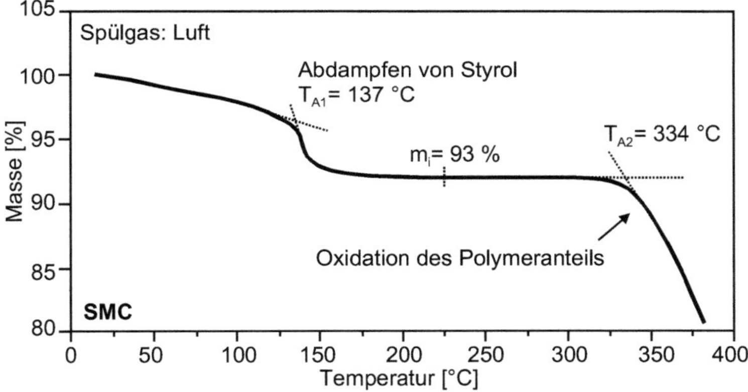

Bild 3.8 SMC-Paste, Abdampfen von Styrol bei gleichzeitiger (nicht erkennbarer) Polymerisation

T_{A1}, T_{A2} = Anfangstemperatur der 1. bzw. 2. Massenänderung, m_i = Masse zwischen zwei Massenverlusten, Einwaage ca. 10 mg, Heizrate 10 °C/ min, Spülgas Luft

Bei der Bestimmung des Füllstoffgehaltes ist zu berücksichtigen, dass Füllstoffe in einem Formteil selten gleichmäßig verteilt sind. Bild 3.9 zeigt am Beispiel einer SMC-Pressplatte, dass je nach Entnahmestelle der Probe, d.h. Vorder- oder Rückseite des Bauteils, der Massenverlust schwankt. Die Differenz zwischen den Massenverlusten beträgt 13 %, diejenigen zwischen den Füllstoffgehalten, d.h. dem verbleibenden Rest, 23 %.

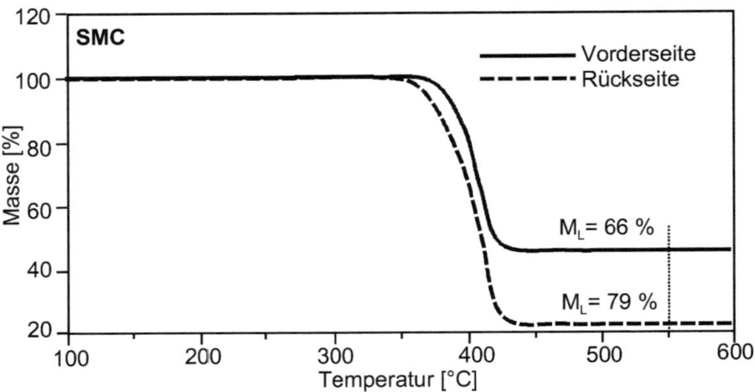

Bild 3.9 Füllstoffgehalt an Vorder- und Rückseite einer SMC-Pressplatte

M_L = Massenverlust, Einwaage ca. 7 mg, Heizrate 10 °C/min, Spülgas Stickstoff

Der Auswahl und Dokumentation der Probenentnahmestelle kommt demzufolge große Bedeutung zu. Bei faserverstärkten Kunststoffen ist die Probenentnahme nur bedingt für den Fasergehalt repräsentativ, da die relativ geringe Probenmenge nur Ausschnitte erfaßt. In einem solchen Fall sollte der Glühverlust größerer Proben nach EN 60 durchgeführt werden.

gezielte Probenentnahme bei inhomogener Füllstoffverteilung

3.2.2.2 Einwaagemenge

Den Einfluss der Einwaagemenge auf die Anfangstemperatur T_A und das Peakmaximum des DTG-Signals zeigt Bild 3.10 an einem ultrahochmolekularen Polyethylen (PEUHMW).

Im Bereich kleiner Einwaagemengen steigen die Temperaturkennwerte zunächst an und bleiben erst ab ca. 10 mg Einwaage stabil. Dies ist vermutlich darauf zurückzuführen, dass das Oberflächen-Volumen-Verhältnis bei kleinen Einwaagen höher ist und die Probe daher schneller angegriffen wird. Für die vorliegenden Bedingungen erscheint eine Mindesteinwaage von 10 mg entsprechend DIN EN ISO 11358 sinnvoll; will man Vergleichsmessungen bei kleineren Einwaagen durchführen, sollten die Einwaagen auf +/- 1 mg übereinstimmen.

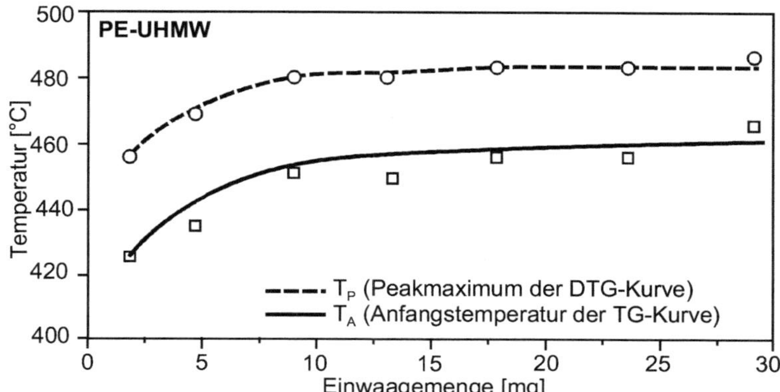

Bild 3.10 Einfluss der Einwaagemenge auf Ergebnisse der TG-Messung

Heizrate 10 °C/min, Spülgas Stickstoff

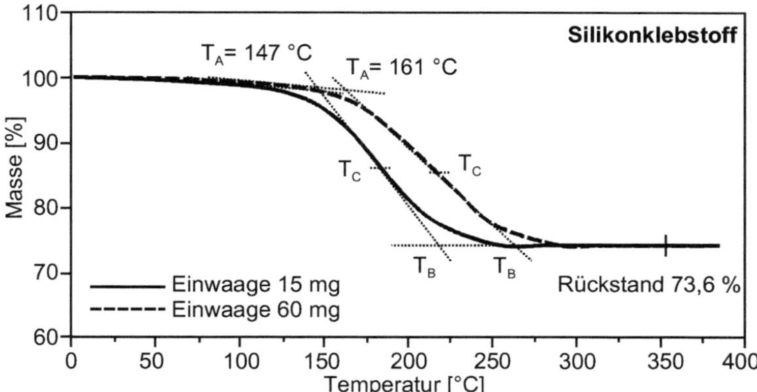

Bild 3.11 Einfluss der Einwaage auf die kennzeichnenden Temperaturen T_A, T_B und T_C einer TG-Kurve bei einem Silikonklebstoff

Heizrate 10 °C/min, Spülgas Stickstoff

günstige Einwaagemenge > 10 mg;
Einwaagemenge < 10 mg, bei Vergleichen auf +/- 1 mg genau

Bei sehr hohen Einwaagen wird die Messung durch die thermische Trägheit des Kunststoffs beeinflusst. In Bild 3.11 sind TG-Kurven eines Silikonklebers bei zwei unterschiedlichen Einwaagen dargestellt, wobei die größere Probe gegenüber der kleineren eine deutlich verzögerte Zersetzung aufweist. Die Größe dieses Effekts hängt von den Materialeigenschaften und der Auflagefläche der Probe im Tiegel ab.

3.2.2.3 Tiegel

Der Probentiegel besteht in der Regel aus Platin, da bei Kunststoffen Temperaturen bis ca. 900 °C, meist unter oxidativer Atmosphäre, üblich sind. Der Tiegel wird nach jeder Messung gründlich gereinigt und kann so vielfach verwendet werden. Zur Reinigung wird der Tiegel bei hoher Temperatur (600 bis 1200 °C) geglüht und zurückbleibende Reste mit Hilfe eines Pinsels, Glasfaserstifts oder Lösemittel (Alkohol, Aceton) entfernt. Dabei ist immer darauf zu achten, dass der Tiegel bzw. die Aufhängung nicht deformiert wird, sodass ein mittiges Aufhängen an den Wägebalken immer gewährleistet ist. Bei Temperaturen bis maximal 600 °C können auch Aluminiumtiegel verwendet werden.

Füllstoffgehalte von DSC-Proben können mittels TG exakt bestimmt werden, wobei der DSC-Tiegel (meist Aluminium) wegen der schwierigen Probenentnahme häufig komplett in die TG-Waage eingebracht wird. Dabei ist zu beachten, dass eine Temperatur von 600 °C nicht überschritten werden darf, da die Aluminiumschmelze (660 °C) mit dem Platintiegel reagiert.

3.2.2.4 Spülgas

Für die Bestimmung der rein thermischen Zersetzung (Pyrolyse) eines Kunststoffes eignen sich Inertgase wie Helium, Stickstoff oder Argon; als oxidierende Spülgase zur Ermittlung der thermooxidativen Zersetzung (Oxidation) werden Sauerstoff oder Luft eingesetzt. Der Spülgasdruck ist so einzustellen, dass er eine vollständige Umspülung der Probe gewährleistet, wofür eine genaue Regelung mittels Durchflußmesser notwendig ist.

Bei vertikaler Bauweise von Thermowaagen können „Kamineffekte“ auftreten, die z.B. durch die Aufteilung der Einspeisung des Spülgases in Ober- und Unterspülgas unterbunden werden.

Die Art des Spülgases hat erheblichen Einfluss auf das Messergebnis, wie Bild 3.12 am Vergleich von Sauerstoff, Helium und Stickstoff zeigt. Das untersuchte Polyamid zersetzt sich in oxidierender Atmosphäre wesentlich früher, während sich Helium und Stickstoff (nach entsprechender Kalibrierung) im Bereich der Streuung nicht unterscheiden.

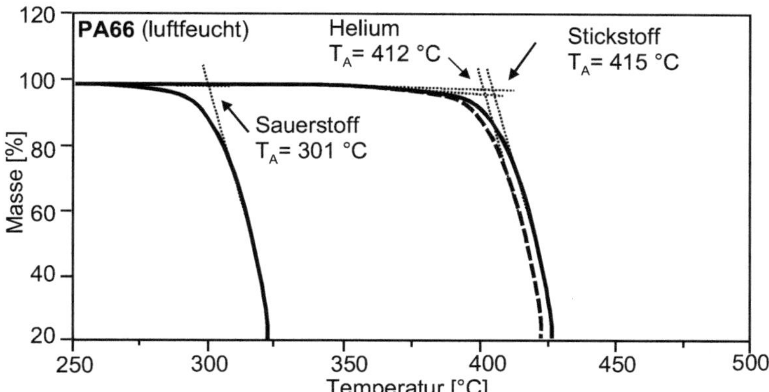

Bild 3.12 Zersetzungsverhalten von PA66 (luftfeucht) in Sauerstoff, Helium und Stickstoff

T_A = Anfangstemperatur, Heizrate 10 °C/min, Einwaage ca. 8 mg

Anmerkung: *Die Messkurve beginnt bei einer Anfangsmasse von 98 %, da beim Aufheizen bis 250 °C bereits 2 % Wasser aus dem luftfeuchten PA66 verdampft sind.*

Besonders inerte Gase müssen hohe Reinheit aufweisen, da bereits geringe Spuren oxidierender Elemente zu einer vorzeitigen Oxidation führen.

Nach DIN EN ISO 11358 darf das Inertgas maximal 0,001 Vol.-% Sauerstoff enthalten. Das System muss vor Messbeginn mit dem Inertgas ausreichend gespült oder evtl. evakuiert werden.

Spülgas bestimmt die Art der Zersetzung:
Inertgas: thermisch,
Oxidationsgas: oxidativ und thermisch

Bei ultrahochmolekularem PE erfolgt die Oxidation unter anfänglicher Gewichtszunahme (Einlagerung von O_2), Bild 3.13. Während im Temperaturbereich bis 400 °C unter Stickstoffatmosphäre keine Massenänderung zu verzeichnen ist, zersetzt sich das PE unter oxidativem Einfluss. Sauerstoff als Spülgas bewirkt bei Temperaturen um 200 °C einen durch O_2-Einlagerung bedingten kurzen Massenanstieg, dem sich rasch die Verbrennung anschließt. Bei Luftzufuhr ist die Massenzunahme stärker ausgeprägt, da die Zersetzung später einsetzt.

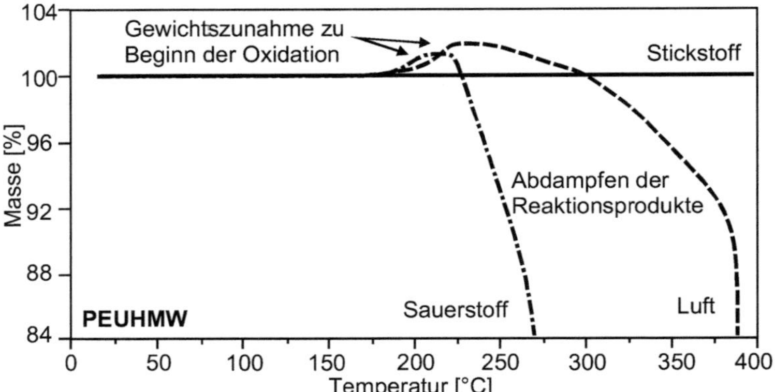

Bild 3.13 Anfängliche Massenzunahme während der Oxidation von PEUHMW

Heizrate 10 °C/min, Einwaage ca. 11 mg

Spülgas und Zersetzungsprodukte müssen auf irgendeine Art und Weise aus dem Ofen heraus geleitet werden. Da die Ofenummantelung in der Regel auf einer bestimmten Temperatur (meist Raumtemperatur) gehalten wird, können die ausstömenden Gase bevorzugt an metallischen Teilen der Ofenummantelung kondensieren. Lagern sich diese Kondensate über längere Zeit ab, so wird die Leistungsaufnahme des Ofens beeinflusst.

Dies kann zunächst zu einem „Rauschen“ in der Messkurve, später zum „Durchbrennen“ des Ofens führen. Aus diesem Grund empfiehlt sich eine regelmäßige Reinigung des Ofens und der Ofenummantelung.

3.2.2.5 Messprogramm

Bei **dynamischen Messungen** liegt die Starttemperatur i.a. bei RT, die Endtemperatur bei ca. 1000 °C. Die Heizrate beeinflusst das Messergebnis wesentlich, wie in Bild 3.14 am Beispiel von PP dargestellt. Bei einer Verdopplung der Heizrate von 10 auf 20 °C/min wird die Anfangstemperatur T_A um 11 °C zu höheren Temperaturen verschoben.

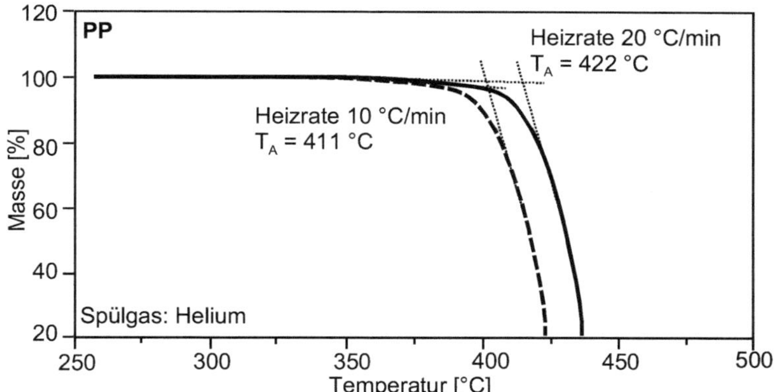

Bild 3.14 Einfluss der Heizrate, PP, T_A = Anfangstemperatur

Einwaage ca. 6 mg, Spülgas Helium

Zur Durchführung **isothermer Messungen** wird ein möglichst schnelles Erreichen der Messtemperatur angestrebt. Obwohl DIN EN ISO 11358 [1] die höchstmögliche Heizrate zur Vermeidung von während dem Aufheizen auftretenden Effekten empfiehlt (100 °C/min oder mehr), haben eigene Erfahrungen gezeigt, dass eine Heizrate von 50 °C/min zur Vermeidung eines zu starken „Überschwingens" (kurzzeitige Überschreitung der Messtemperatur aufgrund der Massenträgheit des Ofens) günstiger ist.

Bei Kunststoffgemischen überlagern sich Zersetzungstemperaturen verschiedener Komponenten häufig und behindern eine exakte Auswertung. Hier können kombinierte **Heiz- und Halteprogramme** nützlich sein, was Bild 3.15 veranschaulicht.

Bei einem PP-Kautschukgemisch wurde bei mit einer gleichbleibenden Heizrate von 10 °C/min bis 600 °C keine Auftrennung des Gemisches erzielt.

Im Gegensatz zu dieser Vorgehensweise wird die Probe zunächst mit 10 °C/min auf 355 °C erwärmt und die Temperatur solange isotherm gehalten, bis sich keine Massenänderung mehr zeigt, im vorliegenden Fall 90 min bei 355 °C. In dieser Phase zersetzt sich der Kautschukanteil. Anschließend kann mit 10 °C/min weiter bis zur Endtemperatur von 600 °C aufgeheizt werden.

Die Haltetemperatur darf dabei nicht zu hoch gewählt werden, da sich bei längerer Haltezeit möglicherweise auch die PP-Komponente zersetzt.

Einige TG-Geräte ermöglichen eine automatische Anpassung des Messprogramms an die Zersetzungsvorgänge. Hierbei wird bei einem bestimmten vorgegebenen Massenverlust die Aufheizung automatisch unterbrochen und die Temperatur so lange konstant gehalten oder mit einer reduzierten Heizrate weiter aufgeheizt, bis kein

Massenverlust mehr auftritt. Danach wird mit der ursprünglichen Heizrate weiter aufgeheizt.

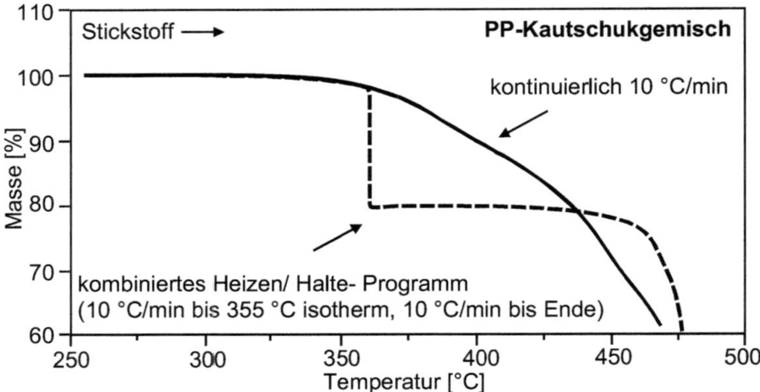

Bild 3.15 Kombiniertes Heizen/Halte-Programm im Vergleich zum kontinuierlichen Heizprogramm, PP-Kautschukgemisch

Einwaage ca. 10 mg, Spülgas Stickstoff

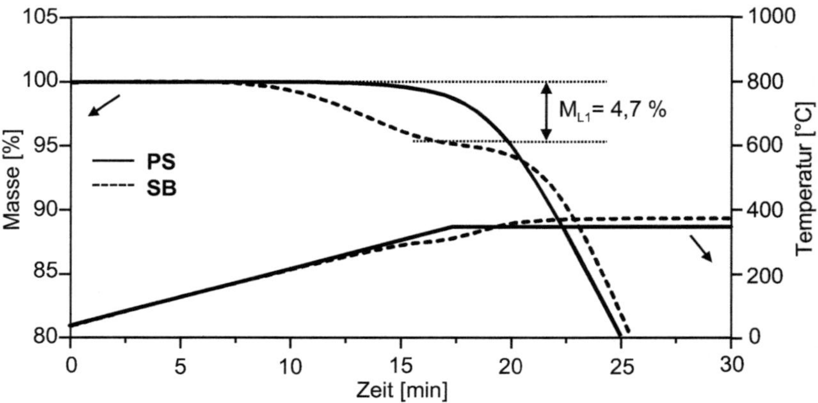

Bild 3.16 TG (highRes)-Messung von PS und SB

M_{L1}=Massenverlust, Gesamtheizrate 20 K/min (Resolution 4, Sensivity 3) Einwaage 10 mg, Spülgas Stickstoff

Ein solches angepasstes Heizprogramm kann besonders für die Auftrennung von Mischungen hilfreich sein. Bild 3.16 zeigt die Messung zweier unterschiedlicher Polystyrol-Typen. Die automatische Heizratenregelung ermöglicht hierbei eine Unterscheidung beider Typen. Es handelt sich um eine Standardtype (PS) und eine schlagzähmodifizierte Type (SB), deren Kautschukanteil im Gewichtsverlust detektiert werden kann.

Nach Erreichen der Endtemperatur (600 bis 1000 °C) sollte darauf geachtet werden, den Ofen nicht im heißen Zustand zu öffnen. Es besteht sonst die Gefahr, dass Luftsauerstoff in die Poren der meist keramischen Öfen eindiffundiert. In der nächsten Aufheizphase wird dieser wiederrum freigesetzt und kann bei einer Messung unter Inertatmosphäre zu undefinierten Oxidationseffekten führen, und somit das Messergebnis verfälschen.

Keramiköfen bis ca. 600 °C unter inerter Gasatmosphäre abkühlen

3.2.2.6 Auswertung

Die Auswertung des TG-Messsignals hinsichtlich kennzeichnender Temperaturen und Gewichtsänderungen wurde in Kap. 3.1.4 beschrieben.

Der Wert der Anfangstemperatur T_A, die durch den Schnittpunkt aus der von der Anfangsmasse ausgehenden Extrapolationsgeraden und der Tangente an den Steilabfall der TG-Kurve bestimmt wird, hängt von der Neigung dieser Tangenten ab.

Bereits geringe Veränderungen in der Tangentensteigung, die z.B. durch Anlegen dieser Tangente an unterschiedliche Punkte im Steilabfall zustandekommen, bewirken vergleichsweise große Abweichungen von mehreren °C in der Anfangstemperatur. Die Tangentenlage sollte daher bei Vergleichsmessungen möglichst übereinstimmend sein.

Die Neigung der Extrapolationstangenten beeinflusst die Auswertung.

Die Peaktemperatur T_p des differentiellen TG-Signals kann demgegenüber unproblematisch auf 1 °C ausgewertet werden. Der Massenverlust kann bei einer einstufigen Zersetzung zuverlässig auf +/- 0,1 % angegeben werden.

Was die Reproduzierbarkeit anbetrifft, so konnten bei 5 aufeinanderfolgenden Messungen an PBT-Granulat bei gleichbleibender Auswertemethode und Messbedingungen Anfangstemperaturen im Streubereich +/- 3 °C und Peaktemperaturen des DTG-Signals im Bereich +/- 2 °C gefunden werden.

Um kleinste Änderungen erkennen zu können, ist es hilfreich, Kurven übereinanderzulagern oder tabellierte Messwerte zu vergleichen.

3.2.3 Beispiele aus der Praxis

3.2.3.1 Rußgehalt

In der Kunststofftechnik wird Ruß als Schwarzpigment, Schutz gegen UV-Strahlung, zur Verbesserung der Wärmeformbeständigkeit sowie zur Erzielung elektrischer Leitfähigkeit eingesetzt. Ruß ist des weiteren ein häufig verwendeter Füllstoff im Elastomerbereich. Um die Zersetzung von Ruß und Kunststoff zu trennen, bedient man sich verschiedener Spülgase während einer Messung. Fast alle Kunststoffe pyrolysieren unter inerter Atmosphäre zwischen 400 °C und 600 °C, Ruß ist jedoch unter Inertgas bei diesen Temperaturen beständig. Er kann anschließend unter Sauerstoffatmosphäre oxidierend zersetzt werden.

Bestimmung des Rußgehalts durch Variation der Spülgasatmosphäre.

Bild 3.17 zeigt die TG-Kurve eines rußhaltigen PP, das unter Stickstoff mit einer Heizrate von 10 °C/min aufgeheizt wurde. Der Kunststoff pyrolysiert ab ca. 420 °C (T_A). Bei 600 °C wird die Aufheizphase unterbrochen; es schließt sich eine Haltephase an, wobei die Pyrolyse isotherm bis zum Ende verläuft. Nach 10 min wird von Stickstoff- auf Sauerstoffatmosphäre umgeschaltet und kontinuierlich mit 10 °C/min weiter aufgeheizt.

Die folgende zweite Stufe in der Kurve kennzeichnet die Verbrennung des Rußes (M_{L2} = 32 %). In der Temperaturkurve ist unmittelbar nach dem Gaswechsel durch die Verbrennung des Rußes eine kurzzeitige Erhöhung der Temperatur zu erkennen. Am Ende der Messung bei einer Endtemperatur von 750 °C bleibt ein anorganischer Rückstand übrig (m_f = 28 %); hierbei handelt es sich um Glasfasern.

Anmerkung: *Bei der quantitativen Bestimmung ist zu beachten, dass bei der Pyrolyse des Kunststoffes entstandener Pyrolyseruß ebenfalls oxidiert.*

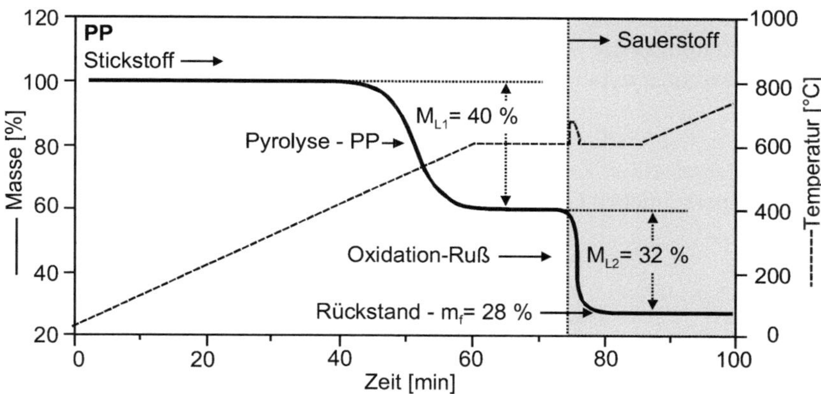

Bild 3.17 Bestimmung des Rußgehalts in einem PP-Formteil

M_{L1} = Massenverlust bei der Pyrolyse (Polymeranteil), M_{L2} = Massenverlust bei der Oxidation (Rußanteil), m_f = Masse bei der Endtemperatur, Heizrate 10 °C/min, Einwaage ca. 12 mg, Gaswechsel ab 600 °C

Bild 3.18 zeigt die Oxidation des bei der Pyrolyse entstanden Russes. Es handelt sich hierbei z.B. um ein duchsichtiges Polycarbonat-Granulat, dass keine Zusatzstoffe enthält.

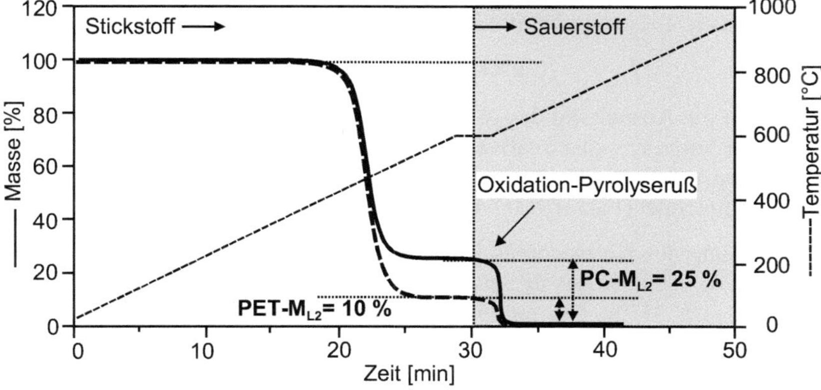

Bild 3.18 Pyrolyseruß verschiedener ungefüllter Kunststoffe

Heizrate 20 °C/min, Einwaage ca. 10 mg, Spülgas Stickstoff, ab 600 °C Sauerstoff

Unter Stickstoffatmosphäre zersetzt sich zunächst das Polymere, nach Umschalten auf Sauerstoffatmosphäre oxidiert der Pyrolyseruss, der bei der Zersetzung entstanden ist. Polycarbonat entwickelt mit ca. 25 % einen besonders hohen Anteil an Pyrolyseruß.

Neben den dargestellten Kunststoffen PC und PET weisen auch folgende Polymere einen nicht unerheblichen Gehalt an Pyrolyseruß auf:

PVC: 16,5 %;	PC: 10 20 %;	PA66: ≤ 1,5 %
PET: 9 15 %;	PTFE: > 50 %;	PEI: ca. 55 %
PSU: ca. 45 %	PEEK: ca. 54 %	

Vor allem bei der Bestimmung von Füllstoffgehalten muss der Anteil des Pyrolyserußes berücksichtigt werden, um falsche Interpretationen zu vermeiden.

Berücksichtigung von Pyrolyseruß bei der Füllstoffgehaltsbestimmung.

3.2.3.2 Füllstoff Kreide/Talkum

Mit Hilfe der TG kann eine Unterscheidung zwischen den häufig eingesetzten anorganischen Füllstoffen Kreide und Talkum getroffen werden. Unter Stickstoffatmosphäre zersetzt sich Kreide im Gegensatz zu Talkum, das keinen Massenverlust zeigt, Bild 3.19.

Reine Kreide zerfällt in Kohlendioxid und Calciumoxid:

$$CaCO_3 \Leftrightarrow CO_2 \uparrow + CaO$$

Es tritt durch die Abspaltung des gasförmigen CO_2 ein Massenverlust von $M_L = 44$ % auf. Dies kann zur quantitativen Kreidebestimmung in gefüllten Kunststoffen dienen, indem man auf CO_2-Abspaltung zurückzuführende TG-Massenverluste entsprechend umrechnet (Faktor 100/44, d.h. 2,27).

Die Berechnung des Kreideanteils ist in Bild 3.20 an einem entsprechend gefüllten PP gezeigt. Die Pyrolyse des PP setzt bei einer Anfangstemperatur $T_A = 417$ °C ein; es zersetzen sich 71 %. Der sich anschließende Massenverlust rührt vom entweichenden CO_2 her.

Durch Multiplikation mit dem Faktor 2,27 kann aus dem Massenverlust von 12,6 % ein anfänglicher Kreideanteil von 29 % ermittelt werden. Der verbleibende Rückstand von 16,4 % besteht aus Calciumoxid [6].

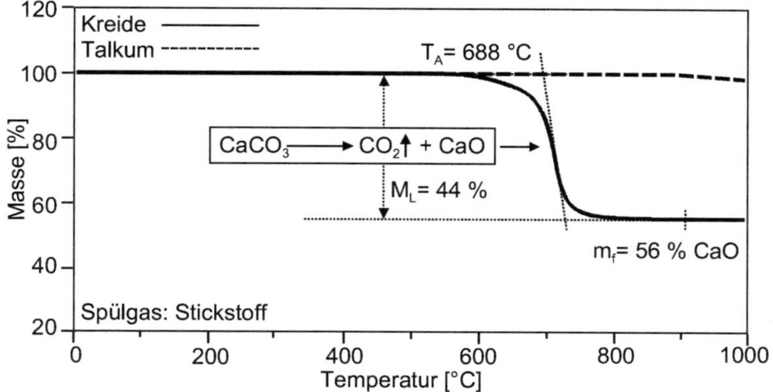

Bild 3.19 TG-Messungen von reiner Kreide und reinem Talkum

T_A = Anfangstemp., M_L = Massenverlust, m_f = Masse bei Endtemperatur, Heizrate 10 °C/min, Einwaage ca. 10 mg, Spülgas Stickstoff

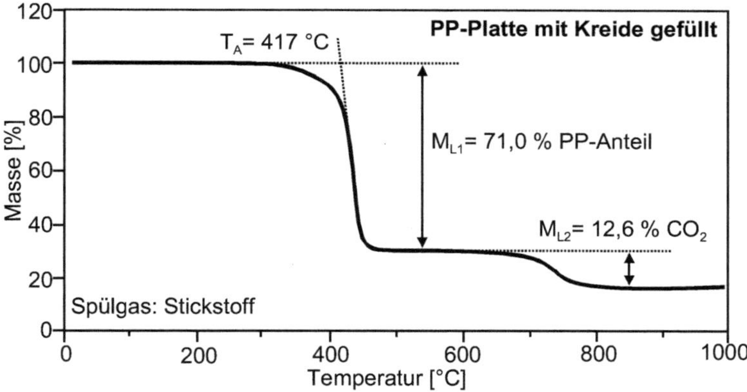

Bild 3.20 Bestimmung des Kreideanteils in PP [6]

T_A = Anfangstemperatur, M_{L1}, M_{L2} = Massenverlust, Heizrate 10 °C/min, Einwaage 17,7 mg, Spülgas Stickstoff

3.2.3.3 Stabilisatorabbau

Die Thermogravimetrie ermöglicht Aussagen über den Stabilisierungszustand bzw. das Stadium der Alterung eines Kunststoffes, wobei Vergleiche nur innerhalb eines

Stabilisatorsystems zulässig sind. Im Unterschied zur OIT (s. Kap. 2.2), bei der die mit der Oxidation verbundene exotherme Oxidationsreaktion gemessen wird, ermittelt die TG den Zersetzungsbeginn anhand des Massenverlusts.

Bild 3.21 veranschaulicht das Zersetzungsverhalten von Proben aus einem neuen und einem gealterten PP-Rohr anhand der TG- und der DTG-Kurven. Die Anfangstemperatur T_A der gealterten Probe ist gegenüber der Neuware um 11 °C zu niedrigeren Temperaturen verschoben, die Peaktemperatur T_P liegt 3 °C tiefer. Die Peaks der DTG-Kurve unterscheiden sich deutlich in ihrer Gestalt.

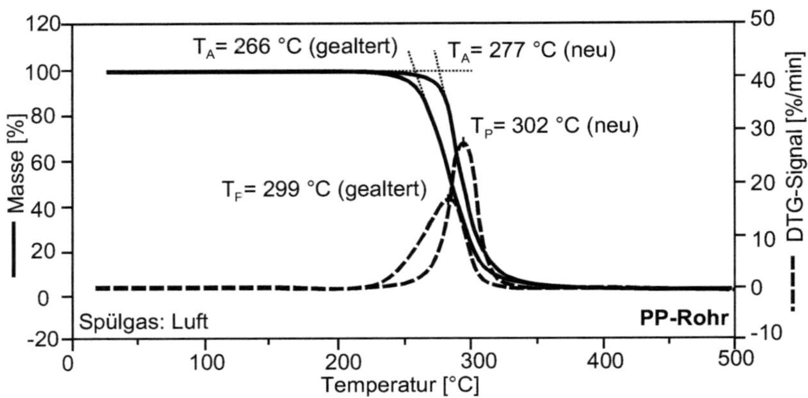

Bild 3.21 Unterscheidung eines neuen und gealterten PP-Rohres

T_A = Anfangstemperatur, T_P = Peaktemperatur des DTG-Signals, Heizrate 10 °C/min, Einwaage ca. 10 mg, Spülgas Luft

3.2.3.4 Mehrfachverarbeitung

Wie bereits anhand von DSC- und OIT-Messungen gezeigt, führt die Mehrfachverarbeitung von Kunststoffen zum Verbrauch des Stabilisators bzw. zum Molekülkettenabbau. Bild 3.22 zeigt die Pyrolyse von PP, das nach ein- und dreimaliger Verarbeitung untersucht wurde. Man beachte, dass die Temperaturskala lediglich von 300 bis 450 °C reicht, d.h. die Unterschiede im Zersetzungsverhalten sehr gering sind. Für die Auswertung empfiehlt es sich daher, die Zersetzung mit Hilfe eines definierten Massenverlustes (z.B. 1, 5 oder 10 %) zu charakterisieren.

Im vorliegenden Beispiel wurde ein Wert von 10 % gewählt, woraus sich ein Unterschied von 10 °C im Beginn des thermischen Abbaus ergibt. Grundsätzlich empfiehlt sich dieses Vorgehen, wenn ein Anlegen von Tangenten an die Kurve erschwert ist, z.B. bei überlagerten Zersetzungsreaktionen.

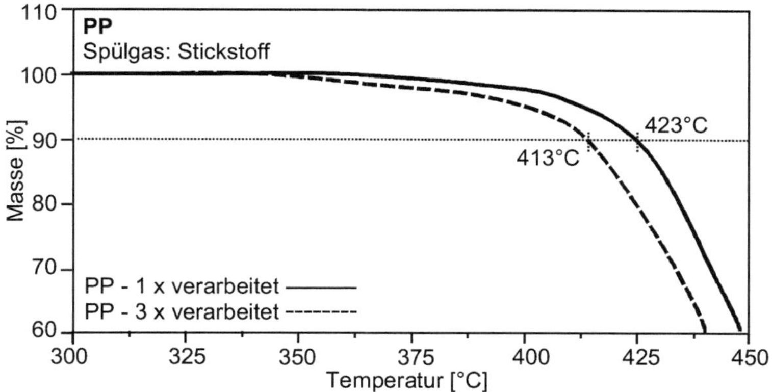

Bild 3.22 Einfluss der Mehrfachverarbeitung auf das Zersetzungsverhalten von PP, Temperatur bei 10 % Massenverlust

Heizrate 10 °C/min, Einwaage ca. 10 mg, Spülgas Stickstoff

3.2.3.5 Mehrstufige Zersetzung

Die Pyrolyse von Kunststoffblends oder Copolymeren kann auch in mehreren Zersetzungsstufen ablaufen. Bild 3.23 zeigt dies am Beispiel eines SEBS.

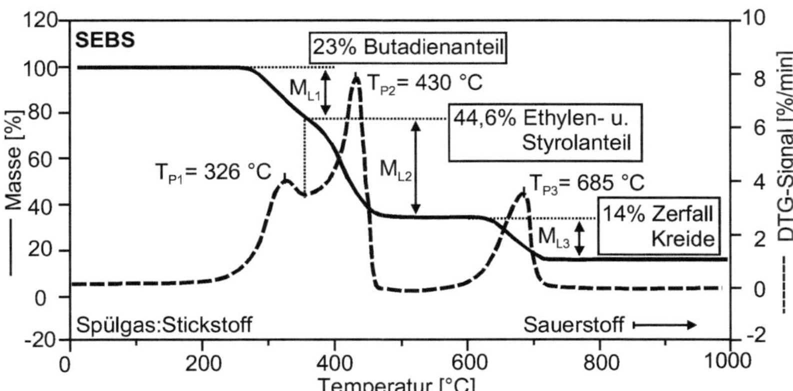

Bild 3.23 Dreistufiger Massenverlust von SEBS

T_P = Peaktemperatur der DTG-Kurve, M_L = Massenverlust, Heizrate 10 °C/min, Einwaage 11 mg, Spülgas Stickstoff, ab 850 °C Sauerstoff

In der ersten Stufe zersetzt sich Butadien, was zu einem Massenverlust M_{L1} von 23 % führt. Anschließend erfolgt der Abbau der Ethylen- und Styrolanteile mit einem gesamten Massenverlust von M_{L2} = 44,6 %. Knapp unter 700 °C zerfällt der enthaltene Kreidefüllstoff in Calciumoxid und Kohlendioxid (s. Kap. 3.2.3.2.).

Der Kreidegehalt errechnet sich durch Multiplikation des Kohlendioxidanteils von 14 % mit dem Faktor 2,27 zu 31,8 %. Nach dem Spülgaswechsel von Stickstoff auf Sauerstoff bei 850 °C ist kein weiterer Gewichtsverlust erkennbar, was darauf hinweist, dass kein Ruß im Material vorlag.

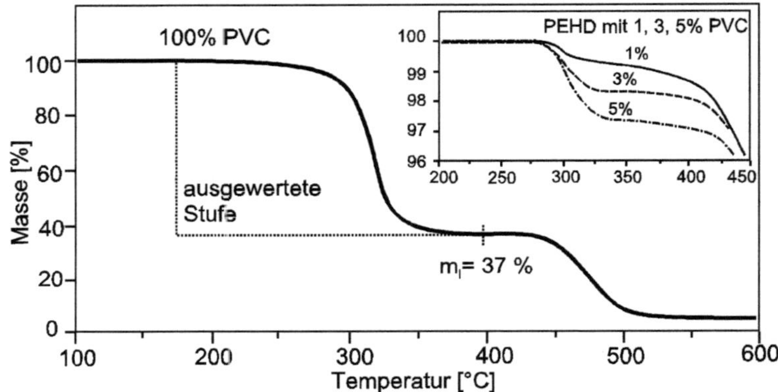

Bild 3.24 PVC und PEHD/PVC-Mischungen (rechts oben), ausgewertet wurde der Massenverlust der ersten Zersetzungsstufe, m_i = Masse zwischen zwei Zersetzungsstufen

Heizrate 10 °C/ min, Einwaage ca. 8 mg, Spülgas Stickstoff

Auch reines PVC zeigt eine mehrstufige Zersetzung. Ab 250 °C spaltet PVC unter Stickstoff Salzsäure (HCl) ab, deren Abdampfen sich in einem Massenverlust von ca. 63 % bemerkbar macht. Im Anschluß daran zersetzt sich das Kohlenwasserstoffgerüst oberhalb von 400 °C, Bild 3.24.

Anhand der Stufenhöhe der HCl-Abspaltung kann der PVC-Anteil in PVC-haltigen Kunststoffmischungen ermittelt werden, wie Bild 3.24 rechts oben für PEHD-PVC-Blends zeigt. Dabei entspricht ein Mischungsanteil von 1 % einem Massenverlust von 0,63 %, wie bereits aus der Kurve des reinen PVC ermittelt. Bei PVC-Anteilen unter 1 % kann dies nicht mehr reproduzierbar gemessen werden.

In der Praxis wird die HCl-Abspaltung häufig durch andere Effekte überdeckt, die das Ergebnis verfälschen können, z.B. Zersetzung niedermolekularer Zusatzstoffe oder alterungsbedingter Abbau. Sinnvoll sind daher nur Vergleiche, bei denen Mischungen und Reinsubstanz aus dem gleichen PVC-Typ bestehen und darüberhinaus eine vergleichbare Vorgeschichte zugrundegelegt werden kann, was selten tatsächlich der Fall ist.

3.2.3.6 Medieneinfluss

Medien, mit denen ein Kunststoff in Kontakt steht, können einerseits zu einer Extraktion von Stabilisatoren führen und damit einen vorzeitigen Kettenabbau auslösen, andererseits auch gelöst im Kunststoff verbleiben.

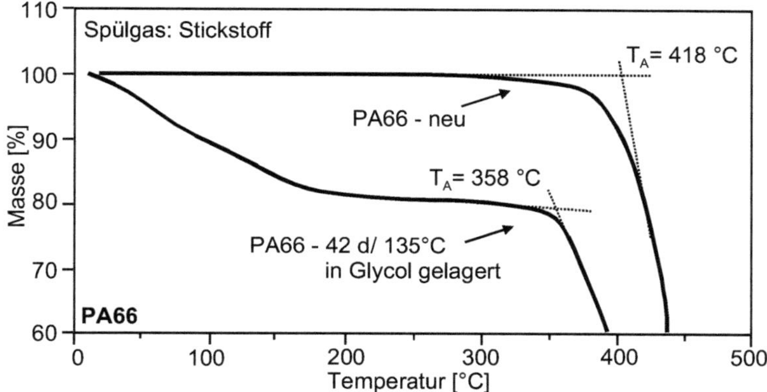

Bild 3.25 TG-Messung von PA66, neu und 42 d/135 °C in Glycol gelagert

T_A = Anfangstemperatur, Heizrate 10 °C/min, Einwaage ca. 12 mg, Spülgas Stickstoff

Ein Spritzgießteil aus PA66 wurde bei 135 °C 42 Tage lang in reinem Glycol gelagert und mit einem Spritzgiessteil im Ausgangszustand verglichen; es ergeben sich deutliche Unterschiede im Zersetzungsverhalten, Bild 3.25.

Bereits von Messbeginn an verliert das gelagerte Material beim Aufheizen Masse, da das eindiffundierte Glycol, ca. 20 %, abdampft. Nach Überschreiten der Siedetemperatur des Glycols (180 °C) ist dieser Vorgang beendet. Die Kurve unterscheidet sich im weiteren Verlauf von der des nicht gelagerten Teils durch die niedrigere Anfangstemperatur der Zersetzung, was auf einen Abbau des PA66 bzw. seiner Stabilisatoren durch das Glycol hinweist.Den Einfluss von Maschinenöl auf das Zersetzungsverhalten einer mPE-Probe (metallocenpolymerisiertes Polyethylen) zeigt Bild 3.26.

Anmerkung: *Die Probe muss vor Messbeginn gründlich gereinigt werden (mit Baumwolltuch oder Zellstoff - keinesfalls mit Lösemittel), um evtl. anhaftendes Lagermedium zu entfernen.*

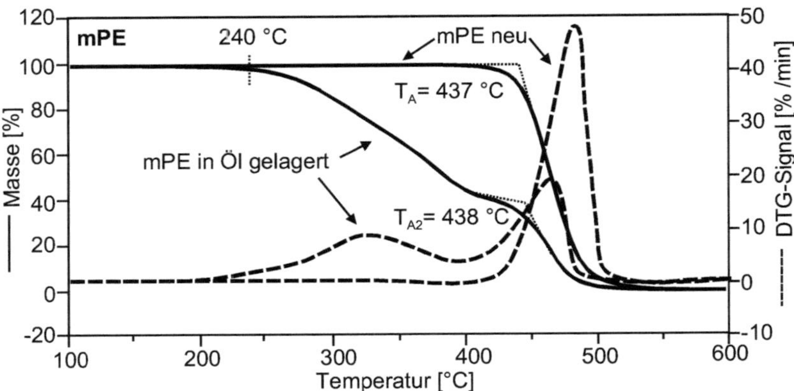

Bild 3.26 TG-Analyse von mPE, neu und 10 d in Öl gelagert

T_A = Anfangstemperatur, Heizrate 20 °C/min, Einwaage ca. 10 mg, Spülgas Stickstoff

Das nach der Lagerung in der Probe befindliche Öl dampft ab ca. 240 °C aus dem Werkstoff heraus; die dadurch verursachte Massenabnahme beträgt 40 %. Oberhalb von 400 °C zersetzt sich der Kunststoff selbst, wobei kein Unterschied in den Anfangstemperaturen T_A von neuem und gelagerten Material zu erkennen ist. Daraus kann geschlossen werden, dass der Kunststoff durch das Maschinenöl nicht geschädigt wurde.

Umgebungsmedien können in Kunststoffe eindiffundieren und diese schädigen.

Wie bei anderen Verfahren der Thermischen Analyse auch, lassen TG-Messungen allein, oft keine umfassende Aussage über die qualitative und quantitative Zusammensetzung von Kunststoffen zu. Bei der Überlagerung von Zersetzungsprozessen ist selbst die Erstellung von Kalibrierkurven wenig hilfreich. Als Unterstützung kann die Kombination der TG mit anderen Analysemethoden wie Infrarot- und Massenspektroskopie, Flüssig- oder Gaschromatographie, sein.

3.2.3.7 Abbau von POM

Zur Charakterisierung des Abbauverhaltens von POM werden TG-Messungen unter inerter Stickstoffatmosphäre herangezogen. Die sog. „initial decomposition temperature“ (IDT) wird als die Temperatur definiert, bei der ein Gewichtsverlust von 1 % auftritt. Diese Temperatur repräsentiert den Beginn des thermischen Abbaus und geht nach [12] einher mit dem Molekulargewicht. Bild 3.27 zeigt die TG-Kurven eines geschädigten und ungeschädigten POM-H.

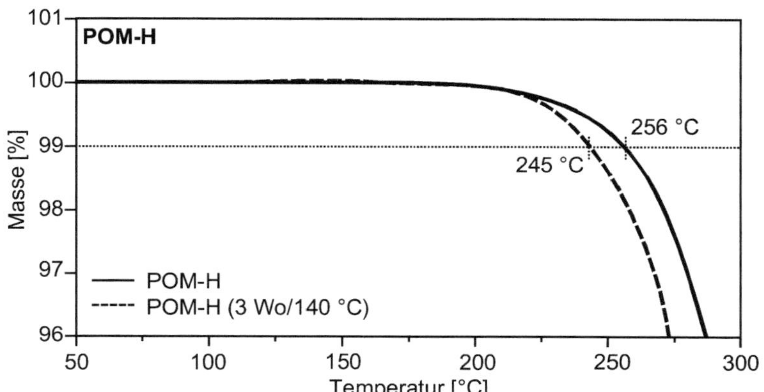

Bild 3.27 Einfluss des Materialabbaus auf den Verlauf der TG-Kurve von POM-H

Heizrate 10 °C/min, Einwaage 10 mg, Spülgas Stickstoff

Die IDT unterscheidet sich um 14 °C, was auf einen Abbau des Materials schliessen lässt. Da Messungen des Molekulargewichtes oder der Lösungsviskosität beim POM sehr aufwendig sind, werden TG-Messungen zur Charakterisierung des Abbauverhaltens bevorzugt herangezogen.

3.2.3.8 Ergebnisse von Rundversuchen

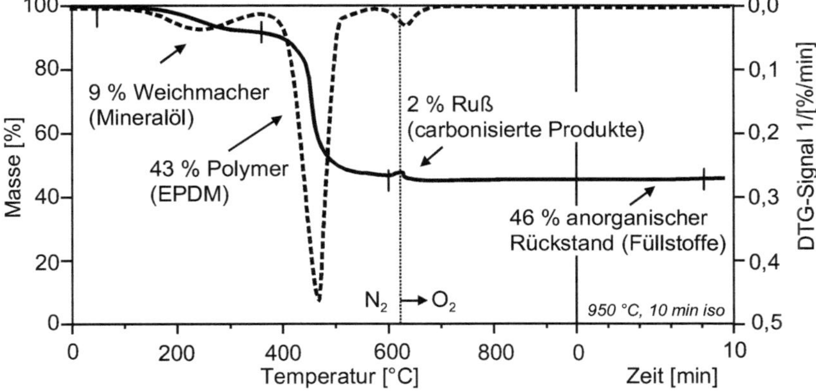

Bild 3.28 TG- und DTG-Kurve eines Polymercompounds [13]

Als Materialien wurden Polyolefin-Granulate mit 2 - 3 % Ruß (kommerziell erhältliche Muster sowie Material, welches durch Extrusion homogenisiert wurde) und vulkanisierte Elastomere mit Rußgehalten über 30 % verwendet. Bild 3.28 zeigt eine typische Messkurve.

Die Ergebnisse des Rundversuchs, der Russgehalt, die Wiederhol- und Vergleichsgrenze sind in folgender Tabelle auch hinsichtlich des Probenzustandes zusammengefasst.

Probe	**Zustand**	**Rußgehalt y [%]**	**Wiederholgr. r [%]**	**Vergleichsgr. R [%]**
PELD 1	Granulat	2,35	0,60	0,69
PELD 1	regranuliert	2,34	0,10	0,30
PELD 2	Granulat	2,33	0,27	0,72
PELD 2	regranuliert	2,29	0,07	0,32
TPE	Granulat	2,84	0,18	0,81
TPE	regranuliert	2,86	0,15	0,66
IIR vulkanisiert		41,78	0,40	2,15
SBR/BR/NR-Blend vulkanisiert		33,84	0,48	1,50

Tabelle 3. 4 Bestimmung des Russgehaltes Y, der Wiederholgrenze r (gleiches Labor) und der Vergleichsgrenze R (fremdes Labor) für verschiedene Polymercompounds in Ringversuchen

Folgende Erkenntnisse konnten aus diesen Versuchen gewonnen werden.

Durch die Homogenisierung der PELD-Proben wurden die Wiederholgrenzen r und Vergleichsgrenzen R deutlich reduziert. Bei der Bestimmung von Rußgehalten in Rohmaterialien zur Qualitätskontrolle ist also Vorsicht geboten.

Bei hohen Rußgehalten kann mit einer relativen Wiederholgrenze um 2 %, bei niedrigem Rußanteil um 5 % gerechnet werden.

Ein Einfluss durch das verwendete Gerät bzw. durch die Korrektur der Messkurve mit einer Blindkurve ist bei der TGA nicht ersichtlich [13].

3.3 Literatur

[1]	DIN EN ISO 11358	Thermogravimetrie (TG) von Polymeren November 1997
[2]	DIN 51 006	Thermische Analyse (TA), Thermogravimetrie (TG) Oktober 1990
[3]	Hemminger, W.F., Cammenga, H.K.	Methoden der Thermischen Analyse Springer-Verlag, Berlin, Heidelberg 1989
[4]	ASTM E 914-83	Standard Practice for Evaluation Temperature Scale for Thermogravimetry
[5]	TA Instruments GmbH	Bedienerhandbuch für TGA 2950 (1997)
[6]	Kaisersberger, E., Knappe, S., Möhler, H., Rahner, S.	TA für die Polymertechnik Netzsch-Jahrbuch für Wissenschaft und Praxis, Nr.3 Selb, Würzburg 1994, S. 36
[7]	Kopsch, H.	Vergleichende Untersuchungen an Polymeren mit thermoanalytischen Methoden Plaste und Kautschuk 41 (1994) 4, S. 172-180
[8]	Wunderlich, B.	Thermal Analysis Academic Press, Inc., San Diego, 1990
[9]	Pearce, E.M.	Thermal Analysis and Polymer Flammability in Thermal Analysis in Polymer Research and Production, Seminarband, Polytechnik University Brooklyn, New York, 1997
[10]	Widmann, G., Riesen, R.	Thermoanalyse Hüthig Buch Verlag GmbH, Heidelberg 1990

[11] Utschik, H., Schultze, D., Böhme, K. Methoden der Thermischen Analyse (2): Erfassung des Masseaustausches
CLB Chemie in Labor und Biotechnik, 45, 1994

[12] Scheirs, J. Compositional and Failure Analysis of Polymers
John Wiley & Sons, Chichester England 2000

[13] Affolter, S., Schmid, M., Wampfler, B. Ringversuche an polymeren Werkstoffen: Thermoanalytische Verfahren
Kautschuk Gummi Kunststoffe 52 (1999) Nr. 7-8, S. 519

4 Thermomechanische Analyse - TMA

4.1 Grundlagen der Thermomechanischen Analyse

4.1.1 Einleitung

Mit Hilfe eines Dilatometers wird die lineare thermische Ausdehnung eines Festkörpers in Abhängigkeit von der Temperatur gemessen. Im Gegensatz zum klassischen Verfahren, bei dem der Messaufbau möglichst kraftfrei gehalten wird, wirkt bei der Thermomechanischen Analyse eine konstante, meist geringe Auflast auf den Probekörper [1]. Aus der gemessenen Ausdehnung der Probe kann der thermische Längenausdehnungskoeffizient α berechnet werden.

Das 1. Aufheizen liefert Informationen über den Ist-Zustand der Probe, einschließlich der thermischen und mechanischen Vorgeschichte. Bei Erweichung der Thermoplaste, besonders oberhalb des Glasübergangs, können sich einerseits Orientierungen und Spannungen lösen, somit Nach- und Umkristallisationsprozesse erfolgen. Andererseits kann sich die Probe unter dem Einfluss der Prüflast aber auch verformen. Die Bestimmung des Ausdehnungskoeffizienten als Materialkennwert ist nur ohne Auftreten irreversibler Werkstoffänderungen, wie Nachkristallisation, Nachpolymerisation, Abbau von Orientierungen und Eigenspannungen usw. in einem 2. Aufheizen nach vorheriger kontrollierter Abkühlung möglich. Ferner muss die Anisotropie des Formteils berücksichtigt werden; Messungen in x-, y- und z-Richtung sind empfehlenswert. Das Verhalten der Kunststoffe unter Wärmeeinwirkung ist ausführlich in Kap. 1.1.4 beschrieben.

Thermischer Längenausdehnungskoeffizient als Materialkennwert nur bei reversiblem Materialverhalten.

Der thermische Längenausdehnungskoeffizient kann als mittlerer $\overline{\alpha}$ (ΔT) oder differentieller α(T) Wert angegeben werden, und wird nach DIN 53 752 [2] berechnet. Der **mittlere thermische Längenausdehnungskoeffizient $\overline{\alpha}$ (ΔT)** folgt aus:

$$\overline{\alpha}(\Delta T) = \frac{1}{l_0} \cdot \frac{l_2 - l_1}{T_2 - T_1} = \frac{1}{l_0} \cdot \frac{\Delta l_{th}}{\Delta T} \qquad \left[\frac{\mu m}{m\ °C}\right]$$

$\overline{\alpha}$ (ΔT) ist als Messwert jeweils von dem individuellen Temperaturmessbereich abhängig und daher als allgemeiner Kennwert oder Berechnungswert nicht geeignet, sondern jeweils für einen bestimmten Anwendungsfall vorgesehen.

Die temperaturabhängige Längenänderung ist die fortlaufende Änderung der Länge bezogen auf die Ausgangslänge/Bezugslänge l_0. Sie stellt ein relatives Maß für die Längenausdehnung dar, das bei Versuchsbeginn bei der Bezugstemperatur T_0 immer den Wert 0 aufweist. Der **differentielle (oder lokale) thermische Längenausdehnungskoeffizient α(T)** folgt aus:

$$\alpha(T) = \frac{1}{l_0} \cdot \frac{dl_{th}}{dT} \quad \left[\frac{\mu m}{m\,°C}\right]$$

Die Werte können auch mit der Dimension [10^{-6} °C^{-1}] bzw. [K^{-1}] angegeben werden, DIN 53 752 [2] empfiehlt die Angabe von [10^{-4} °C^{-1}] bzw. [K^{-1}]; im weiteren wird jedoch die Einheit [μm/m°C] verwendet, da diese erfahrungsgemäß eine gute Vorstellung der Größen vermittelt.

Längenausdehnungskoeffizienten werden in Abhängigkeit von der Temperatur in Bild 4.1 für teilkristalline Thermoplaste, in Bild 4.2 für amorphe Thermoplaste dargestellt.

Der Anstieg des Längenausdehnungskoeffizienten im Glasübergangsbereich macht deutlich, dass die Werte keineswegs konstant sind. Zur Beurteilung des Ausdehnungsverhaltens über einen großen Temperaturbereich ist es daher ratsam, die gesamte Kurve zu betrachten.

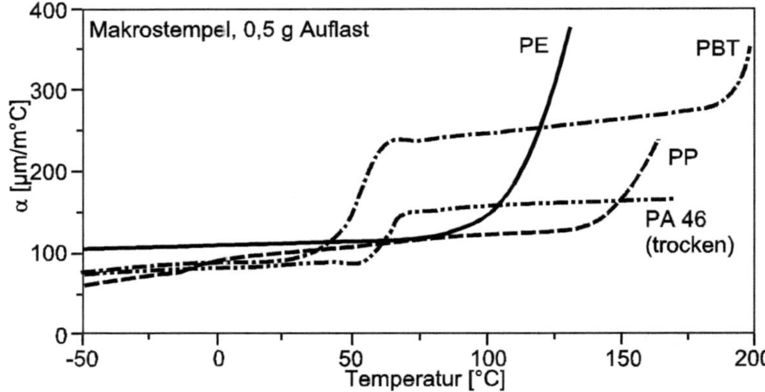

Bild 4.1 Thermischer Längenausdehnungskoeffizient von PE, PP, PBT und PA46

Makrostempel, Probenquerschnitt ca. 6 x 6 mm, Auflast 0,5 g, Heizrate 3 °C/min

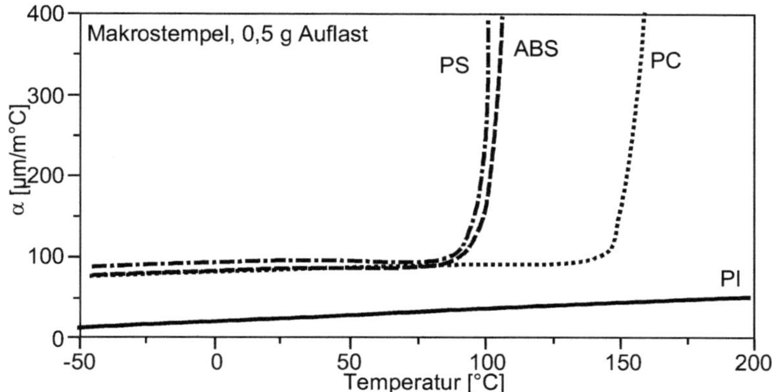

Bild 4.2 Thermischer Längenausdehnungskoeffizient von PS, ABS, PC und PI

Makrostempel, Probenquerschnitt ca. 6 x 6 mm, Auflast 0,5 g, Heizrate 3 °C/min

Kennwerte sind abhängig vom Temperaturbereich

Der Verlauf einer 1. Aufheizkurve wird durch die Messrichtung (s. Kap. 4.2.2.1), die Verarbeitungsbedingungen sowie der thermischen und mechanischen Vorgeschichte (s. Kap. 4.2.3.1) geprägt. Neben den Messparametern (s. Kap. 4.2.2.4) beeinträchtigen auch Zusatzstoffe den Längenausdehnungskoeffizienten.

Bei reversiblem Materialverhalten entspricht die lineare Ausdehnung etwa einem Drittel der Volumenausdehnung.

lineare Ausdehnung = 1/3 x Volumenausdehnung

4.1.2 Messprinzip

Eine zylindrische oder quaderförmige Probe mit einem Durchmesser oder einer Kantenlänge von ca. 2 bis 6 mm und einer Höhe von meist 2 bis 10 mm wird über einen vertikal beweglichen Quarzglasstempel mit einer geringen Auflast (ca. 0,1 bis 5 g) belastet. Der Quarzglasstempel ist in einen induktiven Wegaufnehmer integriert. Das System wird mit geringer Heizrate aufgeheizt. Dehnt sich die Probe aus oder zieht sie sich zusammen, verschiebt sie damit den Quarzglasstempel. Mit Hilfe eines in unmittelbarer Nähe der Probe angebrachten Thermoelementes wird die Temperatur gemessen.

Bild 4.3 zeigt schematisch den Aufbau verschiedener TMA-Apparaturen. Im linken Bild befindet sich das Längenmesssystem und der Ofen oberhalb der Probe. Im rechten Bild liegt das Messsystem unterhalb des Probekörpers, zum Heizen wird der Ofen von oben auf den Messaufbau aufgesetzt.

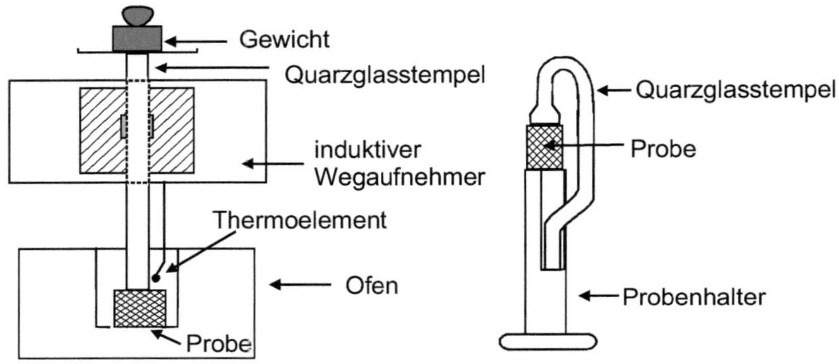

Bild 4.3 Schematische Darstellung von TMA-Apparaturen

links: Messaufbau befindet sich über der Probe,
rechts: Messaufbau befindet sich unterhalb der Probe

Bei der TMA unter Last stellt die gemessene Ausdehnungskurve immer eine Summe der unterschiedlichen Verformungsanteile dar, wie thermische Längenausdehnung und die belastungsabhängige Verformung (Kraft, Stempelgeometrie, temperaturabhängiger Modul).

Längenausdehnungsverlauf resultiert aus thermischer Längenausdehnung und belastungsabhängiger Stauchung

Mit Hilfe unterschiedlicher Stempelformen kann eine spezielle Anpassung an Probengeometrien (Folien, Fasern, unterschiedliche Querschnitte) und bestimmte Fragestellungen (Ausdehnungsverhalten oder Messung der Glasübergangstemperatur) erfolgen.

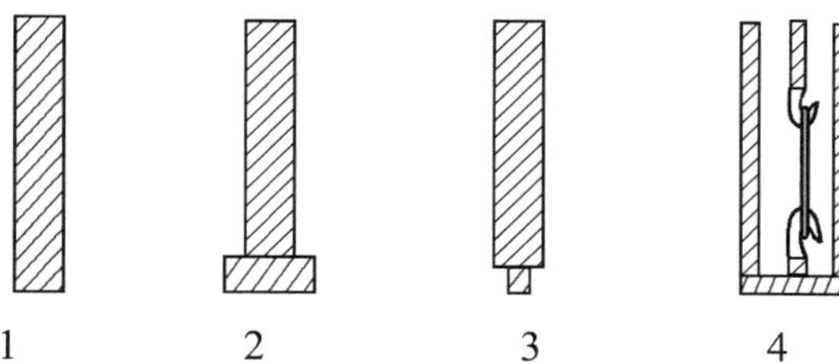

1. Normalstempel
2. Makrostempel
3. Penetrationsstempel
4. Messaufbau für Folien oder Fasern im Zugmodus

Bild 4.4 Unterschiedliche Stempelformen der TMA

Die Wahl des Stempels ist abhängig von der Probengeometrie. Zur möglichst exakten Bestimmung des thermischen Längenausdehnungskoeffizienten werden bevorzugt Stempel mit relativ großer Auflagefläche herangezogen. Sofern es die Größe der Probe zuläßt, wird ein **Makrostempel** mit einer Auflagefläche von ca. 28 mm^2 eingesetzt, handelt es sich um kleinere Proben, z.B. Kantenlänge < 6 mm, ein **Normalstempel** mit einer Auflagefläche von ca. 5 mm^2.

genauer Längenausdehnungskoeffizient

große Stempelfläche geringe Auflast

Penetrationsstempel mit einer geringen Auflagefläche von nur ca. 0,8 mm^2 eignen sich zur Bestimmung der Glasübergangstemperatur. Vor allem bei amorphen Kunststoffen erhält man durch das Eindringen des Stempels beim Erweichen der Probe ein gut auswertbares Signal. Aufgrund der kleinen Auflagefläche ergibt sich selbst bei geringer Auflast eine ungleichmäßige, hohe Druckspannung, die keine korrekte Erfassung und Auswertung des Ausdehnungsverhaltens und damit keine genaue Bestimmung des Längenausdehnungskoeffizienten zulässt.

Bestimmung des Glasübergangs

Längenausdehnung große Stempelfläche geringe Belastung
Penetration kleine Stempelfläche hohe Belastung

Spezielle Halterungen erlauben die Messung von dünnen **Folien oder Fasern**. Dabei wird die Probe zunächst zwischen zwei Klemmen fixiert und in die Messvorrichtung eingehängt. Um ein Verdrehen oder Einrollen der dünnen Probe zu verhindern wird mit einer geringer Zugkraft belastet.

4.1.3 Messablauf und Einflussfaktoren

Die Vorgehensweise bei der TMA-Messung ist:

Vorbereitung planparalleler Proben

Messung der Ausgangslänge l_0

Positionieren der Probe im Gerät

Wahl der Auflast

Wahl geeigneter Messparameter

Die geräte- und probenspezifischen Einflussgrößen sind:

Die Einflussfaktoren und Fehlermöglichkeiten der Versuchsdurchführung werden anhand von Messkurven praktischer Beispiele in Kap. 4.2.2 ausführlich erläutert.

4.1.4 Auswertung

4.1.4.1 Längenausdehnungskoeffizient

Aus der Längenänderung der Probe kann der mittlere thermische Längenausdehnungskoeffizient $\overline{\alpha}$ (ΔT) für einen bestimmten Temperaturbereich oder der differentielle thermische Längenausdehnungskoeffizient α(T) bei einer bestimmten Temperatur berechnet werden (s. Kap 4.1.1). Bild 4.5 verdeutlicht den Unterschied beider Kennwerte. Während α(T) die jeweilige Tangentensteigung bei einer bestimmten Temperatur darstellt, ist $\overline{\alpha}$ (ΔT) die Steigung einer Sekante in einem Temperaturbereich. Daher kann α(T) sinnvoll in Abhängigkeit von der Temperatur dargestellt werden.

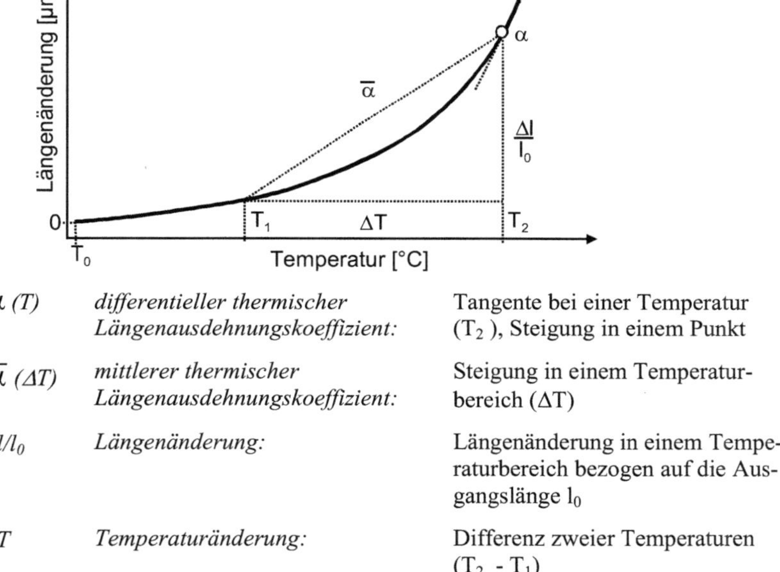

α (T)	*differentieller thermischer Längenausdehnungskoeffizient:*	Tangente bei einer Temperatur (T_2), Steigung in einem Punkt
$\overline{\alpha}$ (ΔT)	*mittlerer thermischer Längenausdehnungskoeffizient:*	Steigung in einem Temperaturbereich (ΔT)
$\Delta l/l_0$	*Längenänderung:*	Längenänderung in einem Temperaturbereich bezogen auf die Ausgangslänge l_0
ΔT	*Temperaturänderung:*	Differenz zweier Temperaturen (T_2 - T_1)

Bild 4.5 Auswertung des mittleren $\overline{\alpha}$ (ΔT) und differentiellen α(T) thermischen Längenausdehnungskoeffizienten

mittlerer thermischer Längenausdehnungskoeffizient α (ΔT)
differentieller thermischer Längenausdehnungskoeffizient α (T)

4.1.4.2 Glasübergangstemperatur

Im Glasübergangsbereich ändert sich in amorphen Kunststoffen oder in den amorphen Bereichen bei teilkristallinen Thermoplasten eine Vielzahl physikalischer Eigenschaften stufenförmig um Größenordnungen, so auch der thermische Längenausdehnungskoeffizient.

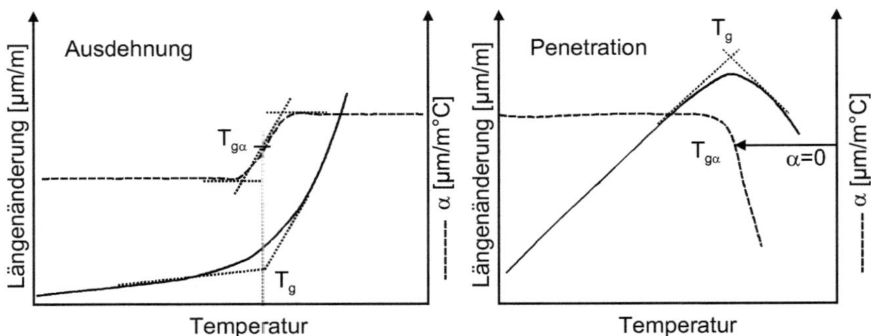

T_g	*Glasübergangs temperatur aus Längenausdehnung:*	*Ausdehnung:* Die Temperatur des Schnittpunktes der extrapolierten Tangenten vor und nach dem Glasübergang (Ausdehnungskurve)
		Penetration: Die Temperatur des Schnittpunkts der extrapolierten Tangenten; Kurvenmaximum der Ausdehnungskurve
$T_{g\alpha}$	*Glasübegangs-temperatur aus α:*	*Ausdehnung:* Wendepunkt der Stufe (α-Kurve)
		Penetration: Das Maximum der Ausdehnungskurve kann auch durch die Temperatur gekennzeichnet werden, bei der α den Wert 0 annimmt.

Bild 4.6 Ausdehnungsverhalten im Bereich des Glasübergangs

links: Ausdehnung,
rechts: Penetration

Bild 4.6 zeigt den belastungsabhängigen Verlauf der Längenausdehnung und des differentiellen Längenausdehnungskoeffizienten von Kunststoffen im Glasübergangsbereich. Je nach Ausdehnung, Stempelfläche, Auflast und temperaturabhängigem E-Modul überwiegt oberhalb des Glasübergangs Ausdehnung (Kurvenanstieg) oder Penetration (Kurvenabfall). Grundsätzlich ist der thermische Längenausdehnungskoeffizient von unverstärkten Kunststoffen aufgrund der größeren Segmentbeweglichkeit der amorphen Bereiche über T_g in der Regel höher als unterhalb.

α(T) ist bei unverstärkten Kunststoffen oberhalb von T_g größer als unterhalb

Bild 4.6 links zeigt für den Fall einer geringen Belastung und eines noch relativ hohen E-Moduls auch oberhalb von T_g, z.B. bei teilkristallinen Thermoplasten oder Duroplasten, dass die Ausdehnungskurve über T_g eine höhere Steigung und gleichzeitig eine Stufe im α-Verlauf aufweist.

Ändert sich der E-Modul oberhalb von T_g stark, z.B. bei amorphen Thermoplasten oder bei Elastomeren, so kann der Messstempel bereits bei einer geringen Belastung in die Probe eindringen oder die Ausdehnung zumindest überlagern, Bild 4.6 rechts. Das reale Ausdehnungsverhalten kann dann nicht mehr eindeutig gemessen werden.

T_g-Auswertung anhand der Ausdehnungskurve

In der Literatur [4, 5] erfolgt die T_g-Auswertung anhand der Ausdehnungskurve durch die Ermittlung des Schnittpunktes der extrapolierten Linien vor und nach dem Glasübergang. In [6] wird der Schnittpunkt der extrapolierten Linien bei Penetration als T_S „softening temperature" bezeichnet.

T_g-Auswertung anhand der α-Kurve

$T_{g\alpha}$ ergibt sich aus dem Verlauf des differentiellen Längenausdehnungskoeffizienten bei Ausdehnung durch den Wendepunkt der Stufe. Bei Penetration kann die Temperatur, bei der $\alpha = 0$ µm/m°C ist, herangezogen werden, da dadurch das Maximum der Ausdehnungskurve gekennzeichnet ist.

4.1.4.3 Prüfbericht

DIN 53 752 liefert wertvolle Hinweise zur Erstellung eines vollständigen Prüfberichts, der alle Messparameter und Probeninformationen beschreibt.

Der Prüfbericht soll, soweit zutreffend, folgende Angaben enthalten [2]:

Hinweis auf verwendete Norm;

alle notwendigen Angaben für die vollständige Kennzeichnung des untersuchten Materials;

Form und Maße der Probekörper, bei Probekörpern aus Halb- und Fertigungserzeugnissen auch die Lage der Probekörper im Erzeugnis und die Richtung der Prüfung;

Vorbehandlung der Probekörper, mit Angabe der dabei aufgetretenen irreversiblen Längenänderungen;

Anzahl der geprüften Probekörper;

Angabe der Messbedingungen;

Angabe der Bezugstemperatur und der zugehörigen Länge des Probekörpers;

Angabe des erfaßten Temperaturbereichs;

Längenausdehnungskoeffizient $\alpha(T)$ in $[10^{-4}\ °C^{-1}]$ auf zwei wertanzeigende Ziffern als Funktion der Temperatur in einem Diagramm;

mittlerer thermischer Längenausdehnungskoeffizient $\overline{\alpha}\ (\Delta T)$ in $[10^{-4}\ °C^{-1}]$ auf zwei wertanzeigende Ziffern, falls nur in einem Temperaturintervall gemessen wurde;

Diagramm der relativen thermischen Längenausdehnung in Abhängigkeit von der Temperatur;

Angabe, ob bei der Durchführung der Messungen irreversible Längenänderungen aufgetreten sind und wieviele Wiederholungen des Messprogrammes bis zum Eintreten von linearen reversiblen Längenänderungen der Probe durchgeführt worden sind;

Datum der Prüfung;

Messkurve.

4.1.5 Kalibrierung

Es ist eine Längen- und Temperaturkalibrierung des TMA-Messgerätes erforderlich. Wird die Auflagekraft elektromagnetisch aufgebracht, kann diese mit Hilfe bekannter Gewichte kalibriert werden. Bei ständigem Gebrauch ist eine monatliche Kalibrierung zu empfehlen. Da die Stempel unterschiedliche Massen aufweisen, ist nach jedem Umbau des Messstempels erneut zu kalibrieren. Die Kalibriermessung und die spätere Probenmessung müssen in bezug auf Stempelgeometrie, Auflast, Heizrate und Temperaturbereich (Starttemperatur) übereinstimmen. Die Probenabmessungen sollten der Größe des Kalibrierkörpers entsprechen.

Kalibrierparameter = Messparameter

4.1.5.1 Längenkalibrierung

Für die Kalibrierung der Länge bedient man sich meist metallischer Proben, die einen bekannten, reversiblen thermischen Längenausdehnungskoeffizienten besitzen. Häufig werden Aluminiumprobekörper herangezogen. Deren gemessener Ausdehnungskoeffizient wird im gewünschten Temperaturbereich mit dem bekannten Literaturwert verglichen. Der Kalibrierfaktor F wird berechnet aus:

$$F = \frac{\alpha_{\text{Literatur}}}{\alpha_{\text{Experiment}}}$$

4.1.5.2 Temperaturkalibrierung

Zur Temperaturkalibrierung werden reine Metalle (Indium, Zink) mit bekannten, reproduzierbaren Schmelztemperaturen eingesetzt (s. Tab. 1.5), wobei die Schmelztemperaturen der eingesetzten Metalle im gewünschten Messbereich liegen sollten.

Das Metall wird zwischen zwei Scheiben (z.B. Quarzglas oder Aluminium) in das Messgerät eingebracht und mit den gewünschten Messparametern aufgeheizt. Bei Erreichen der Schmelztemperatur des Kalibriermetalls drückt der Messstempel die Scheiben zusammen, die Kurve zeigt einen deutlichen Knick. Die Schmelztemperatur wird als Schnittpunkt der Tangenten an die resultierenden Kurvenbereiche ausgewertet. Es können auch mehrere Metalle gleichzeitig in einem Sandwichaufbau gemessen werden. Die Temperaturkalibrierung wird mit zwei Metallen unter Verwendung eines Penetrationsstempels mit einem Auflagegewicht von 5 g durchgeführt. Die Temperatur wird auf +/- 1 °C angegeben [7].

Um die Temperatur möglichst nah an der Probe zu erfassen, verfügen die meisten Geräte über ein flexibles Thermoelement. Dabei ist darauf zu achten, dass die Ausdehnung der Probe nicht behindert. Nach der Kalibrierung darf die Position des Thermoelements nicht mehr verändert werden.

4.1.6 Übersicht praktischer Anwendungen

Tabelle 4.1 verdeutlicht beispielhaft, welche Kennwerte der TMA-Messungen zur Beurteilung von Qualitätsmängeln, Verarbeitungsfehlern oder Materialcharakterisierung herangezogen werden können. In Kap. 4.2.3 werden anhand von Beispielen aus der Praxis und den zugehörigen Kennwertverläufen die Möglichkeiten der TMA näher erläutert.

Anwendung	*Kennwert*	*Beispiel*
Temperaturverlauf für Bauteilauslegung	α, β	Maßhaltigkeit (konstanter Ausdehnungskoeffizient)
Ausdehnungsverhalten in verschiedenen Richtungen	α	Anisotropie; längs und quer zur Verarbeitungsrichtung
Orientierungen	α	Schwindung bei Entorientierung > T_g
Einfluss von Verstärkungsstoffen	α, β	veränderte Ausdehnung
Bestimmung von Glasübergangstemperaturen	T_g	Änderung des Ausdehnungsverlaufs
Werkstoffverbund	$\alpha_1 \neq \alpha_2$	Klebefolie auf Trägerwerkstoff, Mehrkomponentenspritzguß, Kunststoff-Metall-Hybride
Aushärtegrad bei Duroplasten	T_g	Bestimmung der Glasübergangstemperatur; Überlagerung von Schwindung (durch Nachhärtung) und Ausdehnung
Physikalische Alterung	T_g	Verschieben von T_g zu höheren Temperaturen aufgrund verringertem Leerstellenvolumens in amorphen Bereichen

Tabelle 4.1 Beispiele für praktische Anwendungen von TMA-Messungen bei Kunststoffen.

4.2 Praktische Vorgehensweise

4.2.1 Das Wichtigste in Kürze

Probenvorbereitung Die Probe muss senkrecht zur Messrichtung planparallele Auflageflächen besitzen. Bei der Probenpräparation darf keine Materialbeeinflussung erfolgen.

Probe mit planparallelen Auflageflächen

Probengeometrie Im Normalfall handelt es sich meist um zylindrische oder quaderförmige Proben mit einem Durchmesser bzw. einer Kantenlänge von ca. 2 bis 6 mm und einer Höhe von ca. 2 bis 10 mm. Spezielle Vorrichtungen erlauben die Messung von Folien und Fasern.

Messstempel Bei der Bestimmung des Längenausdehnungskoeffizienten werden Normal- bzw. Makrostempel mit einem Durchmesser von 2 bis 6 mm eingesetzt. Zur Messung von Glasübergangstemperaturen kommen besonders bei amorphen Thermoplasten Penetrationsstempel zum Einsatz. Messstempel und Probenhaltevorrichtungen sind üblicherweise aus Quarzglas.

Auflast Die Auflast wird entweder durch ein geringes Gewicht (0,1 bis 5 g) oder elektromechanisch aufgebracht. Die Auflast dient zur sicheren Auflage des Stempels oder zur gezielten Belastung der Probe; sie beeinflusst das Messergebnis.

Messstempel und Auflast dem Messproblem und der Probengeometrie anpassen

Messprogramm Das Messprogramm beinhaltet Starttemperatur, Heizrate und Endtemperatur. Die Heizrate beträgt 1 bis max. 5 °C/min. Die Starttemperatur liegt mind. 30 °C unter dem interessierenden Temperaturbereich. Die Endtemperatur darf nicht zu hoch liegen, um eine Deformation der Probe zu vermeiden.

Auswertung Gemessen wird die Längenänderung der Probe, berechnet der mittlere oder differentielle Längenausdehnungskoeffizient. Erkennbar sind Umwandlungen (Glasübergang, Kristallisation, Nachhärtung etc.).

Interpretation Die 1. Aufheizkurve liefert Informationen über die thermische und mechanische Vorgeschichte des Materials, die 2. Aufheizkurve, nach geregelter Abkühlung, materialbezogene Kennwerte.

4.2.2 Einflussfaktoren und Fehler bei der Messung

4.2.2.1 Probenvorbereitung

Bei der **Probenpräparation** muss sorgfältig darauf geachtet werden, dass die zu untersuchende Probe planparallele Auflageflächen aufweist, um eine genaue Bestimmung der Ausgangslänge und exakte Auflage des Messstempels zu gewährleisten. Die gegenüberliegenden Seiten sollten mit einer Toleranz von mindestens +/- 25 µm parallel sein [7]. Die Ausgangslänge wird bei RT direkt im Messgerät oder vom Bediener mit einer Mikrometerschraube bestimmt. Beim Herstellen der Probe aus einem Formteil sind thermische und mechanische Einflüsse, beispielsweise durch Sägen ohne Kühlung oder Verformung durch Einspannen im Schraubstock, zu vermeiden. Empfehlenswert ist die Verwendung einer wassergekühlten Diamantsäge oder Fräse zur schonenden Probenentnahme. Evtl. auftretende Grate können mit dem Skalpell entfernt werden. Noch vor der Probenentnahme muss die gewünschte Messrichtung bekannt sein.

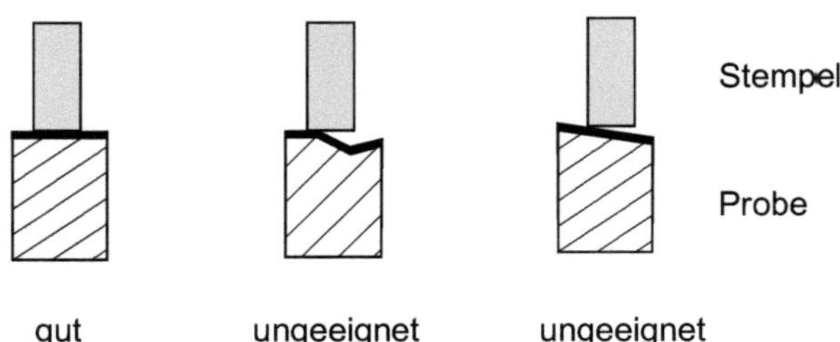

Bild 4.7 Probenoberflächen für die TMA-Messung

schonende Probenpräparation, planparallele Auflageflächen

Bild 4.8 zeigt den Einfluss der Messrichtung auf die resultierenden Ausdehnungskurven am Beispiel eines Zugstabs aus ABS. Es wurden planparallele Probekörper in x- y- und z-Richtung herausgearbeitet; die Spritzrichtung entspricht der x-Richtung. Je nach Messrichtung variieren die mittleren Längenausdehnungskoeffizienten im Temperaturbereich von 0 bis 100 °C zwischen 61 und 80 µm/m°C. Nach Überschreiten der Glasübergangstemperatur dehnen sich die Proben in y- und z-Richtung stark. Im Gegensatz dazu zeigt die Probe in x-Richtung eine Schwindung. Ursache dafür ist, dass in dieser Richtung die Moleküle bei der Verarbeitung stark orientiert worden sind und sich bei erhöhten Temperaturen entorientieren.

Die Bezugslänge (Ausgangslänge) l_0 der Probe wurde bei RT gemessen; hier beträgt die Längenänderung 0. Vor Messbeginn wurde die Probe auf eine Starttemperatur von -20 °C abgekühlt. Beim Abkühlen hat sich die Probe zusammengezogen, was in einer negativen Längenausdehnung bei der Starttemperatur resultiert.

Um einer Verwechslung von Schwindung und Penetration (Eindringen des Messstempels, s. Bild 4.6) vorzubeugen, sollte immer eine möglichst geringe Auflast gewählt werden (s. Kap. 4.2.2.4).

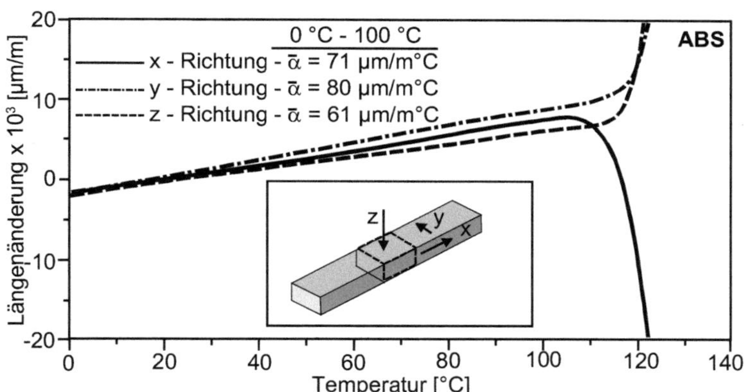

Bild 4.8 Anisotropes Ausdehnungsverhalten eines gespritzten ABS-Zugstabs

Abkühlen auf Starttemperatur, 1. Aufheizen, Normalstempel, l_0 = 4,02 bis 4,12 mm, Probenquerschnitt 4 x 4 mm, Auflast 2 g, Heizrate 3 °C/min

anisotrope Proben - Messung in mehreren Richtungen

Soll mit Hilfe von TMA-Untersuchungen eine Aussage über die Auswirkung von Relaxations- und Schrumpfvorgängen einer Probe gemacht werden, sind vor der Probenpräperation genaue Überlegungen über die Entnahmestelle der Probe anzustellen. Die meisten Formteile haben nicht nur in Abhängigkeit von der Verarbeitungsrichtung sondern auch vom Querschnitt ein unterschiedliches Ausdehnungsverhalten. Soll z.B. eine Aussage über vorangegangene Verarbeitung getroffen werden, kann es sinnvoll sein, das Ausdehnungsverhalten der Randzone im Vergleich zur Mitte eines Formteiles zu betrachten, Bild 4.9. Die schneller abgekühlte Randschicht schrumpft deutlich stärker als die Mittelschicht.

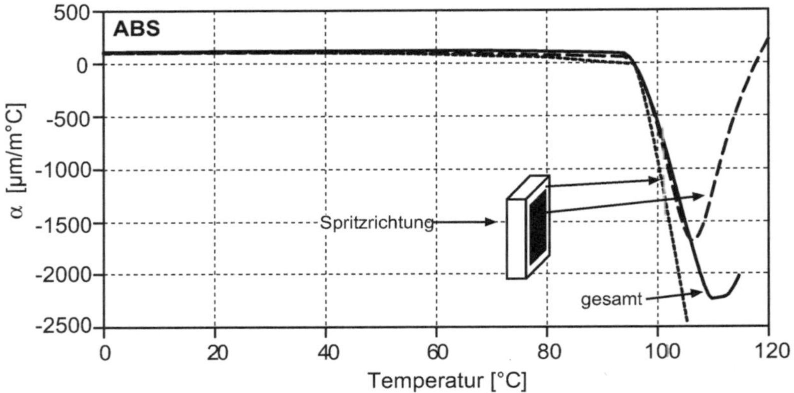

Bild 4.9 Unterschiedliches Ausdehnungsverhalten eines gespritzten ABS-Zugstabes in Rand- und Mittelzone

Abkühlen auf Starttemperatur, 1. Aufheizen, Normalstempel, Auflast 0,5 g, Heizrate 2 °C/min

Um dem Einfluss der Verarbeitungsrichtung zu entfliehen, werden häufig Messungen in Dickenrichtung (z-Richtung) angestrebt. Bild 4.9 zeigt, dass jedoch auch bei Messungen in Dickenrichtung darauf geachtet werden muss, auf welche Seite der Stempel auf die Probe gebracht wird. In einer Richtung wölbt sich die ursprünglich flache Probe stark auf, so dass es zu einem „Brückeneffekt" kommt. Die Probe stützt sich aussen ab und entfernt sich immer stärker vom Probenhalter. Somit wird eine Ausdehnung vorgetäuscht, die real nicht vorhanden ist.

Bei sehr dünnen und weichen Proben kann man sich evtl. mit einer höheren Auflast helfen, muss aber berücksichtigen, dass dadurch der Ausdehnungkoeffizient beeinflusst werden kann, Kap. 4.2.2.4.

4.2.2.2 Probengeometrie

Die Abmessungen einer TMA-Probe sind in erster Linie von der Geometrie des Formteils abhängig. Die Wahl eines geeigneten Messstempels kann erst nach Festlegung der möglichen Auflagefläche der Probe erfolgen.

Üblich sind zylindrische oder quaderförmige Proben (∅ bzw. Kantenlänge ca. 2 bis 6 mm) mit einer Höhe von ca. 2 bis 10 mm. Die Probenhöhe sollte groß genug sein, um eine gute Auflösung zu ermöglichen; ein größerer Probendurchmesser stabilisiert die Probe mechanisch. Voluminöse Proben erhöhen jedoch den Temperaturgradienten in der Probe während des Aufheizens oder Abkühlens. Bei vergleichenden Messungen sollten die Probenabmessungen gleich sein.

In Bild 4.10 sind die Messungen zweier PC-Proben mit unterschiedlicher Probenhöhe aber sonst gleichen Versuchsbedingungen dargestellt. Das Ausdehnungsverhalten unterscheidet sich gravierend. Bereits ab ca. 40 °C können sich lösende Relaxationen einer sehr kleinen Probe detektiert werden. Dies führt zu einer Überlagerung von Ausdehnung und Relaxation, was in einem deutlich geringeren Ausdehnungskoeffizienten resultiert. Ein starker Relaxationseffekt kurz vor Erreichen der Glasübergangstemperatur wird in beiden Fällen registriert. Bei der dickeren Probe wird dieser Effekt, vermutlich aufgrund einer langsameren Durchwärmung der Probe, um etwa 10 °C zu höheren Temperaturen verschoben. Bei diesem Effekt handelt es sich nicht um ein Eindringen des Stempels in die Probe, was durch die Kontrolle der Probenoberfläche bestätigt wurde.

Die reinen materialbezogenen Ausdehnungskoeffizienten werden beim 2. Aufheizen nach definierter Abkühlung gemessen, Kap. 4.2.2.5.

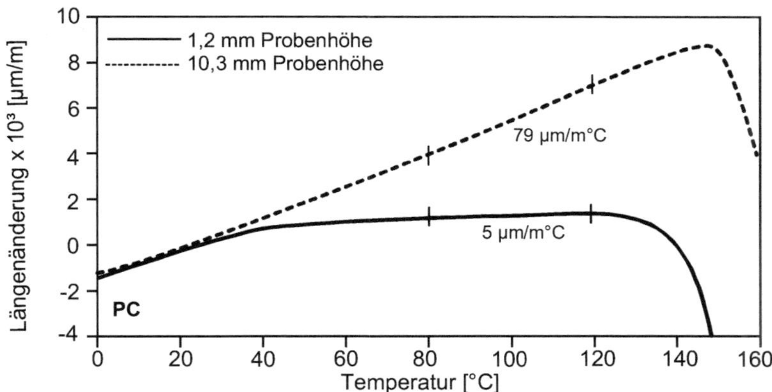

Bild 4.10 Einfluss der Probengeometrie auf den Verlauf der Längenänderung unterschiedlich hoher PC-Probekörper

Normalstempel, Probenquerschnitt 5 x 4 mm, Heizrate 3 °C/min, 1. Aufheizen

Für die Untersuchung von Folien und Fasern geben die dafür vorgesehenen Einspannvorrichtungen die notwendige Geometrie vor. Hierbei ist neben dem gleichmäßigen Anziehen der Spannbacken (Reihenfolge, Anzugsmoment) besonders auf eine saubere Probenentnahme zu achten, da verstreckte Fasern und Folien häufig ein sehr stark richtungsabhängiges Ausdehnungsverhalten zeigen, s.a. 4.2.3.6.

4.2.2.3 Messstempel

Je nach Probengeometrie und Problemstellung stehen bei der TMA verschiedene Stempelformen zur Verfügung (s. Bild 4.4). Stempel mit relativ großer Auflagefläche (∅ ca. 2 bis 6 mm) dienen der Bestimmung eines möglichst exakten Längenausdehnungskoeffizienten. Penetrationsstempel mit kleiner Auflagefläche (∅ ca. 1 mm) werden für die Messung von Erweichungstemperaturen speziell bei amorphen Thermoplasten eingesetzt, da der Messstempel bei Erreichen der T_g in den Probekörper eindringen kann. Einige weitere Einspannvorrichtungen ermöglicht das Messen von Fasern und Folien. Hierbei schränkt das Befestigen der meist sehr kleinen Proben und dem damit verbundenen großen Einfluss von Einspanneffekten eine hohe Messgenauigkeit oftmals ein.

Messstempel nach Probengeometrie und Messproblem auswählen

4.2.2.4 Auflast

Auf den mittig auf der Probe aufliegenden Stempel, dessen Eigengewicht durch eine Feder ausgeglichen wird, wird ggf. eine für die jeweilige Anwendung geeignete Auflast aufgebracht. Dies erfolgt je nach Gerät durch manuelles Auflegen von Gewichten oder elektronische Kraftvorgabe.

Die Auflast dient dazu, sowohl bei Ausdehnung als auch bei Verkürzung (Zusammenziehen) der Probe einen direkten Kontakt zwischen Messstempel und Probe zu gewährleisten. Dies erfordert somit eine zumindest geringe Auflast, ASTM E 831-2000 [7] empfiehlt 1 bis 3 g. Sie wirkt einer positiven Ausdehnung des Probekörpers entgegen und verstärkt ein Zusammenziehen der Probe, besonders oberhalb des Glasübergangs bei starkem E-Modulabfall. Für eine exakte Bestimmung des Längenausdehnungskoeffizienten darf der Ausdehnung praktisch keine Last entgegenwirken.

Auflast - sichert den direkten Kontakt zwischen Messstempel und Probe

Bild 4.11 zeigt den Einfluss der Auflast auf die Längenänderung am Beispiel eines teilkristallinen Thermoplasten. Die Proben, deren Querschnittsfläche mit einer Kantenlänge von ca. 2 mm in etwa der Stempelfläche des Normalstempels entsprach, wurden mit unterschiedlichen Gewichten (0,5 g, 10 g, 50 g) belastet. Die eingezeichnete E-Modulkurve wurde mittels DMA gemessen und kennzeichnet die E-Moduländerung im T_g-Bereich.

Bei unterschiedlicher Belastung findet man unterhalb des Glasübergangs, d.h. bis ca. 40 °C, gleiche Kurvensteigungen und damit gleiche Ausdehnungskoeffizienten. Dies gilt ebenso für Temperaturen oberhalb von T_g bis ca. 150 °C. Obwohl die Proben von der Auflast entsprechend deren Höhe gestaucht werden, ergibt sich in allen drei Fällen ein nahezu gleicher Ausdehnungskoeffizient, da sich der E-Modul in diesem gummielastischen Temperatur- und Zustandsbereich nur geringfügig ändert, weil die Kristallite trotz des zunehmenden Erweichens der dazwischenliegenden amorphen Bereiche einen festen Verbund auf vergleichsweise hohem E-Modulniveau gewährleisten.

Auflast [g]	α (ΔT = -20 °C bis 30 °C) [μm/m°C]	α (ΔT = 90 °C bis 150 °C) [μm/m°C]
0,5	118	357
10	118	358
50	118	331

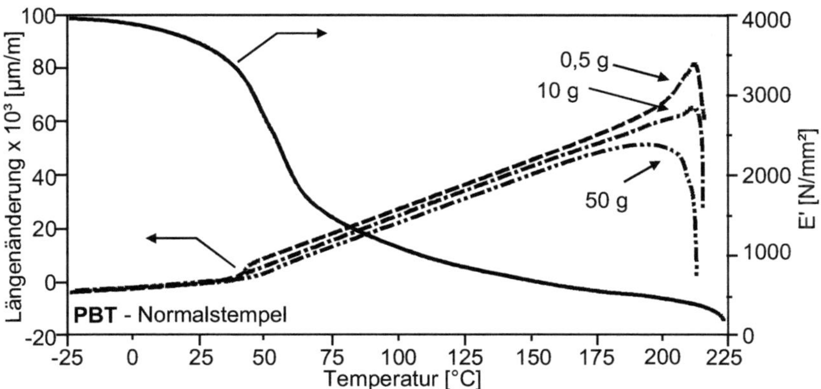

Bild 4.11 Einfluss der Auflast auf die temperaturabhängige Längenänderung von PBT unterhalb und oberhalb von T_g

Abkühlen auf Starttemperatur, 1. Aufheizen, Normalstempel, l_0 = 4,00 bis 4,18 mm, Probenquerschnitt ca. 2 x 2 mm, Heizrate 3 °C/min

teilkristalline Thermoplaste

unterhalb von T_g kaum Einfluss der Auflast

oberhalb von T_g zunächst geringer mit Beginn des Schmelzbereichs (T_{im}) zunehmender Einfluss der Auflast

Ähnliche Messungen wurden an amorphem ABS durchgeführt, Bild 4.12. Auch hier ist die Steigung der Längenänderungskurve bis zum Glasübergang bei allen Belastung vergleichbar.

Auflast [g]	α (ΔT = 0 °C bis 70 °C) [µm/m°C]	α (ΔT = 120 °C bis 130 °C) [µm/m°C]
0,5	102	1790
5	99	1548
10	100	1285

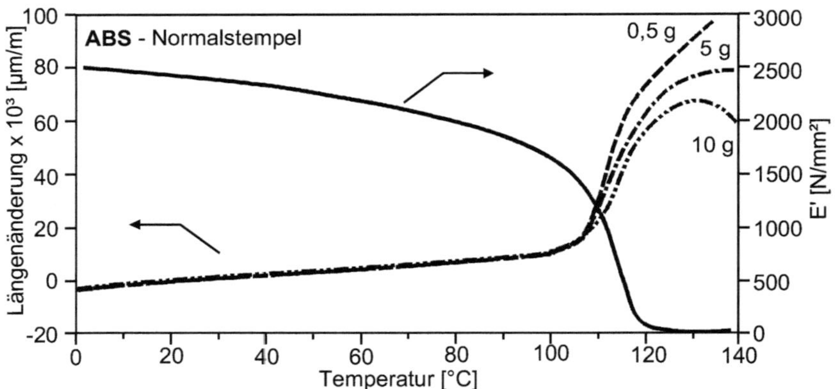

Bild 4.12 Einfluss der Auflast auf die temperaturabhängige Längenänderung von ABS unterhalb und oberhalb von T_g

Abkühlen auf Starttemperatur, 1. Aufheizen, Normalstempel, l_0 = 4,22 bis 4,26 mm, Probenquerschnitt ca. 2 x 2 mm, Heizrate 3 °C/min

Oberhalb von T_g führt die höhere Auflast (0,5, 5 und 10 g) zum Kurvenabfall, während sich die Probe bei niedriger Belastung noch weiter ausdehnen kann. Ursache hierfür ist das starke Erweichen im Glasübergangsbereich, das auch die DMA-Kurve zeigt; der E-Modul geht fast auf Null zurück.

Die Messungen zeigen, dass eine unverfälschte Aussage über den Längenausdehnungskoeffizienten bzw. das Ausdehnungsverhalten von Kunststoffen mit möglichst geringer Auflast erfolgen sollte.

amorphe Thermoplaste
unterhalb von T_g - geringer Einfluss der Auflast
oberhalb von T_g - hoher Einfluss der Auflast

Auch für die T_g-Bestimmung teilkristalliner Thermoplaste ist die Messung mit geringer Auflast günstiger, da die Änderung der Ausdehnung weniger behindert wird, wie Bild 4.13 für PBT zeigt. Dadurch wird der Sprung in der α-Kurve deutlicher.

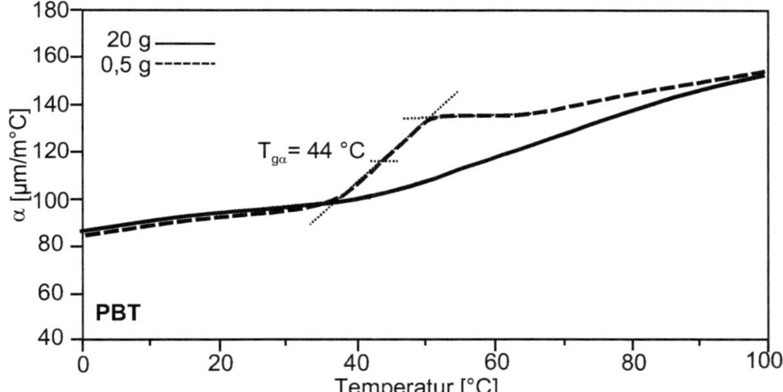

Bild 4.13 Einfluss einer Auflast auf den Verlauf des Längenausdehnungskoeffizienten α(T) im Glasübergangsbereich von PBT

Makrostempel, l_0 = 4,18 mm, Probenquerschnitt ca. 6 x 6 mm, Heizrate 3 °C/min

Ebenso lassen sich weitere Effekte, die der thermischen Vorgeschichte zuzuordnen sind, z.B. Nachkristallisation, Abbau von Eigenspannungen und Entorientierung, erfahrungsgemäß durch eine geringe Auflast deutlicher darstellen.

Duroplastische Werkstoffe ändern E-Modul und Kriechverhalten nach Überschreiten des Glasübergangs im Gegensatz zu den Thermoplasten weit weniger. Der Einfluss der Auflast ist somit geringer; jedoch sollte auch bei der Charakterisierung deren thermischer Vorgeschichte eine möglichst geringe Auflast gewählt werden.

Neben einer konstant vorgegebenen Last können auch Laststeigerungsversuche durchgeführt werden. Dies kann beispielsweise an Folien in Form eines kleinen Zugversuches geschehen, oder an Rechteckproben mittels Normal- oder Penetrationsstempel. Das folgende Bild zeigt den Verlauf der kraftabhängigen Dimensionsänderung von drei POE-Proben unterschiedlicher Shore-Härte. Die Versuche wurden isotherm bei 40 °C durchgeführt; die Last dabei um 0,02 N pro Minute gesteigert. Zum Einsatz kam ein Penetrationsstempel, der in die Probe einsinkt, sodass die Dimensionsänderung ein negatives Vorzeichen aufweist.

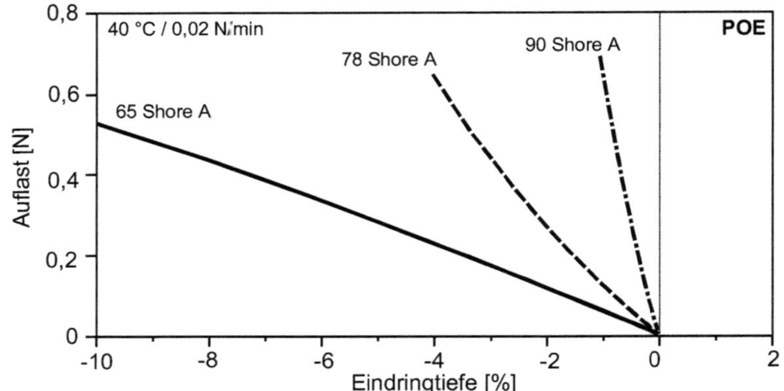

Bild 4.14 Kraftabhängige Dimensionsänderung bei Laststeigerungsversuchen an POE unterschiedlicher Shore-Härte

Penetrationsstempel, l_0 = 3,5 mm, Probenquerschnitt ca. 4 x 4 mm, Messtemperatur 40 °C, Laststeigerung 0,02 N/min

Manche TMA-Geräte verfügen über die Option einer dynamischen Laständerung. Die Modulation der Last ermöglicht Aussaugen über reversible und irreversible Effekte der Probe.

4.2.2.5 Temperaturprogramm

Die **Starttemperatur** einer TMA-Messung muss mindestens 30 °C unterhalb des interessierenden Messbereichs liegen. Die Starttemperatur wird solange konstant gehalten, bis keine Änderung der Probenausdehnung mehr gemessen werden kann; dazu sind je nach Temperatur 5 bis 20 min notwendig. Die **Heizrate** sollte wegen der relativ großen Probekörper 5 °C/min nicht überschreiten [7]. Sollte es notwendig sein, schneller aufzuheizen, muss der Probenquerschnitt kleiner sein.

Bei vergleichenden Messungen muss ein identisches Messprogramm durchlaufen werden, da die Messparameter das Ergebnis beeinflussen. Dieses zeigt Bild 4.15 anhand des Heizrateneinflusses am Beispiel von PMMA. Trotz einer zuvor für jede Heizrate durchgeführten Temperatur- und Längenkalibrierung wurden heizratenbedingte Unterschiede im mittleren thermischen Ausdehnungskoeffizienten gemessen.

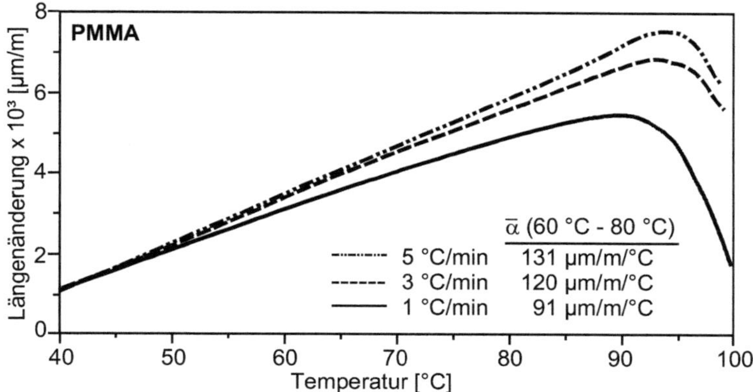

Bild 4.15 Längenänderung von PMMA in Abhängigkeit der Heizrate

Makrostempel, l_0 = 6,37 bis 6,80 mm, Probenquerschnitt ca. 6 x 6 mm, Auflast 2 g

Die **Endtemperatur** wird nur so hoch wie unbedingt nötig gewählt, da sonst die Probengeometrie durch Verformen beeinflusst und damit das Messergebnis verfälscht wird, oder das Material einem möglichen Kettenabbau unterliegt. Evtl. abdampfende Gase können das empfindliche Messgestänge der TMA verschmutzen (wenn sich die Messmimik über der Probe befindet).

Aussagen über die thermische und mechanische Vorgeschichte, Verarbeitungseinflüsse, Einsatzbedingungen usw. werden aus der 1. Aufheizfahrt getroffen. Nach kontrollierter Abkühlung mit konstanter Kühlrate können beim 2. Aufheizen materialspezifische Kennwerte ermittelt werden (zumindest bis zur Endtemperatur der 1. Aufheizphase). Aufgrund der thermischen Vorgeschichte oder durch eine hohe Endtemperatur kann sich die Probengeometrie nach dem 1. Aufheizen verändern; die Probe muss evtl. erneut präpariert werden.

1. Aufheizen	**thermische und mechanische Vorgeschichte**
2. Aufheizen	**materialspezifische Kennwerte (nach kontrollierter Abkühlung)**

Bei kritischen Proben und hohen Temperaturen ist die Messung unter Inertgas zu empfehlen, um einer Oxidation vorzubeugen. Ebenso kann bei tiefen Anfangstemperaturen Helium wegen seiner besseren Kühlwirkung als **Spülgas** eingesetzt werden.

4.2.2.6 Auswertung

In Kap. 4.1.4.1 wurde bereits die Auswertung des differentiellen und mittleren thermischen Längenausdehnungskoeffizienten nach [2] und [7] dargestellt.

Zur Bestimmung der Glasübergangstemperatur haben sich zwei Methoden bewährt (s. Kap. 4.1.4.2), die Auswertung der Längenänderung (TMA-Messkurve) oder des daraus abgeleiteten Längenausdehnungskoeffizienten $\alpha(T)$, die anhand von konkreten Beispielen an dieser Stelle nochmals dargestellt werden, Bild 4.16.

Die Längenänderungskurve wird bevorzugt zur Auswertung herangezogen, da es sich hierbei um das direkte Messsignal handelt. Als Tangentenschnittpunkt ergibt sich eine Glasübergangstemperatur von $T_g = 119$ °C, aus der α-Kurve $T_{g\alpha} = 120$ °C.

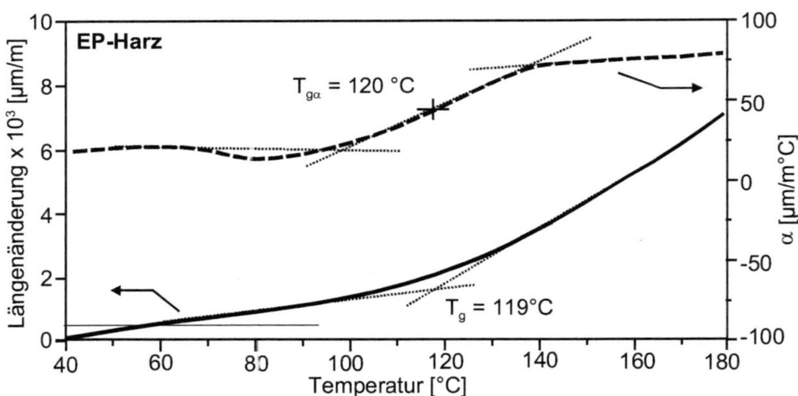

Bild 4.16 T_g - Bestimmung von EP-Harz anhand der Kurven der Längenänderung und des Längenausdehnungskoeffizienten $\alpha(T)$

Makrostempel, l_0 = 5,61 mm, Probenquerschnitt ca. 6 x 6 mm, Auflast 0,5 g, Heizrate 3 °C/min

Bild 4.17 zeigt die T_g-Bestimmung für PVC bei Penetration. Nach anfänglicher Ausdehnung dringt der Messstempel im Glasübergang in die Probe ein. Mit Hilfe einer Tangentenkonstruktion (Anlegen der Tangenten vor und nach dem Effekt) wird die Glasübergangstemperatur bestimmt.

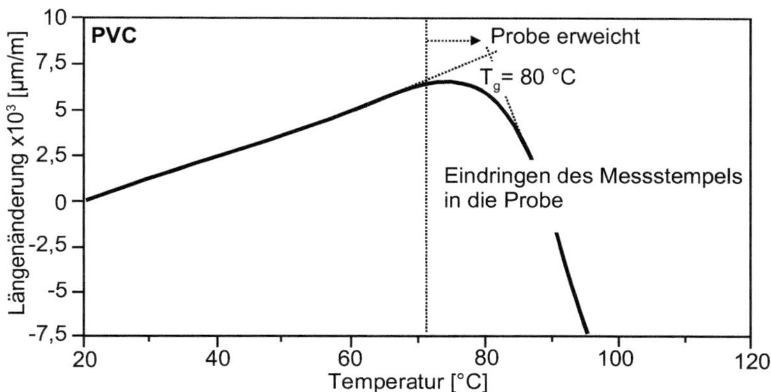

Bild 4.17 T_g-Bestimmung von PVC aus der Längenänderungskurve

Penetrationsstempel, l_0 = 4,12 mm, Probenquerschnitt ca. 4 x 4 mm, Auflast 5 g, Heizrate 5 °C/min

4.2.3 Beispiele aus der Praxis

4.2.3.1 Thermische und mechanische Vorgeschichte

Das 1. Aufheizen einer TMA-Messung läßt - wie bei der DSC - Rückschlüsse auf die thermische und mechanische Vorgeschichte zu. Ein 2. Aufheizen nach kontrollierter Abkühlung kennzeichnet das reine Materialverhalten, wie Bild 4.18 für PBT zeigt.

In der 1. Aufheizkurve ist der Verlauf des Längenausdehnungskoeffizienten im Glasübergangsbereich durch überlagerte Effekte, z.B. Entorientierung, Kaltkristallisation etc., beeinflusst.

Nach kontrollierter Abkühlung mit konstanter Kühlrate wird in der 2. Aufheizkurve das materialspezifische Verhalten mit einem ungestörten Glasübergang gemessen.

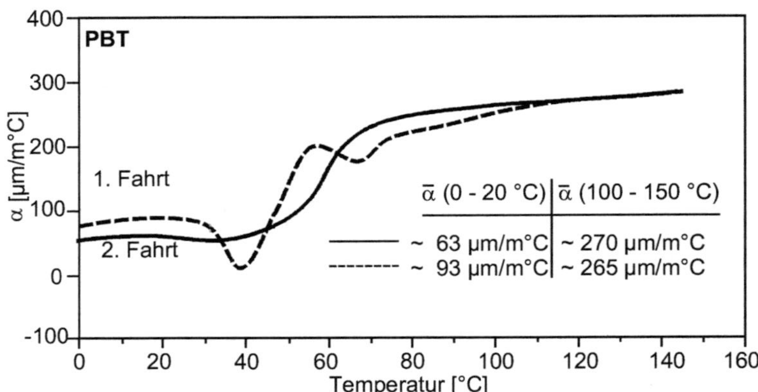

Bild 4.18 1. und 2. Aufheizen von PBT zur Darstellung der Vorgeschichte

Normalstempel, Probenquerschnitt ca. 4 x 4 mm, Auflast 0,1 g, Heizrate 3 °C/min

Bild 4.19 zeigt anhand einer PMMA-Probe ein weiteres Beispiel für den Einfluss der thermischen und mechanischen Vorgeschichte.

Beim 1. Aufheizen beginnt die Probe bei Erreichen des Glasübergangs, um 100 °C, zu schwinden; ab 120 °C setzt sich die Längenänderungskurve mit erhöhter Steigung fort. Dieser Effekt läßt sich beim Abkühlen und auch beim 2. Aufheizen nicht mehr finden; hier resultiert wie gewohnt eine Kurve mit leichtem Knick im Glasübergangsbereich.

Anmerkung: *Problematisch wird die Messung von Abkühlkurven, wenn sich die Probe aufgrund der Vorgeschichte und/oder erhöhter Temperatur bei der Endtemperatur des 1. Aufheizens deformiert, somit eine von der ursprünglichen Geometrie abweichende Form hat, die bei hohen Temperaturen nicht korrigiert werden kann. Viele Geräte können zwar mit konstanter Geschwindigkeit aufheizen, nicht aber abkühlen, obwohl dies ebenso wichtig ist.*

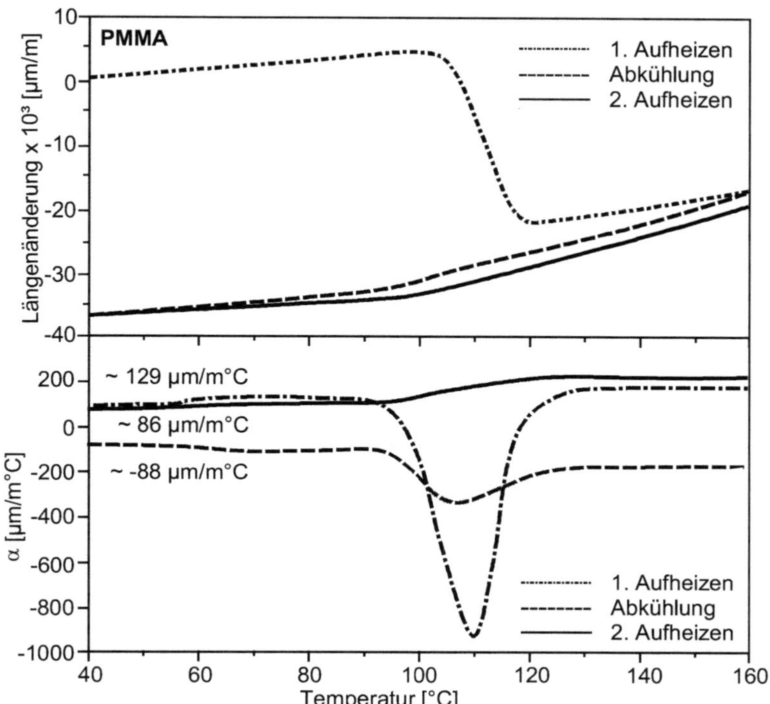

Bild 4.19 Verlauf der Längenänderung und des Längenausdehnungskoeffizienten einer PMMA-Probe beim definierten 1. und 2. Aufheizen und Abkühlen

Makrostempel, l_0 = 8,34 mm, Probenquerschnitt ca. 6 x 6 mm, Auflast 2 g, Heiz- bzw. Kühlrate 3 °C/min

In Bild 4.20 oben ist der Einfluss von während der TMA-Messung auftretenden Kristallisationsprozessen veranschaulicht. Eine schnell aus der Schmelze abgekühlte PPS-Probe (ungetempert) dehnt sich beim Aufheizen anfänglich aus, zeigt aber bei Überschreiten von T_g, um 70 °C, eine deutliche Schwindung, was auf die bei dieser Temperatur stattfindende Nachkristallisation und damit Dichteerhöhung zurückzuführen ist. Nach Beendigung der Kristallisation dehnt sich die Probe weiter aus, der Längenausdehnungskoeffizient steigt.

Bild 4.20 unten zeigt die TMA-Messkurve für getempertes PPS. Dabei wurde die Kristallisation durch einen separaten Tempervorgang im Ofen ausgelöst und in der nachfolgenden TMA-Messung (getemperte Probe) die Glasübergangstemperatur und das Ausdehnungsverhalten bestimmt. Es treten keine Überlagerungen durch Nachkristallisationsprozesse auf. Allerdings schmelzen die während des Tempervorgangs bei 200 °C erzeugten kristallinen Bereiche knapp oberhalb dieser Temperatur, bei 210 bis 215 °C, wieder auf (s. a. Kap. 1.2.3.3), erkennbar an einem kurzzeitigen, durch die Volumenzunahme bedingten Anstieg des Längenausdehnungskoeffizienten.

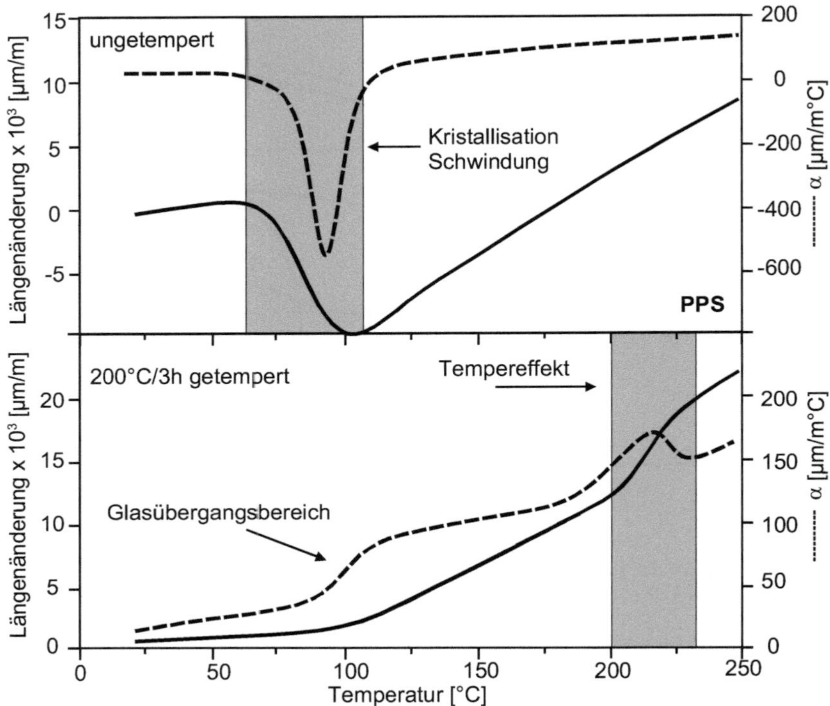

Bild 4.20 Längenänderung und differentieller Längenausdehnungskoeffizient von PPS ungetempert und bei 200 °C für 3 h getempert

Makrostempel, l_0 =3,04 mm, Probenquerschnitt ca. 6 x 6 mm, Auflast 2 g, Heizrate 3 °C/min

Nachkristallisation führt zu Schwindung aufgrund der Volumenabnahme

Aufgrund ihrer unterschiedlichen Molekülanordnung und Dichte besitzen ungetemperte und getemperte Proben unterschiedliche Längenausdehnungskoeffizienten.

Dies ist in Bild 4.21 an einem PET dargestellt, wobei der jeweilige Kristallisationsgrad mittels DSC (s. Kap. 1.2.3.2) bestimmt wurde. Die ungetemperte Probe mit einem Kristallisationsgrad von 6 % besitzt einen Längenausdehnungskoeffizienten von 72 µm/m°C, während die getemperte Probe einen Kristallisationsgrad von 24 % und einen Längenausdehnungskoeffizienten von 49 µm/m°C aufweist.

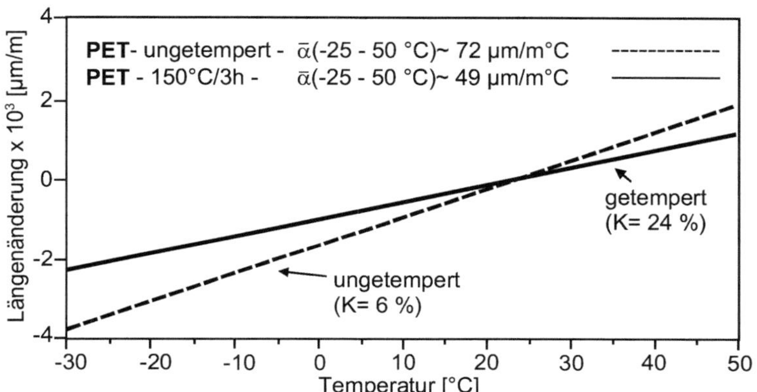

Bild 4.21 Einfluss der Kristallinität auf das Ausdehnungsverhalten unterhalb von T_g bei PET, ungetempert und getempert bei 150 °C für 3 h

K = Kristallisationsgrad aus DSC-Messung bezogen auf ΔH_m^0 *= 140 J/g, Abkühlen auf Starttemperatur, 1. Aufheizen, Makrostempel,* l_0 *= 1,51 bis 1,98 mm, Probenquerschnitt ca. 6 x 6 mm, Auflast 0,5 g, Heizrate 3 °C/min*

4.2.3.2 Konditionierungseinfluss

Bild 4.22 stellt den Einfluss des Wassergehaltes auf den gemessenen Längenausdehnungskoeffizienten von unterschiedlich konditioniertem Polyamid 46 dar.

Trockenes PA 46 mit einem Wassergehalt von 0,4 % zeigt im Glasübergangsbereich einen stufenförmigen Anstieg des differentiellen Längenausdehnungskoeffizienten von ca. 75 auf 125 µm/m°C. Die Glasübergangstemperatur kann aus der α-Kurve mit $T_{g\alpha}$ = 82 °C ausgewertet werden.

Die Glasübergangstemperatur der nassen Probe (9,7 % H_2O) wird mit $T_{g\alpha}$ = -5 °C bestimmt, der Längenausdehnungskoeffizient erhöht sich ebenfalls von ca. 75 auf 125 µm/m°C. Ab ca. 90 °C tritt das im Polyamid gebundene Wasser langsam aus, was zu einer Verformung der Probe (evtl. Blasenbildung) und somit zu nichtreproduzierbaren α-Werten führen kann.

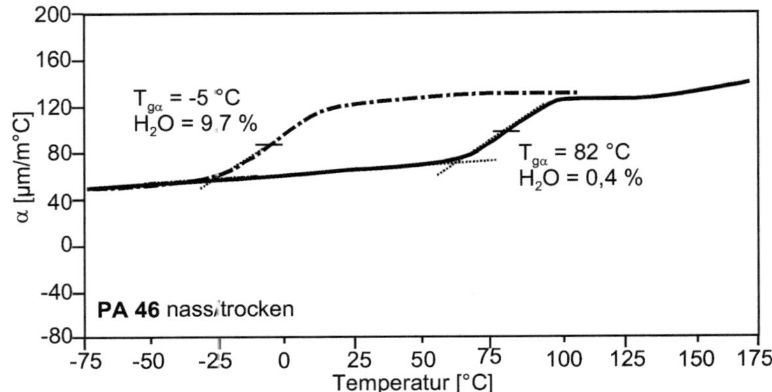

Bild 4.22 Differentieller Längenausdehnungskoeffizient α(T), PA46 nass und trocken konditioniert

Abkühlen auf Starttemperatur, 1. Aufheizen, Makrostempel, Probenquerschnitt ca. 6 x 6 mm, Auflast 5 g, Heizrate 5 °C/min

Anmerkung: *Das Ausdiffundieren von Wasser aus dem Probeninneren und das Verdampfen an der Oberfläche erfolgt zunehmend verzögert und ist daher nicht gleichmäßig.*

4.2.3.3 Einfluss der Alterung

Anhand von gealterten PA66-Proben soll der Einfluss der Alterung und auch der selektiven Probenentnahme herausgestellt werden. Die Probekörper wurden 16 Wochen lang bei 120 °C gelagert; sie zeigen deutliche Verfärbungen an der Oberfläche. Diese verfärbten Randschichten wurden in dem einen Fall mitgemessen (gesamter Querschnitt) und in dem anderen Fall abgeschliffen, sodass nur der mittlere unverfärbte Probenbereich (ohne Randschicht) erfasst wurde. Bild 4.23 zeigt den Verlauf des Ausdehnungskoeffizienten dieser beiden Probekörper in Dickenrichtung (z-Richtung). Erkennbar ist neben dem Glasübergangsbereich der aus dem Alterungsprozess resultierende Tempereffekt bei ca. 120 °C beginnend.

Die Ausdehnungskoeffizienten sind unterhalb von T_g gleich, oberhalb von T_g zeigt die Probe „gesamter Querschnitt" geringere Werte, was auf eine höhere Kristallinität der Probe (Randschicht kristallisiert stark nach, und hebt somit die Kristsllinität der gesamten Probe) zurückzuführen sein kann. Die Glasübergangstemperatur $T_{g\alpha}$ ist bei der Probe „gesamter Querschnitt" um ca. 7 °C zu niedrigeren Werten verschoben. Unter der Voraussetzung eines gleichen Konditionierungszustandes deutet eine solche Verschiebung auf einen Abbaueffekt hin. Da der Abbau verstärkt in der Randschicht auftritt, liegt $T_{g\alpha}$ der Probe „gesamter Querschnitt" bei einer tieferen Temperatur.

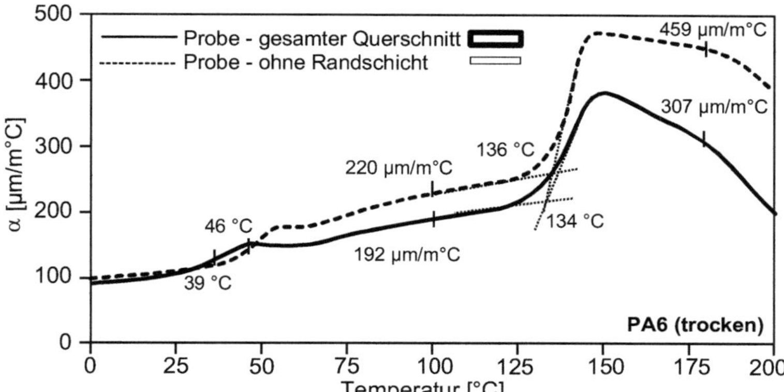

Bild 4.23 Differentieller Längenausdehnungskoeffizient α(T) von gealterten PA66-Proben (16 Wochen bei 120 °C), Messung in z-Richtung, „gesamter Querschnitt" (mit Randschicht) und „ohne Randschicht" (Mitte)

1. Aufheizen, Makrostempel, Probenquerschnitt ca. 6 x 6 mm, Auflast 5 g, Heizrate 5 °C/min

4.2.3.4 Härtung von Duroplasten, Nachhärtung

Zur Charakterisierung des Aushärtezustands von Duroplasten liefert die TMA wichtige Informationen. Neben der Bestimmung der Glasübergangstemperatur als Kennzeichen des Aushärtegrads erlaubt auch die Auswertung des Längenausdehnungskoeffizienten bei Temperaturen unterhalb von T_g Rückschlüsse auf den Aushärtezustand, Bild 4.24.

Die Proben wurden bei unterschiedlichen Temperaturen (23, 60, 100, 120 °C) jeweils 2 h gehärtet. Den darauffolgenden TMA-Untersuchungen wurde die Glasübergangstemperatur aus der Ausdehnungskurve als Tangentenschnittpunkt und der mittlerer thermische Längenausdehnungskoeffizient in einem Temperaturbereich unterhalb von T_g entnommen.

Die Glasübergangstemperatur steigt wie auch bei DSC- und DMA-Messungen mit steigender Härtetemperatur an, während der lineare Ausdehnungskoeffizient sinkt.

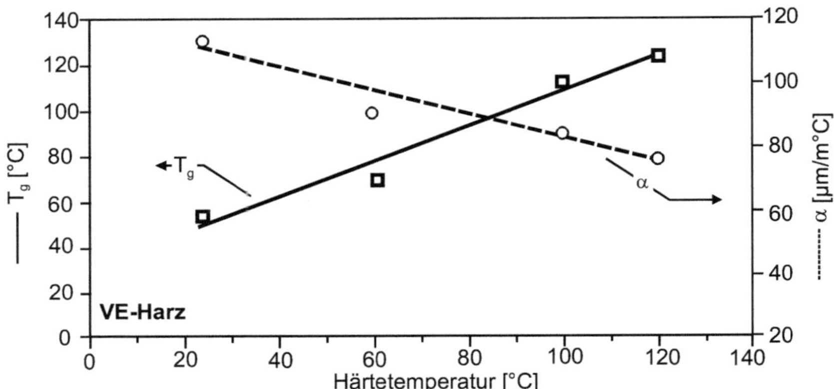

Bild 4.24 Einfluss der Härtungstemperaturen von VE-Harz auf die Glasübergangstemperaturen T_g und den thermischen Ausdehnungskoeffizient α ($T < T_g$)

Normalstempel, Probenquerschnitt ca. 4 x 4 mm, Auflast 5 g, Heizrate 5 °C/min

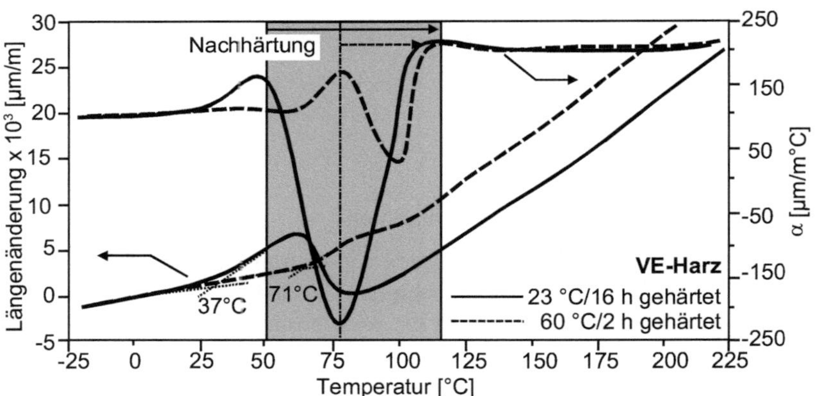

Bild 4.25 Einfluss der Nachhärtung auf die Längenänderung und den Längenausdehnungskoeffizienten von unvollständig ausgehärtetem VE-Harz

Abkühlen auf Starttemperatur, 1. Aufheizen, Normalstempel, Probenquerschnitt ca. 4 x 4 mm, l_0 = 7,00 bis 7,10 mm, Auflast 5 g, Heizrate 5 °C/min

<u>höherer Aushärtegrad</u>

geringerer Längenausdehnungskoeffizient unterhalb T_g
Verschiebung der T_g zu höheren Temperaturen

Unvollständig ausgehärtete Duroplaste zeigen häufig während der 1. Aufheizphase Nachhärtungseffekte, die mit einer Schwindung verbunden sind.

Wie Bild 4.25 am Beispiel zweier unterschiedlich stark ausgehärteter VE-harze zeigt, überlagert sich die Ausdehnung im Bereich des jeweils aktuellen Glasübergangs mit der Längenabnahme durch Nachhärtung. Die bei RT gehärtete Probe zeigt eine starke Schwindung nach Erreichen der Glasübergangstemperatur von 37 °C, während dieser Effekt bei dem bei 60 °C gehärteten Material erst bei höheren Temperaturen einsetzt und schwächer ausgeprägt ist; die Glasübergangstemperatur wird hier zu 71 °C bestimmt.

4.2.3.5 Einfluss von Füll- und Verstärkungsstoffen

Die Messung faserverstärkter Proben gestaltet sich aufgrund deren Anisotropie und der Probeninhomogenität schwierig. Während sich Glasübergangstemperaturen relativ sicher auswerten lassen, ist eine zuverlässige Angabe von Längenausdehnungskoeffizienten häufig nicht möglich. Diese Problematik zeigt Bild 4.26 am Beispiel eines glasfaserverstärkten PA GF30, das senkrecht und parallel zur Verstärkungsrichtung untersucht wurde.

Senkrecht zur Verstärkungsrichtung findet man einen für teilkristallines PA üblichen Kurvenverlauf der Längenaudehnung mit einem Knick im Glasübergangsbereich, Bild oben. Die Längenausdehnungskoeffizienten unterhalb bzw. oberhalb T_g liegen mit ~80 und ~168 µm/m°C für verstärktes Material vergleichsweise hoch und entsprechen nahezu dem Verlauf eines unverstärkten PA, d.h. hier dominiert die Polymermatrix.

Demgegenüber findet man parallel zur Verstärkungsrichtung einen ungewohnten Verlauf der Längenausdehnung. Unterhalb der T_g besitzt die Probe einen erwarteten Längenausdehnungskoeffizienten von ~28 µm/m°C, der jedoch nach Überschreiten des Glasübergangs einen noch geringeren Wert annimmt. Dieses Verhalten wird häufig bei verstärkten oder gefüllten Kunststoffen beobachtet und basiert auf der Wechselwirkung der Verstärkungsstoffe und der daran anhaftenden Polymermatrix. Oberhalb der T_g ist der E-Modul der Matrix deutlich geringer als unterhalb und kann daher nur weniger zur Ausdehnung beitragen bzw. wird in der Ausdehnung leichter durch die in gleicher Richtung wirkenden steiferen Fasern zurückgehalten. Dennoch lässt sich auch hier die Glasübergangstemperatur durch Tangentenschnittpunkte auswerten.

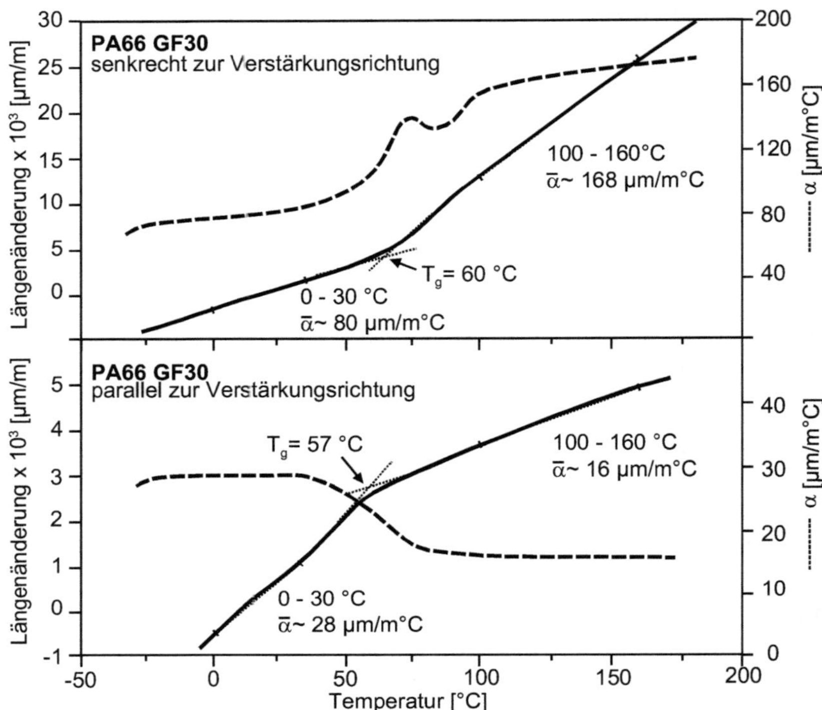

Bild 4.26 Längenausdehnung und Längenausdehnungskoeffizient von PA66 GF30 senkrecht und parallel zur Faserrichtung (Spritzrichtung)

Abkühlen auf Starttemperatur, 1. Aufheizen, Normalstempel, Probenquerschnitt ca. 4 x 4 mm, l_0 *= 9,20 bis 10,07 mm, Auflast 5 g, Heizrate 5 °C/min*

Neben der Füllstofforientierung hat auch die Form der Füll- und Faserstoffe einen wesentlichen Einfluss auf das Ausdehnungsverhalten der Probe, Bild 4.27.

Die bereits beschrieben, verändern Glasfasern das Ausdehnungsverhalten von Kunststoffen erheblich. Oberhalb des Glasübergangsbereiches führen sie zu einer Verringerung des Ausdehnungskoeffizienten trotz erhöhter Beweglichkeit und Ausdehnung der Matrix.

Glaskugeln und mineralische Füllstoffe sind in ihrer Form relativ gleichmäßig und üben in alle Richtungen eine ähnliche Verstärkungswirkung aus, die jedoch im Vergleich zu den Glasfasern nicht so stark ausgeprägt ist. Auffällig ist, dass bei den glaskugel- und mineralstoffverstärkten Materialien stärkere Relaxationen erkennbar sind. Dies kann durch die inhomogene Temperaturverteilung der besser wärmeleitenden Füllstoffe erklärt werden. Die Abnahme des Ausdehnungskoeffizienten ab ca. 70 °C ist deutet auf die beginnende Nachkristallisation des PBT hin.

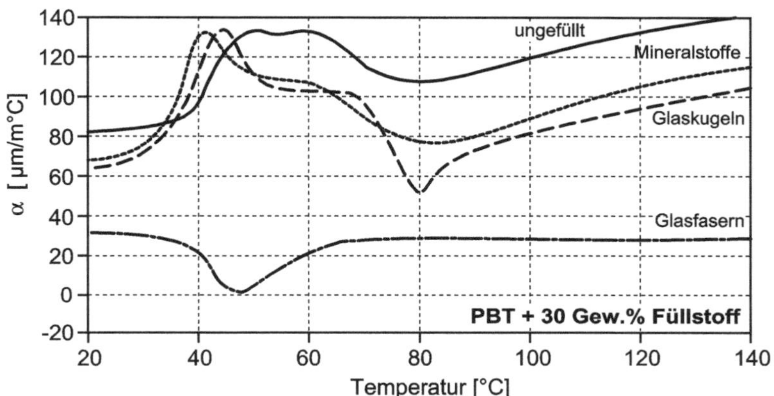

Bild 4.27 Längenausdehnungskoeffizient von PBT mit 30 Gew.% Glasfasern, Glaskugeln und mineralischen Füllstoffen, Messung in Spritzrichtung

Abkühlen auf Starttemperatur, 1. Aufheizen, Normalstempel, l_0 = 6 mm, Probenquerschnitt ca. 4 x 10 mm, Auflast 2 g, Heizrate 3 °C/min

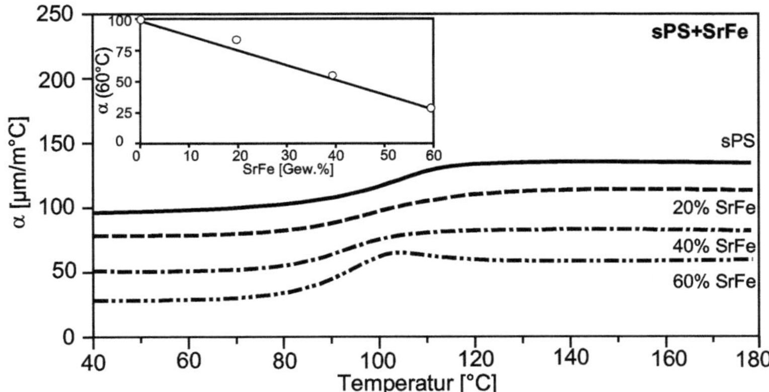

Bild 4.28 Temperaturabhängiger Ausdehnungskoeffizient von sPS und Mischungen mit SrFe

2. Aufheizen, Normalstempel, l_0 = 6 mm, Probenquerschnitt ca. 4 x 10 mm, Auflast 2 g, Heizrate 3 °C/min

Der quantitative Einfluss metallischer Füllstoffe auf den Ausdehnungskoeffizienten ist in Bild 4.28 für verschiedene Mischungen aus sPS und SrFe dargestellt. Dabei zeigt sich mit zunehmenden Füllstoffgehalt erwartungsgemäß eine Reduzierung des Ausdehnungskoeffizienten, aber auch eine Verschiebung der Glasübergangstemperatur $T_{g\alpha}$ von ca. 108 auf ca. 88 °C. Der Beginn des Glasübergangs reduziert sich von ca. 87 °C auf ca. 82 °C, was auf die höhere Wärmeleitfähigkeit des metallischen Füllstoffs zurückzuführen sein kann, oder aber auch auf einen Kettenabbau, der während der Verarbeitung durch eine erhöhte Reibung verursacht worden sein könnte.

4.2.3.6 Ausdehnungs- und Schrumpfverhalten von Fasern und Folien

Bei der Herstellung von Fasern und Folien werden für bestimmte Anwendungsfälle gezielt Schrumpfkräfte bzw. Orientierungen eingefroren. Praktischen Einsatz findet dieser Prozeß z.B. bei sog. Schrumpffolien. Das später zu verpackende Formteil wird in die Folie eingehüllt, diese fixiert und erwärmt. Mit zunehmender Temperatur dehnt sich die Folie zunächst aus, bevor sie beim Freiwerden der molekularen Bewegungsmöglichkeiten schrumpft [11].

Mit Hilfe der TMA können diese Vorgänge sowohl thermisch, richtungsabhängig als auch in begrenztem Umfang kraftabhängig untersucht werden.

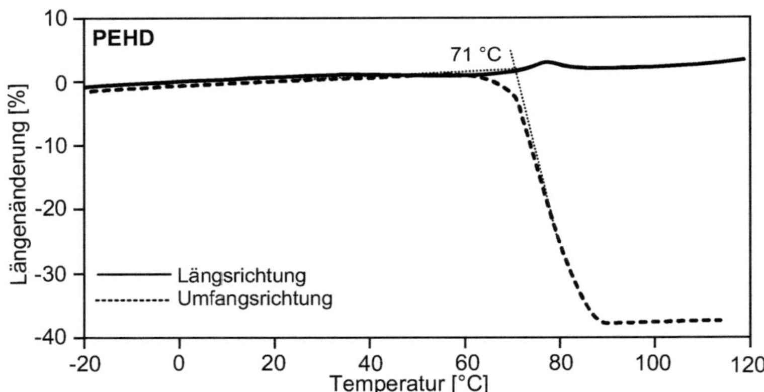

Bild 4.29 Einfluss der Messrichtung auf das Ausdehnungs- bzw. Schrumpfverhalten eines Schrumpfschlauches aus PEHD

Zugvorrichtung, l_0=8,4 mm, Probenquerschnitt 0,75 x 6 mm, Heizrate 3 °C/min, 1. Aufheizen

In Bild 4.29 wird ein solcher Effekt richtungsabhängig am Beispiel eines Schrumpfschlauches verdeutlicht. Die Messung der Probe in Längsrichtung zeigt in dem dargestellten Temperaturbereich kaum eine Veränderung der Längenänderung. Um 80 °C wird eine kurzzeitige Ausdehnung detektiert, die auf einen Tempereffekt hinweist. Der Schlauch wurde vermutlich bei Temperaturen zwischen 70 und 80 °C verstreckt. In Umfangsrichtung gemessen, stellt sich bei ca. 70 °C beginnend der Schrumpfungseffekt ein, der in Form einer negativen Längenänderung messbar ist. Ab ca. 90 °C dehnt sich das Material in beiden Messrichtungen weiter aus.

4.2.3.7 Untersuchung des Verformungsverhaltens

Bei der Verformung von Kunststoffen unter der Einwirkung einer äusseren Kraft kann man drei Verformungsanteile unterscheiden, die sich überlagern:

spontan elastische Verformung

zeitabhängige viskoelastische oder relaxierende Verformung

zeitabhängige viskose Verformung.

Die Verformungserscheinungen sind durch die im Kunststoff ablaufenden molekularen Verformungs- und Schädigungsmechanismen charakterisiert. Die rein elastische Verformung ist auf spontane Abstandsänderung von Atomen und Valenzwinkelverzerrung der besonders festen chemischen Bindungen zurückzuführen. Bei der zeitabhängigen viskoelastischen oder relaxierenden Verformung benötigen die Moleküle oder Molekülgruppen eine gewisse Zeit, um durch Molekülumlagerung eine den einwirkenden Spannungen entsprechende Verformung einzustellen [11].

Kunststoffe reagieren auf eine aufgeprägte Beanspruchung also mit einer gewissen Zeitverzögerung. Relaxation ist das durch eine verzögerte Gleichgewichtseinstellung bedingte Abklingen einer Messgröße. Da die Beanspruchung eine Spannung oder eine Dehnung sein kann, bezeichnet man den sich einstellenden Entspannungsvorgang als Dehnungs- oder Spannungsrelaxation. Die Dauer dieses Vorgangs kennzeichnet die Relaxationszeit. Wird ein Körper deformiert, baut sich in ihm zunächst eine relativ hohe Spannung auf, die aber im Laufe der Zeit immer weiter abklingt (Spannungsrelaxaion). Neben der Spannungsrelaxation gibt es die Dehnungsrelaxation. Aufgeprägte Spannungen führen zu einer zeitabhängigen Verformung, auch Retardation oder Kriechen genannt. Die additive Überlagerung einzelner Verformungsanteile ist nur bis zu bestimmten Beanspruchungshöhen zulässig. Die Grenze, bis zu der die Vorgänge mathematisch und physikalisch korrekt erfaßt werden können, ist das Ende des linear-viskoelastischen Bereiches [11].

Die Bestimmung des Verformungsverhaltens bei Be- und Entlastung ist mittels TMA in einem sehr niedrigen Belastungsbereich bei definierten Temperaturen möglich. Folgendes Bild zeigt dies am Beispiel einer HDPE- und einer LDPE-Folie, die jeweils in einer Zuganordnung mit einer Kraft von 0,5 N über einen Zeitraum von 30 min belastet und anschließend wieder entlastet wurden. Anhand der Längenänderung kann die Reaktion der Probe auf diese Be- und Entlastung registriert werden. Ausgewertet wurde die prozentuale Längenänderung bei maximaler Belastung und am Ende der Entlastung.

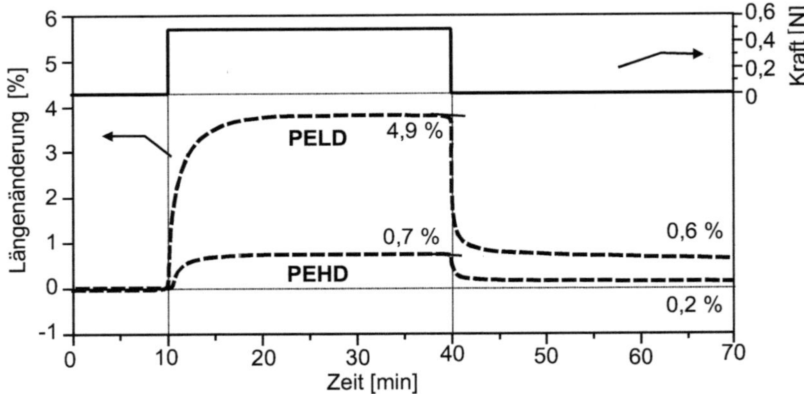

Bild 4.30 Kriechversuche an einer PEHD- und PELD-Folie

Zugvorrichtung, Probenquerschnitt 2,20 mm², Auflast 0,5 N, Belastungszeit 30 min, Entlastungszeit 30 min, Temperatur 40 °C

Solche Versuche ersetzen zwar keine echten Kriechversuche, können aber erste Anhaltspunkte für unterschiedliche Materialien oder Materialmodifikationen liefern. Aufgrund der Messmimik und der geringen Probengröße sind Messungen bei verschiedenen Temperaturen vergleichsweise schnell durchführbar.

4.3 Literatur

[1]	Hemminger, W.F, Cammenga, H.K.	Methoden der Thermischen Analyse LABO 4, 1990
[2]	DIN 53 752	Bestimmung des thermischen Längenausdehnungskoeffizienten Dezember 1980
[3]	Saechtling, H., Oberbach, K.	Kunststofftaschenbuch, 28. Aufl. Carl Hanser Verlag, München 2001
[4]	Wunderlich, B.	Thermal Analysis Academic Press, Inc., San Diego 1990

[5] Turi, E. Thermal Characterization of Polymeric Materials, Second Edition
Academic Press, Inc., Orlando 1997

[6] Seyler, R.J. Assignment of the Glass Transition
ASTM, Philadelphia 1994

[7] ASTM E 831-2000 Standard Test Method for Linear Thermal Expansion of Solid Materials by Thermomechanical Analysis, 2000

[8] Ehrenstein, G.W. Mit Kunststoffen konstruieren, 2. Aufl.
Carl Hanser Verlag, München 2001

[9] Ehrenstein, G.W., Bittmann, E. Duroplaste
Aushärtung, Prüfung, Eigenschaften
Carl Hanser Verlag, München 1997

[10] Riga, A.T., Neag, C.M. Materials Characterization by Thermomechanical Analysis
ASTM, Philadelphia, PA, 1991

[11] Ehrenstein, G. W. Polymer-Werkstoffe, 2. Aufl.
Carl Hanser Verlag, München 1999

[12] Price, D. M. Modulated-temperature Thermomechanical Analysis
Thermochimica Acta 357/358 (2000), S. 23-29

5 pvT-(pressure-volume-Temperature) - Messung

5.1 Grundlagen des pvT-Messverfahrens

5.1.1 Einleitung

Kunststoffe unterliegen bei den wichtigsten Verarbeitungsprozessen unterschiedlichen Temperaturen T, meistens einem Aufheizen mit anschließendem Abkühlen, großen Schwankungen des Drucks p bis durchaus mehr als 1000 bar und während der Verarbeitung Phasenumwandlungen von fest nach schmelzeflüssig und wieder in den festen Zustand. Als eine wichtige messbare Kenngröße gilt dabei die Dichte ρ oder das spezifische Volumen $v = 1/\rho$, das die auf das Gewicht bezogenen Abmessungen des geschmolzenen Kunststoffs im Werkzeug oder des erstarrten Kunststoffs des fertigen Bauteils kennzeichnet. Die Abhängigkeit der Dichte von den Verarbeitungsparametern ist daher wichtig für die Maßgenauigkeit der gefertigten Teile.

Der einwirkende Druck p, die Umgebungstemperatur T und das sich einstellende spezifische Volumen v beschreiben die Situation der Kunststoffe aussagekräftig und werden daher gerne in dem nach ihnen genannten pvT-Diagramm dargestellt, und zwar meistens das spezifische Volumen über der Temperatur mit dem Druck als Parameter, Bild 5.1 und Bild 5.2.

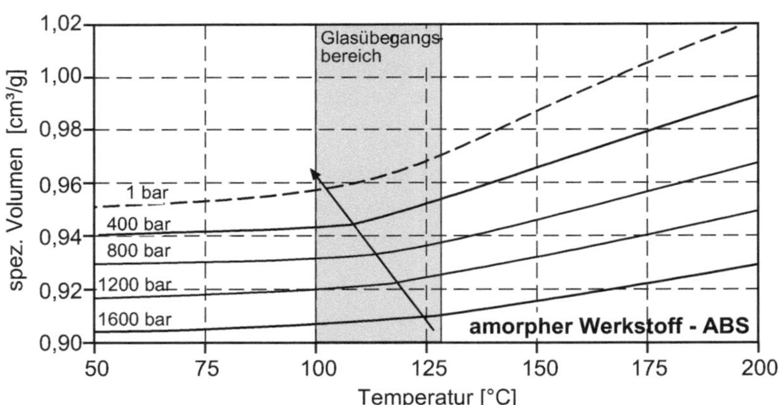

Bild 5.1 pvT-Messung eines amorphen ABS in Abhängigkeit von Temperatur und Druck

Kühlrate 2 °C/min, Druck 1600 – 400 bar
Die 1 bar-Kurve wurde durch Extrapolation erhalten.

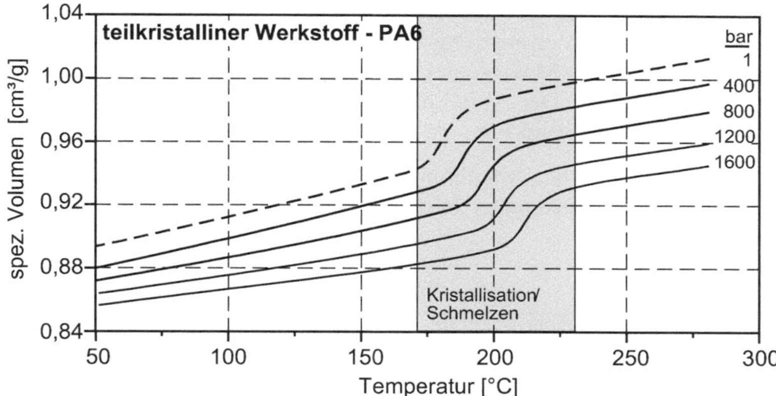

Bild 5.2 pvT-Messung eines teilkristallinen PA6 in Abhängigkeit von Temperatur und Druck

Kühlrate 2 °C/min, Druck 1600 – 200 bar

pvT - Bestimmung des spezifischen Volumens in Abhängigkeit von Temperatur und Druck

Umwandlungen Glasübergang und Schmelzen

Volumen der Kunststoffe

Das Volumen der Kunststoffe setzt sich aus 3 Anteilen zusammen,

dem Volumen der Makromolekülketten,

dem Schwingungsvolumen aufgrund der thermischen Schwingung der Makromoleküle

dem freien Volumen aus Fehl- und Leerstellen zwischen den Makromolekülen.

Bei der Abkühlung aus der Schmelze ändert sich das Volumen der Makromolekülketten nicht, wohl aber deren temperaturabhängiges Schwingungsvolumen, das bis zum absoluten Nullpunkt stetig sinkt. Das freie Volumen nimmt nur bis zu einem gewissen Grad ab, danach bleibt es praktisch konstant. Diese Grenze, bei der die Leerstellen für die Umlagerungen von Molekülsegmenten nicht mehr groß sind und wo deren Bewegungsmöglichkeiten und damit auch die Leer- und Fehlstellen selbst quasi einfrieren, nennt man den Glasübergang.

Oberhalb des Glasübergangs gibt es beim Abkühlen eine temperaturabhängige Schwindung durch die Verringerung des freien Volumens und das abnehmende Schwingungsvolumen der Makromoleküle, unterhalb nur noch durch das abnehmende Schwingungsvolumen. Der Abfall des Volumens erfolgt weiterhin nahezu linear, ist aber deutlich geringer, Bild 5.3.

Diese Volumenabnahme bei Abkühlung entspricht dem thermischen Ausdehnungskoeffizienten. In eindimensionaler Richtung bei Festkörpern wird er mittels TMA, Kapitel 4, gemessen.

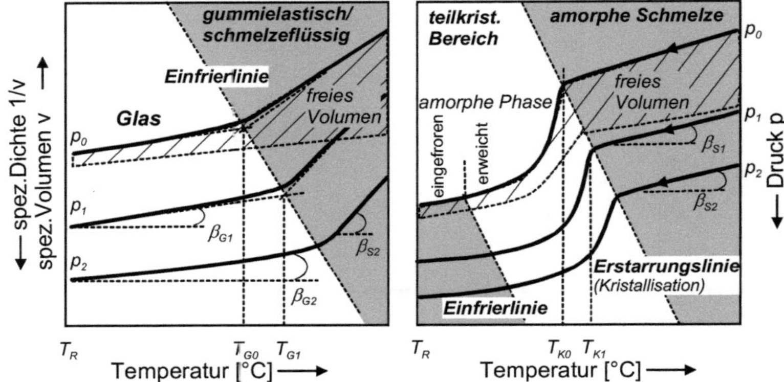

Bild 5.3 Schematische Darstellung des pvT-Diagrammes eines amorphen (links) und eines teilkristallinen (rechts) Kunststoffes, isobare Abkühlung und Erwärmung

Abkühlgeschwindigkeit

Amorphe Kunststoffe

Die Temperatur, bei welcher der Glasübergang beim Abkühlen eintritt, hängt von der Abkühlgeschwindigkeit und vom einwirkenden Druck ab. Im folgenden soll der Einfluss der Abkühlgeschwindigkeit diskutiert werden. Beim Abkühlprozeß behindert die abnehmende Schwingungsenergie bzw. die sinkende Kettenbeweglichkeit, insbesondere im Bereich des Glasübergangs, die Einstellung des thermodynamischen Gleichgewichtszustandes. Die Relaxationszeit der Makromoleküle nimmt stark zu, wenn man sich dem Glasübergang nähert. Bei raschem Abkühlen haben die Leerstellen deshalb nicht genügend Zeit, um aus der erstarrenden Schmelze herauszudiffundieren. Ein schnelleres Abkühlen bedeutet eine kürzere Messzeit und damit eine höhere Messfrequenz. Der Glasübergang ist ein dynamischer Prozess, d.h. abhängig von der Beobachtungsfrequenz und damit in unserem Falle von der Abkühlrate. Die Glastemperatur verschiebt sich zu höheren Temperaturen hin, wenn man bei höheren

Frequenzen, d.h. bei höheren Abkühlraten misst. Beim raschen Abkühlen ist das Polymer etwas weiter vom Gleichgewichtszustand entfernt als beim langsamen Abkühlen. Der Anteil des beim Glasübergang eingefrorenen Leervolumens liegt um so höher, je schneller das Polymer abgekühlt wurde.

Teilkristalline Kunststoffe

Vermögen sich die Makromoleküle wegen ihres schlanken Aufbaus geordnet parallel zu lagern, können sie beim Abkühlen aus der Schmelze Kristallite bilden. Dieses benötigt einige Zeit, da zunächst eine Bildungs von Kristallisations-Keimen erfolgt, aus denen die Kristalle durch weitere Anlagerung von Ketten entstehen. Die Geschwindigkeiten der Keimbildung und des Kristallwachstums hängen stark von der Temperatur ab. Die Kristallisation von Polymeren erfolgt aufgrund der notwendigen Keimbildung unterhalb der Schmelztemperatur, man spricht dabei von Unterkühlung. Auch die Kristallisationstemperatur hängt von der Abkühlrate ab. Mit höherer Kühlrate verschiebt sich die Kristallisationstemperatur zu tieferen Temperaturen. Beim Kristallisationsprozeß muss die entstehende Kristallisationswärme abgeführt werden. Die beim Kristallisationsprozeß entstehenden Kristalle haben eine höhere Dichte und damit ein geringeres spezifisches Volumen als die amorphen Bereiche. Damit nimmt das spezifische Volumen von teilkristallinen Polymeren beim Kristallisieren ab. Die damit verbundene Volumenänderung erfolgt daher entsprechend den üblichen Kristallisationsgeschwindigkeiten beim Kristallisieren (Abkühlen) zunächst schneller, umgekehrt beim Aufschmelzen langsamer werdend (s.a. Kapitel 1 DSC).

Druck

Wirkt zusätzlich ein Druck auf die Schmelze, werden das freie Volumen und die Schwingungsweite der Makromoleküle beim Abkühlen bis zu einem gewissen Grad herabgesetzt. Das kritische freie Volumen, bei dem die Molekülsegmentbeweglichkeit behindert wird, wird bei höheren Temperaturen erreicht. Das bedeutet, dass der Glasübergang und das Kristallisieren weiter zu höheren Temperaturen verschoben werden. Das freie Volumen, aber auch die Schwingungsweite der Makromoleküle werden in Abhängigkeit vom einwirkenden Druck verringert, und zwar sowohl oberals auch unterhalb des Glasübergangs. Das führt dazu, dass die Steigung der Linien konstanten Drucks mit zunehmenden Druck kleiner bzw. flacher werden, Bild 5.3.

5.1.2 Messprinzip

Zur Bestimmung von pvT-Messdaten werden zwei Messprinzipien eingesetzt:

Kompression der Probe in einem Zylinder mit einem Druckkolben **Kolbenprinzip,** Bild 5.4 links

Dilatometer mit einer Sperrflüssigkeit (meist Quecksilber) als Druckübertragungsmedium **Sperrflüssigkeitsprinzip,** Bild 5.4 rechts

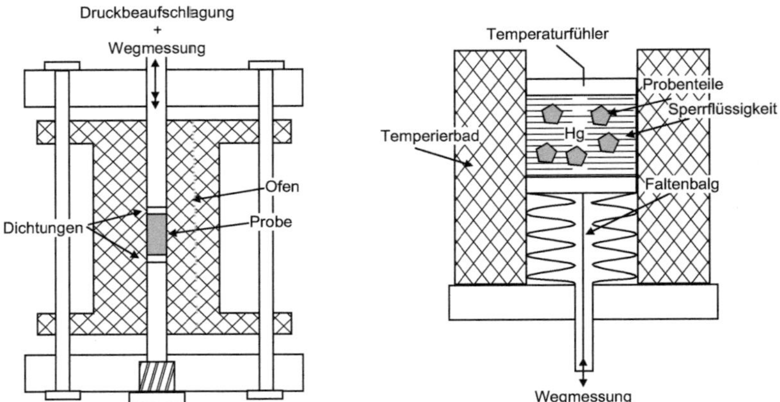

Bild 5.4 Schematische Darstellungen der pvT-Messprinzipien

links: Kolbenprinzip
rechts: Sperrflüssigkeitsprinzip

Kolbenprinzip

Die Probe befindet sich in einem beheizbaren Zylinder, eingebettet zwischen zwei Dichtungen. Die Druckbeaufschlagung der Probe erfolgt durch eine Kolbenstange in Richtung der Zylinderachse. Die Unterseite des Zylinders ist fest verschlossen. Kommt es zu Ausdehnung oder Schrumpf der Probe in Abhängigkeit von Druck und Temperatur, wird die Wegänderung der Kolbenstange induktiv gemessen und ist somit ein Maß für die Änderung des spezifischen Volumens der Probe. Aus den Längenwerten wird unter Verwendung der Probenmasse der Absolutwert des spezifischen Volumens des Probematerials berechnet.

$$\Delta v\,(p,T) = \Delta l\,(p,T) * \pi * r^2 / m$$

Beim Kolbenprinzip wird vorausgesetzt, dass über den Probenkörper kein Druckabfall auftritt. Gerade bei Feststoffen ist dies eher unwahrscheinlich und muss bei der Beurteilung der Messergebnisse berücksichtigt werden.

Für die Einbringung der Probe in den Kolben muss diese zumeist aufgeschmolzen werden, damit sich keine Hohlräume im Kolben bilden können und keine Fehler bei der Umrechnung auf die Volumenänderung entstehen. Die Bestimmung der Volumenänderung in Abhängigkeit von Druck und Temperatur ist somit mit dem Kolbenprinzip in der Regel nur unter Eliminierung der thermischen Vorgeschichte möglich.

Sperrflüssigkeitsprinzip

Das zu untersuchende Material ist in der Messzelle von einer Sperrflüssigkeit (meist Quecksilber) umgeben, über die der Druck isotrop auf die Probe übertragen wird. Die Unterseite der Messzelle ist als Faltenbalg ausgeführt. Der Druck wird über ein Öl und den Faltenbalg in das Innere der Messzelle übertragen. Die Temperierung erfolgt über einen die Messzelle umgebenden Ofen. Die Volumenänderung von Sperrflüssigkeit und Probe wird über den Faltenbalg an einen Wegaufnehmer übertragen und induktiv gemessen.

Durch Kalibrierung des Gerätes mit der vollständig gefüllten Messzelle, z.B. mit Quecksilber, lassen sich Volumenänderungen, die nicht durch die Probe hervorgerufen werden, bei der Datenauswertung rechnerisch eliminieren. Gemessen wird die Volumenänderung Δv (p,T) zwischen dem Messwert $v(p_{exp.}, T_{exp.})$ und dem spezifischen Volumen bei den Ausgangsbedingungen v ($p_{ini.}$, $T_{ini.}$) bei welchem die Initialisierung des Gerätes stattfindet. Die Berechnung erfolgt über die Änderung des spezifischen Volumens zwischen Messwert ($p_{exp.}$, $T_{exp.}$) und Ausgangsbedingungen ($p_{ini.}$, $T_{ini.}$).

$$\Delta v\ (p,T) = v\ (p_{exp.}, T_{exp.}) \quad v\ (p_{ini.}, T_{ini.})$$

Um aus den gemessenen Volumenänderungen Absolutwerte für das spezifische Volumen zu ermitteln, muss in einem gesonderten Versuch die Dichte des untersuchten Materials bei Raumtemperatur und unter Normaldruck gemessen werden [1]. Die Probe nimmt in der pvT-Messzelle ein Volumen von ca. 1 cm^3 ein und kann in nahezu beliebiger Form untersucht werden (Granulat, Bruchstücke von Prüfkörpern, Flüssigkeit). Es muss allerdings beachtet werden, dass das Material frei von Lufteinschlüssen und nicht zu feinteilig (Pulver) ist [1]. Messungen im Anlieferungszustand der Probe, d.h. ohne vorheriges Aufschmelzen, sind möglich.

5.1.3 Messablauf und Einflussfaktoren

Die Vorgehensweise bei der pvT-Messung (Kolbenprinzip) ist:

Probenpräparation (z.B. schonende Granulierung)

Bestimmung der Einwaage

Vorkomprimierung der Dichtungen

Einbringen der Probe in das Messgerät

Vortemperieren und komprimieren der Probe

Wahl eines geeigneten Messprogramms

Auswaage der Probe nach der Messung

Die geräte- und probenspezifischen Einflussgrößen sind:

Die Einflussfaktoren und Fehlermöglichkeiten bei der Versuchsdurchführung werden anhand von Messkurven praktischer Beispiele in Kap. 5.1.6 ausführlich erläutert.

5.1.4 Auswertung

5.1.4.1 Allgemeine Größen aus pvT-Diagrammen

Das grundsätzliche physikalische Verhalten von amorphen und teilkristallinen Kunststoffen während eines pvT-Versuches ist in Bild 5.3 schematisch dargestellt.

Da während der Messung immer ein Druck auf die Probe wirkt, muss die Volumenkurve für 1 bar berechnet werden. In der Regel geschieht dies durch Extrapolation. Dies kann zu Fehlern in Übergangsbereichen, die eine Temperaturverschiebung in Abhängigkeit vom Druck zeigen, führen. Hier müssen die Kurven speziell angepasst werden.

pvT-Diagramme werden für die Berechnung folgender physikalischer Größen benötigt.

Dichte ρ:

$$\rho(p,T) = \frac{1}{v(p,T)}$$

Volumenausdehnungskoeffizient β:

$$\beta = \frac{1}{v}\left(\frac{\Delta v}{\Delta T}\right)_p$$

Isotherme Kompressibilität ξ: $$\xi = -\frac{1}{v}\left(\frac{\Delta v}{\Delta p}\right)_T$$

5.1.4.2 Prüfbericht

Der Prüfbericht sollte folgende Angaben enthalten:

- alle nötigen Angaben für die vollständige Kennzeichnung des untersuchten Materials;
- Vorbehandlung des Materials vor der Prüfung;
- Masse der Probe vor der Messung;
- Aufschmelztemperatur;
- Vorkomprimierungsdruck und zeit;
- Dichtungsmaterial;
- Rate der Temperaturänderung (programmiertes Aufheizen oder Abkühlen vor und während der Messung) oder Prüftemperatur beim isothermen Verfahren;
- Art des Messprogrammes (isotherm, isobar);
- für die Temperaturkalibrierung verwendete Kalibriersubstanz;
- Volumen-, Druck- und Temperaturverlauf, Messkurve;
- jegliche besondere Beobachtungen hinsichtlich Gerät, Prüfbedingungen oder Verhalten der Probe;
- Masse der Probe nach der Messung;
- Datum der Prüfung.

5.1.5 Kalibrierung

Es ist eine Volumen-, Druck- und Temperaturkalibrierung von pvT-Geräten erforderlich. Die Kalibriermessungen müssen unter den Bedingungen der realen Prüfung durchgeführt werden, d.h. Heiz- oder Kühlrate, Probenvolumen und Dichtungsmaterial müssen übereinstimmen.

5.1.5.1 Volumenkalibrierung

Für die genaue Bestimmung des Volumens vor und während der pvT-Messung ist es erforderlich, die Geometrie der Kapillare (nur Kolbenprinzip) genau zu kennen. Die Kapillare sollte deshalb in regelmäßigen Abständen mit geeichten Längenmessgeräten kontrolliert werden, um Abweichungen gegebenenfalls im Berechnungsprogramm zu korrigieren.

Die Kalibrierung der Längenaufnehmer kann mit Hilfe von geeigneten Kalibriersubstanzen durchgeführt werden.

Vor jeder Messung muss das Volumen des Dichtungsmaterials (Kolbenprinzip) bzw. der Sperrflüssigkeit (Sperrflüssigkeitsprinzip) unter den während der Messung herrschenden Drücken und Temperaturen bestimmt und korrigiert werden. Dabei ist darauf zu achten, dass vor allem die PTFE-Dichtungen vorkomprimiert werden, um irreversible Effekte auszuschliessen.

5.1.5.2 Temperaturkalibrierung

Die Kalibrierung der Thermoelemente wird ebenfalls mittels bekannter Kalibriersubstanzen durchgeführt. Beim Kolbenprinzip besteht die Möglichkeit, durch ein direkt am Stempel angebrachtes Thermoelement die Temperatur im Material zu messen, was eine exakte Korrektur der Temperatur ermöglicht, Bild 5.5.

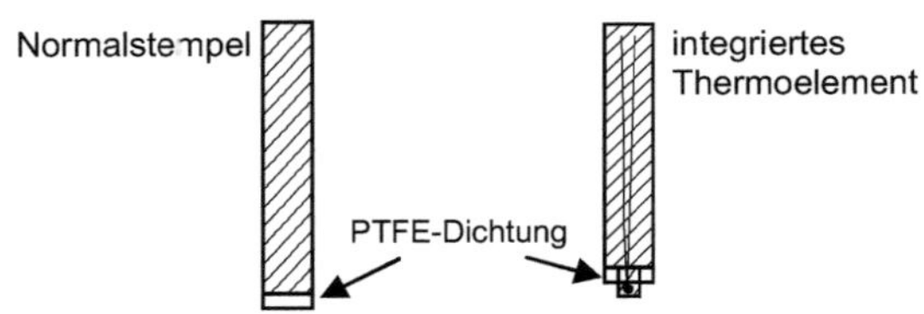

Bild 5.5 Normal- und Temperaturstempel des pvT-Messgerätes (Kolbenprinzip)

5.1.6 Übersicht praktischer Anwendungen

Anwendung	*Kennwert*	*Beispiel*
Kenntnis der Druckabhängigkeit des spezifischen Volumens zur Abschätzung der Schwindung beim Verarbeitungsprozess	T_g, T_{ic} β, $\rho(t,T)$	Einstellen der Maschinenparameter einer Spritzgußmaschine
Ermittlung von Modellkoeffizienten für Simulationsprogramme zur Berücksichtigung der Schmelzekompressibilität und zur Berechnung der Schwindung		Empirischer TAIT Ansatz , IKV-Ansatz, FOV Theorie

Anwendung	*Kennwert*	*Beispiel*
Ermittlung von Schwindungsverhalten von Duroplasten in Abhängigkeit von Druck und Temperatur	T_{ic} β, $\rho(t,T)$	Einfluss von Inhibitoren auf das Schwindungsverhalten von Duroplasten

Tabelle 5.1 Beispiele für praktische Anwendungen von pvT-Messungen bei Kunststoffen.

5.2 Praktische Vorgehensweise

Im folgenden Kapitel wird in erster Linie auf das Kolbenprinzip eingegangen. Da eigene praktische Erfahrungen auf der Nutzung dieses Gerätetyps basieren.

5.2.1 Das Wichtigste in Kürze

Probenvorbereitung Es können Granulate, Pulver oder Flüssigkeiten gemessen werden. Bei Formteilen ist auf eine schonende Granulierung zu achten. Die Proben müssen möglichst ohne Lufteinschlüsse, dicht gepackt durch Nachstopfen in die Kapillare (Kolbenprinzip) eingebracht werden.

Einwaagemenge Die Einwaagemenge ergibt sich aus einer optimalen Füllhöhe (Volumen) und der Dichte des Materials. Die berechnete Masse muss exakt eingewogen werden und sollte bei Vergleichsmessungen konstant gehalten werden. Bei Thermoplasten beträgt die Einwaagemenge ca. 8 g. Bei reaktiven Systemen ist die chemische Reaktion stark masseabhängig, deshalb muss hier besonders auf vergleichbare Mengen geachtet werden.

Nach Messende muss die entnommene Probe gewogen, also die Auswaage bestimmt werden

Einwaagemenge vergleichbar halten,
Auswaagemenge bestimmen

Dichtungen Um ein Austreten des Materials zu vermeiden, werden Dichtungen eingesetzt. Hierbei handelt es sich in der Regel um PTFE-Dichtungen. Bei Temperaturen über 290 °C kommen PI-Dichtungen zum Einsatz.

Das System muss mit den Dichtungen vor Messbeginn vorkomprimiert werden.

Messprogramm Das Messprogramm beinhaltet neben einer Start- und einer Endtemperatur eine je nach Versuch zu wählende Kühl- oder Heizrate und den Druck bzw. Druckbereich.

Für Thermoplaste werden meist druckabhängige Abkühlversuche (Abkühlen bei jeweils verschiedenen Drücken) gewählt.

Für reaktive Systeme werden meist isotherme Versuche oder Aufheizversuche drucklos, oder bei einem bestimmten Druck durchgeführt.

Starttemperatur

Thermoplaste (Abkühlversuche): Es wird eine Temperatur ca. 20 bis 30 °C oberhalb der Schmelztemperatur gewählt; die Probe muss im schmelzeflüssigen Zustand vorliegen.

Reaktive Systeme (Aufheizversuche): Es wird meist bei Raumtemperatur gestartet.

Heizrate /Kühlrate

Um eine gleichmäßige Temperierung der Probe zu gewährleisten, sind Kühl- bzw. Heizgeschwindigkeiten von 1 bis max. 5 °C/min üblich.

Heiz- bzw. Kühlrate von max. 5 °C/min

Endtemperatur

Die Endtemperatur richtet sich nach dem Versuchsmodus. Bei Aufheizversuchen sollte der Versuch vor Beginn der Zersetzung beendet werden. Bei Abkühlversuchen kann minimal Raumtemperatur erreicht werden; nach der Kristallisation von Thermoplasten, wenn das Material als Feststoff vorliegt, kann nur bis ca. 50 °C sinnvoll gemessen werden.

Druck

Es sind Drücke in einem Bereich von 200 bis 2500 bar realisierbar. Die Auswahl des Druckes erfolgt nach der jeweiligen Fragestellung. Für Thermoplaste typisch sind Abkühlkurven, die mit 5 verschiedenen Drücken gemessen werden.

Vor Messbeginn wird die Probe vorkomprimiert, dies geschieht meist bei einem Druck von ca. 200 bar.

Drücke im Bereich von 200 bis 2500 bar

Auswertung/ Interpretation

Meist liegen pvT-Kurven für unterschiedliche Drücke vor. Diese werden zum einem hinsichtlich ihres Verlaufes ausgewertet, zum anderen wird eine Extrapolation auf einen Druck von 1 bar durchgeführt. Diese 1 bar-Kurve liefert u.a. Informationen bzw. Werte für Simulationsberechnungen.

5.2.2 Einflussfaktoren und Fehler bei der Messung

5.2.2.1 Probenvorbereitung

Es können Granulate, Pulver oder Flüssigkeiten gemessen werden. Diese müssen möglichst ohne Lufteinschlüsse, dicht gepackt in die Kapillare eingebracht werden (Kolbenprinzip). Hier ist auf ein sorgfältiges Befüllen unter zeitweiligem Nachstopfen zu achten.

Formteile können bis zu einer gewissen Größe (ca. 1 cm^3) mit einem Gerät nach dem Sperrflüssigkeitsprinzip direkt gemessen werden. Bei Verwendung eines Kolbengerätes ist es notwendig, Formteile zu zerkleinern. Bei der Granulierung sollte auf eine möglichst schonende Bearbeitung geachtet werden.

Kunststoffe, die Wasser aufnehmen, müssen vorher getrocknet werden, um ein Abdampfen während der Messung zu verhindern. Es empfiehlt sich, die Trocknungsvorschriften für die Verarbeitung oder die Messung rheologischer Eigenschaften wie z.B. dem MVR zu übernehmen.

Ist es notwendig, Proben aus dem festen Zustand mit dem Kolbenprinzip zu messen, ohne dass die thermische Vorgeschichte verloren geht, müssen Proben mit möglichst exakt dem Durchmesser der Kapillare hergestellt werden. In [6] wird vorgeschlagen, die verbleibenden Zwischenräume mit Quecksilber zu füllen. Das Ausdehnungsverhalten dieser Sperrflüssigkeit ist dann mittels Einzelmessung zu bestimmen.

5.2.2.2 Einwaagemenge

Die Einwaagemenge hat einen großen Einfluss auf die pvT-Messung. Neben der veränderten Temperaturverteilung in der Probe aufgrund des kühlenden Einflusses der Stempel (Kolbenprinzip) ist der Druckverlust über die Probenlänge vor allem beim Kolbenprinzip eine zu beachtende Grösse.

Bei Aushärtereaktionen von Duroplastsystemen muss berücksichtigt werden, dass die Eigenerwärmung der Probe sehr stark von der Probenmasse abhängt und das Messergebnis beeinflusst. Bei Vergleichen reaktiver Systeme ist daher besonders auf gleiche Einwaagemengen zu achten.

5.2.2.3 Dichtungen

In der Regel werden PTFE-Dichtungen für einen Temperaturbereich von RT bis 290 °C verwendet. Bei höheren Temperaturen kommen PI-Dichtungen zum Einsatz.

Beim Kolbenprinzip werden die Dichtungen vor jeder Messung in der Kapillare vorkomprimiert und mit der Ausgangslänge der Probe korrigiert.

Bei Messungen mit einem in die Schmelze eingebrachten Thermoelement (Kolbenprinzip) ist die obere Dichtung mit einem Loch versehen, damit das Thermoelement direkt in der Schmelze positioniert werden kann.

5.2.2.4 Messprogramm

Bei pvT-Untersuchungen wird in der Regel oberhalb der Schmelz- bzw. Glasübergangstemperatur gestartet und während der Messung abgekühlt. Auch hier ist eine isotherme Verweilzeit zum genauen Einstellen des Temperaturgleichgewichtes erforderlich. Diese Verweilzeit sollte gewährleisten, dass die Probe vollständig aufgeschmolzen und homogen temperiert ist, aber noch nicht thermisch geschädigt wird. Nach dem Aufschmelzen bzw. Vortemperieren wird die Probe vorkomprimiert, damit evtl. noch eingeschlossene Luftblasen entweichen können. Auch hier muss sowohl die Dauer als auch die Höhe des beaufschlagten Druckes dem Material angepasst werden, damit es nicht vor der Messung geschädigt wird. In der Regel reicht eine einminütige Vorkomprimierung bei einer Druckbelastung von ca. 500 bar aus.

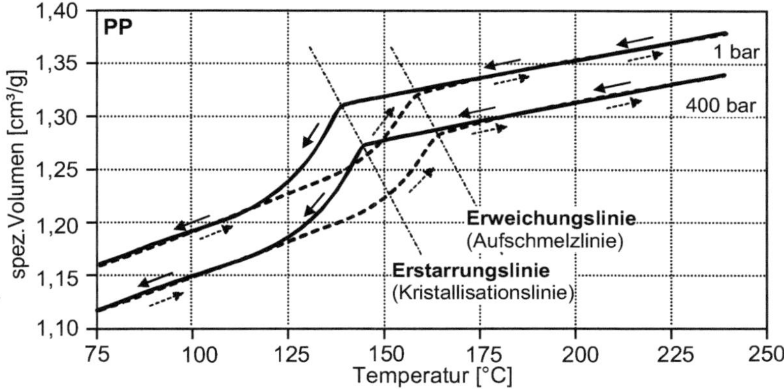

Bild 5.6 Isobare Abkühl- (-) und Aufheizmessung (- -) eines PP in einer pvT-Apparatur nach dem Kolbenprinzip

Heiz-und Kühlrate 3 °C/min, extrapolierte 1 bar-Kurve aus 400 bar und 800 bar-Kurven

Im pvT-Messgerät müssen analog zu den Heizraten auch die **Kühlraten** relativ klein gehalten werden (1 bis max. 5 °C/min), um eine homogene Temperaturverteilung in der Probe gewährleisten zu können. Stehen Schwindungsbetrachtungen im Vordergrund muss beachtet werden, dass Kristallisationsvorgänge stark von der Abkühlgeschwindigkeit abhängen.

Bei hohen Kühlraten wird der Temperaturbereich mit der hohen Keimwachstumsgeschwindigkeit schnell durchlaufen, wodurch es zu einer stark athermischen Keimbildung kommt, die zu einer Vielzahl von Keimen führt. Die aus den Kristalliten entstehenden Sphärolithe behindern sich in ihrem Wachstum gegenseitig, wodurch ein besonders feinsphärolitisches Gefüge entsteht. Diese Kristallisationsbehinderung verkleinert den Kristallisationsgrad bzw. vergrößert das spezifische Volumen. Dieser Einfluss nimmt mit steigendem Druck ab. Dieser Zusammenhang wurde für das im Bild 5.2 gezeigte Beispiel mittels DSC-Messungen, die im Anschluss an die pvT-Messung durchgeführt wurden, bestätigt.

Abkühlgeschwindigkeit/ Druck	1 °C/min	5 °C/min	10 °C/min
200 bar	78 J/g	74 J/g	72 J/g
500 bar	76 J/g	75 J/g	74 J/g
1500 bar	77 J/g	77 J/g	76 J/g

Tabelle 5.2 Schmelzenthalpie von PA6 mit unterschiedlicher thermischer Vorgeschichte (Abkühlgeschwindigkeit, Druck) gemessen im DSC-Gerät mit einer Aufheizgeschwindigkeit von 10 °C/min und einer Einwaage von ca. 3 mg

Der bei schneller Abkühlung eingestellte „Kristallisationszustand“ versucht auf das spezifische Volumen der optimalen unendlich kleinen Abkühlgeschwindigkeit zeit- und temperaturabhängig zu relaxieren. Es kommt zur Nachkristallisation und damit zu der in der Praxis unerwünschten Nachschwindung [12].

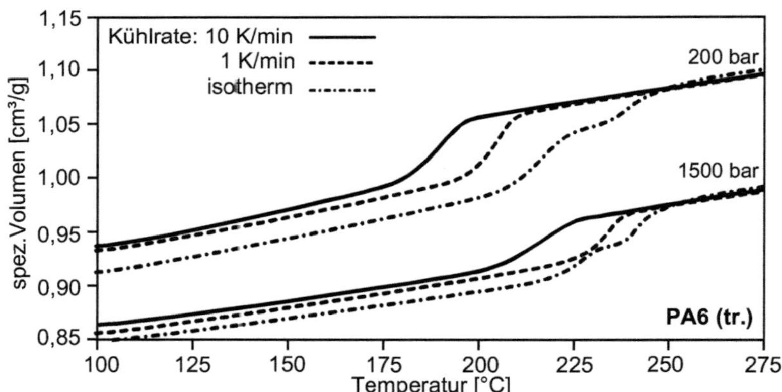

Bild 5.7 Änderung des spez. Volumens von PA6 in Abhängigkeit von der Kühlrate

Häufig werden bei pvT-Untersuchungen während einer Messung mehrere Zyklen mit unterschiedlich hohen Drücken durchlaufen. Dies ist neben dem erheblichen Zeitaufwand auch eine starke thermische Belastung für die Probe, deshalb kommt der Aufschmelztemperatur eine hohe Bedeutung zu. In Bild 5.8 ist diese Problematik am Beispiel von POM-H mit einer Aufschmelztemperatur von 220 °C gezeigt. Beim thermischen Abbau von POM wird Formaldehyd frei und verdampft. Dies führt nach den ersten normal verlaufenden vier Messungen bei jeweils 500 bar zu einem sich scheinbar erhöhenden Volumen, bis dann der Druck des abdampfenden Formaldehyds so gross wird, dass dieses durch die Dichtungen entweichen kann.

Bei Messungen mit einer Maximaltemperatur von 190 °C konnte dieser Effekt auch nach dem 10ten Zyklus nicht festgestellt werden. Bei relativ niedrigen Anfangstemperaturen ist wiederum darauf zu achten, dass das Material vollständig aufschmelzen kann. Evtl. ist es ratsam, die Probe vor Beginn der Messung kurz bei erhöhten Temperaturen aufzuschmelzen und den Messzyklus dann auf eine etwas tiefere Temperatur zu begrenzen.

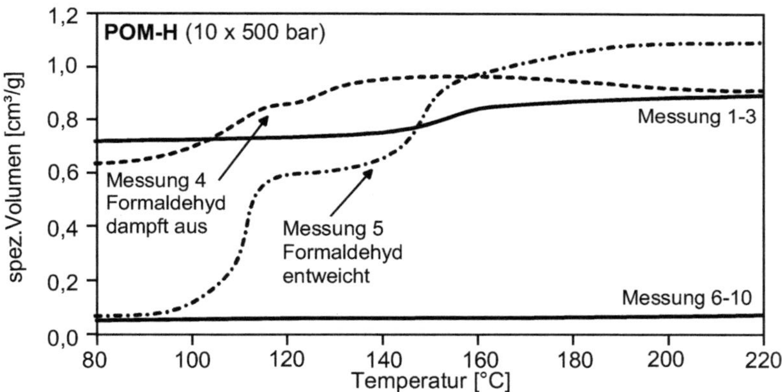

Bild 5.8 10 Wiederholungsmessungen an POM-H, Maximaltemperatur 220 °C

Kühlrate 5 °C/min, Druck 500 bar

5.2.2.5 Auswertung

Die Auswertung von pvT-Messdaten erfolgt durch die Betrachtung der Kurven bei unterschiedlichen Drücken. Für die Spritzgußverarbeitung ist dabei besonders der Verlauf der Abkühlkurven interessant, da hieraus eine Abschätzung der Schwindung bei der Kristallisation erfolgen kann und somit relevante Maschinenparameter gewählt werden können. Für Simulationsprogramme sind auch die Bedingungen bei Umgebungsdruck von Interesse. Hierfür ist es notwendig, eine Extrapolation verschiedener Druckkurven auf 1 bar durchzuführen. Aus den pvT-Daten werden die Koeffizienten für die Modellierung des Wärmeausdehnungsverhaltens entnommen.

5.2.2.6 Vergleichbarkeit zu TMA-Untersuchungen

Die Anwendungsbereiche von TMA- und pvT-Untersuchungen sind in der Regel verschieden. Während bei TMA-Messungen die Richtungsabhängigkeit des Ausdehnungsverhaltens, die thermische Vorgeschichte usw. untersucht werden, bestimmt man bei pvT-Messungen Volumenänderungen unter vorheriger Eliminierung der thermischen Vorgeschichte. Dies liegt auch am apparativen Aufbau. Bei TMA-Messungen werden „dimensionsstabile" Festkörper wie z.B. Ausschnitte aus Formteilen benötigt, wogegen das Material bei pvT-Messungen aus apparativen Gegebenheiten eine bestimmt Geometrie einnehmen muss. Um eine exakte Geometrie zu erhalten (Kolbenprinzip) oder Lufteinschlüsse zu vermeiden, wird das Material vor Beginn der pvT-Messung in der Regel aufgeschmolzen.

TMA Bestimmung des richtungsabhängigen Ausdehnungsverhaltens von Festkörpern
pvT Bestimmung der Volumenänderung bevorzugt im schmelzeflüssigen Zustand oder bei der Kristallisation

Unter Umständen ist es jedoch interessant, das Ausdehnungs- bzw. Schrumpfverhalten eines Materials über die verschiedenen Zustandsbereiche hinweg zu betrachten. Ein Vergleich der pvT- und TMA-Untersuchungen an Polycarbonat (PC) ist in Bild 5.9 dargestellt.

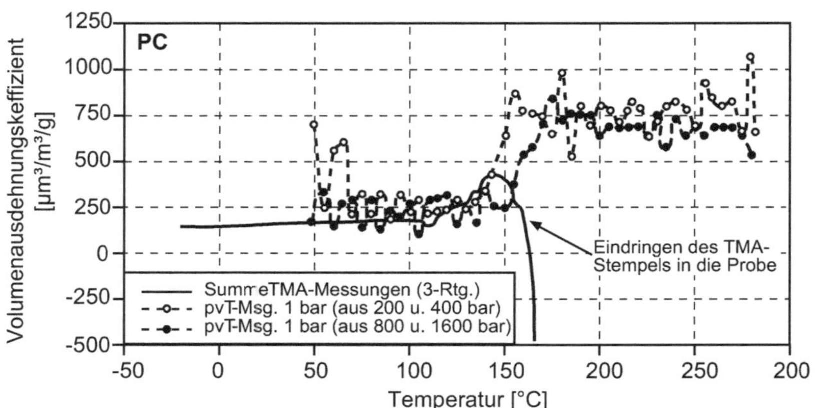

Bild 5.9 Vergleich des spez. Volumens aus pvT- und TMA-Untersuchungen an PC (TMA-Untersuchungen: Summe der Ausdehnunskoeffizienten in 3 Richtungen)

Heiz- und Kühlrate 3 K/min, Auflast (TMA) 0,5 g, Normalstempel

Für die Vergleichsmessungen wurden TMA-Untersuchungen an PC in drei Richtungen durchgeführt. Bei den TMA-Untersuchungen handelt es sich um das 2. Aufheizen nach definierter Abkühlung, um somit die thermische Vorgeschichte weitestgehend auszuschalten. Für den Vergleich der pvT-Werte wurde die 1 bar-Kurve extrapoliert.

Da sich die Druckbeaufschlagung (vor allem unterhalb von T_g) bei dem eingesetzten Kolbenprinzip wegen des Druckverlustes in der Probe als problematisch erweist, wurde die Extrapolation auf 1 bar sowohl von den Messkurven 400 und 200 bar (üblich) als auch von den Messkurven 1600 und 800 bar berechnet.

Der Vergleich der Messungen mittels TMA und pvT zeigt, dass eine Übereinstimmung der Volumenausdehnungskoeffizienten im Bereich von ca. 60 °C bis 140 °C durchaus gegeben ist. Ab ca. 145 °C wird die Probe aufgrund der erreichten Glasübergangstemperatur so weich, dass eine Ausdehnung mit dem TMA-Messgerät nicht mehr zu bestimmen ist, da die Probe zu fließen beginnt bzw. der Stempel in die Probe eindringt.

Die pvT-Messkurven zeigen größere Schwankungen vor allem im Temperaturbereich unterhalb von T_g, im Festkörperbereich. Hier dürften sich die Probleme von Lufteinschlüssen und der Druckbeaufschlagung besonders ausgewirkt haben. Die Extrapolation auf 1 bar aus den Messkurven von 1600 bar und 800 bar zeigt kleinere Schwankungen der Messwerte, aber auch eine Verschiebung der Glasübergangstemperatur zu höheren Temperaturen aufgrund der höheren Druckbeaufschlagung.

Der Volumenausdehnungskoeffizient (β) kann aus TMA-Messungen als Summe der linearen Ausdehnungskoeffizienten der 3 Raumrichtungen (x, y, z) berechnet werden:

$$\beta = \alpha_{(x)} + \alpha_{(y)} + \alpha_{(z)}$$

5.2.3 Beispiele aus der Praxis

5.2.3.1 Schwindung während der Abkühlung von Kunststoffen

Folgende Übersichtsdarstellung veranschaulicht das Niveau und die Änderung des spezifischen Volumens verschiedener teilkristalliner Thermoplaste, die jeweils in einem für sie günstigen Temperaturbereich gemessen wurden. Dargestellt sind die extrapolierten 1 bar-Kurven, die aus 1000 und 2000 bar-Kurven resultieren. Besonders deutlich wird die sprunghafte Änderung des spezifischen Volumens im Kristallisationsbereich.

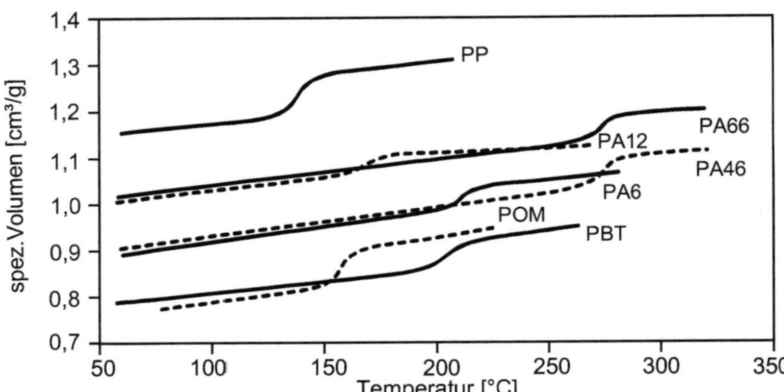

Bild 5.10 Verlauf des spez. Volumens verschiedener teilkristalliner Kunststoffe beim Abkühlen

Kühlrate 3 °C/min, extrapol.1 bar-Kurve aus 1000 und 2000 bar-Kurven, Kolbenprinzip

Bild 5.11 zeigt die Übersicht für amorphe Thermoplaste. Das Einfrieren des Materials wird bei diesen Kunststoffen durch eine Änderung der Kurvensteigung deutlich.

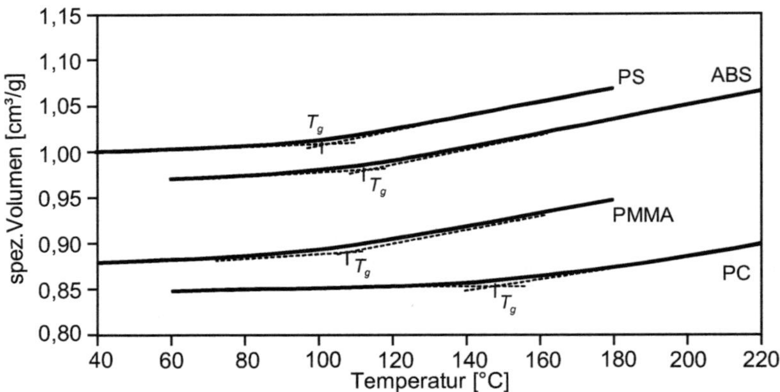

Bild 5.11 Verlauf des spez. Volumens verschiedener amorpher Kunststoffe beim Abkühlen

Kühlrate 3 °C/min, extrapol.1 bar-Kurve aus 1000 und 2000 bar-Kurven, Kolbenprinzip

5.2.3.2 Schwindung während der Aushärtung von UP-Harz

Duroplastische Materialien schwinden während des exothermen Aushärtevorgangs. Diese Schwindung bei der chemischen Reaktion ist druckabhängig und kann im pvT-Gerät gemessen werden. Hierfür werden Aufheizversuche durchgeführt im Gegensatz zu üblichen Bedingungen bei Thermoplasten.

Die Vernetzungsreaktion des in Bild 5.12 beschriebenen Systems findet im Temperaturbereich von ca. 110 bis 140 °C statt; die gemessene DSC-Kurve wurde zur Verdeutlichung der Zusammenhänge in das Diagramm aufgenommen. Eine Abhängigkeit des Reaktionsbeginns (Onsettemperatur) vom aufgebrachten Druck ist bei dieser Versuchsführung (dynamisches Aufheizen) nur schwer feststellbar; der Einfluss auf das spezifische Volumen und somit die Dichte ist deutlich bis in den ausgehärteten Zustand erkennbar.

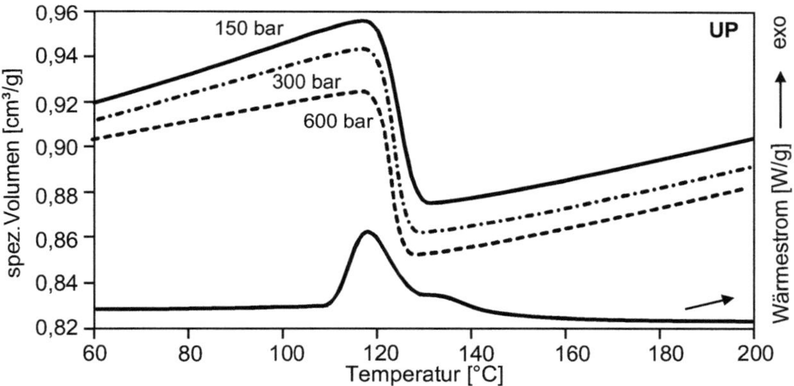

Bild 5.12 spez. Volumen bei der druckbeaufschlagten dynamischen Härtung von UP-Harz

Heizrate 5 °C/min, Einwaage ca. 0,8 g,
Kolbenprinzip, Heizrate DSC 20 °C/min

Um eine bessere Differenzierung des Reaktionsbeginns treffen zu können, empfiehlt sich daher die Durchführung isothermer Messungen. Mit Hilfe von isothermen pvT-Messungen kann die Druckabhängigkeit des Reaktionsstarts sensitiver dargestellt werden.

Am Beispiel des UP-Harzes ist eine zeitliche Verschiebung des Reaktionsbeginns (Onset) mit höheren Drücken zu längeren Zeiten hin erkennbar, Bild 5.13.

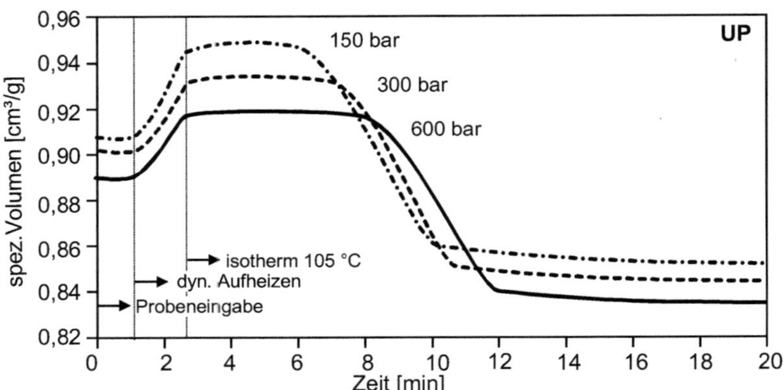

Bild 5.13 spez. Volumen bei der druckbeaufschlagten isothermen Härtung von UP-Harz

Isotherm 105 °C, Heizrate 40 °C/min, Einwaage ca. 0,8 g, Kolbenprinzip

5.2.3.3 Einfluss von Füllstoffen auf die Schwindung

Füll- und Verstärkungsstoffe haben eine von der Matrix unterschiedliche Dichte und beeinflussen somit den Verlauf des spezifischen Volumens.

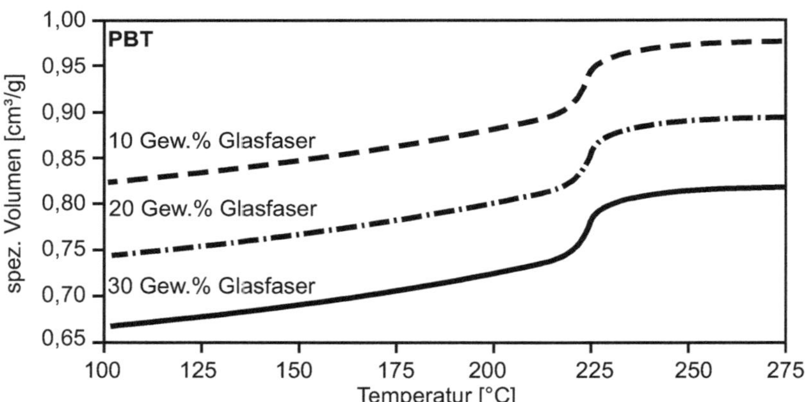

Bild 5.14 Isobare Abkühlung von PBT mit unterschiedlichem Glasfasergehalt

Kühlrate 3 °C/min, extrapol. 1 bar-Kurve aus 800 bar und 1600 bar-Kurven, Kolbenprinzip

Bild 5.14 stellt diesen Einfluss für PBT mit unterschiedlichen Glasfasergehalten dar. Die Kurven werden in Abhängigkeit des Glasfasergehaltes in ihrem gesamten Verlauf parallel verschoben.

Neben dem Füllstoffgehalt entscheidet auch die Art und Form des Füllstoffs den Verlauf der pvT-Kurve, Bild 5.15.

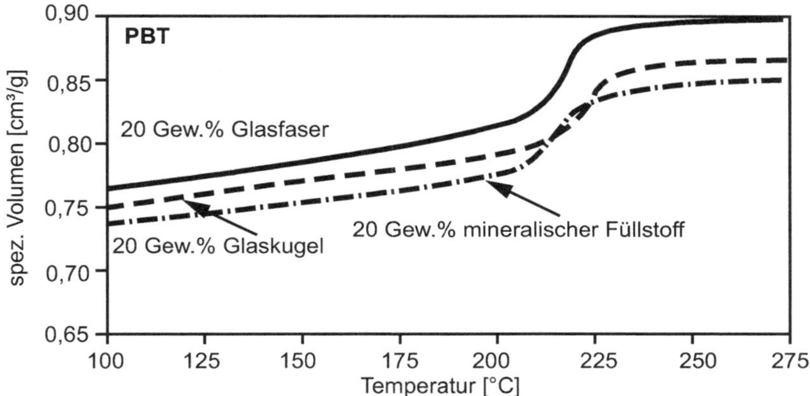

Bild 5.15 Isobare Abkühlung von PBT mit unterschiedlichen Füllstoffformen

Kühlrate 3 °C/min, extrapol. 1 bar-Kurve aus 800 bar und 1600 bar-Kurven, Kolbenprinzip

Letztendlich ist hier das Volumen des Füllstoffs für unterschiedliche Messkurven verantwortlich. Des Weiteren ist der Einfluss der Wärmeleitfähigkeit der Füllstoffe auf den Kristallisationsbeginn erkennbar. Der schlechter leitende mineralische Füllstoff sorgt für eine Verschiebung der Kristallisation zu etwas tieferen Temperaturen.

Wie stark die Schwindung bei der Kristallisation durch verschiedene Füllstoffarten beeinflusst werden kann, zeigt der folgende Vergleich von pvT-Kurven des reinen Matrixmaterials PA6 und den mit 80 Gew.% sehr hochgefüllten Mischungen mit Aluminiumoxid und Bornitrid. Der große Unterschied im Absolutwert des spezifischen Volumens ist auf die hohe Dichte der beiden Füllstoffe zurückzuführen.

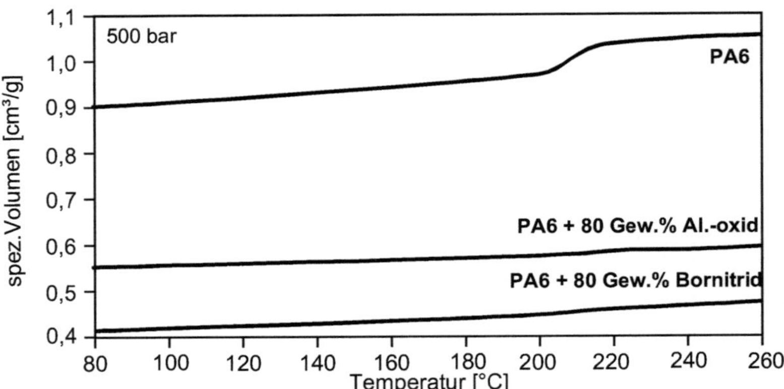

Bild 5.16 Isobare Abkühlung von PA6 mit verschiedenen Füllstoffen

Kühlrate 3 °C/min, 500 bar, Kolbenprinzip

5.2.3.4 Schwindungsverhalten von Kunststoffmischungen

Bild 5.17 stellt pvT-Kurven einer Mischung aus PA66 und POM (50/50) sowie der beiden reinen Materialien dar.

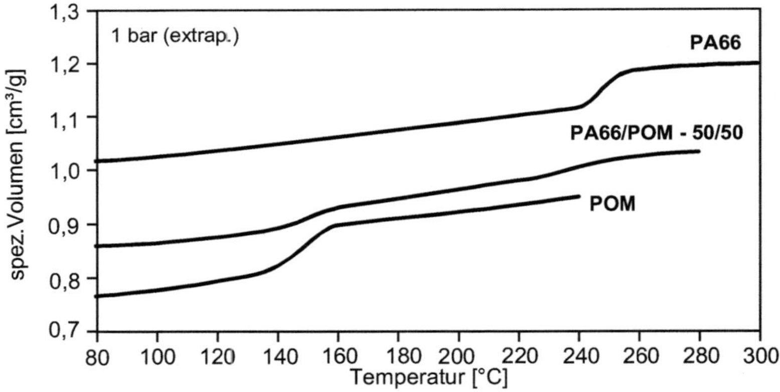

Bild 5.17 Isobare Abkühlung von PA66, POM und einer 50/50-Mischung aus PA66/POM

Kühlrate 3 °C/min, extrapol. 1 bar-Kurve aus 500 bar und 1000 bar-Kurven, Kolbenprinzip

Die reinen Materialien zeigen den für den Kristallisationsbereich typischen Sprung in der Kurve. In der Mischung bleiben beide Kristallisationsbereiche erhalten, nur die Höhe des Sprungs hat sich entsprechend der Anteile verringert. Der Verlauf des spezifischen Volumens liegt zwischen den Verläufen der beiden reinen Mischungskomponenten.

Mischungen aus ABS mit Anteilen von PBT (10 und 20 %) führen zu den in Bild 5.18 dargestellten Kurvenverläufen. Hierbei dominiert das amorphe ABS den Kurvenverlauf der Mischungen. Die Stufe bei der Kristallisation des PBT ist bei geringen Mischungsverhältnissen kaum ausgeprägt.

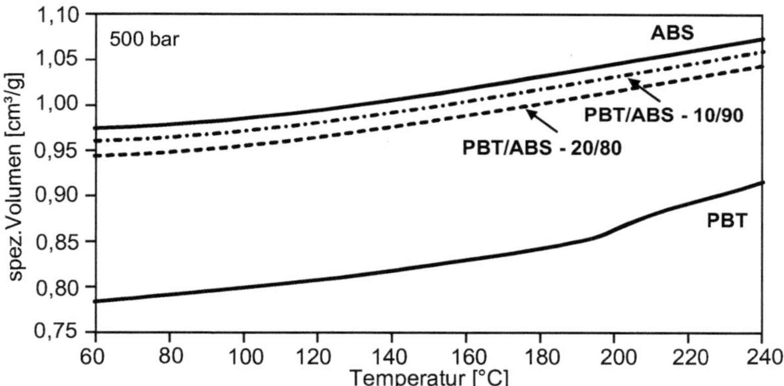

Bild 5.18 Isobare Abkühlung von PBT/ABS-Mischungen

Kühlrate 3 °C/min, 500 bar, Kolbenprinzip

5.2.3.5 Zustandsverlauf beim Spritzgießen

Mit Hilfe von pvT-Diagrammen lässt sich der thermodynamische Zustandsverlauf beim Spritzgießen in den drei Prozessen Formteilfüllvorgang, Nachdruckphase und Restkühlphase darstellen [8].

Dies geschieht durch die zeitgleiche Übertragung der Drücke und Temperaturen, die in den jeweiligen Prozessabschnitten auftreten, in ein pvT-Diagramm.

Bild 5.19 zeigt einen gemessenen, angussnahen Druckverlauf und einen berechneten mittleren Temperaturverlauf im Formteil während des Spritzgießzyklus. Die gekennzeichneten Punkte werden in das, für den Werkstoff vorliegende pvT-Diagramm übertragen, Bild 5.20.

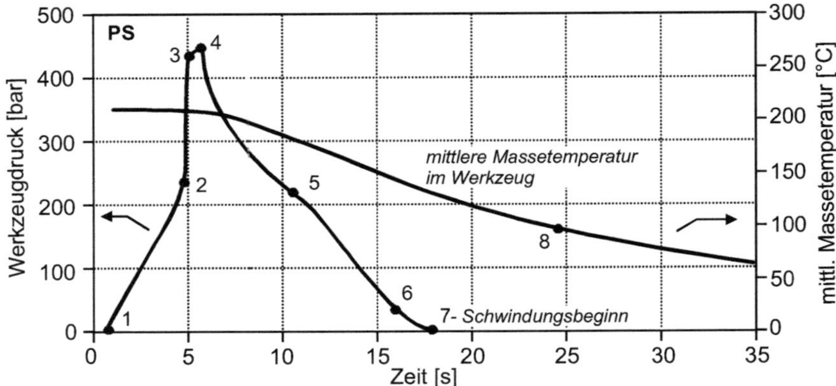

Bild 5.19 Druck- und Temperaturverlauf im Werkzeug während des Formfüllvorgangs und der Abkühlphase beim Spritzgießen von PS [10]

Anhand solcher Zustandsverläufe lassen sich für jeden Prozessabschnitt wichtige Aussagen über den Schwindungsverlauf und die Schmelzebewegung treffen.

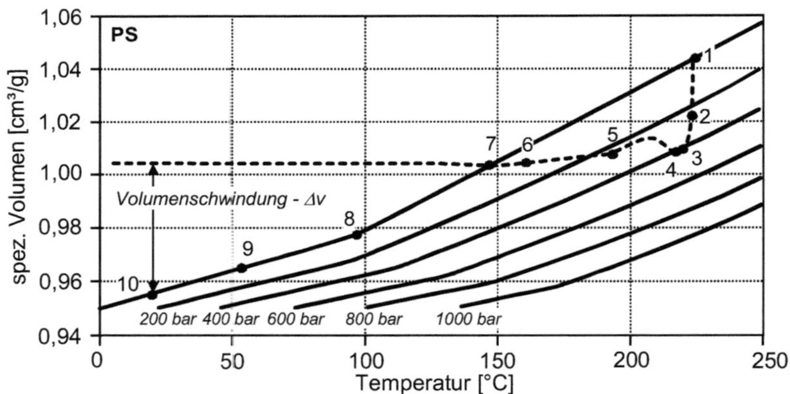

1 Beginn der Formfüllung (Schmelze berührt den Druckaufnehmer)

2 Formnest ist volumetrisch gefüllt

3 Ende der Kompressionsphase

4 Umschalten auf Nachdruck (teilweise Entladung der Form, Schmelzefluss in den Schmelzevorraum)

5 Nachdruckniveau

6 Anschnitt ist eingefroren

7	Druck ist auf Atmosphärendruck abgesunken (Beginn der Schwindung)
8	Mittlere Massetemperatur hat die Einfriertemperatur erreicht
9	Entformung
10	Formteil hat Raumtemperatur erreicht

Bild 5.20 Zustandsverlauf beim Spritzgießprozess nach Stitz [9, 11]

Von Bedeutung für den Schwindungsbeginn ist der in den Bildern dargestellte Punkt 7 (Erreichen des Atmosphärendrucks). Durch unterschiedliche Nachdruckprofile oder veränderte Abkühlbedingungen kann dieser Punkt bei unterschiedlichen Temperaturen liegen. Die Schwindung lässt sich dadurch beeinflussen.

5.2.3.6 Temperaturerhöhung bei adiabater Kompression der Schmelze

Mit Hilfe der in einer pvT-Untersuchung ermittelten Werte kann die Temperaturerhöhung bei adiabater Kompression berechnet werden [2].

Tritt in einer Schmelze eine plötzliche Druckerhöhung (Δp) auf, so spricht man bei Vernachlässigung des Wärmeaustausches zwischen Schmelze und Umgebung von einer adiabaten Kompression. Hierfür kann die Temperaturerhöhung (ΔT) infolge Kompression näherungsweise nach folgender Gleichung berechnet werden.

$$\Delta T = \frac{\alpha T}{\rho \; c_p} \cdot \Delta p$$

In dieser Gleichung, auf deren Herleitung verzichtet wird, bedeutet c_p die spezifische Wärmekapazität bei konstantem Druck und T die absolute Temperatur in Kelvin. Die Temperaturerhöhung beinhaltet sowohl den reversiblen als auch den irreversiblen (d.h., die durch innere Reibung erzeugte Erwärmung) Anteil an der Druckerhöhung.

Die Gleichung für den irreversiblen Anteil ΔT_{irr} ergibt sich auf der Basis des Voigt-Kelvin-Modells nach [3] zu:

$$\Delta T_{irr} = \frac{\xi}{\rho \, c_p} \Delta p^2$$

Hiermit errechnen sich für die meisten Kunststoffschmelzen Temperaturerhöhungen (irreversibel und reversibel) von 5 bis 20 °C bei plötzlicher Kompression von 1 auf 1000 bar.

Für Polystyrol mit folgenden Stoffdaten:

$\alpha \approx 5{,}5 \cdot 10^{-4}$	K^{-1}
$\rho \approx 1{,}01 \cdot 10^{3}$	kg/m^3
$c_p \approx 1{,}95$	kJ/kg grd
$\xi \approx 6{,}3 \cdot 10^{-4}$	mm^2/N

ergibt sich bei einer Temperatur von 227 °C und einer Druckerhöhung auf 1000 bar nach der obigen Gleichung eine Temperaturerhöhung von (es werden konstante Stoffwerte angenommen):

$$\Delta T = 14{,}0\ °C.$$

Der irreversible Anteil an der plötzlichen Druckerhöhung auf 1000 bar beträgt nach obiger Gleichung

$$\Delta T_{irr} = 3{,}2\ °C.$$

Diese Wert stimmt sehr genau mit Messungen der Temperaturerhöhung der Schmelze im Schneckenvorraum durch plötzliche Kompression während der Füllphase beim Spritzgießen überein [4].

Solche Versuche wurden im pvT-Messgerät nachgestellt. Hierbei wurden teilkristalline und amorphe Thermoplaste ca. 20 °C oberhalb ihrer Schmelz- bzw. Glasübergangstemperatur isotherm gehalten und mit einem Druck von 1000 bzw. 2000 bar beaufschlagt. Mit einem im Druckstempel befindlichen Thermoelement konnte die Temperaturerhöhung während der Druckbeaufschlagung registriert werden. Die Ergebnisse sind in Bild 5.21 für teilkristalline und amorphe Thermoplaste zusammengefasst.

Es konnten Temperaturerhöhungen bis zu 15 °C gemessen werden. Je höher der beaufschlagte Druck gewählt wurde, desto höher fiel die Temperaturerhöhung aus. Das Niveau der Temperaturerhöhung liegt bei amorphen Thermoplasten bei deutlich geringeren Werten und zeigt eine weniger starke Druckabhängigkeit im Vergleich zu den teilkristallinen Thermoplasten.

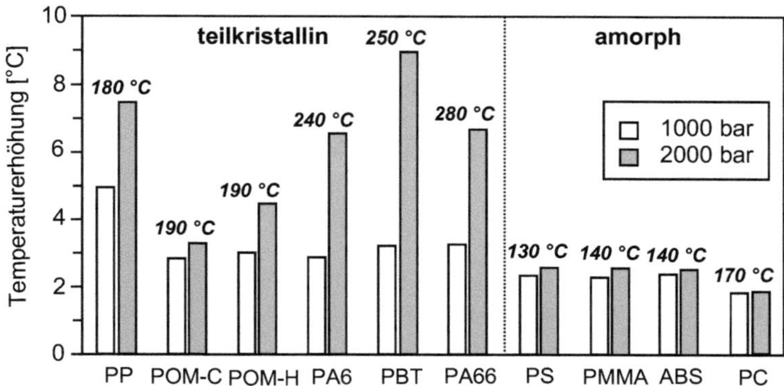

Bild 5.21 Adiabatische Temperaturerhöhung in der Schmelze bei Druckbeaufschlagung verschiedener Kunststoffe

Isotherm ca. 20 °C oberhalb der jeweiligen Schmelztemperatur bzw. Glasübergangstemperatur, Druckbeaufschlagung 1000 bar, 2000 bar, Kolbenprinzip

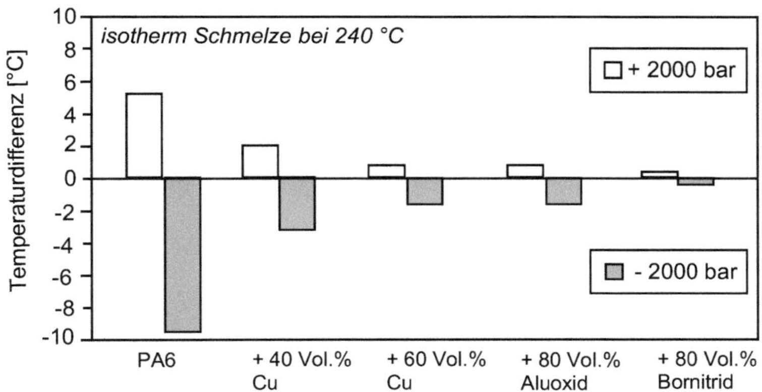

Bild 5.22 Temperaturerhöhung in der Schmelze bei Druckbeaufschlagung bzw. Druckentlastung von 2000 bar an PA6 mit verschieden wärmeleitenden Füllstoffen

Isotherm 240 °C, Druckbeaufschlagung + 2000 bar bzw. Entlastung - 2000 bar, Kolbenprinzip

Neben der Temperaturerhöhung bei Druckbeaufschlagung ist es interessant zu wissen, wie sich das Temperaturniveau in der Schmelze bei Wegnahme des Druckes verhält. Wird die Schmelze spontan entlastet, so kommt es zu einer sofortigen Temperaturerniedrigung in der Schmelze, d.h. zu einer Unterkühlung. Am Beispiel von PA6 kommt es so zu einer Temperaturerhöhung von knapp 5 °C bei Druckbeaufschlagung mit 2000 bar und von knapp 10 °C bei einer Entspannung von 2000 bar auf 1 bar. Dieser Effekt der Temperaturerhöhung und dem Absenken derselben wurde für PA6 und Mischungen aus PA6 mit unterschiedlichen Füllstoffarten, die die Wärmeleitung stark verändern, und mit unterschiedlichen Füllstoffgehalten gemessen, Bild 5.22.

5.2.3.7 Temperaturerhöhung während der Aushärtung von UP-Harz

Während der Aushärtung von Reaktionsharzen wird Energie frei (s.a. Kap. 1.2.3.9) Um einen Anhaltspunkt über die Temperaturerhöhung während einer solchen chemischen Reaktion zu erhalten, wurden Temperaturmessungen bei der Aushärtung von UP-Harzen unter Druck durchgeführt. Um den Bezug zu praktischen Verarbeitungsparametern zu gewähren, wurde eine Druckbeaufschlagung von 150 bar gewählt und eine Temperatur von 105 °C isotherm gehalten. Bild 5.23 zeigt die Temperaturerhöhung in der reinen UP-Harz-Probe im Vergleich zu kreidegefüllten Ansätzen während der Aushärtung bei 105 °C. Die Temperatur in der ungefüllten Probe steigt während der Reaktion um ca. 90 °C an. Bei den kreidegefüllten Ansätzen konnte eine Verschiebung der Aushärtereaktion zu höheren Zeiten ermittelt werden. Die Temperaturerhöhung nimmt vom ungefüllten zum gefüllten Harz rapide und mit zunehmendem Kreidegehalt immer mehr ab.

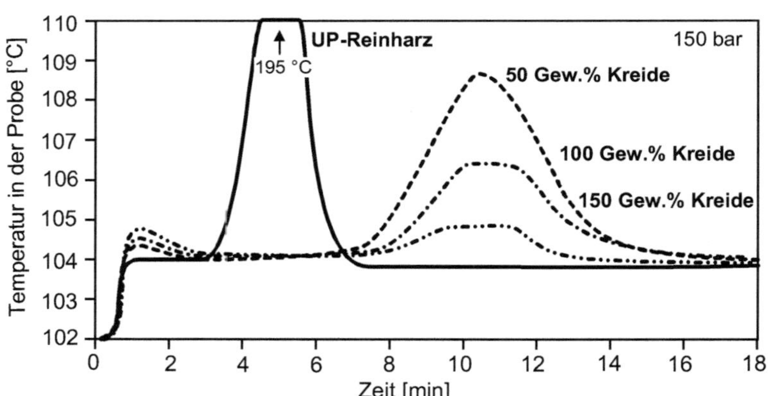

Bild 5.23 Erwärmung von UP-Harz im pvT-Gerät während der Aushärtung, abhängig vom Kreidegehalt

Isotherm 105 °C, Druck 150 bar, Kolbenprinzip

5.3 Literatur

[1] Rieger, J., Kressler, J., Maier, R.-D. — Temperatur- und Druckabhängigkeit der Dichte von Polymeren

[2] Menges G., Thienel, P., Kemper, W. — Das physikalische Verhalten von Thermoplasten bei der Aufnahme von pvT-Diagrammen unter verschiedenen Messbedingungen
Plastverarbeiter 28 (1977) 12, S. 632

[3] Schenkel, G. — Thermodynamische Grundlagen der Kunststoff-verarbeitung
Kunststoff und Gummi (1969) 7, S. 237 und 282

[4] Hellwege, K.H., Knappe, W., Lehmann, P. — Die isotherme Kompressibilität einiger amorpher und teilkristalliner Hochpolymere im Temperaturbereich von 20 bis 250 °C und bei Drücken bis 2000 kp/cm²
Z. f. Polymere 183 (1962), 110

[5] Ehrenstein, G.W. — Polymer-Werkstoffe, 2. Aufl.
Carl Hanser Verlag, München 1999

[6] Fuchs, K. — Entwicklung und Charakterisierung thermotroper Polymerblends
Dissertation, Institut für Makromolekulare Chemie, Universität Freiburg i.Br., 2001

[7] Wacker, M., Ehrenstein, G.W. — Rheological and Thermoanalytical Investigations on a „Class A“ LP-SMC-Paste
ANTEC 2002, San Francisco

[8] Bayer AG — Prozeßgrößen beim Spritzgießen von Thermoplasten als Produktionskostenfaktoren Schmelze-, Werkzeug-, Entformungstemperaturen, Zykluszeit, pvT-Diagramme
Anwendungstechnische Information,
GB Kunststoffe, ATI 916

[9]	Menges, G., Thienel, P.	Eine Messvorrichtung zur Aufnahme von p-v-T Diagrammen bei praktischen Abkühlgeschwindigkeiten Kunststoffe 65 (1975) 10, S. 696-699
[10]	Thienel, P., Kemper, W., Schmidt, L.	Praktische Anwendungsbeispiele für die Benutzung von p-v-T Diagrammen Plastverarbeiter 30 (1979) 1, S. 22-26
[11]	Stitz, S.	Analyse der Formteilbildung beim Spritzgießen von Plastomeren als Grundlage für die Prozeßsteuerung Dissertation, Institut für Kunststoffverarbeitung, RWTH Aachen 1973
[12]	Rodgers, P. A.	Pressure-Volume-Temperature Relationships for Polymeric Liquids: A Review of Equations of State and their Characteristic Parameters for 56 Polymers J. of Applied Polymer Sci. 48 (1993), S. 1061
[13]	Stitz, S., Keller, W.	Spritzgießtechnik Carl Hanser Verlag, München 2001
[14]	Zoller, P., Walsh, D.	Standard Pressure-Volume-Temperature Data for Polymers Technomic Publication Company Lancaster, 1995
[15]	Krause, R. D.	Modelierung und Simulation rheologisch/ thermodynamischer Vorgänge bei der Herstellung großflächiger thermoplastischer Formteile mittels Kompressionsformverfahren VDI-Verlag GmbH, Düsseldorf 2000

6 Dynamisch - Mechanische Analyse - DMA

6.1 Grundlagen der Dynamisch - Mechanischen Analyse

6.1.1 Einleitung

Die Dynamisch Mechanische Analyse (DMA) liefert Informationen über den Verlauf mechanischer Eigenschaften unter geringer, meist sinusförmiger dynamischer Belastung als Funktion der Temperatur, Zeit und/oder der Frequenz.

Eine aufgebrachte mechanische Beanspruchung, d.h. Spannung oder Deformation hat ein entsprechendes Antwortsignal, Deformation bzw. Spannung, zur Folge, das hinsichtlich Amplitude und Phasenverschiebung ausgewertet wird, Bild 6.1. Der daraus resultierende komplexe Modul kann nach DIN EN ISO 6721-1 [1] abhängig von der Verformungsart E*, G*, K* oder L* sein. Die weiteren Zusammenhänge werden exemplarisch am Beispiel des Elastizitätsmoduls E dargestellt.

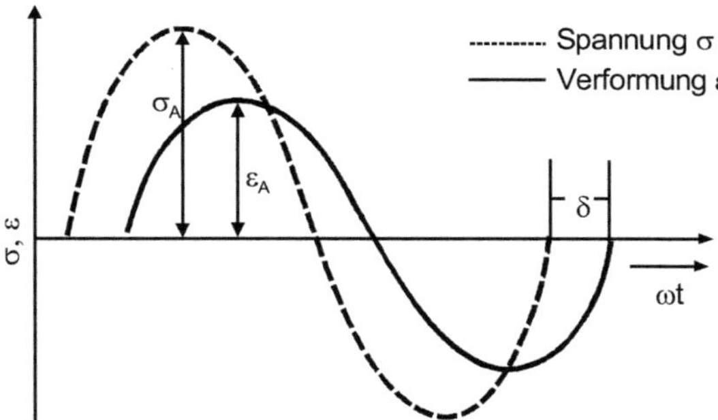

Bild 6.1 Sinusförmige Schwingung und Antwortsignal eines linear-viskoelastischen Materials, δ = Phasenwinkel, E = Zugmodul, G = Schubmodul, K = Kompressionsmodul, L = einachsiger Dehnungsmodul

Der **komplexe Modul E*** wird als Quotient zwischen Spannungs- und Verformungsamplitude bestimmt und kennzeichnet die Materialsteifigkeit der Probe. Der Betrag des komplexen Moduls ist:

$$|E^*| = \frac{\sigma_A}{\varepsilon_A}$$

Der komplexe Modul wird in den Speichermodul E´ (Realteil) und den Verlustmodul E´´ (Imaginärteil) aufgeteilt (s. Bild 6.2), dabei handelt es sich um dynamisch-elastische Kenngrößen, die als werkstoffspezifische Funktionen neben den Messbedingungen und der Vorgeschichte vor allem von der Frequenz abhängen.

Im linear-viskoelastischen Bereich hat die Spannungsantwort dieselbe Frequenz ($\omega = 2\pi f$) wie die Deformationsanregung. Die Messgrößen bei dynamischen Versuchen sind die Amplituden der Verformung und der Spannung und die Zeitverschiebung δ/ω zwischen Verformung und Spannung, mit Hilfe derer die Kenngrößen ermittelt werden können [2].

$$|E^*| = \frac{\sigma_A}{\varepsilon_A}$$

$$|E^*| = \sqrt{[E'(\omega)]^2 + [E''(\omega)]^2}$$

$$E'(\omega) = |E^*| \cdot \cos\delta$$

$$E''(\omega) = |E^*| \cdot \sin\delta$$

$$\tan\delta = \frac{E''(\omega)}{E'(\omega)}$$

Bild 6.2 Berechnungsformeln für den komlexen Modul E*, den Speichermodul E´, den Verlustmodul E´´ und den Verlustfaktor tan δ [1, 2]

Der **Speichermodul E´** stellt nach DIN EN ISO 6721-1 [1] die Steifigkeit eines viskoelastischen Werkstoffs dar und ist proportional zur maximal während einer Belastungsperiode elastisch gespeicherten Arbeit. Er entspricht in etwa dem E-Modul bei einmaliger zügiger Beanspruchung bei niedriger Belastung und reversibler Verformung und damit weitgehend den in Tabellen angegebenen Werten nach DIN EN ISO 527.

Der **Verlustmodul E´´** ist nach [1] proportional zur Arbeit, die während einer Belastungsperiode im Material dissipiert wird. Er kennzeichnet die z.B. in Wärme umgewandelte Energie und ist ein Maß für die bei einer Schwingung nicht wiedergewinnbahre, umgewandelte Schwingungsenergie. Die Modulwerte werden nach [1] mit der Einheit [MPa] angegeben, häufig wird [N/mm^2] verwendet.

Der Realteil des Moduls kann zur Beurteilung der elastischen Eigenschaften herangezogen werden, der Imaginärteil spiegelt die viskosen Eigenschaften wieder [2].

Der **Phasenwinkel δ** kennzeichnet nach [1] die Phasenverschiebung zwischen der dynamischen Spannung und der dynamischen Verformung eines viskoelastischen Materials, das einer sinusförmigen Schwingung ausgesetzt ist. Der Phasenwinkel wird ausgedrückt in [rad].

Der **Verlustfaktor tan δ** kennzeichnet das Verhältnis zwischen Verlust- und Speichermodul [1]. Dieser wird üblicherweise als ein Maß für die Energieverluste bei einer Schwingung bezogen auf die wiedergewinnbahre Energie benutzt. Er kennzeichnet die mechanische Dämpfung oder innere Reibung eines viskoelastischen Systems. Der Verlustfaktor tan δ ist dimensionslos [-]. Ein hoher tan δ-Wert kennzeichnet ein Material mit hohem nichtelastischen Verformungsanteil; ein niedriger Wert ein mehr elastisches Material.

Kurven zeigen den Verlauf von komplexem Modul E*, Speichermodul E′, Verlustmodul E′′ und Verlustfaktor tan δ

Bei einem rein elastischen Material, s. Bild 6.3, sind Spannung und Verformung phasengleich ($\delta = 0$), d.h. der komplexe Modul E* ergibt sich direkt aus dem Verhältnis der Spannungs- zur Verformungsamplitude und entspricht dem Speichermodul E′ ($\delta = 0$, d.h. $\cos 0 = 1$ und $\sin 0 = 0$; d.h. $E^* = E'$). Ein nahezu rein elastisches Material ist Stahl. Für ein rein viskoses Material, z.B. eine Flüssigkeit, ergibt sich ein Phasenwinkel von 90°. Dann entspricht E* dem Verlustmodul E′′, der den viskosen Teil charakterisiert.

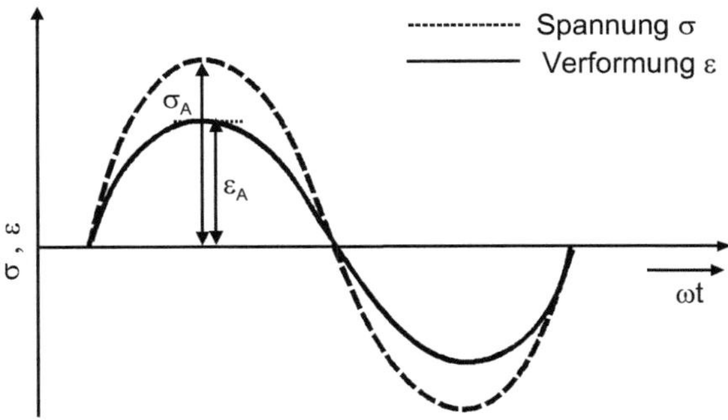

Bild 6.3 Spannungs- Dehnungsverhalten eines rein elastischen Materials

Messung von viskosen und elastischen Eigenschaften

Anhand von Bild 6.4 werden schematisch typische Kurven eines amorphen Thermoplasten dargestellt und deren Verlauf beschrieben. Bei niedrigen Temperaturen sind die Moleküle so unbeweglich, dass sie den schwingend einwirkenden Belastungen nicht folgen können und steif bleiben. Man sagt, die Mikrobrownschen Bewegungen sind erstarrt, d.h. es sind keine Gestaltsänderungen von Makromolekülabschnitten, besonders durch Drehung um die C-C-Bindungen möglich, und die Molekülverschlaufungen wirken wie feste Vernetzungspunkte. Bei hohen Temperaturen werden die Molekülabschnitte leicht beweglich und können den Belastungen mühelos folgen. Die Verschlaufungen bleiben weitgehend fest, können aber gelegentlich verrutschen und gelöst werden. Bei Duroplasten und Elastomeren wirken zusätzlich noch chemische Vernetzungen, die bei allen Temperaturen erhalten bleiben. Bei schwachvernetztem Kautschuk kommt auf 1000 Atome, bei ausgehärteten spröden Duroplasten auf etwa 20 Atome eine Vernetzungsstelle.

Den Zustand bei tiefen Temperaturen nennt man **Glaszustand oder energieelastischen Zustandsbereich**, den bei hohen Temperaturen **gummi- oder entropieelastischen Zustandsbereich**. Der Übergang vom Glaszustand in den gummielastischen Zustand wird als **Glasübergang** bezeichnet. Wenn die Molekülbewegungen durch Erweichen den schwingenden Belastungen gerade folgen können, wird pro Schwingungsbewegung das mögliche Maximum an innerer Reibung und nichtelastischer Verformung umgesetzt, der Verlustmodul als Maß für diese dissipierte Energie erreicht damit ebenfalls ein Maximum. Der Speichermodul fällt im Glasübergang bei der Erwärmung auf ein tausendstel bis zehntausendstel seines ursprünglichen Wertes. Da der Verlustfaktor durch Division des Verlustmoduls durch den Speichermodul betimmt wird, unterdrückt der Abfall des Speichermoduls zunächst den Anstieg des Verlustfaktors, so dass er sein Maximum erst bei höheren Temperaturen als der Verlustmodul erreicht.

Temperatur von tan δ_{max} liegt immer oberhalb der Temperatur von E''_{max}

Bei DMA-Messungen sind die einwirkenden Beanspruchungen schon alleine gerätebedingt gering, so dass sich die Werkstoffe weitgehend rein elastisch oder zumindest linear-viskoelastisch verhalten. Da der komplexe Modul sich vom Speichermodul vor allem durch die nichtelastische Komponente unterscheidet, sind die Unterschiede umso geringer, je weniger diese sich auswirken, so dass $E^* = E'$gesetzt werden kann. Nur im Glasübergang, wo pro Schwingung ein Maximum an nichtelastischer Verformung wirkt, macht sich dieses in einem um wenige °C früherer erfolgenden Abfall bemerkbar. Bei der Übertragung der Ergebnisse einer DMA-Messung auf reale Bauteile sollte man immer berücksichtigen, dass mit zunehmender Belastungshöhe und -dauer Ereignisse wie der Glasübergang wenige °C früher eintreten als die DMA-Messung anzeigt [3].

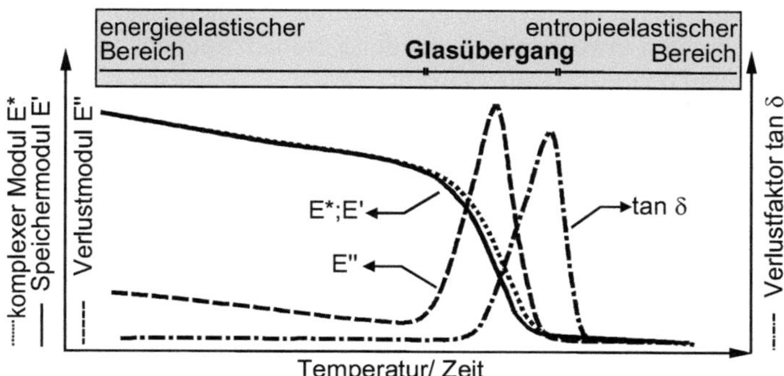

Bild 6.4 Schematische Darstellung typischer DMA-Kurven eines amorphen Kunststoffs

6.1.2 Messprinzip

Bei einer DMA-Messung kann entweder eine sinusförmige Deformation vorgegeben und die resultierende Spannung gemessen werden; man spricht dann von weg- oder deformationsgesteuerten Versuchen. Gibt man eine sinusförmige Spannung als dynamische Kraft vor und mißt die resultierende Verformung handelt es sich um kraftgesteuerte Versuche. Die dynamische Belastung kann grundsätzlich in freier oder erzwungener Schwingung realisiert werden. Aus konstruktiven Gründen sind zwei Gerätebauweisen zu unterscheiden:

Geräte für Torsionsbelastung

Geräte für Biege-, Zug-, Druck- oder Scherbelastung.

6.1.2.1 Freie Schwingung

Bei **freier Torsionsschwingung** wird eine einseitig fest eingespannte Probe durch eine am Probenende befindliche Torsionsschwungscheibe zu freier Schwingung angeregt. Aus der sich einstellenden Schwingungsfrequenz und -amplitude, unter Berücksichtigung der Probenabmessungen, wird der Torsionsmodul berechnet. Aus Messungen bei verschiedenen Temperaturen ergibt sich der Verlauf des Torsionsmoduls in Abhängigkeit der Temperatur. Der Begriff Torsionsmodul soll ausdrücken, dass es sich nicht unbedingt um eine reine Schubbeanspruchung handelt, der gemessene Wert damit auch kein eindeutiger Schubmodul ist (außer bei Rohren). Eine eingespannte Flachprobe wird beim Verdrehen auf Torsion und zusätzlich an den beiden freien Rändern je nach Einspannung und Geometrie auf Zug, in der Mitte auf Druck beansprucht.

Ein weiteres Verfahren mit freier Schwingung bietet der **Biegeschwingversuch**. Ein Probekörper wird zwischen zwei parallele Schwingarme fest eingespannt. Über einen Schwingarm wird die Probe fortlaufend zu Schwingungen angeregt, so dass sich eine Resonanzfrequenz des schwingenden Systems mit annähernd konstanter Amplitude ergibt. Der Modulwert errechnet sich aus der Resonanzfrequenz, der sich einstellenden Amplitude und den Probeabmessungen.

Geräte mit freischwingender Versuchsanordnung sind sehr empfindlich und daher gut zur Untersuchung schwach ausgeprägter Effekte geeignet. Der Nachteil liegt in der sinkenden Frequenz bei Modulerniedrigung infolge erhöhter Temperaturen [4]. Frequenzabhängige Messungen sind schwer durchführbar, nur mit unterschiedlichen Probengeometrien und somit einem erheblichen Messaufwand zu realisieren.

6.1.2.2 Erzwungene Schwingung (nichtresonante Schwingung)

Geräte mit festeinstellbarer Frequenz arbeiten mit vorgegebener Amplitude (Spannungs- oder Verformungsamplitude). Dabei können eine oder mehrere Messfrequenzen während eines Messdurchlaufs gewählt werden.

Bild 6.5 zeigt den Aufbau eines Gerätes für eine **Torsionsbelastung**.

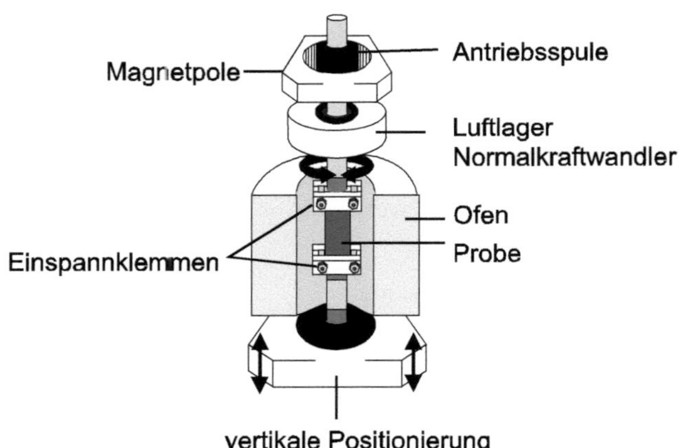

Bild 6.5 Schematischer Aufbau eines Torsionsschwinggerätes mit fest einstellbarer Frequenz [5]

Die beidseitig fest eingespannte Probe wird elektromagnetisch mit definierter Auslenkung und Frequenz in sinusförmige Schwingung versetzt. Durch die Dämpfungseigenschaften des Materials bzw. der Probe bleibt das Drehmoment um den Phasenwinkel δ hinter der Verformung zurück, s. Bild 6.1. Mit gemessenen Werten für das Drehmoment, den Phasenwinkel und der Geometriekonstanten der Probe lassen sich aus den aufgeführten Beziehungen der komplexe Modul G*, der Speichermodul G′ und der Verlustmodul G′′ sowie der Verlustfaktor tan δ berechnen.

Dimensionsstabile rechteckige oder zylindrische Proben werden zwischen zwei Einspannklemmen fixiert; es können Proben mit sehr hohen (Faserverbundkunststoffe) bis zu geringen Modulwerten (Elastomere) gemessen werden. Mit entsprechenden planparallelen Platten, die an den Antriebswellen fixiert werden können, ist auch die Messung weicher, gelartiger Substanzen oder zäher Flüssigkeiten möglich.

Die meisten Geräte weisen eine **vertikale Belastung** auf und erlauben Messungen unter Biege- Zug-, Druck- oder Scherbelastung. Dabei werden die verschiedenen Belastungen meist an einem Gerät durch den Austausch der Einspannvorrichtungen realisiert, Bild 6.6.

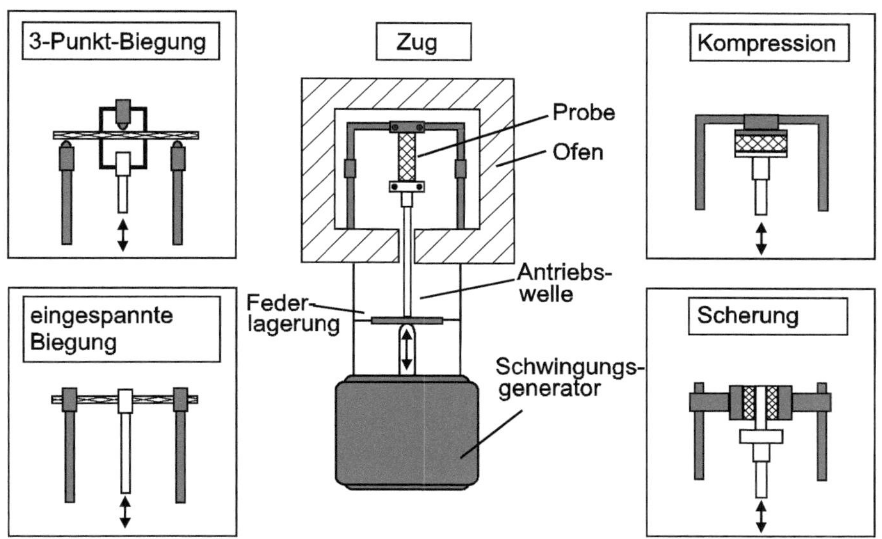

Bild 6.6 Schematischer Aufbau eines DMA-Gerätes unter vertikaler Belastung mit den möglichen Versuchsanordnungen

Bei Messungen im **Dreipunkt-Biegemodus** liegt die Probe an zwei Seiten frei auf und wird mittig belastet. Um den direkten Kontakt zur Probe zu sichern, muss eine zusätzliche statische Vorlast aufgebracht werden. Diese Anordnung eignet sich für Materialien mit hoher Steifigkeit, wie Metalle, Keramik oder Verbundwerkstoffe. Für amorphe Kunststoffe ist sie aufgrund des starken Erweichens oberhalb der T_g nicht geeignet. Neben dem Vorteil der einfachen und überschaubaren Versuchsanordnung ist aber das Auftreten einer zusätzlichen Schubspannung in der Probenmitten-ebene zu berücksichtigen. Bei kurzen Proben tritt somit interlaminarer Schub in der neutralen, meist schubweichen Ebene auf. Durch ein entsprechend großes Längen/-Dicken-Verhältnis oder durch eine zumeist aufwendigere 4-Punkt-Lagerung kann dieser Einfluss reduziert werden.

Bei **fest eingespannten** Biegepoben sind auch Messungen amorpher Thermoplaste über T_g hinaus möglich. Die Probe wird sowohl an beiden Auflageflächen als auch in der Probenmitte am Messstempel fixiert (zweiseitig eingespannte Biegebelastung). Daher ist keine statische Vorkraft erforderlich. Dieser Messaufbau wird bei verstärkten Duroplasten, Thermoplasten und auch Elastomeren angewendet. Proben mit großer thermischer Ausdehnung können sich bei fest eingespanntem Versuchsaufbau wölben, was zu einer Verfälschung der Messwerte führen kann. Solche Proben werden besser einseitig eingespannt oder frei aufliegend gemessen. Im Gegensatz zur Biegebelastung, bei der die Beanspruchung überwiegend längs zur Probekörperlängsachse zwischen Druck und Zug wechselt, wirkt bei ausschließlicher Zug- und Druckbeanspruchung in Richtung der Probekörperlängsachse ein gleichmäßiger Spannungszustand. **Zugmessungen** eignen sich besonders für die Untersuchung dünner Proben wie z.B. Filme oder Fasern im niedrigen bis mittleren Modulbereich. Die Probe wird oben und unten fest eingespannt und in axialer Richtung dynamisch im Zugschwellbereich belastet, um ein Knicken der Probe zu vermeiden.

Der **Druck- (Kompressions-) versuch** wird bevorzugt für weiche Gummiproben oder gelartige, pastöse Substanzen eingesetzt. Hierbei wird die Probe zwischen zwei parallelen Platten axial belastet. Druck charakterisiert eine eindimensionale Geometrieänderung der Probe, Kompression dagegen eine dreidimensionale. Bei schlanken Proben besteht bei einer Druckbelastung die Gefahr des vorzeitigen Ausknickens, bei kurzen dicken beEinflusst die behinderte und z.T. reibungsbehaftete Querdeformation an den Auflagen die eindeutige Kennwertermittlung.

Die Belastung unter axialer **Scherung** eignet sich wie der Druckversuch für weiche Materialien. Bewährt hat sich hierbei ein sog. Sandwichaufbau, bei dem zwei Probekörper durch die Auslenkung eines mittigen Stempels zyklisch auf Schub belastet werden.

6.1.3 Messablauf und Einflussfaktoren

Die Vorgehensweise bei der DMA-Messung ist:

Wahl der problemspezifischen Belastung und Einspannvorrichtung

Probenvorbereitung (Geometrie, Planparallelität)

Fixieren der Probe in der Halterung

Auswahl der Messparameter

Die geräte- und probenspezifischen Einflussgrößen sind:

Die Einflussfaktoren und Fehlermöglichkeiten bei der Versuchsdurchführung werden anhand von Messkurven praktischer Beispiele in Kap. 6.2.2 ausführlich erläutert.

6.1.4 Auswertung

Da die DMA sensibel auf Unterschiede im Steifigkeitsverhalten eines Materials reagiert, wird sie neben der direkten Bestimmung von Modul- und Dämpfungswerten auch zur Bestimmung von Glasübergangstemperaturen eingesetzt. Mit der DMA können Glasübergänge besonders empfindlich gemessen werden, da die Moduländerung deutlicher ausgeprägt ist als vergleichsweise die c_p-Änderung in der DSC-Messung [19].

Jedoch herrscht bei der Auswertung und Angabe von Glasübergangstemperaturen in der Praxis Unsicherheit aufgrund unterschiedlicher Normenvorschläge und Geräteherstellerangaben. Prinzipiell kann die im Glasübergang auftretende Modulstufe analog zu DSC-Kurven ausgewertet werden, gestaltet sich jedoch komplexer. Diese und weitere Auswertemethoden werden im folgenden beschrieben.

Auswerteverfahren zur Bestimmung der Glasübergangstemperatur:

Auswertung des stufenförmigen Modulabfalls:

- Stufenauswertung wie bei DSC-Kurven (Beginn, halbe Stufenhöhe und Ende des Glasübergangs)
- Wendepunktmethode
- Methode des 2 %-Abfall nach DIN 65 583 [6] u. DIN 29 971 [7] (Beginn des Glasübergangs)

Tangentenmethode nach DIN 65 583 [6]
(Beginn des Glasübergangs)

Auswertung der Kurvenmaxima von Verlustfaktor und Verlustmodul:

Maximum des Verlustfaktors

Maximum des Verlustmoduls

6.1.4.1 Auswertungen des stufenförmigen Modulabfalls

Die Auswertung der Glasübergangstemperatur anhand der **Stufenauswertung**, in Anlehnung an die genormte **DSC-Auswertung** DIN EN ISO 11357-1 [8], Bild 6.7, beinhaltet die Bestimmung der Anfangs- und der Endtemperatur sowie der Mittenpunktstemperatur. :

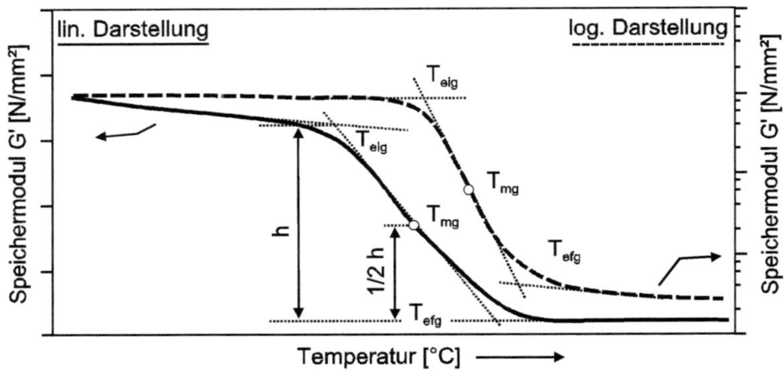

T_{eig}	*extrapolierte Anfangstemperatur, Onsettemperatur:*	Schnittpunkt der Wendetangente mit der von Temperaturen unterhalb des Glasübergangs extrapolierten Tangente
T_{mg}	*Mittenpunktstemperatur, Glasübergangstemperatur:*	Temperatur des Mittenpunktes der Wendetangente (halbe Stufenhöhe zwischen T_{eig} und T_{efg}), projeziert auf die Messkurve
T_{efg}	*extrapolierte Endtemperatur:*	Schnittpunkt der Wendetangente mit der von Temperaturen oberhalb des Glasübergangs extrapolierten Tangente

Bild 6.7 Stufenauswertung in Anlehnung an die genormte DSC-Auswertung

T_{eig} = extrapol. Anfangstemperatur, T_{mg} = Mittenpunktstemperatur, T_{efg} = extrapol. Endtemperatur, lineare u. logarithmische Auftragung des Moduls

Bei Temperaturen unterhalb und oberhalb der Glasübergangsstufe wird jeweils eine Tangente an die Kurve angelegt. Eine Wendetangente im Stufenabfall schneidet beide Tangenten bei der extrapolierten Anfangstemperatur T_{eig} und der extrapolierten Endtemperatur T_{efg}. Aus der halben Stufenhöhe wird die Mittenpunktstemperatur T_{mg} bestimmt.

Der Benutzer gibt dabei die Anlegepunkte zur Bestimmung der Tangenten weitestgehend selber vor. Aus Werten unterhalb und oberhalb dieser Temperaturen wird mittels Regression eine Gerade berechnet. Die Lage der ermittelten charakteristischen Temperaturen ist stark von der Darstellung der Modulkurve abhängig. Traditionell wird der Modul logarithmisch über der Temperatur aufgetragen, was bei den Stufenauswerteverfahren zu deutlich höheren T_g-Werten führt als bei einer linearen Auftragung.

Die unterschiedliche Darstellung der Speichermodulkurve bewirkt:

	logarithmische Auftragung	lineare Auftragung
$< T_g$:	- *scheinbar geringe, häufig lineare Abhängigkeit von der Temperatur* - *meist gute Anpassung der Tangente*	- *sichtbare, deutliche Abhängigkeit von der Temperatur* - *schwierige Anpassung der Tangente besonders bei nicht linearem Kurvenverlauf* - *Wahl der Kontakttemperaturen der Tangenten an der Kurve unterliegt subjektiver Einschätzung*
$> T_g$:	- *mathematische Streckung und damit verstärkte Neigung der Kurve* - *schwierige Anpassung der Tangente an die Kurve*	- *wie logarithmische Auftragung unterhalb T_g*
T_{mg}:	- *halbe Stufenhöhe ist lineares Maß innerhalb logarithmischer Auftragung, nicht sinnvoll*	- *halbe Stufenhöhe ist sinnvolles Maß, mehr physikalisch-strukturell als technisch-konstruktiv begründet*

T_{mg} > T_{mg}

logarithmische Auftragung des Moduls - T_{mg} höher - willkürlich
lineare Auftragung des Moduls - T_{mg} geringer - sinnvoll

Anmerkung: *Den Anwender interessiert meistens, bis zu welcher Temperatur der Kunststoff eingesetzt werden kann. In der Regel kann hierfür die extrapolierte Anfangstemperatur (Onsettemperatur) angegeben werden. Da deren Auswertung z.T. subjektiv ist, wird die z.B. in Normen oder Vorschriften definierte Glasübergangstemperatur vorgezogen. Es muss jedoch darauf hingewiesen werden, dass ein technisch sinnvoller Einsatz bei dieser Temperatur zumeist nicht mehr möglich ist.*

Mit Hilfe der **Wendepunktmethode** wird der mathematische Wendepunkt des stufenförmigen Abfalls der Modulkurve als Glasübergangstemperatur bestimmt, Bild 6.8. Dies geschieht meistens über die 1. Ableitung des Kurvenverlaufs. Da softwarebedingt unterschiedliche Berechnungsalgorithmen eingesetzt werden, können hierdurch bereits Unterschiede der T_g-Werte auftreten.

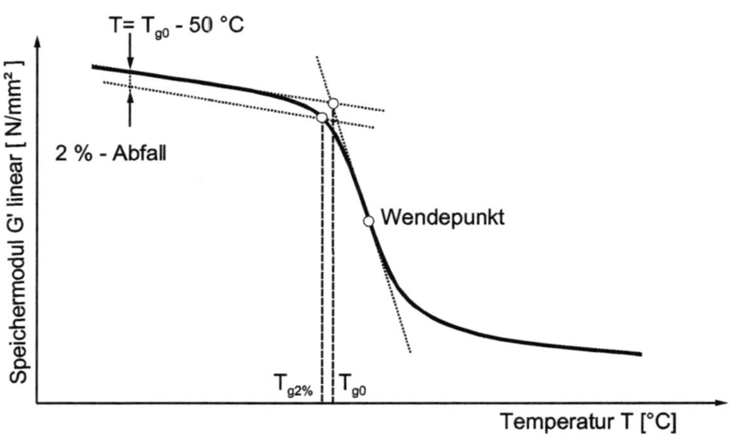

$T_{g2\%}$	*Beginn des Glasübergangs nach der 2 %-Methode*
T_{g0}	*Beginn des Glasübergangs nach der Tangentenmethode*
2 %-Abfall	*Modulabfall von 2 % ausgehend vom Modul bei $T = T_{g0}$ - 50 °C*

Bild 6.8 Bestimmung des Glasübergangs (2%-Methode) durch Auswertung der Speichermodul-Temperaturkurve nach DIN 65 583 (April 1999) [6]

Auswertung nach DIN 65 583-Entwurf (1990) s .Bild 6.27 und Bild 6.28

Zur Bestimmung der Temperatur bei Beginn des Glasübergangs werden in DIN 65 583 [6] zwei Methoden genannt, die sich von der bereits beschriebenen Stufenauswertung unterscheiden. Bei der **Tangentenmethode** wird jeweils an den linearen Kurvenverlauf des Speichermoduls über der Temperatur unterhalb des Glasübergangs sowie im Wendepunkt des Steilabfalles des Speichermoduls eine Tangente angelegt. Die Temperatur am Schnittpunkt beider Tangenten wird als T_{g0} definiert.

Alternativ zur Tangentenmethode wird nach DIN 65 583 [6] und DIN 29 971 [7] für faserverstärkte Kunststoffe eine Auswertung nach der sog. **2 %-Methode** empfohlen. Nach DIN 65 583 [6] wird zu der Tangente am linearen Kurvenverlauf des Speichermoduls über der Temperatur eine Parallele gezogen, die bei der Temperatur (T_{g0} 50 °C), bezogen auf den Speichermodul, um 2 % unterhalb dieser Tangente verläuft. Der Schnittpunkt dieser Parallelen mit der Kurve des Speichermoduls wird als Beginn des Glasübergangs $T_{g2\%}$ definiert, Bild 6.8. Dieser Wert ist als thermische Einsatzgrenze d.h. als Beginn der Erweichung bei der Bauteilauslegung geeignet.

Bei gekrümmten Speichermodulkurven ist im energieelastischen Bereich (< Tg) nur schwerlich eine definierte Tangente anzulegen. Eine Hilfe bei der Auswertung kann die Festlegung einer festen Tangentenanlegetemperatur ähnlich dem Entwurf der DIN 65 583 von 1990 sein (Bild 6.27, Bild 6.28).

Die Kontakttemperaturen der Tangenten werden z.T. durch Normen oder subjektiv durch den Benutzer vorgegeben.

6.1.4.2 Auswertungen von Kurvenmaxima

Häufig wird die Temperatur des **Maximums des Verlustmoduls** (E''_{max} bzw. G''_{max}) oder die Temperatur des **Maximums des Verlustfaktors (tan δ_{max})** als Glasübergangstemperatur herangezogen. Die Kurvenauswertungen sind im Gegensatz zu den beschriebenen Stufenauswertungen einfacher durchzuführen. Bild 6.9 zeigt einen Vergleich der unterschiedlichen Auswertemethoden.

Das Maximum des Verlustfaktors liefert die höchsten Glasübergangstemperaturen. Der Wert liegt oberhalb der bisher dargestellten T_g-Werte.

Rieger [9] schlägt als Glasübergangstemperaur das Maximum des Verlustmoduls G''_{max} statt dem Maximum des Verlustfaktors tan δ_{max} vor. Das Maximum des Verlustfaktors tan δ wird durch den Abfall des Speichermoduls G' mit bestimmt. Dieser hat sein Minimum aber am Ende des Erweichungsbereichs.

In ASTM D 4065-99 [10] wird ebenfalls die Auswertung der Temperatur beim Verlustmodulmaximum empfohlen.

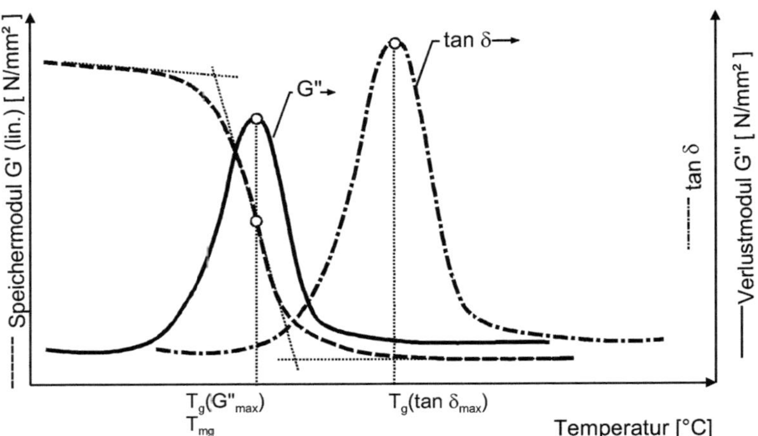

Bild 6.9 Glasübergangstemperatur als Maximum des Verlustmoduls G''_{max} und des Verlustfaktors tan δ_{max} im Vergleich zur Mittenpunktstemperatur T_{mg} aus der Stufenauswertung

Aus dem Verlustmodulmaximum läßt sich eine Glasübergangstemperatur relativ leicht auswerten. Diese zeigt auch eine relativ gute Übereinstimmung mit der aus der Stufenauswertung der DMA (linear, halbe Stufenhöhe) ermittelten Temperatur. Problematisch kann diese Auswertung dann werden, wenn das Maximum des Verlustmoduls nicht eindeutig ausgeprägt ist.

Im allgemeinen entspricht die Temperatur von G''_{max} bei einer Messfrequenz von 1 Hz der in der DSC ermittelten Mittenpunktstemperatur: T_{mg} (halbe Stufenhöhe) [9]. Dies wurde in einer Vielzahl von Experimenten mit 40 typischen Vertretern verschiedener Polymerklassen bestätigt. Verglichen wurde die Häufigkeit der Temperaturdifferenz zwischen T_{mg} (DSC) und T_g (DMA, G''_{max}) bzw. T_{mg} (DSC) und T_g (DMA, tan δ_{max}), Bild 6.10. Die DSC-Messungen wurden nach DIN 53 765 [11] mit einer Heizrate von 20 °C/min, die DMA-Untersuchungen mit einem Torsionspendel und einer Heizrate von 1 °C/min durchgeführt.

Diese Darstellung zeigt, dass T_{mg} (DSC) und T_g (DMA, G''_{max}) in den meisten Fällen recht gut übereinstimmen. In einzelnen Fällen werden allerdings Differenzen bis zu +/- 10 °C und mehr beobachtet. Die Korrelation zwischen T_{mg} (DSC) und T_g (DMA, tan δ_{max}) ist deutlich geringer [9]. Die Aussage, dass die Glasübergangstemperatur bestimmt als Mittelwert der Maxima von E'' und tan δ mit der DMA von der Glasübergangstemperatur T_{mg} der DSC nicht mehr als +/- 4 °C abweicht, konnte von uns nicht als genauer bestätigt werden [28].

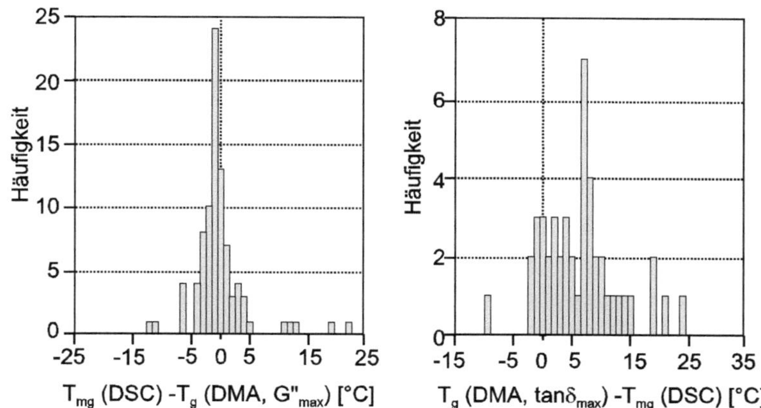

Bild 6.10 Häufigkeitsverteilung der Temperaturdifferenzen verschiedener T_g-Bestimmungsmethoden [9]

T_{mg} (DSC) = Mittenpunktstemperatur, T_g (DMA, G''_{max}) = Maximum des Verlustmoduls, T_g (DMA, tan δ_{max}) = Maximum des Verlustfaktors

Kurvenmaxima sind relativ einfach auszuwerten
T_g (tan δ_{max}) immer > T_g (G''_{max})
T_g (G''_{max}) ≈ T_{mg} (Stufenauswertung, linear) ≈ T_{mg} (DSC)

Zur Charakterisierung von Elastomeren wird der sog. Kälterichtwert T_R als Maximum der Verlustmodulkurve ausgewertet, DIN 53 545 [12].

Zusammenfassend läßt sich sagen, dass verschiedene T_g-Auswertemethoden zu unterschiedlichen Glasübergangstemperaturen führen. Deshalb ist es unbedingt erforderlich, bei der Angabe einer Glasübergangstemperatur, neben den Messparametern (s. Kap. 6.2.2) auch auf die gewählte Bestimmungsmethode hinzuweisen.

Bei der Angabe von T_g-Werten auf die Auswertemethode und Messparameter hinweisen.

Die einzelnen Auswerteverfahren werden in Kap. 6.2.2.7 unter Darstellung konkreter Beispiele nochmals aufgegriffen.

6.1.4.3 Prüfbericht

DIN EN ISO 6721-1 [1] enthält wertvolle Hinweise zur Erstellung eines vollständigen Prüfberichts, der alle Messparameter und Probeninformationen beschreibt.

Der Prüfbericht soll, soweit zutreffend, folgende Angaben enthalten [1]:

Hinweis auf verwendete Normen;

alle Angaben für die vollständige Kennzeichnung des untersuchten Materials;

bei Platten deren Dicke und, wenn zutreffend, die Richtung der Hauptachsen der Probekörper in Beziehung zu irgendeinem Merkmal, z.B. Verstärkungsfasern, Verarbeitungsrichtung;

Form und Abmessungen der Probekörper;

Herstellverfahren des Probekörpers;

Einzelheiten der Konditionierung;

Anzahl der geprüften Probekörper;

Einzelheiten des Prüfklimas bzw. Spülgases wenn von Luft abweichend;

Beschreibung des verwendeten Gerätes und der Prüfparameter (Frequenz, Belastungsart, Belastungshöhe etc.);

Prüftemperaturprogramm einschließlich der Anfangs- und Endtemperatur sowie der Rate der linearen Temperaturänderung oder der Höhe und Dauer der Temperaturstufen;

Tabelle der Kennwerte;

DMA-Messkurven;

Datum der Prüfung.

6.1.5 Kalibrierung

Für die Kalibrierung von DMA-Geräten geben einige Normen Empfehlungen. Bei gerätespezifischen Kalibrierungen gelten die Empfehlungen des Herstellers. Daneben wird eine Temperatur- und eine Modulkalibrierung durchgeführt. Die regelmäßige Durchführung von Kalibrierungen sichert eine Vergleichbarkeit der Messergebnisse über Jahre hinweg.

6.1.5.1 Temperaturkalibrierung

Während einer Messung treten zwischen der Temperaturanzeige des Prüfsystems und der realen Probentemperatur Abweichungen auf. Diese basieren zum einen auf Unterschieden in der Wärmeleitfähigkeit und Wärmekapazität verschiedener Proben, zum anderen auf dem Wärmeabfluß über die gerätebedingt unterschiedlichen Probeneinspannungen. Einspannungsnahe Probenbereiche erreichen meist nicht die eingestellte Probentemperatur, d.h. es wird eine höhere Temperatur am Messgerät angezeigt als in der Probe vorherrscht. Somit wird bei dieser Temperatur eine scheinbar höhere Steifigkeit gemessen als in Wirklichkeit bei der Messtemperatur vorhanden ist [13].

Die Messung der realen Probentemperatur ist wegen des relativ hohen apparativen Aufwands nur selten möglich. Eine Temperaturkalibrierung mit Hilfe der Schmelzpunkte von Metallen liefert kaum befriedigende Ergebnisse. Manche Systeme versuchen diese Differenz zu einem geringen Teil durch eine Umhüllung der Temperaturfühler zu kompensieren, was einen zeitverzögerte Temperaturangabe bewirkt.

Daher ist es sinnvoll in regelmäßigen Abständen gemessene Übergangstemperaturen mit Werten von Referenzproben zu vergleichen. In DIN 65 583 [6] wird eine Temperaturkorrektur mit Hilfe von Polycarbonat-Probekörpern empfohlen. Hierbei wird das gemessene Dämpfungsmaximum mit dem Literaturwert von 153,5 °C [6] verglichen und die Messwerte entsprechend korrigiert.

ASTM D 4065-99 [10] empfiehlt eine Temperaturkalibrierung mit Wasser oder Indium. Häufig werden auch in Kunststoff eingehüllte und damit isolierte Metalle als Kalibriermittel verwendet. Eine Beschreibung der Temperaturkalibrierung findet sich in der ASTM E 1867-97 [31]. Hier wird die Kalibrierung der Tempertur unter Zuhilfenahme von Materialien mit bekanntem Schmelzpunkt beschrieben. Dabei handelt es sich um Flüssigkeiten oder Metalle, die auch zur Kalibrierung von anderen thermoanalytischen Geräten herangezogen werden. Je nach Aggregatszustand werden diese Substanzen in eine PEEK-Kapsel eingebracht oder in Aluminiumfolie gewickelt. Das „Paket“ wird in der DMA platziert und mit den für die Messung relevanten Parametern belastet. Das Schmelzen des Kalibriermediums verursacht in der DMA eine Stufe im Speichermodul. Der Beginn dieser Stufe wird nach der Tangentenmethode ausgewertet und für die Kalibrierung herangezogen; dies erfolgt bei linearer Darstellung des Speichermoduls. Grundsätzlich gilt auch hier, dass die Kalibrierparameter den Messparametern entsprechen müssen.

Kalibrierparameter = Messparameter

6.1.5.2 Modulkalibrierung

Die Modulkalibrierung erfolgt meist mittels definierter Stahl- oder Aluminiumproben. Bei Kunststoffen ist eine Modulkalibrierung mit eigenen Standardproben, deren Steifigkeit mit anderen Verfahren genau ermittelt wurde, sinnvoll.

6.1.5.3 Gerätespezifische Kalibrierung

Bei vielen Geräten müssen einige Kalibrierungen (z.B. Steifigkeit, Nachgiebigkeit, Dämpfung oder Massenträgheit etc. des schwingenden Systems) nach speziellen

Herstelleranweisung durchgeführt werden. Die Dokumentation der täglich ermittelten Kalibrierwerte ermöglicht auch die Feststellung von langsam auftretenden Veränderungen, welche z.B. durch Verunreinigungen des Luftlagers, Verschleiß oder Dejustierung der Antriebswelle, usw. verursacht sein können.

6.1.6 Übersicht praktischer Anwendungen

Beispielhaft verdeutlicht Tabelle 6.1, welche DMA-Kennwerte zur Beschreibung von Qualitätsmängeln, Verarbeitungsfehlern und anderen Parametern herangezogen werden können. Anhand von Messkurven werden diese in Kap. 6.2.3 - Beispiele aus der Praxis - näher erläutert.

Anwendung	*Kennwert*	*Beispiel*
Temperaturbabhängige Zustandsbereiche	E'	Energie- und entropieelastischer Zustandsbereich, Schmelzbeginn
Temperaturabhängige Steifigkeit	E', E'', T_g, tan δ	Elastisches und nicht elastisches Verhalten
Thermische Einsatzgrenzen	T_g	Kennzeichnung der Erweichung bzw. Versprödung
Frequenz- und temperaturabhängiges Dämpfungsverhalten	tan δ (f)	Übergangstemperaturen
Mischungsbestandteile, die in DSC schwer erkennbar sind	2. T_g	Zähmodifizierung von ABS durch Butadienkautschuk
Einfluss der Faserverstärkung auf mechanische Größen	E', E'', tan δ	Beginnende thermische Erweichung
Recycling, Mehrfachverarbeitung, Alterung	T_{g1}, T_{g2}	Verschiebung der Butadienkautschuk-T_g von ABS zu höheren Temperaturen

Anwendung	*Kennwert*	*Beispiel*
Konditionierungszustand	T_g	Rückschluss auf Wassergehalt im PA
Aushärtegrad, Nachhärtung	T_g	T_g steigt, tan δ sinkt, Modul steigt
Thermischer Abbau	T_g	T_g sinkt

Tabelle 6.1 Beispiele für praktische Anwendungen von DMA-Messungen bei Kunststoffen mit den jeweils relevanten Kennwerten.

6.2 Praktische Vorgehensweise

6.2.1 Das Wichtigste in Kürze

Belastungsart

Torsions-, Biege-, Zug-, Druck- oder Scherbelastung; abhängig vom Messziel, der Probengeometrie und -konsistenz.

Belastungshöhe/ Deformation

Die Belastungen liegen bei allen Messverfahren weit unter praktisch auftretenden Belastungen von Bauteilen, so dass die viskoelastischen und viskosen Verformungsanteile im Messergebnis deutlich geringer sind. Bei der Messung kann die Deformation als Auslenkung (µm, °, %) oder Kraft bzw. Drehmoment vorgegeben werden. Es muss sichergestellt sein, dass die vorgegebene Deformation im linear-viskoelastischen Bereich liegt.

Deformation bei der Messung muss innerhalb des linear-viskoelastischen Bereichs liegen.

Versuchsanordnung/ Probengeometrie

Torsion: längliche Proben mit rechteckigem oder runden (zylindrisch) Querschnitt mit hohem Modul;

Platte/Platte-Anordnung: weiche, pastöse Proben.

3- bzw. 4-Punkt-Biegung: Proben mit hohem Modul (Faserverstärkung)

Zweiseitig eingespannte Biegung: Proben mit niedrigem bis mittlerem Modul

Einseitig eingespannte Biegung: Proben mit mittlerem Modul und hoher thermischer Ausdehnung

Zug: Folien, Mikrotomschnitte, Fasern, Stäbchenproben mit geringer Querschnittsfläche

Druck: Proben mit geringem Modul

Scherung: weiche Proben

Probenvorbereitung

Gespritzte, gefräste, gestanzte oder gesägte planparallele oder runde Proben ohne Grat, Einkerbungen oder Fehlstellen. Bei der Probenentnahme auf Verstärkungsfaserrichtung, Verarbeitungsrichtung und Konditionierungszustand achten. Thermische Probenbeeinflussung vermeiden.

Einspannung, Fixierung der Klemmen

Die Einspannung ist durch die Versuchsanordnung vorgegeben. Je nach Probe können unterschiedliche Klemmen eingesetzt werden. Besonders wichtig ist eine gleichmäßige Fixierung der Klemmen ohne Einschnürung oder Deformation der Probe. Es darf keine Reibung zwischen Probe und Klemme auftreten.

Spülgas

Zur Vermeidung von Oxidationsprozessen kann inertes Spülgas verwendet werden.

Messprogramm

Im Messprogramm werden neben Start-, Endtemperatur und Heizrate auch Messfrequenz und Deformation vorgegeben.

Die **Starttemperatur** sollte mind. 30 °C bis 50 °C unterhalb des erwarteten Effekts liegen; sie muss solange konstant gehalten werden, bis eine gleichmäßige und vollständige Temperierung der Probe erreicht ist.

Wegen des relativ großen Probenquerschnitts beträgt die Heizrate 1 bis max. 5 °C/min (Erwärmung ≈ Wanddicke^2).

günstige Heizrate < 3 °C/min

Die max. **Endtemperatur** wird durch Schmelzen der Thermoplaste bzw. Zersetzungsbeginn duroplastischer Werkstoffe bestimmt.

Frequenz

Bei nichtresonanten Schwingungen sind die Frequenzen stufenweise meist zwischen 0,001 bis 200 Hz einstellbar, wobei die maximale Frequenz unterhalb der Resonanzfrequenz des Probe/Mess-Systems liegt. Es können Einzel- (Standard: 1 Hz) oder Mehrfrequenzmessungen durchgeführt werden.

Standardmessfrequenz: 1 Hz

Auswertung

Auswertung des Modulverlaufs (komplexer Modul, Speicher-, Verlustmodul) und des mechanischen Verlustfaktors, T_g-Auswertung. Lineare und logarithmische Auftragungen beeinflussen das Auswerteergebnis.

Interpretation Aussagen zum temperaturabhängigem Steifigkeitsverhalten, Glasübergangsbereich, viskoelastischem Verhalten. Probenspezifische Parameter, Messparameter sowie Auswerteroutinen müssen beachtet werden.

Anmerkung: ***elastisch*** *= Belastung und Verformung sind direkt proportional. Es gibt keine irreversiblen Schädigungen oder Materialänderungen; Kennzeichen linearer Verlauf des Spannungs-Dehnungs-Diagramms (v = const.).*

linear-viskoelastisch *= Belastung und Verformung folgen verzögert aufeinander. Nicht elastische Verformungsanteile sind proportional zur Spannung, Temperatur und Zeit; Kennzeichen: linearer Verlauf des isochronen Spannungs-Dehnungs-Diagramms (t = const.).*

nicht linear-viskoelastisch *= nicht elastische Verformungsanteile hängen überproportional von der Spannung und der Temperatur ab; Kennzeichen: keine Linearität zwischen Spannung und Dehnung.*

6.2.2 Einflussfaktoren und Fehler bei der Messung

6.2.2.1 Belastungsart

Die gebräuchlichen Prüfgeräte erlauben Messungen mit unterschiedlichen Belastungsarten: Torsion, Biegung, Zug, Druck oder Scherung. Die realisierbaren Belastungen sind bei solchen Geräten mit Drehmomenten von ca. 1,5 Nm bzw. Kräften von ca. 18 N relativ gering (Geräte mit weitaus höheren Kräften werden hier nicht beschrieben). Im praktischen Einsatz sind die Belastungen häufig höher und treten in Kombination auf.

So lassen sich beispielsweise steife oder verstärkte Werkstoffe unter Biegung mit dem geringsten Kraftaufwand verformen. Besitzt die Probe nur eine begrenzte Dicke oder Länge, nimmt der Einfluss der Einspannung zu. Nähert sich die Probensteifigkeit der Steifigkeit des Messsystems, wird das Signal-/Rauschverhältnis so ungünstig, dass keine sinnvollen Ergebnisse zu erwarten sind.

Probengeometrie beeinflusst die Qualität der Messung

Um die Probe hinsichtlich ihrer Geometrie für die jeweilige Beanspruchung optimal zu präparieren, ist es hilfreich, den Geometrieeinfluss für verschiedene Versuchsanordnungen in Form eines **Geometriefaktors k** darzustellen. Er ergibt sich aus dem Modul (G, E), der Kraft (F) bzw. dem Drehmoment (M), der Auslenkung (φ, Δx, Δl), bzw. den geometrischen Abmessungen Durchmesser (d), Länge (l), Breite (b), Höhe (h), Fläche (A) der Probe und kann wie folgt angegeben werden:

Torsion: $$G \cdot k = \frac{M}{\varphi} \qquad k_o \approx \frac{d^4}{l}$$

Biegung: $$E \cdot k = \frac{F}{\Delta x} \qquad k \approx \frac{b \cdot h^3}{l^3}$$

Zug/Druck: $$E \cdot k = \frac{F}{\Delta l} \qquad k \approx \frac{A}{l}$$

Scherung: $$G \cdot k = \frac{F}{\Delta x} \qquad k \approx \frac{A}{b}$$

Mit Hilfe des Geometriefaktors und des erwarteten Moduls kann abgeschätzt werden, ob die erwünschte Deformation im möglichen Kraftbereich des Gerätes liegt bzw. die vorgegebene Kraft zu einer messbaren Auslenkung der Probe führt. In Kap. 8 - Kurzübersicht einiger Kunststoffe und deren Eigenschaften sind einige E-Modulwerte [14] aufgeführt, die als Richtwerte dienen können.

Anmerkung: *Je nach Herstellungs- und Verarbeitungsbedingungen der Proben können die gemessenen Modulwerte z.T. stark variieren. Häufig werden G-Moduln im Torsionsschwingversuch an flachen rechteckigen Proben gemessen und stellen somit keinen eindeutigen Schubmodul dar. Sie werden daher auch gerne mit dem nicht genormten Begriff Torsionsmodul bezeichnet. Einen genauen Schubmodul kann man an auf Torsion beanspruchten rohrförmigen Proben messen.*

Die bei eindeutigen Spannungszuständen gemessenen Elastizitäts- (E) und Schubmoduln (G) hängen über die Querkontraktionszahl μ zusammen: $E = 2G(1+\mu)$. Bei Kunststoffen liegt μ zwischen 0,33 und 0,45. Der höhere Wert gilt fürduktilere, weichere Kunststoffe besonders bei höheren Temperaturen und Beanspruchungen sowie für längere Belastungsdauer.

6.2.2.2 Belastungshöhe/Deformation

Ein wesentlicher Faktor, der die Qualität und Exaktheit einer DMA-Messung beeinflusst, ist die zur Belastung der Probe notwendige **Deformation**. Dabei kann je nach Gerät entweder eine bestimmte Auslenkung (µm, °, %) vorgegeben und die dafür notwendige Kraft bzw. das notwendige Drehmoment gemessen werden, oder es wird eine bestimmte Kraft bzw. ein bestimmtes Drehmoment vorgegeben und die resultierende Auslenkung gemessen.

Unabhängig von der Gerätebauweise darf die Deformation den linear-viskoelastischen Bereich eines Materials nicht überschreiten, da sonst eine schädigungsfreie Messung nicht gewährleistet und das Spannungs-Dehnungs-Verhalten mathematisch nicht genau beschrieben ist. Für feste Kunststoffe darf die Deformation dabei einige Zehntel Prozent nicht übersteigen [15]. Messgeräte, die für Messungen dieser Werkstoffe ausgelegt sind, erlauben in der Regel keine hohen Deformationen; dennoch muss überprüft werden, ob die gewählte Deformation im linear-viskoelastischen Bereich liegt bzw. eine günstige Deformation gefunden werden.

Der Deformationsbereich, in dem sich ein vorgegebenes System linear-viskoelastisch verhält, muss zunächst experimentell betimmt werden. Hierzu eignen sich Messungen der Moduln bei fester Frequenz in Abhängigkeit von der Deformation [16]. Solange sich der Speicher- und der Verlustmodul (beide) in Abhängigkeit von Spannung und Deformation für eine bestimmte Messfrequenz und Temperatur linear verhalten, wird der Werkstoff nur linear-viskoelastisch beansprucht, Bild 6.11. Werden mehrere Frequenzen gemessen, sollte dieser Versuch für die minimal und maximal auftretende Frequenz durchgeführt werden.

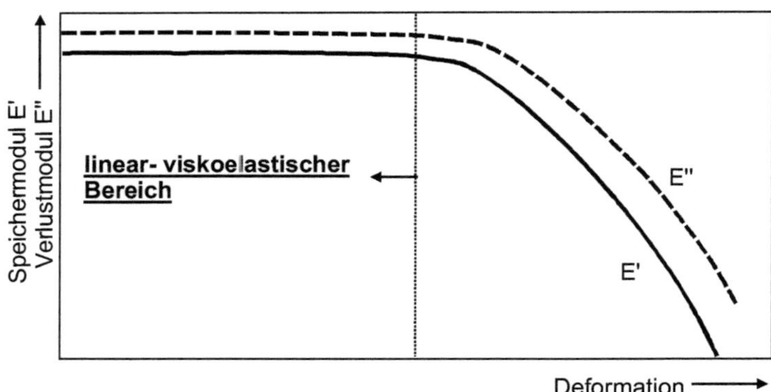

Bild 6.11 Schematische Darstellung des Speicher- und Verlustmoduls in Abhängigkeit von der Deformation zur Abschätzung des linear-viskoelastischen Bereichs

Deformation muss innerhalb des linear-viskoelastischen Bereichs liegen.

6.2.2.3 Versuchsanordnung/Probengeometrie

In diesem Kapitel werden übliche Versuchsanordnungen und Probengeometrien beschrieben und die jeweils geeigneten Materialgruppen vorgestellt.

Torsion

Bei der Durchführung eines Torsionsschwingversuchs mit erzwungener Schwingung wird der Probekörper zwischen zwei Klemmen fest eingespannt, bzw. zwischen zwei parallele Platten als zähe Paste aufgebracht und über eine Antriebswelle mit einem Drehmoment belastet. Im Torsionsschwingversuch können Materialien über einen großen Modulbereich hinweg untersucht werden.

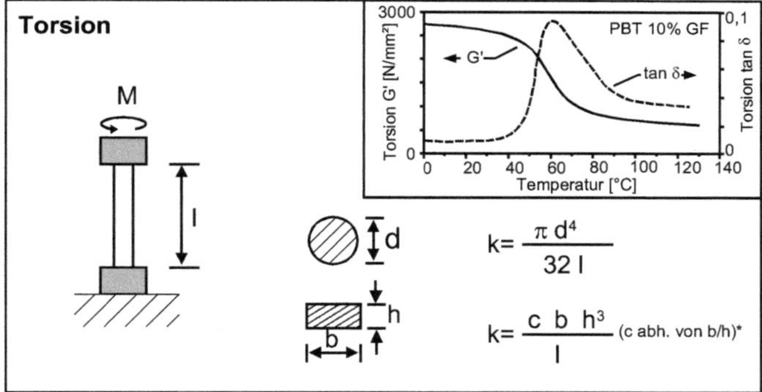

**Angaben siehe [17]*

Bild 6.12 Versuchsaufbau, Geometriefaktoren und Beispieldiagramm für Torsionsbelastung

Bei massiven Proben steigt die Verformung und damit die Spannung vom Probenmittelpunkt nach außen hin linear an. Rohrförmige Proben weisen einen annähernd gleichmäßigen Spannungszustand über dem Querschnitt auf, sind wegen der aufwendigen Herstellung in der praktischen Anwendung jedoch selten. Aufgrund der einfacheren Präparation wird deshalb meist auf flache, rechteckige Probekörper zurückgegriffen.

stabförmige, flache Proben bei hohem Modul

Anmerkung: *Das Verhältnis von Probenbreite zur Probendicke beeinflusst die Messgenauigkeit des Moduls. Flache Proben lassen sich leichter und schneller erwärmen, neigen aber zum Verwinden. Es tritt Zug in den äußeren Bereichen und Druck im mittleren Bereich auf, was einen höheren Modulwert vortäuscht. Ein günstiges Verhältnis von Probenbreite zur Probendicke ist vom jeweiligen Messgerät und der eingesetzten Klemmengeometrie abhängig. Gute Erfahrungen wurden bei Thermoplasten und Elastomeren mit einem Verhältnis von 3:1, bei verstärkten Laminaten mit bis zu 10:1 gemacht.*

Verhältnis von Probenbreite zu Probendicke beachten

Zähe Flüssigkeiten, z.B. Schmelzen oder Reaktionsharze werden im Platte/Platte-Modus zwischen zwei Platten (Abstand ca. 1 bis 2 mm) eingebracht. Um ein Verrutschen weicher kompakter Proben gegen die Platten zu vermeiden, ist es zuweilen notwendig, die Probe auf den Platten festzukleben. Dabei ist zu berücksichtigen, dass der Klebstoff das Messergebnis beeinflusst. Eine weitere Möglichkeit ist das Verwenden angerauhter Platten.

Platte/Platte-Modus

Schmelzen, weiche Kunststoffe, Härtungsverlauf

Biegung

Biegeversuche decken mit verschiedenen Methoden der Einspannung, frei aufliegend oder geklemmt, einen großen Messbereich ab. Je nach Art und Geometrie der Probe werden unterschiedliche Befestigungsrahmen und diverse Klemmen eingesetzt. Beim **3-Punkt-Biegeversuch** liegt der Probekörper frei auf zwei festen, leicht abgerundeten Auflagern, um Spannungskonzentrationen und Kerbeffekte zu vermeiden. Die Probe wird mittig über einen an der Antriebswelle befestigten, ebenfalls leicht abgerundeten Stempel belastet. Besonders wichtig ist eine symmetrische Auflage bzw. Einspannung der Probe.

Eine zusätzliche statische Vorlast sichert den spielfreien Kontakt.

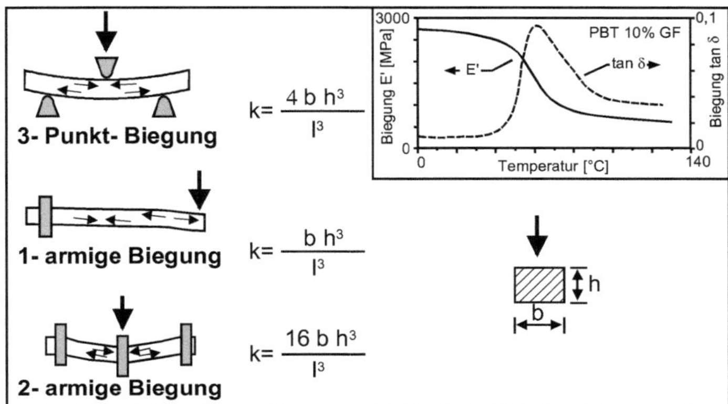

Bild 6.13 Versuchsaufbau, Geometriefaktoren und Beispieldiagramm für unterschiedliche Biegebelastungen

Proben mit rechteckigem Querschnitt werden bevorzugt, da sie eine gleichmäßige Auflage über die Probenbreite gewähren. Das Verhältnis von Auflagerabstand zur Probendicke bestimmt bei der 3-Punkt-Biegung die Schubspannung in der Probenmittenebene. Je kleiner dieses Verhältnis ist, um so höher ist die Schubspannung.

Aufgrund der leichten Verformbarkeit und der damit verbundenen großen Messsignale wird der Biegeversuch insbesondere zur Bestimmung steifer Proben eingesetzt. Proben mit hohem E-Modul sollten eine geringe Dicke und einen ca. 10-fachen Auflagerabstand haben. Die Probenbreite spielt bei Faserverbundkunststoffen eine größere Rolle; eine große Probenbreite kann Inhomogenitäten im Material ausgleichen.

Wegen der starken Verformung bei der Erweichung ungefüllter amorpher Thermoplaste sind Messungen über deren Glasübergangsbereich hinaus schwierig.

3-Punkt-Biegung faserverstärkte bzw. hochgefüllte Kunststoffe mit hohem Modul, amorphe Thermoplaste < T_g

Weitere Messmöglichkeiten ergeben sich durch Versuchsanordnungen, bei denen die Probe zwischen den Klemmen ein- oder zweiseitig **fest eingespannt** wird. Wegen der festen Einspannung ist bei diesen Verfahren keine Vorlast notwendig, somit können auch amorphe Thermoplaste über den Glasübergangsbereich hinaus gemessen werden.

eingespannte Biegung unverstärkte oder geringverstärkte Kunststoffe mit niedrigem bis mittleren Modul
Messbereich $<$ und $>$ T_g

Anmerkung: *Der 3-Punkt-Biege-Modus und noch stärker die eingespannte Biegung bewirken keine eindeutigen Spannungszustände. Als Konstruktionswerte werden Biegekennwerte gemieden; in der Campus-Datenbank wurden Biegekennwerte daher weitgehend gestrichen. Ihr Reiz liegt in der einfachen Messbarkeit und dem häufigen Auftreten von Biegebeanspruchungen bei den meist dünnwandigen Kunststoffteilen in der Praxis. Bei weichen Proben verfälscht das Zusammendrücken der Probe in den Klemmen die Probendicke.*

Durch die Verwendung aufgeklebter Metallscheiben zur Verstärkung an den Einspannenden können Klemmeffekte besonders bei weichen Materialien verkleinert werden.

eingespannte Biegung Klemmeffekte durch erhöhte Probenlänge und geringere Probendicke verringern

Wird die Probe auf beiden Seiten fest eingespannt, so kann es bei hoher thermischer Ausdehnung längs der Probenachse zur Verwölbung der Probe kommen, was eine zusätzliche Druckspannung bewirkt, und eine erhöhte Steifigkeit vortäuscht, die nach Durchschreiten des Glasübergangs aufgrund der Erweichung wieder abgebaut wird. In einem solchen Fall ist die Messung in einarmiger Biegung vorzuziehen, da die Antriebswelle leicht zur Seite verschoben werden kann und eine zusätzliche Belastung durch die Ausdehnung verhindert wird, Bild 6.14.

bei hoher thermischer Ausdehnung einseitige Einspannung

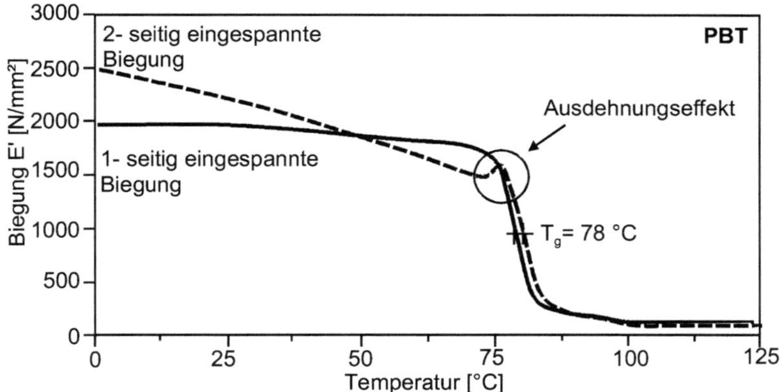

Bild 6.14 Einfluss der thermischen Ausdehnung bei unterschiedlicher Einspannung von PBT

Heizrate 5 °C/min, Frequenz 1 Hz

Zug

Im Zugmodus wird die Probe zwischen einer Klemme am feststehenden Rahmen und einer Klemme auf der beweglichen Antriebswelle fixiert, Bild 6.15. Um ein Einknicken des Probekörpers bei dynamischer Belastung durch entstehende Druckbelastung zu vermeiden, wird eine statische Vorlast aufgebracht.

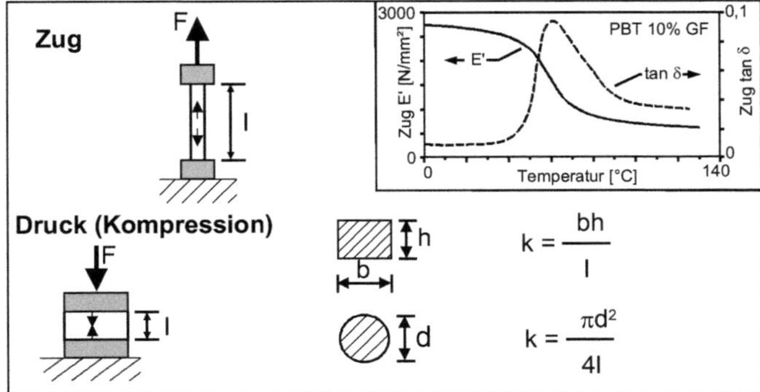

Bild 6.15 Versuchsaufbau, Geometriefaktoren und Beispieldiagramm für Zug- und Druck- (Kompressions-) belastung

Das Signal für den Modul wird deutlicher, wenn der Geometriefaktor durch Reduzierung des Querschnitts oder größere Probenlänge vermindert ist. Allerdings wirken sich Unregelmäßigkeiten in der Probengeometrie bei kleinen Probenquerschnitten stärker aus, deswegen ist bei einer Geometrieanpassung die Vergrößerung der Probenlänge der Reduzierung des Querschnitts vorzuziehen.

linearer Einfluss von Dicke, Breite und Länge, möglichst rechteckiger Querschnitt und große Probenlänge, günstig b:l = 1:3

Messungen unter Zugbelastung empfehlen sich besonders für Folien, flache Proben, Fasern und Proben mit mittlerem Modul. Proben mit hohem Modul können dann gemessen werden, wenn der Querschnitt entsprechend reduziert wird. Die realisierbaren Geometrien für den Zugmodus sind je nach Gerät unterschiedlich; üblich sind: Dicke von 5 µm bis 2 mm, Breite < 10 mm, freie Einspannlänge < 30 mm.

Zug geeignet für Folien, Fasern mittlerer Modul

Anmerkung: *Die Zugbelastung ist eine einfache und eindeutige Belastungsart mit der Kraft-richtung längs zur Probenachse und gleichmäßiger Spannungsverteilung über dem Querschnitt. Zugmessungen liefern normalerweise die zutreffendsten Modulwerte.*

Druck (Kompression)

Bei der Druck- bzw. Kompressionsmessung befindet sich die Probe zwischen zwei parallelen Platten, von denen eine beweglich ist, Bild 6.15.

Für den Druckversuch werden je nach Einspannvorrichtung meistens kurze zylindrische oder rechteckige Probekörper mit einem Durchmesser bzw. einer Kantenlänge von < 15 mm verwendet. Untersucht werden bevorzugt Werkstoffe mit niedrigem Modul, wie Schäume oder Elastomere.

Druck - geeignet für Schäume, Elastomere niedriger Modul

Anmerkung: *Bei kurzen Proben mit großem Querschnitt führt die Reibung zwischen Probe und Probenauflage zu einer behinderten Querverformung. Wichtig ist die Parallelität der Auflagen und besonders der Probe, da diese sonst ungleichmäßig belastet wird.*

Scherung (Schub)

Für Messungen im Schermodus werden zwei scheibchenförmige Probekörper symmetrisch zwischen zwei feste Platten und einer mit der Antriebswelle verbundenen mittleren Platte eingespannt. Durch die oszillierende Bewegung der mittleren Platte werden die Proben geschert.

Probengeometrie und Modulwert bedingen sich gegenseitig. Um etwas steifere Proben messen zu können, wird ein möglichst kleiner Geometriefaktor angestrebt; d.h. die Probendicke b vergrößert oder die Querschnittsfläche verringert. In der Praxis hat sich eine Probendicke von ca. 1 mm als günstig erwiesen.

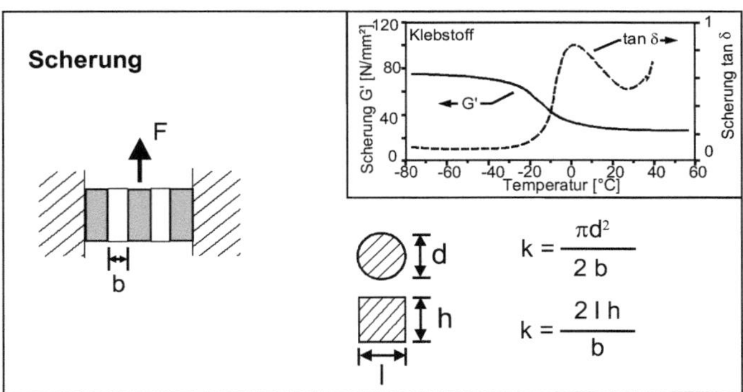

Bild 6.16 Versuchsaufbau, Geometriefaktoren und Beispieldiagramm bei Scherung

Scherversuche sind sinnvoll an Werkstoffen mit niedrigem Modulwert, Pasten oder zähen Flüssigkeiten. Messungen an spröden Festkörpern sind nicht möglich.

Scherung/Schub geeignet für Elastomere, Klebstoffe, zähe Flüssigkeiten geringer Modul

Anmerkung: *Mittels Scher-(Schub-)messungen können Aushärtereaktionen von Klebstoffen oder Reaktionsharzen verfolgt werden. Der Endwert des Moduls eines solchen Systems liegt jedoch in der Regel weit oberhalb des mit dieser Anordnung erreichbaren Messbereichs. Durch die Gerätesteifigkeit und den Geometriefaktor wird der maximal messbare Modul vorgegeben. Bei einem Messgerät mit einer Steifigkeit (F/Δx) von ca. 10^6 Pa bzw. 1 N/mm² ergibt sich bei einer 1 mm dicken SMC-Probe je nach Probendurchmesser ein maximaler Messbereich (s. Kap. 5.2.2.4) aus $G_{max} = F/\Delta x \cdot k$:*

Proben∅ 7 mm ⇒ k = 0,077 ⇒ G_{max} ~13 N/mm²

Proben∅ 12 mm ⇒ k = 0,226 ⇒ G_{max} ~ 4,4 N/mm²

Querschnittsfläche und Probendicke dem Modulwert anpassen

Bild 6.17 verdeutlicht dies graphisch am Beispiel einer reagierenden SMC-Paste. Der im Schermodus für den jeweiligen Probendurchmesser messbare Maximalwert entspricht den berechneten Werten, ist jedoch vom tatsächlichen Wert nach Durchlaufen der Aushärtereaktion (ca. 1500 N/mm²) noch weit entfernt. Es kann daher nur der Reaktionsbeginn bzw. die Gelierzeit gemessen werden.

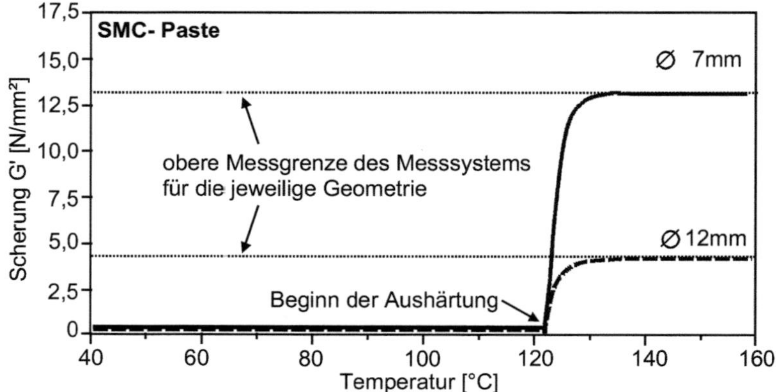

Bild 6.17 Einfluss des Probendurchmessers auf die obere Messgrenze des Messsystems, Aushärtebeginn einer SMC-Paste

2 Proben, Dicke 1mm, Scherung, Heizrate 2 °C/min, Frequenz 1 Hz

Vernetzungsreaktion Reaktionsbeginn und Gelierzeit

6.2.2.4 Probenvorbereitung/Einspannung

Als geeignete Probenkörper erweisen sich gespritzte Zugstäbe oder Platten. Die erforderliche Probengeometrie wird durch schonende **Präparation**, z.B. Fräsen oder Sägen (wassergekühlt) erzielt. Nach DIN EN ISO 6721-1 [1] dürfen Abweichungen in der Geometrie 3 % des Mittelwertes nicht überschreiten, bei einer 8 mm breiten Probe bedeutet dies eine maximale Schwankung der Probenbreite über die gesamte Probenlänge von +/- 0,24 mm. Breite, Dicke und Länge werden bei RT auf +/- 0,5 % genau mit Mikrometerschraube bzw. Messschieber gemessen. Dünne Folien werden mit geeigneten Stanzeisen ausgestanzt; weiche gummiartige Proben (z.B. Elastomere) im gefrorenen Zustand gefräst. Proben mit Fehlstellen erlauben nur die Auswertung geometrieunabhängiger Kennwerte (Temperaturen oder tan δ-Verlauf).

Abweichungen der Probengeometrie > 3 % vermeiden

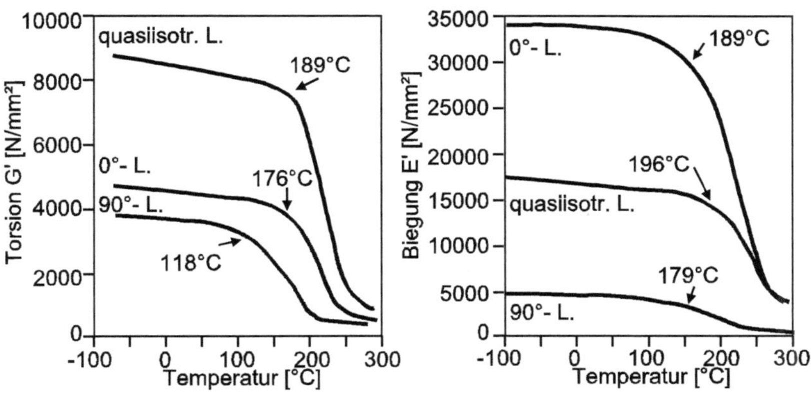

Bild 6.18 Einfluss der Belastung auf den Modulverlauf und die extrapolierten Anfangstemperaturen von CF-EP-Laminaten [13]
links: Torsion
rechts: 3-Punkt-Biegung,

Heizrate 3 °C/min, Frequenz 1 Hz

Bei faserverstärkten Werkstoffen bestimmt die **Faserorientierung** die Eigenschaften. Bei unterschiedlicher Entnahmerichtung wird in Bild 6.18 der Einfluss der Belastung auf den Modulverlauf in Abhängigkeit von der Temperatur an trockenen CF-EP-Laminaten dargestellt.

Unidirektionale Laminate besitzen einen hohen Grad an Anisotropie, da sie in Faserrichtung (0°-Laminat) bei Zug, Druck und Biegung die höchsten, gleichzeitig quer (90°-Laminat) dazu die niedrigsten Festigkeiten und Steifigkeiten aufweisen. Im Torsionsmodus ist das quasiisotrope Laminat aufgrund der für Torsion günstigen 45°-Lagen am steifsten, bei einer Faserorientierung in Umfangs- und Achsrichtung dagegen am niedrigsten, so dass die Matrixeigenschaften bei Torsionsbelastung dominieren. Ferner wurde ein quasiisotropes Laminat mit 16 Lagen der Schichtfolge 2x[0°/90°/+45°/-45°/0°/90°/+45°/-45°] untersucht. Die angegebenen Temperaturen für die extrapolierte Anfangstemperatur T_{eig} differieren aufgrund der unterschiedlichen Faserorientierung. Je nach Faserorientierung wird die temperaturabhängige Erweichung der Matrix in ihrer Wirkung überdeckt.

Modulwerte und Temperaturen hängen von der Faserorientierung und der Belastungsart ab.

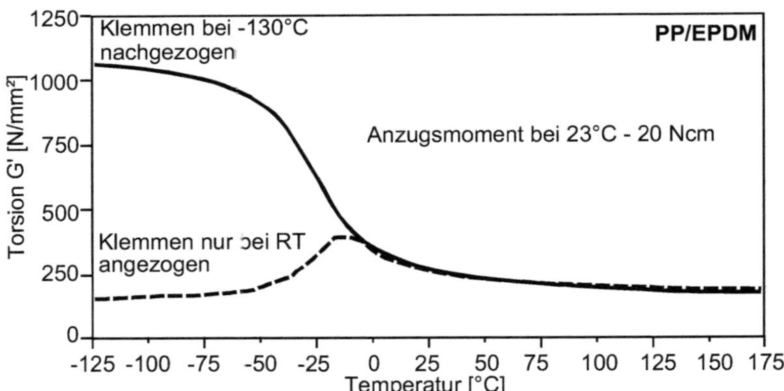

Bild 6.19 Einfluss des Nachziehens der Klemmen bei tiefen Starttemperaturen auf den Modulverlauf einer PP/EPDM-Probe

Torsion, Heizrate 5 °C/min, Frequenz 1 Hz

Die **Einspannung** der Probe muss möglichst gleichmäßig erfolgen. Dabei darf der Probekörper nicht deformiert oder verzogen werden. Spezielle Spannvorrichtungen oder Gravierungen an den Klemmen erleichtern ein gleichmäßiges Ausrichten der Probe. Liegt die Starttemperatur weit unterhalb RT und zieht sich die Probe nach dem Einspannen bei RT und anschließendem Abkühlen stärker zusammen als das meist metallische Klemmenmaterial, müssen die Klemmen bei den tiefen Starttemperaturen nachgezogen werden, Bild 6.19.

Nachziehen der Klemmen bei tiefen Starttemperaturen

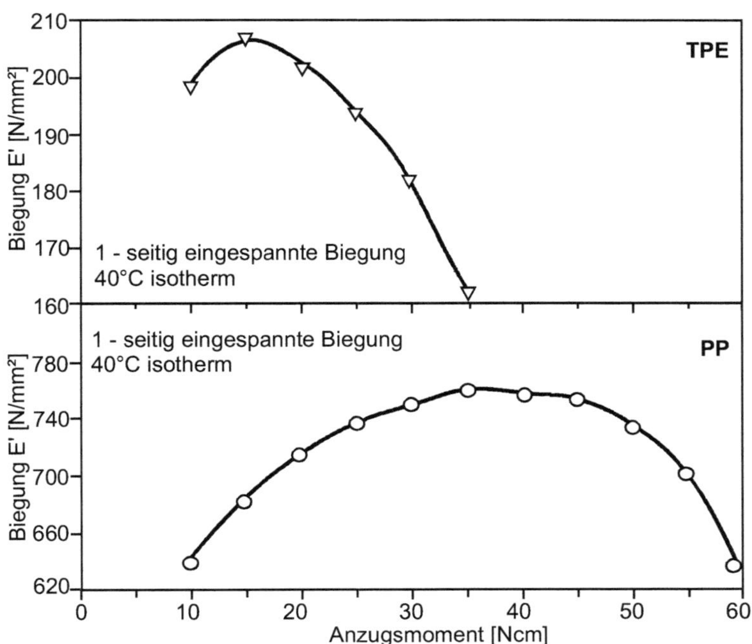

Bild 6.20 Einfluss des Anzugsdrehmoments auf den E-Modul bei TPE und PP

Temperatur 40 °C, Biegung, Frequenz 1 Hz

Den Einfluss des Anzugsdrehmoments auf den Modulwert zeigt Bild 6.20. Am Beispiel eines relativ weichen TPE und eines etwas steiferen PP bei einer Messtemperatur von 40 °C wird der Einfluss des Anzugsdrehmoments der Einspannung deutlich. Der Modulwert steigt mit zunehmendem Anzugsdrehmoment auf einen maximalen Wert an, danach fällt er wieder stetig ab, bei geringen Anzugsmomenten ist keine optimale Kraftübertragung gewährleistet, die Probe rutscht in der Einspannung. Oft sind daher linienförmige Pressungen flächigen vorzuziehen. Hohe Anzugsmomente führen zu einer Deformation der Probe und verringern das Widerstandsmoment, so dass der Modulwert scheinbar sinkt. Besonders deutlich wirkt sich dies bei weichen Materialien aus. Das für die Befestigung der Probe jeweils günstigste Anzugsdrehmoment liegt beim höchsten Modulwert bzw. im Bereich des Plateaus.

gleichmäßige, nicht zu feste Einspannung

6.2.2.5 Spülgas

Um möglicher Oxidation entgegenzuwirken, wird auch bei der DMA mit inertem Spülgas (Stickstoff, Helium oder Argon) gearbeitet. Aus Kostengründen wird in erster Linie Stickstoff eingesetzt. Um sehr tiefe Starttemperaturen möglichst schnell zu erreichen, empfiehlt sich Helium.

6.2.2.6 Messprogramm

Vor der Messung sind Start- und Endtemperatur, Heizrate, Frequenz und Deformation festzulegen.

Bei großvolumigen Probekörpern, verbunden mit einem je nach System unterschiedlich starken Wärmeabfluß in die Probeneinspannungen, kann es bei DMA-Messungen zu einem hohen Temperaturgradienten in der Probe kommen, der sich mit sinkender **Starttemperatur** verstärkt. Als Messbeginn empfiehlt sich eine Starttemperatur von ca. 30 °C bis 50 °C unterhalb des erwarteten Effekts, die einige Minuten konstant gehalten werden sollte.

starke Wärmeableitung über die Einspannklemmen

Temperaturgradient im Probekörper

Die **Endtemperatur** wird in erster Linie von der Formstabilität der Probe selbst bestimmt. Nach Durchschreiten des Glasübergangs sinken die Modulwerte auf einen geringen Wert, bei dem der Versuch üblicherweise beendet wird. Bei der Messung unvollständig ausgehärteter Duroplaste kann es nach dem Absinken des Speichermoduls zu einer Nachhärtereaktion, verbunden mit einem erneuten Anstieg des Moduls, kommen, s. Bild 6.22; in einem solchen Fall sollte die Endtemperatur erhöht werden.

Aufgrund relativ großer Probekörper und Prüfkammern liegt die verwendete **Heizrate** zwischen 1 und 5 °C/min. Nach DIN EN ISO 6721-1 [1] und ASTM D 4065-99 [10] werden eine maximale Heizrate von 2 °C/min bzw. Intervallschritte von 2 bis 5 °C, die jeweils 3 bis 5 min gehalten werden, empfohlen. DIN 65 583 [6] schreibt für die Messung faserverstärkter Kunststoffe eine Heizrate von 3 °C vor.

Bild 6.21 stellt den Einfluss der Heizrate auf die Glasübergangstemperaturen von PBT dar, die nahezu linear mit der Heizrate ansteigen. Diese Temperaturunterschiede sind auf die mit der Heizrate steigende Differenz zwischen Probenkammer- und Probenkörpertemperatur zurückzuführen und variieren je nach Probenkammer, Temperaturbereich, Probenmaterial und -größe.

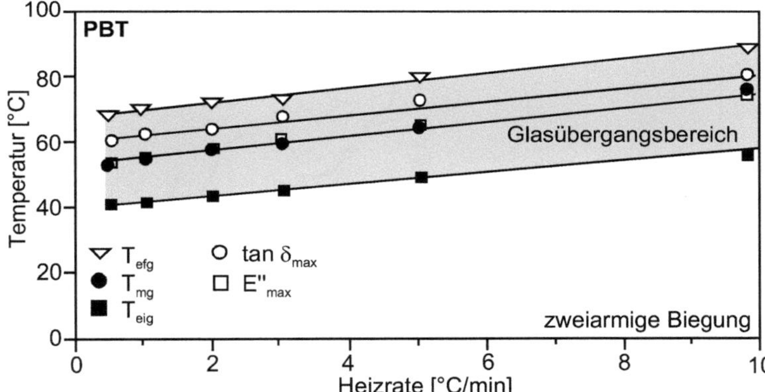

Bild 6.21 Einfluss der Heizrate auf die Glasübergangstemperaturen von PBT

T_{efg} = extrapolierte Endtemperatur, tan δ_{max} = Peakmaximum des Verlustfaktors, T_{mg} = Mittenpunktstemperatur, E''_{max} = Peakmaximum des Verlustmoduls, T_{eig} = extrapolierte Anfangstemperatur, 2-armige Biegung, Probengeometrie 4x10x14 mm, Deformation 10 µm, Frequenz 1 Hz

Geringe Heizraten von 0,5 oder 1 °C/min gewährleisten zwar eine gleichmäßige Temperierung der Probe und liefern somit relativ genaue Werte, können aber auch die Struktur des Probekörpers stärker beeinflussen (s. Kap. 1.2.2.5). In der täglichen Laborpraxis muss zwischen optimalen Messbedingungen und vertretbarem Zeitaufwand abgewogen werden, was zu einem Kompromiß bei der Wahl der Heizrate führen muss. Die Vergleichbarkeit von Messungen ist nur bei gleicher Heizrate gewährleistet. Der Abstand zwischen Thermoelement und Probe sollte ca. 3 bis 5 mm sein.

günstige Heizrate 1 bis 3 °C/min

Chemische Reaktionen mit gleichzeitiger hoher Wärmeentwicklung können die Temperatur in Probennähe kurzzeitig stark erhöhen und somit die Temperaturregelung des Gerätes beeinflussen.

Bei einer unvollständig ausgehärteten VE-Harz-Probe war der Abstand zwischen Probe und Thermoelement zu gering, und die bei der Nachhärtung freiwerdende Wärme führte zu Schwankungen in der Heizrate, Bild 6.22.

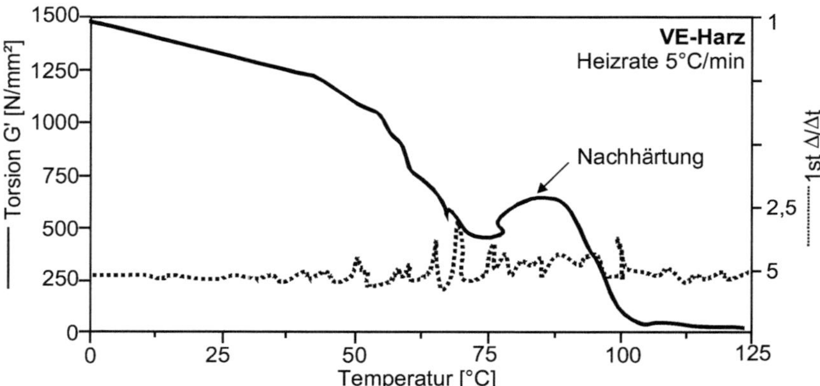

Bild 6.22 Schwankungen der Heizrate bei ungünstiger Positionierung des Thermoelements aufgrund der Nachhärtung eines VE-Harz

rechte Achse zeigt die Heizrate, Torsion, Heizrate 5 °C/min, Frequenz 1 Hz

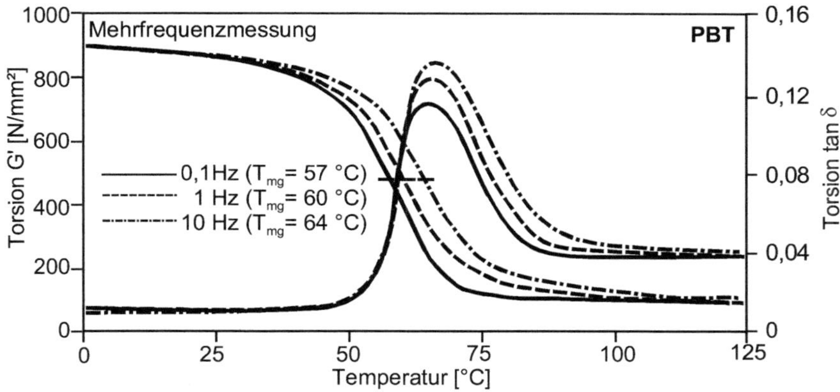

Bild 6.23 Frequenzabhängigkeit von Speichermodul und Verlustfaktor bei PBT

T_{mg} = Mittenpunktstemperatur, Torsion, Heizrate 1 °C/min

Das Verhalten viskoelastischer Kunststoffe hängt von der **Belastungsfrequenz** ab. Je höher die Frequenz ist, umso weniger kann sich eine nichtelastische Verformung auswirken, d.h. die Bewegung der Polymermolekülketten kann der Wechselbelastung nicht mehr folgen; der Werkstoff verhält sich bei gleicher Temperatur steifer. Höhere Frequenzen verschieben den Glasübergangsbereich zu höheren Temperaturen, Bild 6.23.

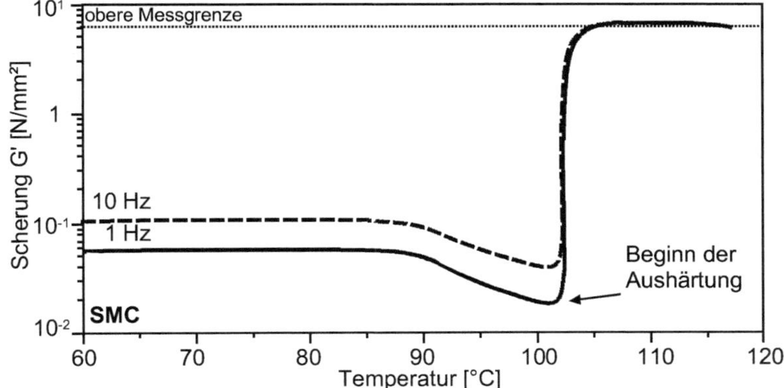

Bild 6.24 Einfluss der Frequenz auf Modul und Aushärtebeginn einer SMC-Paste

Scherung, Heizrate 2 °C/min

Effekte wie Schmelzen oder Kristallisation, Verdampfen oder chemische Reaktionen werden durch die Frequenz nicht beeinflusst. Dies zeigt Bild 6.24 am Beispiel einer SMC-Paste, deren Schermodul zunächst frequenzabhängig ist, während der Aushärtebeginn keine Frequenzabhängigkeit zeigt.

Frequenzeinfluss
zunehmende Frequenz führt zu höherer T_g
frequenzunabhängig - Schmelzen, chemische Reaktionen

Die **Deformation** wird entweder als Auslenkungswinkel für Torsionsbelastung in ° bzw. rad (360 ° = 6,28 rad, 1 ° = 0,01745 rad) oder als Deformationsamplitude in µm für Zug- oder Biegebelastung am Gerät eingestellt. Eine derartige Angabe sagt nur etwas über die Materialbeanspruchung aus, wenn sie auf die relevante Probengeometrie in % als Verformung bezogen wird, s. Kap. 6.2.2.2. Moderne DMA-Geräte erlauben die Vorgabe der Verformung in %.

6.2.2.7 T_g- Auswertung

In Kap. 5.1.4 wurden die unterschiedlichen Methoden zur Auswertung von Glasübergangstemperaturen bereits beschrieben. Da diese von großer praktischer Bedeutung sind und darüber hinaus in der Praxis aber auseinandergehende Meinungen herrschen, wird diese Thematik nochmals eingehend behandelt.

Auswertungen des stufenförmigen Modulabfalls

Durch Anlegen von Tangenten vor und nach dem Glasübergang werden mittels **Stufenauswertung** die extrapolierte Anfangstemperatur T_{eig}, die Mittenpunktstemperatur T_{mg} und die extrapolierte Endtemperatur T_{efg} bestimmt.

Bild 6.25 zeigt die unterschiedlichen Ergebnisse am Beispiel einer ungetemperten und 2 h bei 60 °C getemperten UP-Harz-Probe bei linearer und logarithmischer Auftragung des Speichermoduls. Die T_g-Werte bei jeweils gleichem Aushärtezustand differieren um ca. 20 °C.

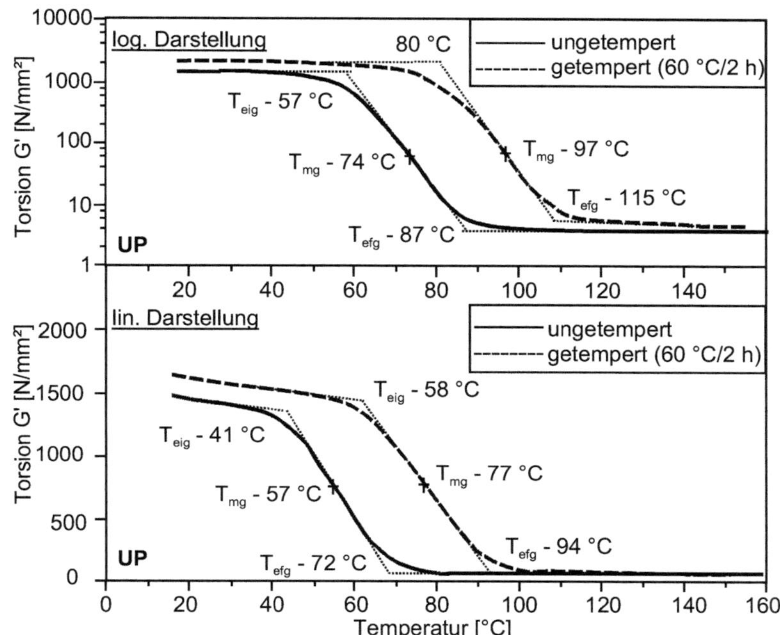

Bild 6.25 Stufenauswertung einer ungetemperten und 2 h bei 60 °C getemperten UP-Harz-Probe, T_{eig} extrapolierte Anfangstemperatur, T_{mg} Mittenpunktstemperatur, T_{efg} extrapolierte Endtemperatur

lineare und logaritmische Darstellung, Torsion, Heizrate 3 °C/min, Frequenz 1 Hz

Die Auswahl der Temperaturen zum Anlegen der Tangenten hat einen großen Einfluss auf die ermittelten T_g-Werte. Lage und Neigung der Tangenten werden vom Bediener oder der Auswertesoftware unter Angabe der Berührungspunkte vorgegeben. Die Konstruktion der Tangente im Steilabfall erfolgt entweder durch den Wendepunkt oder durch die Angabe eines oder mehrerer Berührungspunkte.

Bild 6.26 zeigt den Einfluss der Tangentenberührungspunkte auf die Glasübergangstemperatur T_{mg} nach der Stufenauswertung. Bei logarithmischer Auftragung variiert die Glasübergangstemperatur T_{mg} nur um 1 °C in Abhängigkeit von der Tangentenberührungstemperatur von -50 bis +50 °C. Allerdings liegen die Werte um 13 °C bis 17 °C höher als bei der logischeren linearen Auftragung.

In Tabelle 6.2/6.3 sind die entsprechenden Kennwerte in der Übersicht aufgelistet. Unterschiedliche Tangentenanlegetemperaturen wirken sich bei logarithmischer Auftragung deutlich weniger aus als bei linearer Auftragung.

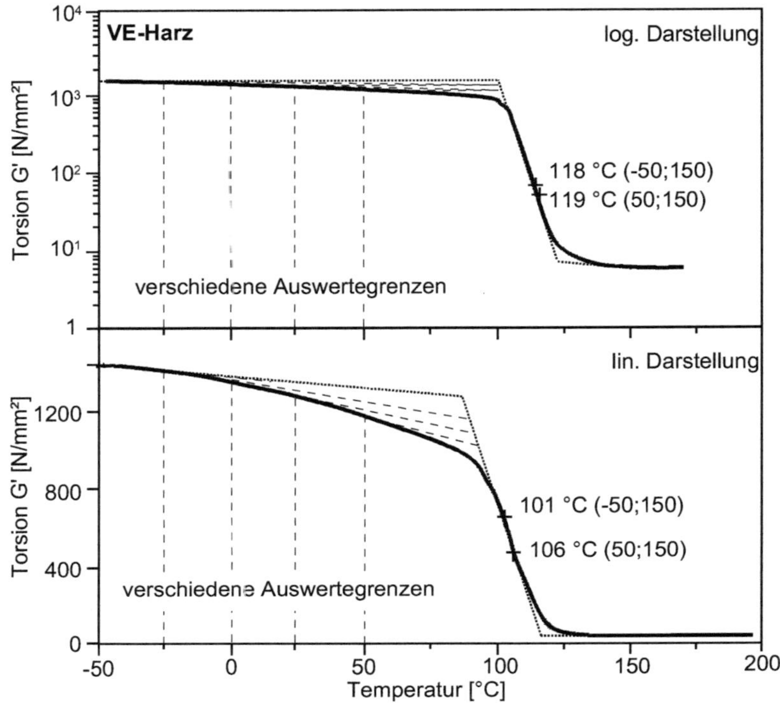

Bild 6.26 Einfluss der Tangentenberührungspunkte auf die Glasübergangstemperatur nach der Stufenauswertung eines VE-Harzes, lineare und log. Auftragung

Bestimmung der Mittenpunktstemperatur T_{mg} nach Bild 6.7, Torsion, Heizrate 5 °C/min, Frequenz 1 Hz

Stufenauswertung

lineare Darstellung
praxisnahe Information, starker Einfluss der Tangente unterhalb T_g

logarithmische Darstellung
höhere T_g-Werte, starker Einfluss der Tangente oberhalb T_g

1. Tangente [°C]	2. Tangente [°C]	T_{eig} [°C]	T_{mg} [°C]	T_{efg} [°C]
-50	150	86	101	118
-25	150	91	104	118
0	150	94	106	118
25	150	95	106	118
50	150	95	106	118

Tabelle 6.2 Einfluss der Tangentenberührungspunkte auf charakteristische Glasübergangstemperaturen bei linearer Auftragung des Speichermoduls

T_{eig} = Anfangstemperatur, T_{mg} = Mittenpunktstemperatur, T_{efg} = Endtemperatur

1. Tangente [°C]	2. Tangente [°C]	T_{eig} [°C]	T_{mg} [°C]	T_{efg} [°C]
-50	150	105	118	131
-25	150	106	118	131
0	150	106	118	131
25	150	107	119	131
50	150	107	119	131

Tabelle 6.3 Einfluss der Tangentenberührungspunkte auf charakteristische Glasübergangstemperaturen bei logarithmischer Auftragung des Speichermoduls

Bauteile aus Hochleistungsverbundwerkstoffen dürfen in der Praxis nur eine geringe Steifigkeitsänderung aufweisen. Zur Charakterisierung praxisnaher Einsatzgrenzen wird in DIN 65 583 [6] für Faserverbundwerkstoffe die Auswertung nach einer 2 %-Methode und einer Tangentenmethode vorgeschlagen.

Bei der **2 %-Methode** nach DIN 65 583 (Entwurf von 1990) wird zunächst an die linear aufgetragene Speichermodulkurve eine Tangente bei 30 °C angelegt, diese wird um 2 % des Modulwertes parallel verschoben. Der Schnittpunkt dieser Parallelen mit der Speichermodulkurve kennzeichnet die Temperatur bei Beginn des Glasübergangs, die mit T_{GA} bezeichnet wird.

Bild 6.27 zeigt diese Auswertung am Beispiel einer ungetemperten und 2 h bei 60 °C getemperten UP-Harz-Probe. Mit Hilfe dieser Auswertung erhält man T_{GA} - Temperaturen von 36 °C bzw. 46 °C.

Die Problematik dieser Auswertung besteht darin, dass die vorgegebene Bezugstemperatur bereits im Glasübergangsbereich (wie es bei der ungetemperten Probe der Fall ist) liegt. Dadurch wird der Abfall deutlich größer, hier 6,5 % bei der ungetemperten demgegenüber 3 % bei der getemperten Probe.

x %-iger Abfall des Modulwertes ist praxisrelevante Größe, wichtig ist eine sinnvolle Bezugstemperatur

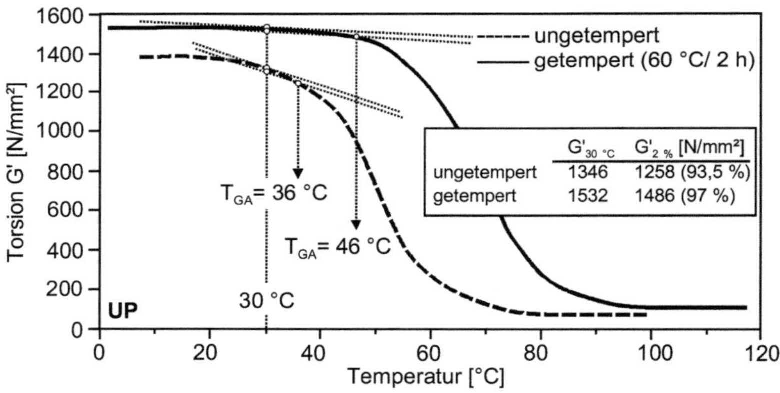

Bild 6.27 Auswertung der Glasübergangstemperaturen nach der 2 %-Methode, DIN 65 583 Entwurf 1990, einer ungetemperten und 2 h bei 60 °C getemperten UP-Harz-Probe, T_{GA} = Beginn des Glasübergangs, Auswertung nach DIN 65 583, 1999, s. Bild 6.8

Torsion, Heizrate 3 °C/min, Frequenz 1 Hz

Bei Faserverbundkunststoffen kann auch die **Tangentenmethode** nach **DIN 65 583** angewandt werden. Der Schnittpunkt der Tangente an die linear aufgetragene Speichermodulkurve bei 30 °C mit der Tangente an den Wendepunkt der Kurve kennzeichnet die Temperatur bei Beginn des Glasübergangs, T_W. Diese enspricht in etwa der extrapolierten Anfangstemperatur T_{eig} nach der Stufenauswertung. Eigene Versuche haben ergeben, dass bei manueller Auswertung „nichtidealer“ Kurven mit Hilfe der 2 %- und der Tangentenmethode der subjektive Einfluss verschiedener Personen mit bis zu 30 °C in T_w relativ hoch liegt [18].

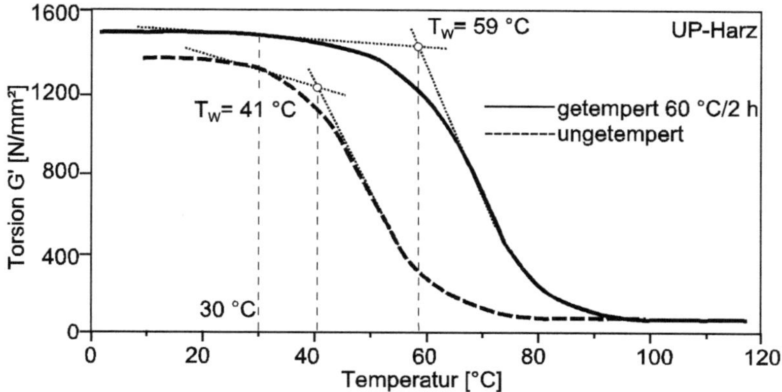

Bild 6.28 Auswertung der Glasübergangstemperaturen nach der Tangentenmethode, DIN 65 583, Entwurf 1990 [6], einer ungetemperten und getemperten (2 h bei 60 °C) UP-Harz-Probe

T_W = Beginn des Glasübergangs, Torsion, Heizrate 3 °C/min, Frequenz 1 Hz

Der oben genannten Schwachpunkt an dem Normenentwurf der DIN 65 583 bezüglich der fest vorgegebenen Bezugstemperatur von 30 °C wurde bei Inkrafttreten dieser DIN 65 683 im April 1999 behoben. Die Auswertung erfolgt nun normgerecht durch eine Tangentenkonstruktion (aus T_w wird T_{g0}) und die 2 %-Methode. Für die Tangentenkonstruktion wird eine Bezugstemperatur von $T = T_{g0}$ 50 °C eingeführt (aus T_{GA} wird $T_{g2\%}$), s.a. Bild 6.8.

Auswertungen von Kurvenmaxima

Im Gegensatz zu Tangentenkonstruktionen ist die Auswertung eines Kurvenmaximums wesentlich unkomplizierter. Das **Maximum** des **Verlustfaktors**, das häufig als Glasübergangstemperatur ausgewertet wird, liegt bereits oberhalb des eigentlichen Erweichungsbereichs, Bild 6.29. Die Differenz zwischen der Mittenpunktstemperatur T_{mg} (Stufenauswertung linear) und T_g (tan δ_{max}) beträgt am Beispiel einer UP-Harz-Probe 23 °C. Die Höhe dieser Temperaturdifferenz hängt u.a. von der verwendeten Heizrate ab.

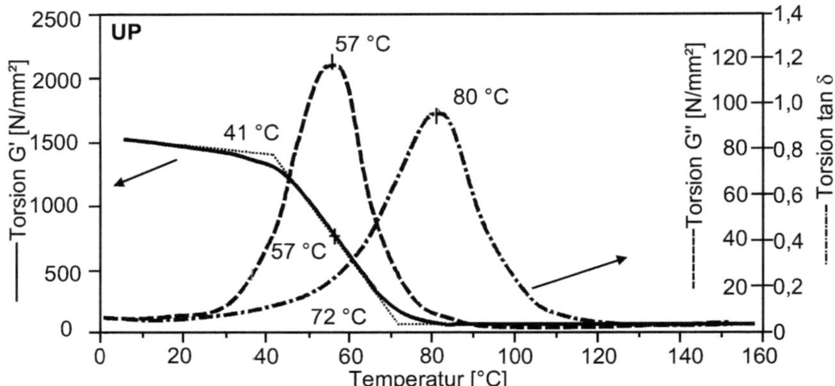

Bild 6.29 Glasübergangstemperaturen, ausgewertet aus Speichermodul G′, Verlustmodul G′′ und Verlustfaktor tan δ einer ungetemperten UP-Harz-Probe

Torsion 0,09°, Heizrate 3 °C/min, Frequenz 1 Hz

Neben der Auswertung des Verlustfaktors wird häufig das **Maximum** des **Verlustmoduls** herangezogen. Dieses Verfahren scheint sowohl aus physikalischer als auch praktischer Sicht besonders gut geeignet zu sein, einen reproduzierbaren Kennwert für die Glasübergangstemperatur zu ermitteln, der nach eigenen Erfahrungen im allgemeinen mit T_{mg} nach der Stufenauswertung korreliert.

$$\mathbf{T_g(\tan\delta_{max}) > T_{mg,\,linear}}$$
$$\mathbf{T_g(G''_{max}) \approx T_{mg,\,DMA,\,linear} \approx T_{mg,\,DSC}}$$

6.2.3 Beispiele aus der Praxis

6.2.3.1 DMA - Kurven verschiedener Kunststoffe

Das mechanische Verhalten von Kunststoffen in der Wärme ist in der Kunststofftechnik, insbesondere der Konstruktion, von großem anwenderseitigen Interesse. Mit der Darstellung des temperaturabhängigen Modulverlaufs unter hoher Auflösung des Glasübergangsbereichs bietet die DMA ein über die Möglichkeiten der anderen thermoanalytischen Verfahren hinausgehendes Werkzeug für die Charakterisierung. Bild 6.30 zeigt eine Übersicht des Verlaufs von Speichermoduln teilkristalliner Kunststoffe. Im Bereich des Glasübergangs erweichen die amorphen Anteile, und der Speichermodul fällt stufenförmig auf einen sehr viel geringeren Wert ab. Oberhalb von T_g verlauft die Kurve zunächst auf einem gleichbleibenden Niveau und fällt dann beim Schmelzbeginn endgültig ab. Ursache für den weitgehend konstanten Modul zwischen Glasübergangs- und Schmelzbereich ist das Vorhandensein kristalliner Strukturen, deren Steifigkeit sich temperaturabhängig nur wenig ändert.

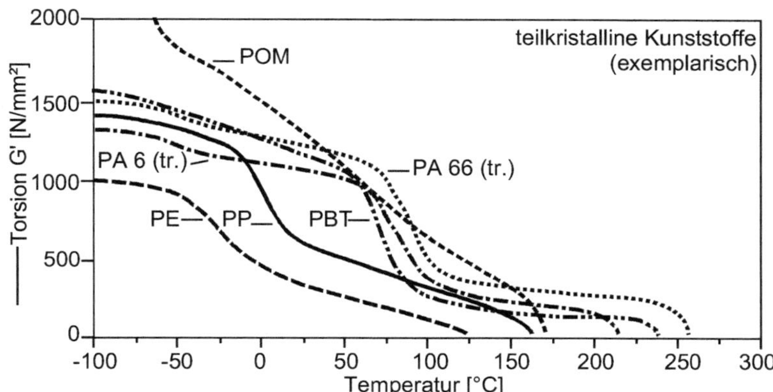

Bild 6.30 Speichermodulkurven verschiedener teilkristalliner Thermoplaste

Torsion, Heizrate 5 °C/min, Frequenz 1 Hz

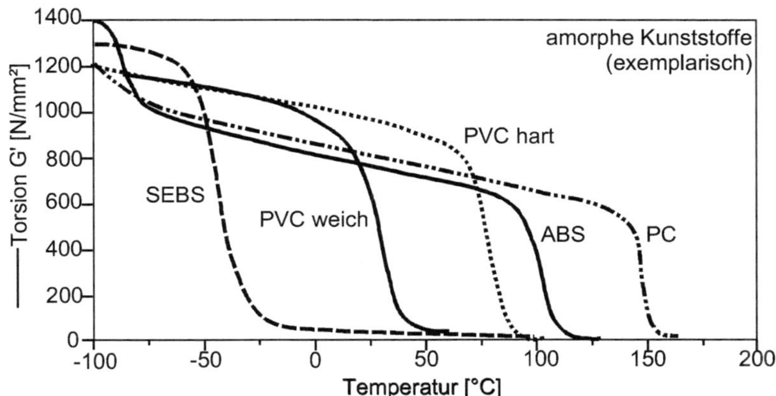

Bild 6.31 Speichermodulkurven verschiedener amorpher Thermoplaste

Torsion, Heizrate 5 °C/min, 1 Hz

Amorphe Thermoplaste zeigen demgegenüber im Glasübergangsbereich einen stärkeren Aball des Speichermoduls, da das Material völlig erweicht, Bild 6.31.

6.2.3.2 Messungen an Polyamid

Bild 6.32 zeigt den Speichermodul, den Verlustmodul und den Verlustfaktor einer trockenen PA-Probe in einem Temperaturbereich von -140 °C bis 300 °C, der in fünf Temperaturzonen unterteilt werden kann.

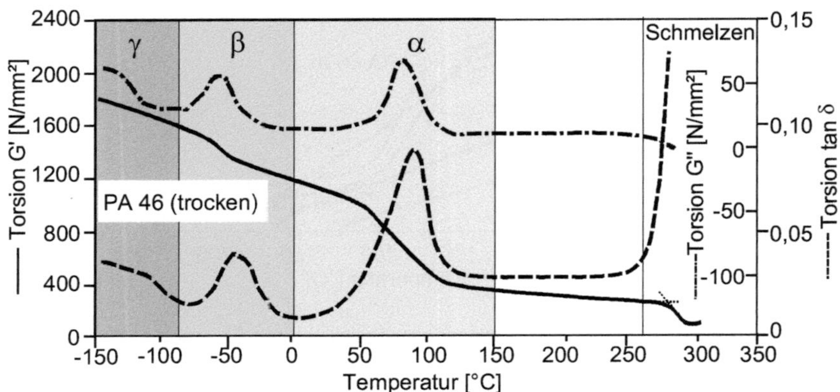

Bild 6.32 Darstellung von Speicher- und Verlustmodul sowie tan δ eines trockenen PA46

Torsion, Heizrate 3 °C/min, Frequenz 1 Hz

Die Unterteilung erfolgt in 3 sog. Relaxationsgebiete, einem nahezu konstanten Bereich und dem beginnenden Schmelzen der kristallinen Anteile. Die Relaxationsgebiete sind durch Modulstufen und Maxima der tan δ- und G′′-Kurven gekennzeichnet und werden von hohen Temperaturen beginnend mit griechischen Buchstaben bezeichnet (α-, β-, γ-Relaxation). Dabei entspricht die bei der höchsten Temperatur liegende α-Relaxation dem Hauptglasübergangsbereich. Die Ursachen der bei PA auftretenden Effekte können dabei wie folgt beschrieben werden [20].

< -80 °C:	Bewegung von CH_2-Gruppen innerhalb der Molekülketten
-80 °C bis ca. 0 °C:	Bewegung der Kettensegmente und Amidgruppen
0 °C bis ca. 150 °C:	Hauptglasübergangsbereich,
150 °C bis 270 °C:	Segmentbeweglichkeit der amorphen Bereichen kaum Eigenschaftsänderungen
ab ca. 270 °C:	Schmelzen der kristallinen Anteile

Bild 6.33 zeigt einen Vergleich unterschiedlicher Polyamide im trockenen Zustand. Im oberen Bild ist neben den Verlustmodulkurven (G´´) der Speichermodul G´ logarithmisch dargestellt ist; das untere Bild zeigt die lineare Modulauftragung. Der Modul bei tiefen Temperaturen und die Glasübergänge (Relaxationen) sind in der logarithmischen Auftragung weniger deutlich oder gar nicht zu erkennen, während das beginnende Schmelzen der kristallinen Bereiche (T > 225 °C) hier gut differenziert wird.

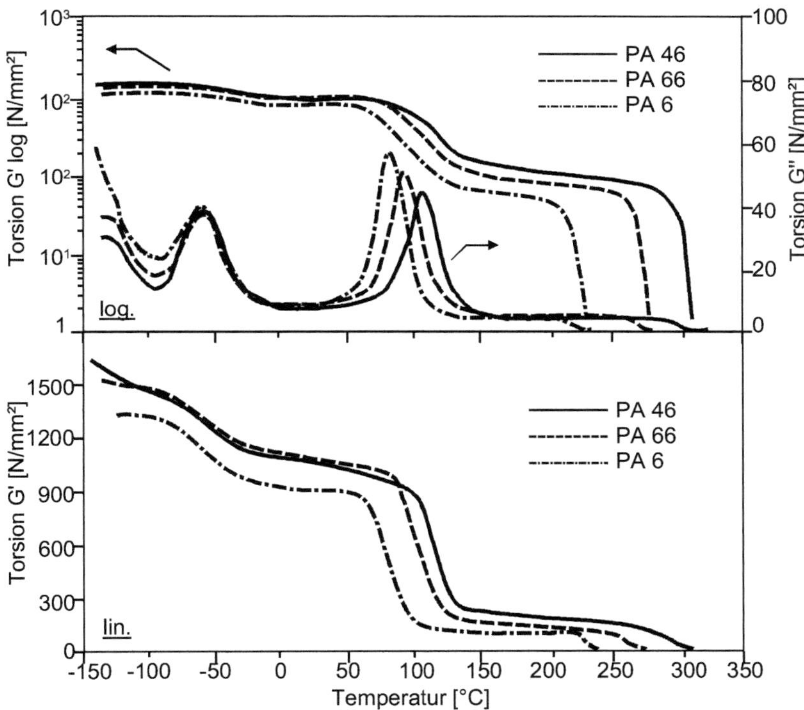

Bild 6.33 Speicher- und Verlustmodul verschiedener trockener Polyamide gleicher Geometrie
oben: logarithmische
unten: lineare Autragung des Speichermoduls

Torsion, Heizrate 3 °C/min, Frequenz 1 Hz

Die Verlustmodulkurven der verschiedenen Polyamide decken sich im Bereich des β-Übergangs, da bei diesen Temperaturen gleiche molekulare Baugruppen angeregt werden. Mit zunehmenden zwischenmolekularen Anziehungskräften verschiebt sich der Hauptglasübergangsbereich, beginnend bei PA6, über PA66 bis PA46 zu höheren Temperaturen. Die in gleicher Reihenfolge verringerte Höhe des Verlustmoduls (ebenso tan δ) gibt einen Hinweis auf die unterschiedliche Kristallinität der Proben [20]. Der Kristallinitätsgrad von PA6 ist geringer als der von PA66 und PA46.

6.2.3.3 Konditionierung - Wassergehalt

Der Konditionierungszustand wirkt sich besonders bei Polyamiden stark auf den Verlauf der einzelnen DMA-Kurven aus. Die Lage der Glasübergangstemperatur wird deutlich durch den Wassergehalt der Probekörper beEinflusst (s. Kap 1.2.3.4 u. 4.2.3.2).

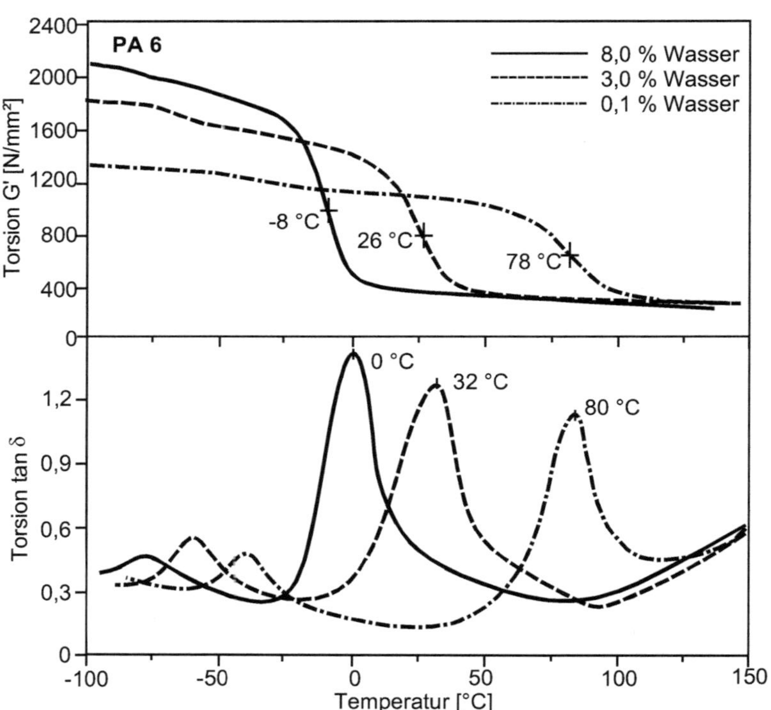

Bild 6.34 Verlauf von Speichermodul und Verlustfaktor an PA6-Proben mit unterschiedlichem Wassergehalt

Torsion, Heizrate 3 °C/min, Frequenz 1 Hz

Eindiffundiertes Wasser erhöht die Segmentbeweglichkeit vergleichbar mit einem „Weichmachereffekt". Bild 6.34 zeigt die Auswirkung unterschiedlicher Konditionierungszustände (0,1 %, 3,0 % und 8,0 % H_20) auf den Verlauf von Speichermodul und Verlustfaktor am Beispiel eines PA 6. Die :Mittenpunktstemperatur und tan δ_{max} ändern sich um ca. 80 °C. Durch das eingelagerte Wasser steigt die Steifigkeit im Temperaturbereich unterhalb 0 °C durch sog. Einfriereffekte an [13, 21, 22].

Bild 6.35 zeigt den Einfluss des Wassergehalts auf EP-Reinharzproben auf deren DMA-Kurven. Während der Modul der trockenen Probe zunächst konstant ist, fällt derjenige des feuchten Formstoffs stetig ab; sein anfänglicher Wert liegt jedoch aufgrund des beschriebenen Einfriereffektes höher. Ab ca. 100 °C sinkt der Modul in Form einer Stufe verstärkt ab, was auf das Austreten des Wassers (Desorption) zurückgeführt werden kann. Dieser Effekt überlagert den Glasübergang, dessen scheinbarer Anfang hier bei ca. 125 °C liegt, der aber nicht eindeutig ausgewertet werden kann.

Die Modulkurve des trockenen Harzes zeigt demgegenüber einen nahezu idealen verlauf mit einem bei deutlich höheren Temperaturen liegenden Glasübergang.

Die tan δ-Kurven ermöglichen eine vergleichbar einfachere Glasübergangsauswertung, wobei die Maxima recht nahe beieinander liegen. Es ist allerdings die stark unterschiedliche Kurvenform zu beachten.

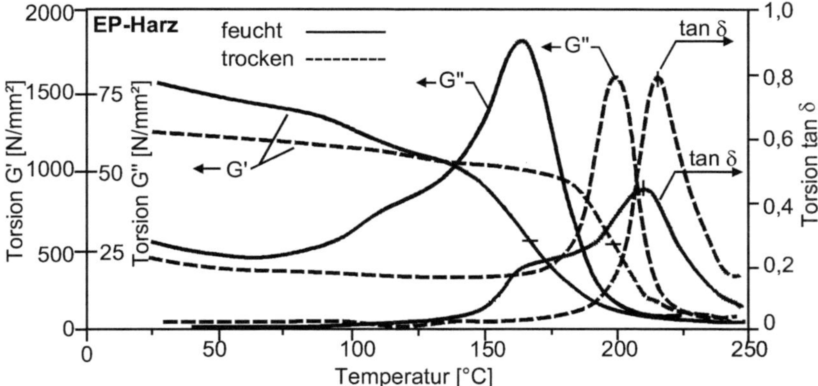

Bild 6.35 Verlauf von Speichermodul, Verlustmodul und Verlustfaktor unterschiedlich konditionierter EP-Harz-Proben

Torsion, Heizrate 3 °C/min, Frequenz 1 Hz

Tabelle 6.4 zeigt die T_g-Ergebnisse der unterschiedlichen Kurvenauswertungen. Bei der Bestimmung der extrapolierten Anfangstemperatur aus der Modulkurve ergibt sich eine Differenz von 46 °C, für T_{mg} (Mittenpunktstemperatur) ca. 40 °C, während es bei T_g(tan δ_{max}) nur 5 °C sind. Ähnlich wie T_{mg} verhält sich das Maximum des Verlustmoduls, das jedoch wesentlich eindeutiger bestimmbar ist als die Mittenpunktstemperatur und in einem solchen Falle vorgezogen werden sollte. Zu beachten ist für den Konstrukteur dennoch, ab welcher Temperatur das Material jeweils erweicht.

	T_{eig}	T_{mg}	T_g (tan δ_{max})	T_g (G''_{max})
feucht	140 °C	162°C/168 °C*	210 °C	162 °C
trocken	186 °C	200 °C	215 °C	200 °C

**unterschiedliche Auswertegrenzen*

Tabelle 6.4 Verschiedene T_g-Auswertungen an EP-Harz-Proben (feucht/trocken) aus Bild 6.35

Feuchtigkeit beeinflusst den Modulverlauf und verschiebt T_g zu tieferen Temperaturen

6.2.3.4 Mischungen

Die DMA eignet sich besonders gut zur Analyse von Mischungen im Bereich des Glasübergangs, da sie hier sehr gut aufzulösen vermag.

Verträgliche Mischung

Bild 6.36 zeigt den Verlauf von Speicher- und Verlustmodul einer Mischung und deren Einzelkomponenten aus teilkristallinem PEEK und amorphen PEI. Da es sich um eine verträgliche Mischung handelt, bildet sie einen einzigen, zwischen den beiden Reinkomponenten liegenden Glasübergang aus (s. Kap. 1.2.3.7).

Die Torsionssteifigkeit oberhalb des Glasübergangsbereiches ist abhängig vom Anteil kristalliner Bereiche, die bei PEEK und in geringerem Maße auch in der Mischung vorhanden sind.

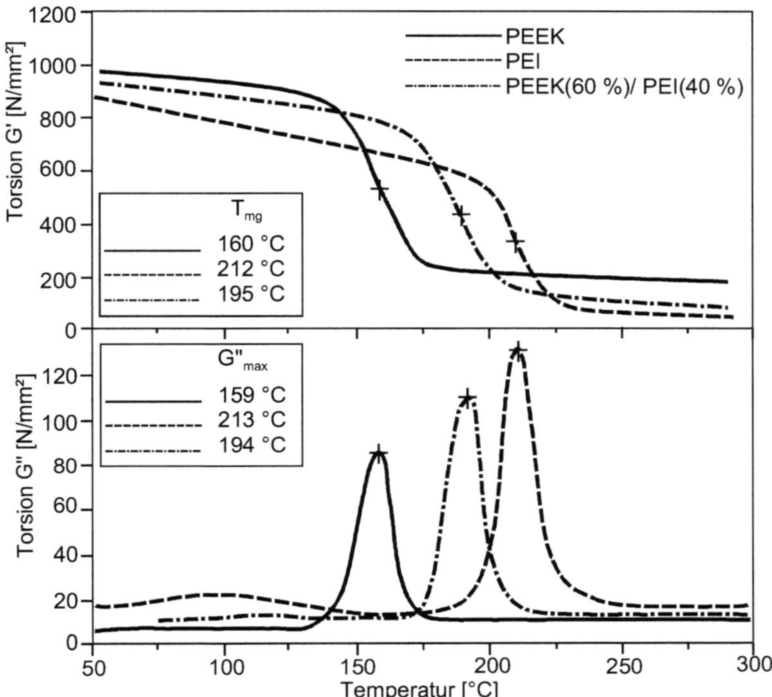

Bild 6.36 Speicher- und Verlustmodul von PEEK, PEI und einer verträglichen Mischung beider Komponenten PEEK/PEI (60/40)

Torsion, Heizrate 5 °C/min, Frequenz 1 Hz

Unverträgliche Mischung

Unverträgliche Mischungen hingegen zeigen die einzelnen, für jeden Mischungspartner charakteristischen Glasübergänge, wie Bild 6.37 anhand von Speicher- und Verlustmodulkurven für die Mischung aus teilkristallinem PEKEKK und amorphem PES im Vergleich zu den Einzelkomponenten darstellt.

verträgliche Mischungen	**ein gemeinsamer Glasübergang**
unverträgliche Mischungen	**zwei getrennte Glasübergänge**

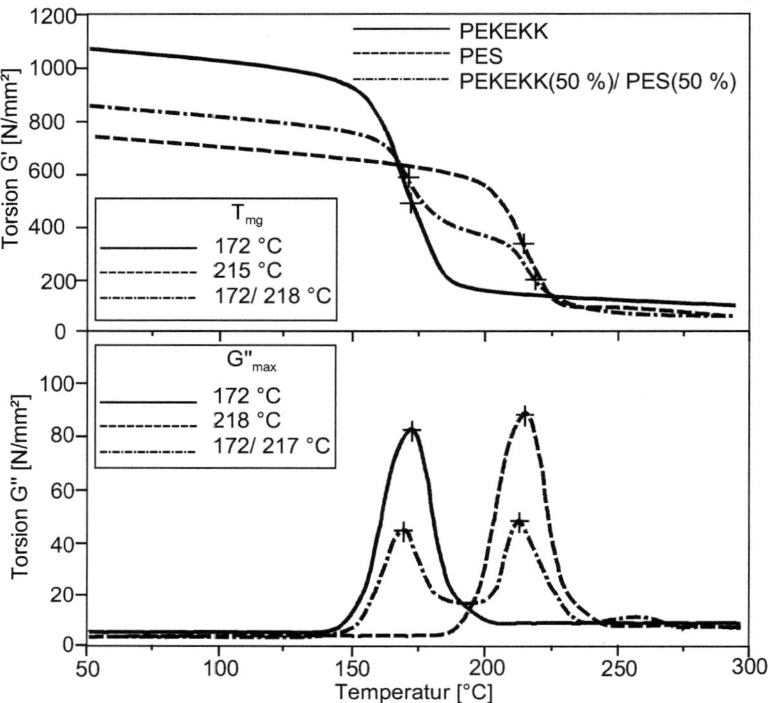

Bild 6.37 Speicher- und Verlustmodul von PEKEKK, PES und einer unverträglichen Mischung beider Komponenten PEKEKK/PES (50/50)

Torsion, Heizrate 5 °C/min, Frequenz 1 Hz

Auch mit Hilfe der DMA kann der quantitative Anteil der Mischungskomponenten aus der relativen Höhe des Peakmaximums bzw. der Peakfläche des Verlustmoduls abgeschätzt werden.

Dies veranschaulicht Bild 6.38 an Mischungen unterschiedlicher Zusammensetzung. Zur Charakterisierung einer Mischung mit unbekannten Anteilen der Komponenten muss im Vorfeld eine Kalibrierkurve angefertigt werden (s.a. Kap. 1.2.3.7).

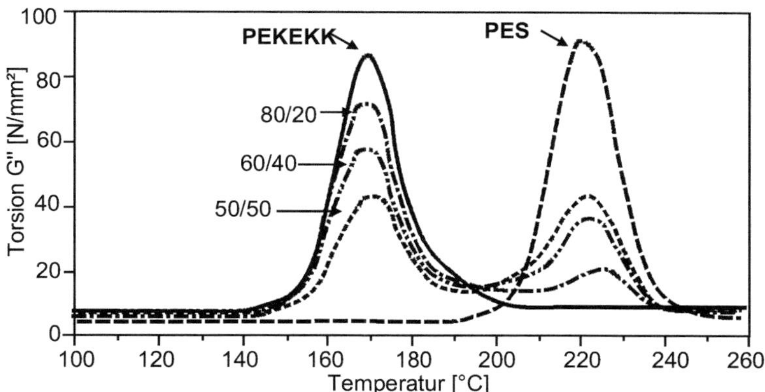

Bild 6.38 Verlustmodulkurven unterschiedlicher unverträglicher Mischungen aus PEKEKK und PES

Torsion, Heizrate 5 °C/min, Frequenz 1 Hz

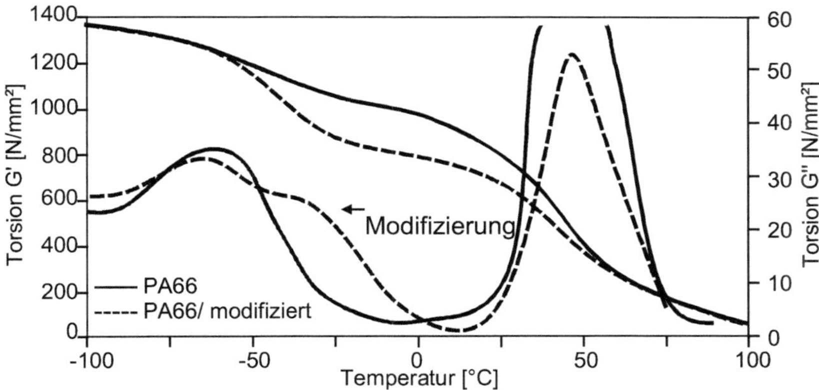

Bild 6.39 Speicher- und Verlustmodul von reinem und elastomermodifizierten PA66

Torsion, Heizrate 5 °C/min, Frequenz 1 Hz

Wie bereits im DSC-Teil in Kap. 1.2.37 dargestellt, können Polyamide zur Verbesserung der Trockenschlagzähigkeit mit Polyethylen oder Elastomeren modifiziert werden. Eine PE-Komponente kann mittels DSC schnell erkannt werden. Die meist nur in geringen Mengen vorliegenden Elastomeranteile können besser in einer DMA-

Messung charakterisiert werden.

Bild 6.39 zeigt den Kurvenverlauf von Speicher- und Verlustmodul von reinem und elastomermodifiziertem PA66. Die Stufe des Speichermoduls bei tiefen Temperaturen ist ein Hinweis auf das Vorhandensein einer Elastomerkomponente; allerdings liegt hier auch die β-Relaxation. In der Verlustmodulkurve findet man beide Effekte in Form zweier nebeneinanderliegender Maxima bei ca. -72 °C (β-Relaxation) und -45 °C (Elastomer) voneinander getrennt. Eine ähnlich gute Auftrennung findet man in den Kurven des Verlustfaktors (hier nicht dargestellt).

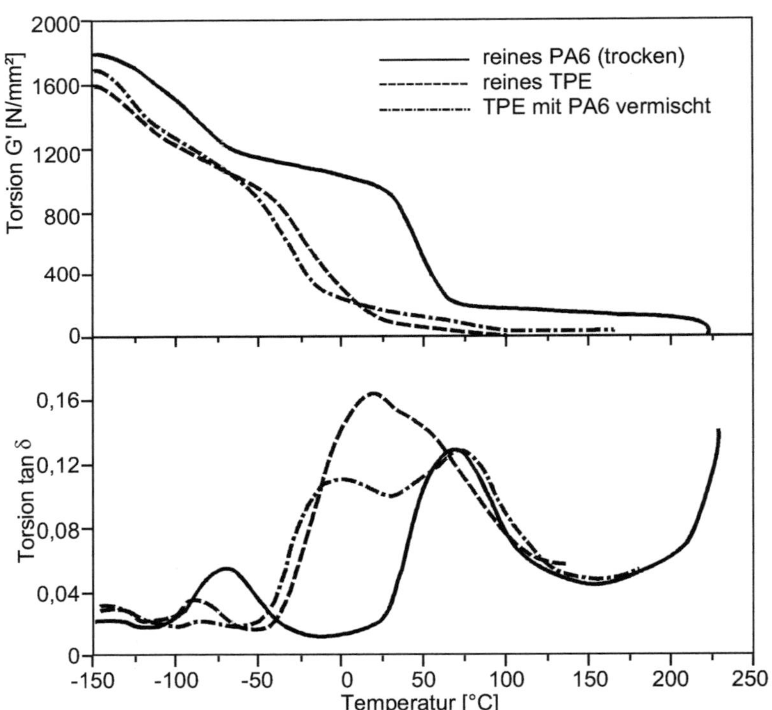

Bild 6.40 Einfluss von PA6-Vermischungen auf den Verlauf von Speichermodul und Verlustfaktor von TPE

Torsion, Heizrate 5 °C/min, Frequenz 1 Hz

Polymermodifizierung anhand von Verlustmodul und Verlustfaktor bestimmbar

Materialvermischungen können ebenfalls am Verlauf des Verlustfaktors oder Verlustmoduls erkannt werden.

Bild 6.40 zeigt oben Speichermodul- und unten Verlustmodulkurven von reinem PA6 und TPE sowie die Kurven von einem vermutlich beim Trocknen oder Befüllen der Spritzgießmaschine mit PA vermischten TPE.

Während die Speichermodulkurven nur Hinweise geben und zur Beurteilung von Mischungen nicht sonderlich aussagefähig sind, treten in den Kurven des Verlustmoduls des vermischten Teils im Bereich der Glasübergänge der beiden Materialien zwei Maxima auf, was auf eine Materialvermischung schließen läßt.

6.2.3.5 Tempern

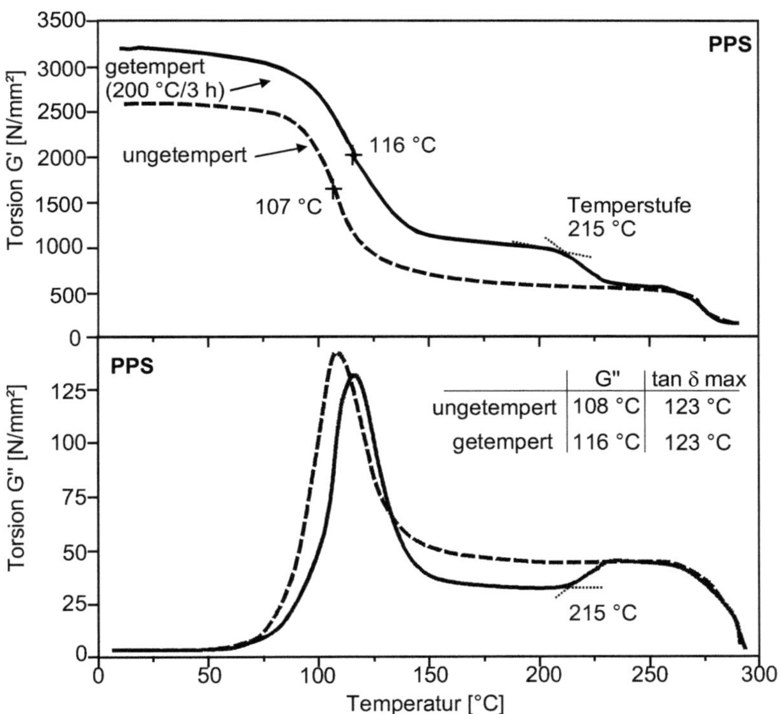

Bild 6.41 Speicher- und Verlustmodul von ungetemperten und getemperten (3 h bei 200 °C) PPS-Proben, der Verlustfaktor wurde aus Gründen der Übersichtlichkeit nicht dargestellt

Torsion, Heizrate 3 °C/min, Frequenz 1 Hz

Durch das Tempern teilkristalliner Werkstoffe wird deren Kristallinität erhöht, wie bereits in Kap. 1.2.3.3 und Kap. 4.2.3.2 beschrieben. Dies macht sich auch im Modul bemerkbar, wie der Vergleich einer 3 h bei 200 °C getemperten mit einer ungetemperten PPS-Probe zeigt, Bild 6.41. Die Glasübergangstemperatur T_{mg} liegt bei der steiferen Probe um fast 10 °C höher.

Auch aus der Verlustmodulkurve (unteres Bild) resultiert eine höhere Glasübergangstemperatur für das getemperte Material. Demgegenüber sind die tan δ_{max} - Werte gleich (s. kleine Tabelle). Oberhalb der Tempertemperatur fällt der Modul auf das Niveau der ungetemperten Probe zurück. Die bei der Tempertemperatur gebildeten weniger stabilen Kristallite schmelzen auf.

Bei teilkristallinen Thermoplasten kann ein Tempervorgang anhand folgender Effekte erkannt werden:

erhöhte Steifigkeit bis zur Tempertemperatur
Verschiebung der T_g-Werte zu höheren Temperaturen
geringere Dämpfung bis zur Tempertemperatur

6.2.3.6 Härtung von Reaktionsharzen

Wie bereits in den Ausführungen zu DSC und TMA geschildert (Kap. 1.2.3.8 und Kap. 4.2.3.3), kann der Härtezustand eines duroplastischen Materials durch den Glasübergang charakterisiert werden.

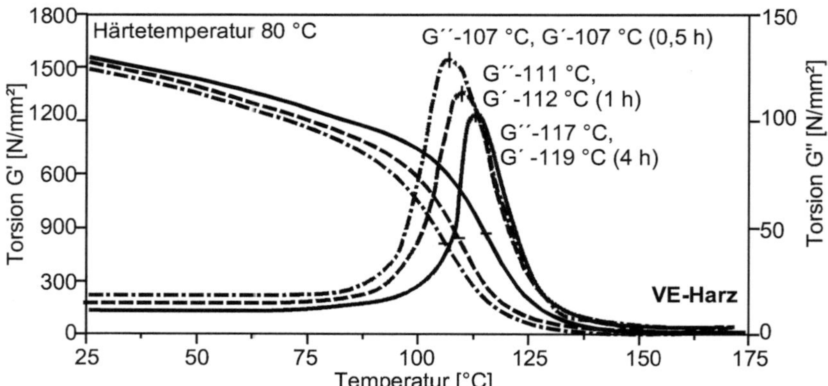

Bild 6.42 Einfluss der Nachhärtung auf Speicher- und Verlustmodul von VE-Harz, Härtetemperatur 80 °C

Torsion, Heizrate 3 °C/min, Frequenz 1 Hz

Bild 6.42 zeigt die Verschiebung des Glasübergangs eines VE-Harzes, das nach 25 h Härtung bei RT (0,5 h, 1 h, 4 h) bei einer Temperatur von 80 °C nachgehärtet wurde. Die mit zunehmender Nachhärtezeit fortschreitende Vernetzungsreaktion macht sich in einer Erhöhung der Glasübergangstemperatur, erkennbar an G''_{max} und der :Mittenpunktstemperatur aus der G´-Kurve, bemerkbar. Des weiteren erhöht sich durch die Nachhärtung der Speichermodul im Temperaturbereich bis T_g und darüber hinaus, und das Peakmaximum des Verlustmoduls liegt bei niedrigeren Absolutwerten (dies gilt analog für den hier nicht dargestellten Verlustfaktor).

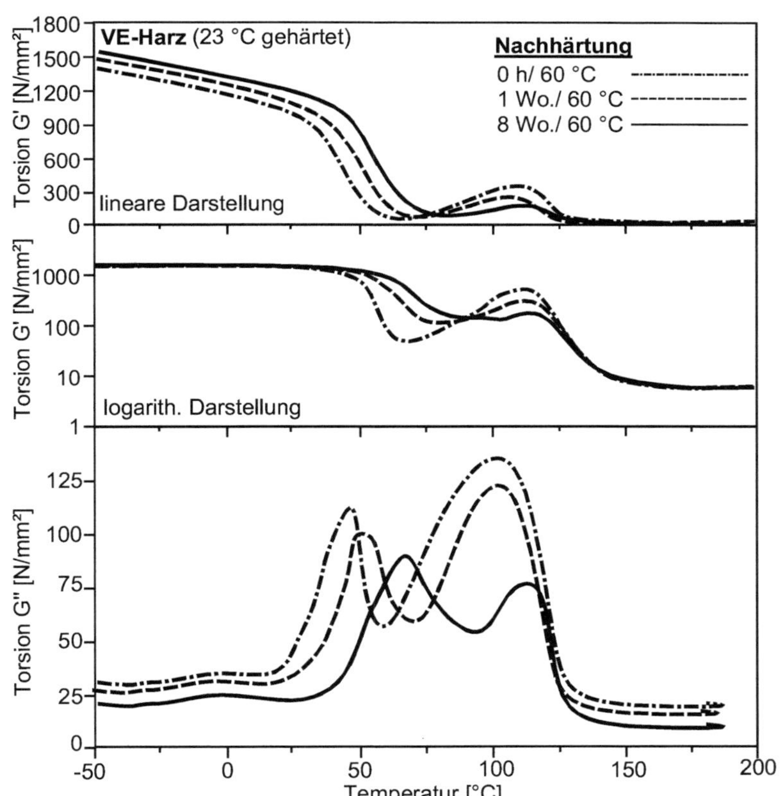

Bild 6.43 Nachhärtungseffekte in Speicher- und Verlustmodul anhand eines unterschiedlich lange nachgehärteten VE-Harzes, Härtetemperatur 23 °C

oben: lineare Auftragung des Speichermoduls G´
mitte: logarithmische Auftragung des Speichermoduls G´
unten: lineare Auftragung des Verlustmoduls G´´

Torsion, Heizrate 3 °C/min, Frequenz 1 Hz

Härtezustand läßt sich sensitiv anhand der Glasübergangstemperatur charakterisieren

Bei weniger stark ausgehärteten Proben kann eine Nachhärtereaktion während der Aufheizphase im Messgerät beobachtet werden. Diese äußert sich in einem Anstieg der Speichermodulkurve und einem Doppelpeak im Verlustmodul bzw. -faktor. Dies zeigen VE-Harzproben, die zunächst bei 23 °C gehärtet (Ausgangszustand) und bei 60 °C unterschiedlich lange (1 und 8 Wochen) nachgehärtet wurden, Bild 6.43.

Alle Probekörper zeigen eine im oberen Teil des Glasübergangsbereichs beginnende Nachhärtungsreaktion, wobei der Speichermodul (oberes Bild) umso stärker wieder ansteigt, je geringer die bisherige Aushärtung war, analog dazu zeigt der Verlustmodul (unteres Bild) nach Durchlaufen des ersten Maximums einen weiteren Peak unterschiedlich starker Ausprägung.

Anmerkung: *Die lineare Auftragung zeigt die Speichermodulunterschiede unterhalb von T_g, die logarithmische Auftragung oberhalb von T_g.*

Nachhärtereaktionen führen zu einem Anstieg des Speichermoduls und einem Maximum in der Verlustmodul-/ Dämpfungskurve oberhalb von T_g.

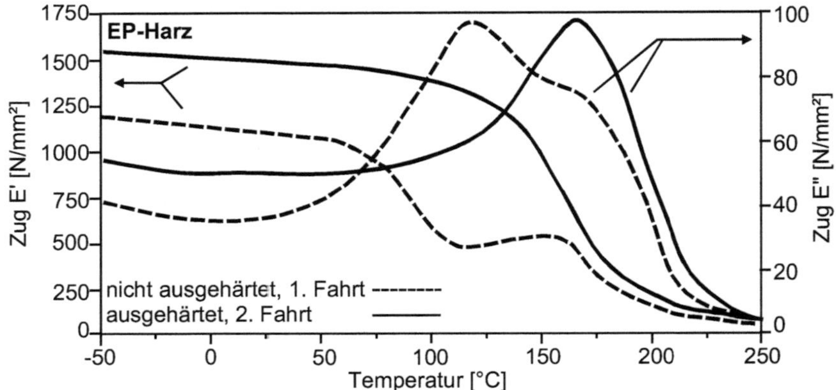

Bild 6.44 Verlauf des Speichermoduls E´ und des Verlustmoduls E´´ eines nicht vollständig (1. Fahrt) und eines vollständig ausgehärteten Klebstoff-Films (2. Fahrt) auf EP-Harz-Basis

Zugbelastung, Heizrate 2 °C/min, Frequenz 1 Hz

Bild 6.44 zeigt die Nachhärtungseffekte bei einem zu einer 50 µm dicken Folie vergossenen Hochleistungsklebstoff auf EP-Harz-Basis. Während der 1. Aufheizung (1. Fahrt) zeigt sich die Nachhärtung am Anstieg des Speichermoduls oberhalb des Erweichungsbereichs und dem Doppelpeak beim Verlustmodul. Während der 2. Aufheizung (2. Fahrt) ist der Klebstoff vollständig ausgehärtet, deutlich steifer (höherer Speichermodul) und erweicht 60 °C später.

6.2.3.7 Alterung

Thermische bzw. thermooxidative Alterung von Kunststoffen kann die Lage des Glasübergangs eines Kunststoffs beeinflussen. Bei Elastomeren können durch Mehrfachverarbeitung oder hohe Gebrauchstemperatur benachbarte Molekülketten vernetzen und zu einer Erhöhung und Verbreiterung des Glasübergangs führen [23]. Bild 6.45 zeigt den Einfluss der Mehrfachspritzgießverarbeitung (1 bis 5 mal) bei 260 °C auf ABS. Durch erhöhte Temperaturen und/oder mechanische Belastungen können Doppelbindungen des Butadienkautschuks aufgebrochen werden, was zu einer Vernetzung des Kautschuks führt. Diese Vernetzung äußert sich in steigenden T_{mg}-Werten und in sinkenden tan δ-Werten des Butadienglasübergangs.

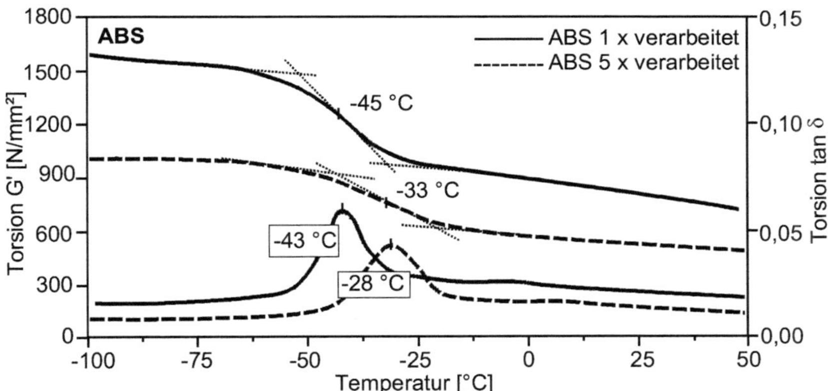

Bild 6.45 Einfluss einer Mehrfachverarbeitung von ABS auf den Speichermodul G′ und den Verlustfaktor tan δ

Torsion, Heizrate 3 °C/min, Frequenz 1 Hz

bei Elastomeren	**Alterung durch Vernetzung**	**T_g steigt**

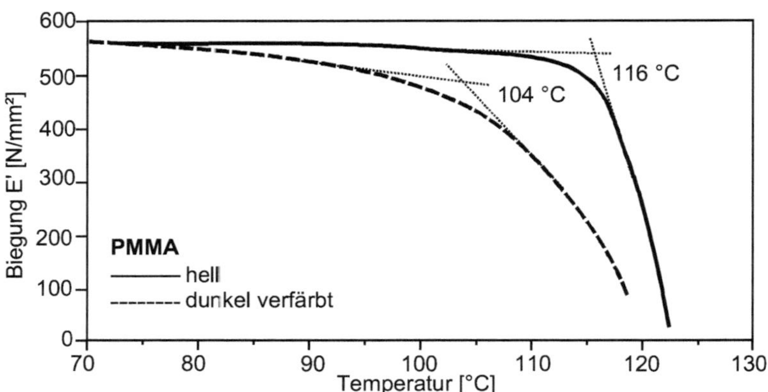

Bild 6.46 Einfluss der thermischen Alterung auf den Speichermodul von PMMA, T_{eig} = extrapolierte Anfangstemperatur

einseitig eingespannte Biegung, Heizrate 2 °C/min, Frequenz 1 Hz

Amorphe Thermoplaste dagegen neigen zu einer T_g-Erniedrigung bei Alterung durch Molekülkettenabbau (s. Kap. 1.2.3.6). In Bild 6.46 ist der Vergleich zwischen einem unbelasteten Formteil aus PMMA und einem, das durch erhöhte Einsatztemperaturen und den Einfluss von UV-Licht gealtert ist, dargestellt. Mit Hilfe von OIT-Messungen konnten Stabilisierungsunterschiede zwischen Gut- und Schlechtteil festgestellt werden. Diese nicht mehr ausreichende Stabilisierung führte bei thermooxidativem Angriff zum Aufbrechen und damit zur Verkürzung der Molekülketten. In Bild 6.46 ist lediglich der Anfangsbereich des Glasübergangs dargestellt, da die Auswertung der Anfangstemperatur hier besonders geeignet erschien. Es ergaben sich Unterschiede von ca. 8 °C.

bei Thermoplasten - Abbau durch Kettenspaltung T_g sinkt

6.2.3.8 Einfluss durch Weichmacher

Durch Zugabe von Weichmachern kann die Steifigkeit von Kunststoffen im gewünschten Gebrauchsbereich herabgesetzt werden. Ein bekanntes Beispiel dafür ist PVC, das in Form von Hart-PVC (PVC-U) und Weich-PVC (PVC-P) verwendet wird. Bild 6.47 veranschaulicht den Unterschied zwischen PVC-Sorten mit unterschiedlichem Weichmachergehalt anhand der Speichermodulkurven. Je mehr Weichmacher umso niedriger liegt die Glasübergangstemperatur T_{eig} oder T_{mg}.

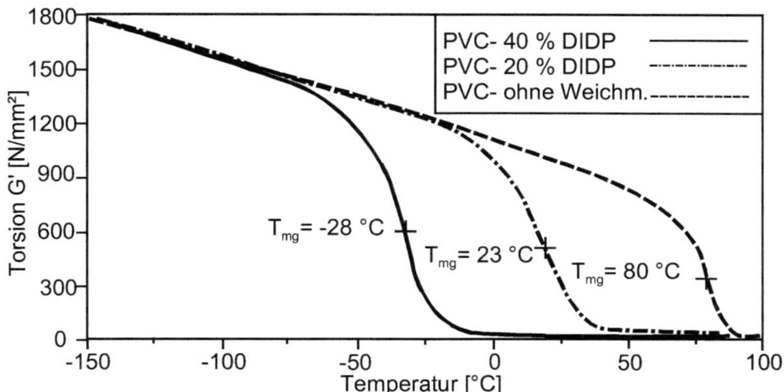

Bild 6.47 Verlauf des Speichermoduls unterschiedlich weichgemachter PVC-Proben, DIDP = Diisodecylphthalat [24]

T_{mg} = Mittenpunktstemperatur

6.2.3.9 Temperaturverteilung bei faserverstärkten Kunststoffen

Wie im Kap. 6.1.5.1 erläutert, stellt insbesondere bei der DMA aufgrund des großen Probenraums und der voluminösen Proben die Temperaturführung ein Problem dar.

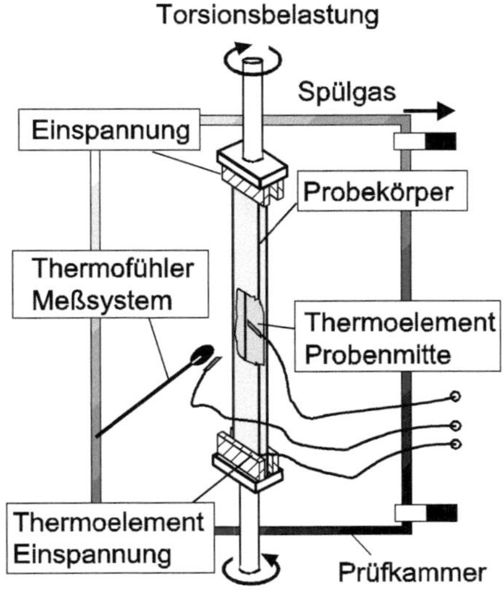

Bild 6.48 Positionierung der Thermoelemente zur Überprüfung der Temperaturführung der DMA-Messsysteme [13]

Abweichungen zwischen der über ein nahe an der Probe positioniertes Thermoelement gemessenen „Probentemperatur“ und der tatsächlich vorliegenden Temperatur basieren auf der von Probengeometrie und Heizrate abhängigen Wärmeeinbringung in die Probe und der Wärmableitung in die meist metallischen Einspannklemmen.

In einem Rundversuch an einem warmhärtenden EP-CF-Harz wurde eine Überprüfung der Temperaturführung verschiedener DMA-Prüfsysteme durch Proben mit eingeklebten Thermoelementen vorgenommen. Dazu wurden die 10 mm breiten Probekörper mittig mit einer 5 mm tiefen Bohrung (∅ 0,7 mm) versehen. In dieser Bohrung wurden Thermoelemente (Typ K, Draht ∅ < 0,25 mm) mit einem Epoxidharzklebstoff, der im interessierenden Temperaturbereich keine thermischen Effekte zeigt, fixiert [13, 18]. Dieser Aufbau ist in Bild 6.48 dargestellt.

Der Temperaturverlauf im Probekörper wurde während der Versuche aufgezeichnet, und den Sollvorgaben des Gerätes gegenübergestellt. Um auftretende Temperaturgradienten über die Probenlänge zu erfassen, wurden im Einspannbereich und im Bereich zwischen Einspannung und Probenmitte zwei weitere Thermoelemente befestigt. Besonders bei sehr tiefen Starttemperaturen wird die Temperaturdifferenz ΔT zwischen der angezeigten Temperatur (Messgerät) und der realen Probentemperatur (Probenmitte) immer größer, Bild 6.49.

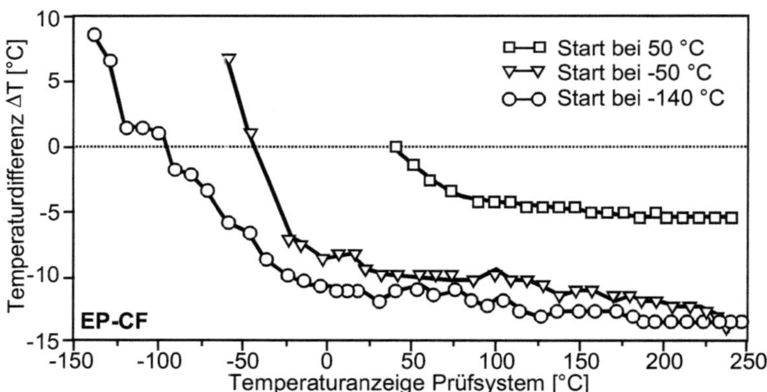

Bild 6.49 Temperaturdifferenzen zwischen DMA-Temperaturanzeige und Messstelle in Probenmitte in Abhängigkeit der Starttemperatur (quasiisotrope EP-CF-Probe) [13]

Torsion, Heizrate 3°C/min, Frequenz 1Hz

Die gemessenen Unterschiede schwanken je nach Starttemperatur und Temperaturbereich um 5 bis ca. 14 °C. Das bedeutet für eine Anfangstemperatur von 50 °C ein

„Hinterherhinken“ der Probentemperatur um ca. 5 °C. Im Bereich sehr tiefer Temperaturen bleibt die Probe zunächst eine Zeitlang wärmer als die Umgebung, ab ca. -100 °C ändert sich dieser Effekt; die Probe ist im Vergleich zu ihrer Umgebung wesentlich kälter. Letztere hängt deutlich von der Wärmeleitung der Probe ab.

Starttemperatur und Wärmeleitfähigkeit des Verstärkungsstoffs beeinflussen die Probentemperatur.

Besonders bei faserverstärkten Kunststoffen, bei denen anisotrope Wärmeleitverhältnisse vorliegen, können sich bei entsprechender Orientierung der Fasern zur Einspannrichtung starke Wärmeableiteffekte ergeben. Dies gilt insbesondere für Hochmodul-Kohlenstoffasern mit einer Wärmeleitfähigkeit von λ = 115 W/mK im Vergleich zu Glas- (λ = 1 W/mK) oder Aramidfasern (λ = 0,05 W/mK), (z. Vergl.: Aluminium λ = 200 W/mK, Eisen λ = 81 W/mK) [13].

Da bei einigen Prüfsystemen die Möglichkeit einer 2-Punkt Temperaturkalibrierung vorgesehen ist, sollte in Zweifelsfällen immer eine Überprüfung der realen Probentemperatur mit eingebauten Thermoelementen erfolgen.

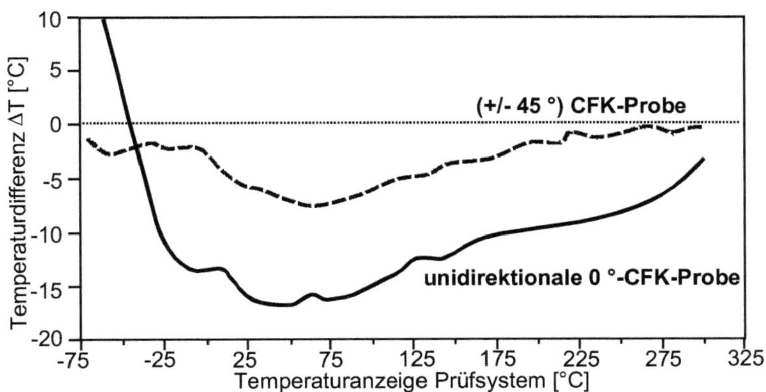

Bild 6.50 Temperaturdifferenzen zwischen DMA-Temperaturanzeige und Messstelle in der Probenmitte (+/- 45° und 0°), CFK-Probe [13]

Torsion, Heizrate 3 °C/min, Frequenz 1 Hz

In Bild 6.50 ist der Einfluss der Faserorientierung von CFK-Material auf die Temperaturdifferenz zwischen Prüfsystemanzeige und tatsächlicher Probentemperatur (in Probenmitte) am Beispiel von +/- 45°- und 0°-Laminat dargestellt. Die reale Probetemperatur der +/- 45°-Probe liegt im Bereich von 0 bis 150 °C um ca. 5 bis 7 °C unterhalb der angezeigten Temperatur, die der unidirektionale Probe sogar um 10 bis 17 °C. Letzteres ist auf die direkte Wärmeübertragung über die parallel von einer zur anderen Einspannung führenden, gut wärmeleitenden Kohlenstoffasern zu der in diesem Temperaturbereich noch sehr kalten Einspannung zurückzuführen.

Faserorientierung beeinflusst Temperaturverteilung in der Probe

Des weiteren wurde die Probentemperatur noch an mehreren Stellen in der Probe gemessen (hier nicht im Bild dargestellt), wobei sich ein erheblicher Temperaturgradient entlang der freien Einspannlänge feststellen läßt. Die veranschaulichten Probleme gestalten die zutreffende Angabe einer Probentemperatur und damit z.B. einer Glasübergangstemperatur als durchaus fragwürdig.

6.3 Literatur

[1] DIN EN ISO 6721-1 — Bestimmung dynamisch-mechanischer Eigenschaften - Allgemeine Grundlagen
Dezember 1996

[2] Münstedt, H. — Rheologie - Anwendungen und Aussagen für die industrielle Praxis, Seminarband
Lehrstuhl für Polymerwerkstoffe,
Universität Erlangen, 1997

[3] Schwarzl, F.R. — Polymermechanik - Struktur und mechanisches Verhalten von Polymeren
Springer-Verlag, Berlin 1990

[4] Gallagher, P.K., Turi, E.A. — Dynamic Mechanical Analysis (DMA)
Thermal Characterization of Polymeric Materials, Second Edition
Academic Press, Inc., San Diego 1997

[5] Polymer Laboratories — Bedienerhandbuch für DMTA MkII

[6] DIN 65 583 — Faserverstärkte Kunststoffe - Bestimmung des Glasübergangs von Faserverbundwerkstoffen unter dynamischer Belastung
April 1999

[7] DIN 29 971 — Unidirektionalgelege-Prepreg aus Kohlenstofffasern und Epoxidharz
Juli 1986

[8] DIN EN ISO 11357-1 — Dynamische Differenz-Thermoanalyse (DSC)
November 1997

[9] Rieger, J. — Die Glastemperatur T_g von Polymeren - Vergleich der Werte aus DSC und dynamisch-mechanischen Messungen (Torsionspendel)
nicht veröffentlicht

[10] ASTM D 4065-99 — Standard Practice for Determining and Reporting Dynamic Mechanical Properties of Plastics, 1999

[11] DIN 53 765 — Thermische Analyse, Dynamische Differenzkalorimetrie (DDK)
März 1994

[12] DIN 53 545 — Bestimmung des Verhaltens von Elastomeren bei tiefen Temperaturen (Kälteverhalten)
August 1981

[13] Schemme, M., Avondet, M.A., Ehrenstein, G.W. — Charakterisierung von Faserverbund-Kunststoffen mit Methoden der Dynamisch-Mechanischen Analyse (DMA)
Materialprüfung 39 (1997) 3, S. 59-66

[14] Ehrenstein, G.W. — Mit Kunststoffen konstruieren, 2. Aufl.
Carl Hanser Verlag, München 2001

[15] Retting, W., Laun, H.-M. — Kunststoff-Physik
Carl Hanser Verlag, München 1991

[16] Pahl, M., Gleißle, W., Laun, H.-M. — Praktische Rheologie der Kunststoffe und Elastomere
VDI -Verlag GmbH, Düsseldorf 1995

[17] Beitz, W., Küttner, K.H. — Dubbel - Taschenbuch für den Maschinenbau, 20. Aufl.,
Springer Verlag, Berlin 2001

[18] Wolfrum, J., Ehrenstein, G.W., Avondet, M.A. — Die Dynamisch-Mechanische Analyse von Hochleistungsverbundwerkstoffen - Einfllüsse und Probleme
Vortragstext in Verbundwerkstoffe und Werkstoffverbunde, 17.-19.9.1997 in Kaiserslautern
DGM Informationsgesellschaft mbH 1997

[19] Chartoff, R.P., Turi, E. — Thermoplastic Polymers
Thermal Characterization of Polymeric Materials, Second Edition
Academic Press, Inc., San Diego 1997

[20] Schmack, G., Vogel, R., Häußler, L. — Strukturbeeinflussung von Polyamiden
Kunststoffe 84 (1994) 11, S. 1590-1594

[21] Baschek, G., Hartwig, G., Zahradnik, F. — Effect of Water Absorption in Polymers at Low and High Temperatures
Polymer 40 (1999) 12, S. 3433-3441

[22] Birkinshaw, C., Buggy, M., Daly, S. — Plasticization of Nylon 66 by Water and Alcohols
Polymer 28 (1987), S. 286-288

[23] Weidner, H., Tilger, R. — Alterungsvorhersagen bei Kunststoffen - Charakterisierung von Alterungszuständen
Kunststoffe 70 (1980) 12, S. 837-844

[24] Ehrenstein, G.W. Polymer-Werkstoffe, 2. Aufl.
Carl Hanser Verlag, München 1999

[25] Wingfield, M. Bestimmung des Glasübergangs per DMTA
LaborPraxis, September 1996, S. 76-89

[26] Möhler, H. Die Thermische Analyse in der Kunststoffprüfung
Kunststoffe 84 (1994) 6, S. 736-743

[27] Rheometric Scientific Bedienerhandbuch für DMTA MkIV
Rheometric Scientific 1996

[28] Ferrillo, R.G., Achorn, P.J. Comparison of Thermal Techniques for Glass Transition Assignment. II. Commercial Polymers
Journal of Applied Polymer Science 64 (1997) 1
S. 191-195

[29] Matsuoka, S. Viscoelastic Properties of Polymers
Seminarband, Polytechnic University Brooklyn, New York 1997

[30] DIN EN ISO 527 Kunststoffe Bestimmung der Zugeigenschaften
1997

[31] ASTM E 1867-97 Standard Test Method for Temperature Calibration of Dynamic Mechanical Analyzers

[32] DIN EN ISO 178 Kunststoffe Bestimmung der Biegeeigenschaften
1997

[33] DIN EN ISO 604 Kunststoffe Bestimmung der Druckeigenschaften
1997

7 Mikro-Thermische Analyse - μTA™

7.1 Grundlagen der Mikro-Thermischen Analyse

7.1.1 Einleitung

Die Mikro-Thermische Analyse ist eine Analysentechnik, welche die Möglichkeiten der Thermischen Analyse und der örtlich hochauflösenden Rasterkraftmikroskopie verknüpft. Zur technischen Realisierung wird ein Rasterkraftmikroskop (AFM-Atomic-Force-Microscope) mit einer Messsonde ausgerüstet, die sowohl als Temperatursensor als auch als Wärmequelle dienen kann. Daraus ergibt sich die Möglichkeit, neben der Oberflächentopographie (herkömmliche AFM-Technik) der Probe auch die thermischen Eigenschaften oberflächennaher Bereiche zu bestimmen.

μTA™ Kombination von Rasterkraftmikroskopie (AFM) und Thermischer Analyse (TA)

7.1.2 Messprinzip

In einem Rasterkraftmikroskop wird eine feine Spitze, die sich an einem Schwingarm befindet, in einem Raster über die zu untersuchende Probenoberfläche bewegt. Änderungen in der Oberflächentopographie führen zu einer Auslenkung von Spitze und Schwingarm. Ein auf der Messspitze angebrachter Spiegel reflektiert einen Laserstrahl auf eine segmentierte Photodiode. Über einen Regelkreis wird die Position der Halterung des Schwingarms senkrecht zur Oberfläche zu immer konstanter Auslenkung geregelt. Bildet man die jeweilige Höhenänderung als Funkion der Position der Messspitze im Scanfeld ab, erhält man unmittelbar die in allen drei Dimensionen quantifizierte Topographie der Probenoberfläche.

In der μTA wird die herkömmliche AFM-Spitze gegen ein miniaturisiertes Filament ausgetauscht, welches gleichzeitig als Temperatursensor dient. Zur Herstellung der Spitzen wird ein sogenannter Woolaston-Draht verwendet, der aus einem nur 5 μm dicken Platindraht, umgeben von einem 400 μm dicken Silbermantel, besteht. Über eine kurze Distanz wird der Silbermantel entfernt, aus dem frei liegenden Platinkern wird die Spitze geformt, Bild 7.1.

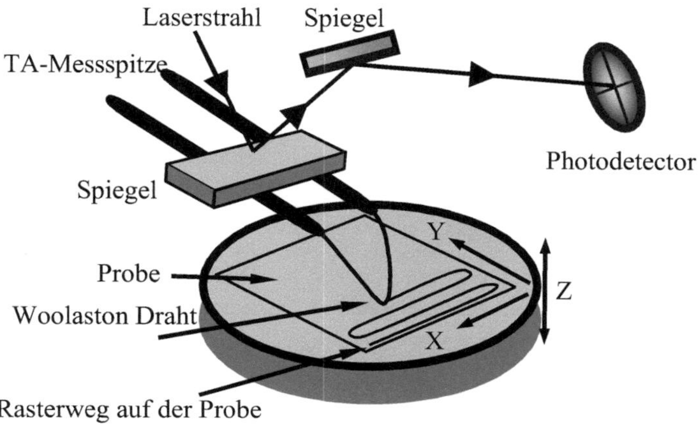

Bild 7.1 Schematische Darstellung des Messprinzips der µTA™ [1]

Die noch ummantelten Drahtenden dienen nun als Schwingarm. Versehen mit einem Spiegel zur Reflektion des Laserstrahles kann die Topographie einer Oberfläche abgebildet werden. Fließt ein elektrischer Strom durch den Platindraht, wird dieser an der Stelle seines höchsten ohmschen Widerstandes, d.h. an der Spitze, aufgeheizt. Befindet sich die Spitze wie während des Scanvorganges in unmittelbarem Kontakt mit der Probe, führt dieses zu einem Temperaturverlust an der Spitze. Es wird nun die elektrische Leistung gemessen, die benötigt wird, um die Spitze auf einer vorgewählten Temperatur zu halten. Daraus ergibt sich eine Abbildung der lokalen Änderung der Wärmeleitfähigkeit nahe der Probenoberfläche.

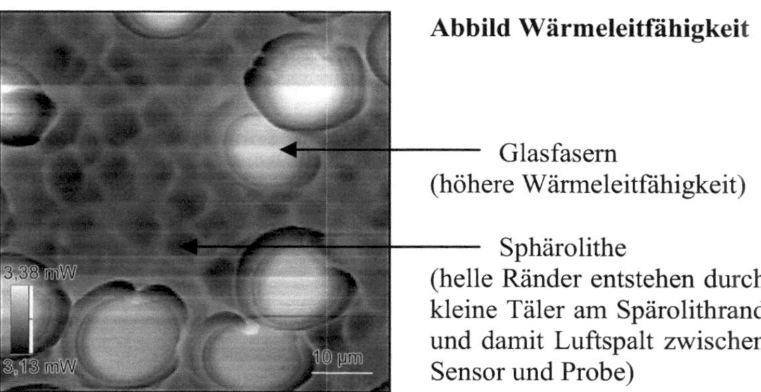

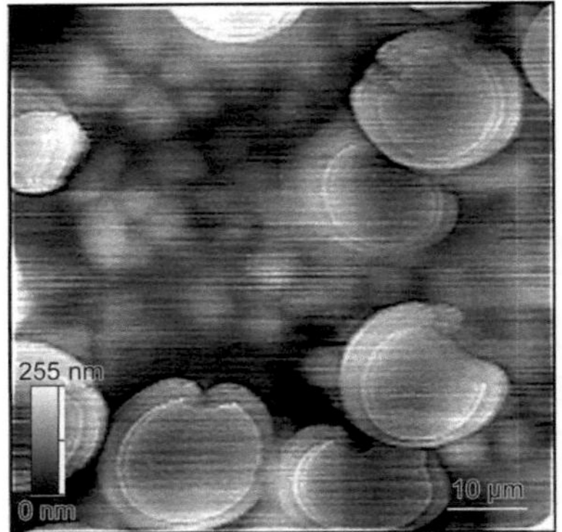

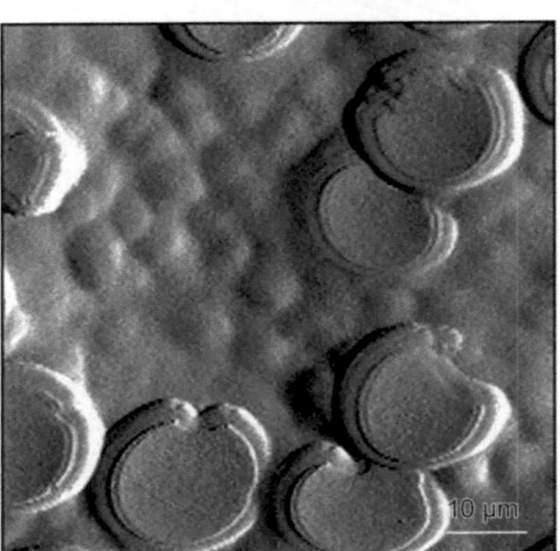

Abbild Topographie

Durch Polieren der Probe wird die weiche Polymermatrix und besonders die amorphen Bestandteile tiefer auspoliert. Die Konturen von Glasfasern und Sphärolithen werden sichtbar. Zu grosse Topographieunterschiede führen zu Effekten bei der Wärmeleitfähigkeitsabbildung durch schlechte Auflage.

Topographie schattiert-3D

Zur besseren Darstellung und scharfen Abbildung der Konturen kann die Abbildung als 3D-Bild dargestellt werden.

Bild 7.2 Scanabbildungen einer glasfaserverstärkten PA66 Probe (polierte Oberfläche)
oben: Wärmeleitfähigkeitsdifferenzen,
mitte: Topographie,
unten: Topographie schattiert-3D

Bild 7.2 zeigt anhand eines glasfaserverstärkten PA66 typische Abbildungen der Topographie und der Wärmeleitfähigkeitsdifferenzen. Die Wärmeleitfähigkeitsunterschiede zwischen Matrix und Glasfasern sind deutlich erkennbar. Die Topographie wird durch leichtes Schattieren (rechts) besser erkennbar.

Im Anschluß an die Abbildungen lassen sich örtlich sehr hoch aufgelöste Punkte zur weitergehenden µDTA- und µTMA-Analyse auswählen. Zu diesem Zweck wird die Spitze in einem Temperaturprogramm aufgeheizt.

Gemessen wird zum einen in µDTA-Experimenten die elektrische Leistung an der Spitze, die benötigt wird, um eine vorgegebene Aufheizgeschwindigkeit zu erzielen. Dieses geschieht im Vergleich zu einer Referenzspitze, die sich in der Nähe der Messstelle befindet.

Simultan dazu aufgenommene µTMA-Kurven (Penetration) zeigen die Veränderung der vertikalen Position der Spitze als Funktion der Temperatur [2].

Anmerkung: *Bei den Messungen kann die betroffene Masse nicht erfasst werden. Es handelt sich daher um µDTA- und nicht von µDSC-Messungen (Wärmemenge pro Zeit und Masse).*

7.1.3 Messablauf und Einflussfaktoren

Die Vorgehensweise bei einer µTA-Messung ist:

Probenpräparation

Justage, Ausglühen und Kalibrierung des Sensors

Positionierung der planparallelen Probe unter den Sensor

Aufsetzen des Sensors auf den interessierenden Probenbereich

Gegebenenfalls Erstellen einer Wärmeleitfähigkeits- und/oder Topographieabbildung

Auswählen der TA-Messstellen

Einstellen eines geeigneten Messprogrammes (Temperaturprogramm, Frequenz, Belastung)

Die geräte- und probenspezifischen Einflussfaktoren sind:

Die Einflussfaktoren und Fehlermöglichkeiten bei der Versuchsdurchführung werden anhand von Messkurven praktischer Beispiele in Kap. 7.2.2 ausführlich behandelt.

7.1.4 Auswertung

µTA-Untersuchungen ermöglichen ähnlich wie DSC-Untersuchungen die Messung von endo- und exothermen Effekten, die auf Enthalpieerhöhung bzw. erniedrigung des Stoffes basieren. Im Gegensatz zur DSC kann die zugrundeliegende Probenmasse nicht ermittelt werden, somit ist keine quantitative Auswertung von Enthalpien möglich. Ausgewertet wird der Verlauf der Sensorspannung in Abhängigkeit von der Temperatur und/oder der Zeit. Weiterhin kann ähnlich zu TMA-Messungen die Bewegung des Sensors in µm (Sensorauslenkung) aufgenommen werden, d.h. eine Veränderung der Probe durch Ausdehnung oder ein Eindringen des Sensors in die Probe (z.B. beim Schmelzen oder im Glasübergangsbereich).

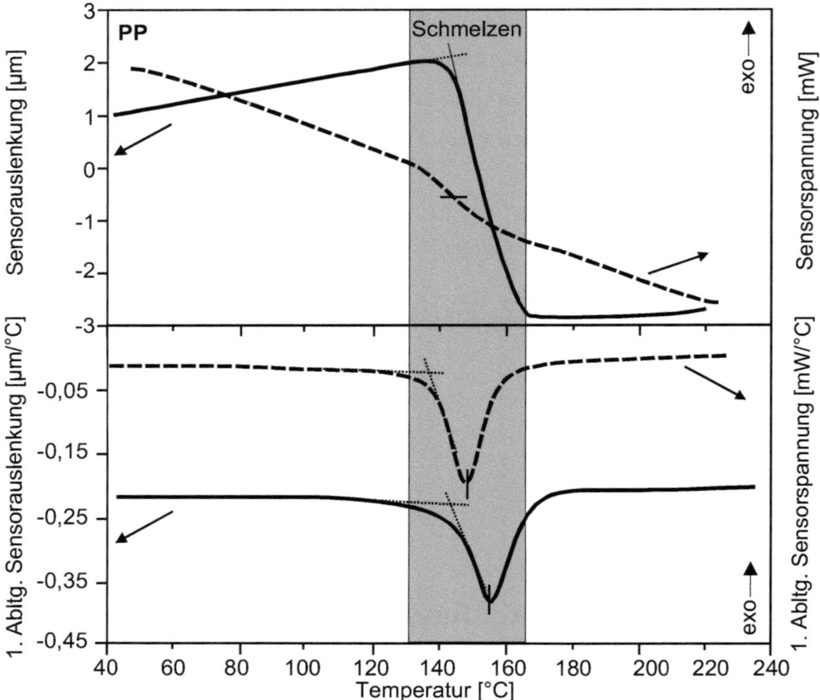

Bild 7.3 Typischer Kurvenverlauf einer µTA-Messung an einer PP-Probe,
oben: Sensorauslenkung und Sensorspannung,
unten: 1. Ableitung der beiden Signale

Heizrate 10 °C/s, Belastung 30 nA

In Bild 7.3 sind die beiden typischen Kurven am Beispiel eines PP gezeigt. Die Auswertung der Temperaturen erfolgt durch Tangentenschnittpunke. Häufig wird auch die 1. Ableitung des Signals über der Temperatur aufgrund der besseren Auswertbarkeit herangezogen. Der grau hinterlegte Bereich kennzeichnet den Schmelzbereich des Polyproylen. Die Schmelztemperatur kann nun als Tangentenschnittpunkt (Onsettemperatur) aus dem Signal der Sensorauslenkung, als Halbe Stufenhöhe der Sensorspannung oder als Onsettemperatur (Tangentenschnittpunkt) der 1. Ableitung der Sensorspannung ermittelt werden. Bei vielen Kunststoffen ist das Signal der Sensorauslenkung deutlicher ausgeprägt und wird zur Auswertung häufiger herangezogen als das Signal der Sensorspannung.

7.1.5 Kalibrierung

Im Gegensatz zu klassischen DSC- oder TMA-Versuchen muss bei der µTA vor der Messung jeder neuen Probe eine Temperaturkalibrierung durchgeführt werden. Bei allen Änderungen oder Bewegungen der AFM-Einheit ist eine erneute Kalibrierung erforderlich. Die Kalibrierung erfolgt mit bekannten Substanzen im interessierenden Temperaturbereich und bei Raumtemperatur, Bild 7.4.

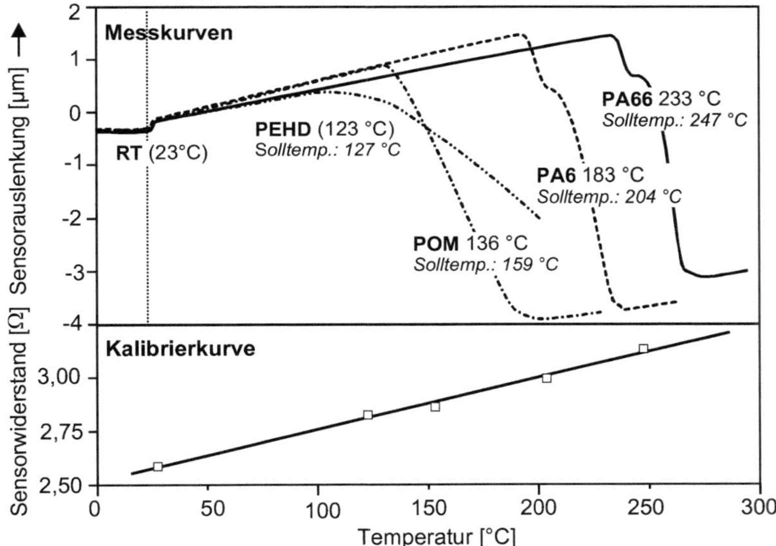

Bild 7.4 µTA-Messungen thermoplastischer Kunststoffe für die Kalibrierung

Heizrate 10 °C/s, Belastung 30 nA,
Solltemperaturen sind in der DSC ermittlelte extrapolierte Onsettemperaturen

Die Praxis hat gezeigt, dass die Verwendung von mindestens drei Kalibriersubstanzen aufgrund häufig auftretender Schwankungen sinnvoll ist.

Neben der Temperaturkalibrierung ist es notwendig einen sog. I/O-T Offset zu kalibrieren. Hierbei werden Hystereseeffekte der Temperaturkontrollelektronik korrigiert. Diese Effekte sind umso geringer, je länger die Kontrollelektronik läuft; deshalb werden diese Geräte nach Möglichkeit nicht ausgeschaltet.

Die Erfahrungen in der Praxis haben gezeigt, dass das Messgerät und die Messelektronik sehr empfindlich auf Änderungen der Umgebung reagieren und es deshalb notwendig ist, die Messungen in einer gleich bleibend klimatisierten Umgebung durchzuführen. Weiterhin ist es erforderlich, die Kalibrierung mehrmals täglich zu kontrollieren.

konstant klimatisierte und erschütterungsfreie Umgebung notwendig, Kalibrierung mehrmals täglich

7.1.6 Übersicht praktischer Anwendungen

Anwendung	*Kennwert*	*Beispiel*
Mehrschichtsysteme	T_g, T_m	Identifizierung der einzelnen Schichten von Multilayer-Rohren oder -Folien
Klebe- und Fügetechnik	T_g, T_m	Charakterisierung von Beschichtungen hinsichtlich Dicke und Aushärtung
Mehrkomponentenspritzguß	T_g, T_m	Betrachtung von Grenzschichten, Mischphasen
Alterungserscheinungen	T_m	Charakterisierung von Randschichten

Tabelle 7.1 Beispiele für praktische Anwendungen von µTA-Messungen bei Kunststoffen.

7.2 Praktische Vorgehensweise

7.2.1 Das Wichtigste in Kürze

Probenvorbereitung Die Stelle der Probenentnahme wird problemspezifisch gewählt. Die Probenoberfläche muss glatt (10 µm), möglichst poliert und planparallel sein.

Proben-positionierung Der größtmögliche Scanbereich beträgt 100 x 100 µm. Dieser Bereich kann maximal während eines Scans abgebildet werden. Die Punkte für die lokale thermische Analyse werden nach dem Oberflächenscan gewählt.

planparallele und glatte (max. 10 µm) Proben

Sensorvorbereitung Der Sensor muss vor der Messung gereinigt sein. Anhaftende Probenreste verfälschen das Ergebnis. Der Sensor wird mit einer geeigneten Belastung (Andruckkraft) auf die Probenoberfläche aufgebracht. Die dadurch verursachte Ablenkung des Lasers muss überprüft werden.
Die Qualität einer Messung hängt auch von der Form und des Winkels der jeweiligen Messspitze ab.

Belastung (Andruckkraft) Die Belastung auf den Sensor wird in nA gewählt und liegt bei der Messung von Kunstsoffen zwischen 10 und 50 nA Auslenkung auf dem Photodetektor.

Scanparameter Der Sensor hat während des Scanvorgangs eine bestimmte konstante Temperatur; diese liegt meist um 50 °C. Zur gezielten Hervorhebung bestimmter Effekte kann diese erhöht werden.
Die Aufnahme des Scans liefert Informationen über die Topographie der Probe und über qualitative Wärmeleitfähigkeitsunterschiede. Anhand dieser Bilder werden bestimmte Punkte für die nachfolgende lokale thermische Analyse ausgewählt.

Messprogramm Das Messprogramm muss material- und probenspezifisch mit geeigneten Parametern für Start-/Endtemperatur und Heizrate gewählt werden.

Heizrate Die Heizraten liegen im Vergleich zu den anderen Methoden der Thermischen Analyse sehr hoch. Aufgrund der geringen Probenmenge (Oberflächenbereich) und des kleinen Sensordurchmessers (5 µm) können Heizraten bis zu 100 °C/s erzielt werden. Für die Untersuchung von Kunststoffen sind Heizraten von 5 bis 10 °C/s günstig.

Heizraten von 5 bis 10 °C/s

Starttemperatur

Die Starttemperatur sollte mind. 50 °C unterhalb des ersten erwarteten Effektes liegen. Meist beginnt die Messung bei Raumtemperatur. Es sind aber auch tiefe Starttemperaturen möglich; diese erfordern einen Zusatz, mit Hilfe dessen die komplette Probe gekühlt wird.

Endtemperatur

Um eine sichere Auswertung zu ermöglichen, sollte die Endtemperatur ca. 30 °C oberhalb des zu messenden Effektes liegen. Eine beginnende Zersetzung ist bei dieser Methode nicht so kritisch zu sehen, da in der Regel bei µTA-Messungen kein definiertes Abkühlen und anschließendes 2. Aufheizen folgt.

Auswertung/ Interpretation

Nach Durchführung des Scans wird zunächst die Topographie und das Wärmeleitfähigkeitsbild beurteilt. Die Messung der lokalen thermischen Analyse an verschiedenen Stellen wird meist hinsichtlich der Temperaturen ausgewertet.

7.2.2 Einflussfaktoren und Fehler bei der Messung

7.2.2.1 Probenvorbereitung

Um eine µTA-Messung durchführen zu können, muss die Probe zunächst einigen Anforderungen genügen. Die Rauhigkeit der Probe darf 10 µm nicht übersteigen, d.h. in der Regel müssen die Proben sorgfältig vorbereitet werden (Mikrotom, Polierscheibe usw.).

Beim Polieren der Probe wird wie bei der Probenpräparation für mikroskopische Untersuchungen vorgegangen. Bei der Wahl der Schleifpapiere und deren Körnungen bzw. der Polierpasten ist darauf zu achten, dass Bestandteile der Probe während des Schleifens und Polierens nicht aus der Oberfläche gerissen werden dürfen. Ist die Beurteilung der thermischen Vorgeschichte nicht Ziel der Untersuchung, ist es unter Umständen sinnvoll, einen Schmelzefilm zu präparieren.

Weiterhin muss die Probe planparallel in die Messapparatur eingesetzt werden. Erfüllt die Probe nicht von sich aus diese Anforderung, kann die Verwendung einer Schliffpresse und Knetmasse zum Ausgleichen hilfreich sein. Sind alle Voraussetzungen der Probe für eine Messung erfüllt, wird die Probe auf einen magnetischen Probenträger geklebt und auf dem Probentisch fixiert.

glatte und planparallele Probe erforderlich

7.2.2.2 Erstellen der Oberflächenabbildung

Zur Vorbereitung der Messung muss der Laserstrahl zentral auf die Detektoren justiert werden. Nun kann die Messspitze vorsichtig über die zu messende Probenoberfläche gebracht werden. Nach Auswahl des gewünschten Abtastbereiches wird die Messspitze automatisch auf die Probe gesetzt. Es erfolgt ein Abscannen der Oberfläche in einem maximalen Bereich von 100 x 100 µm. Es können folgende Abbildungen aufgenommen werden:

Topography: Ein Topographie-Bild des gescannten Bereiches.

Sensor: Eine laufende Darstellung des internen Sensors, um topographische Merkmale hervorzuheben.

Conductivity: Ein Wärmeleitfähigkeitsbild, dass aus der Leistung gebildet wird, die erforderlich ist, um die Messspitze auf der gewünschten Temperatur zu halten

Mod Temp (Amp)*: Eine Darstellung basierend auf dem Antwortsignal bei Vorgabe einer temperaturmodulierten Amplitude.

Mod Temp (Phase)*: Eine Darstellung basierend auf der Phasenverschiebung zwischen vorgegebener und erreichter Temperaturmodulation.

Z Piezo: Es wird die Spannung [V] der Z Piezo-Position dargestellt, um topographische Merkmale hervorzuheben. Diese Funktion kann bei der Darstellung von sehr flachen Oberflächen hilfreich sein, bei denen die Größe eines Merkmals unterhalb des Grundrauschens des Scanners liegt.

* *Diese Darstellungen sind nur für Modulationsversuche relevant.*

In der Regel werden die Abbildungen der Wärmeleitfähigkeitsdifferenz und der Topographie der Probe für die Vorbereitung einer µTA-Messung verwendet. Mit Hilfe dieser Abbildungen können die gewünschten Messpunkte für die lokale Thermische Analyse ausgewählt werden.

Für die Abbildung der Wärmeleitfähigkeit wird der Sensor auf einer konstanten Temperatur gehalten und die Veränderung des Sensorwiderstandes gemessen. Diese Temperatur sollte mind. 30 °C oberhalb der Probentemperatur liegen (also bei RT ca. 60 °C).

7.2.2.3 Wahl der Messpunkte

Die Auswahl der Messpunkte erfolgt nach der jeweiligen Fragestellung. Bei einem Mehrschichtaufbau werden die Messpunkte beispielsweise in jede Schicht platziert, bei einer Grenzfläche in die jeweiligen Flächen und in den Grenzbereich. Da die Messspitze während der Messung meistens in die Probe eindringt und einen kleinen „Krater" hinterlässt, sollten die ausgewählten Messpunkte mindestens 15 µm voneinander entfernt liegen, Bild 7.5.

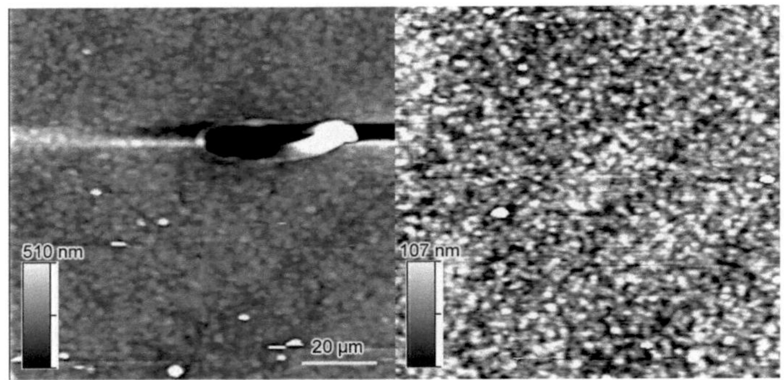

Bild 7.5 Z-Piezo-Abbildung einer polierten PA6-Oberfläche vor (rechts) und nach (links) einer TA-Messung

Scangeschwindigkeit 25 µm/s, Scantemperatur 60 °C, Heizrate 20 °C/s, Endtemperatur 260 °C, Belastung 25 nA

Zwischen den einzelnen Messpunkten wird jeweils eine Basislinie in Luft gemessen und von der späteren Messkurve subtrahiert. Bleiben Schmelzereste an der Messspitze haften, sind diese durch Ausglühen zu entfernen. In der Praxis hat sich bewährt, die Messpunkte in einem Bereich gleichen Materials durchzuführen und den Sensor auszuglühen, bevor Messungen in Bereichen mit evtl. anderem Material oder Eigenschaften aufgenommen werden. Dies soll verhindern, dass oftmals noch anhaftende Probenreste die folgenden Messungen verfälschen.

Probenrückstände am Sensor können Messung verfälschen

7.2.2.4 Belastung

Wie in Bild 7.1 gezeigt, ist auf dem Sensor ein Spiegel angebracht, um den Laserstrahl je nach Auslenkung des Sensors auf einen Detektor abzulenken. Über Einstellschrauben können die Positionen der Ablenkspiegel und des Sensors so justiert werden, dass der Laser während der Messung im mittleren Bereich des Detektors auftrifft. So wird gewährleistet, dass auch bei größerer Auslenkung des Sensors, z.B. bei Proben mit einer höheren Rauhigkeit, alle Bewegungen des Sensors, sowohl in positive als auch in negative z-Richtung detektiert werden.

Beim automatischen Aufsetzen des Sensors auf die Probenoberfläche kann die zu erzielende Auslenkung auf den Detektor vorgegeben werden. Über die Justage der Ablenkung des Lasers ohne Probenberührung und die vorgegebene Positionierung auf der Probe kann also indirekt die Belastung als eine Art „Andruckkraft“ des Sensors auf die Probe beeinflusst werden, Bild 7.6.

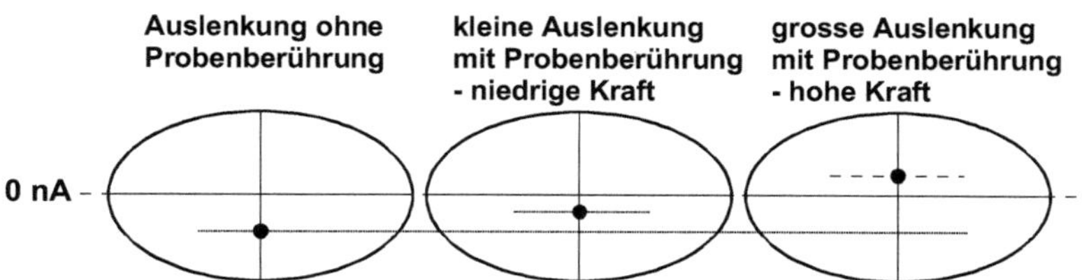

Bild 7.6 Einstellung der Laserablenkung auf den Photodetektor vor und nach Aufsetzen des Sensors auf die Probe

Durch die hohe Elastizität des Sensorarmes ist die Variationsmöglichkeit der „Andruckkraft“ des Sensors auf die Probe nur sehr eingeschränkt. Vor allem muss ein Mittelweg zwischen einem gut erkennbaren Eindringen des Sensors in die Probe beim Erweichen und einem leichten Herausziehen gewährleistet sein. Dringt der Sensor zu stark in die Probe ein, birgt dies die Gefahr, dass eine größere Probenmenge beim Herausziehen am Sensor haften bleibt oder der Sensor gar verbogen wird.

7.2.2.5 Temperaturprogramm

Für Start- und Endtemperaturen gelten gleiche Vorgaben wie bei klassischen thermoanalytischen Messmethoden. Die Starttemperatur sollte tief genug gewählt sein, um den zu messenden Effekt sauber erfassen zu können, und die Endtemperatur sollte weit genug oberhalb des Messeffektes, aber unterhalb der Zersetzungstemperatur liegen.

Die Heizraten einer µTA-Messung sind aufgrund der sehr kleinen Probenfläche sehr viel höher als bei einer DSC- oder TMA-Messung. Es gibt jedoch auch hier unterschiedliche Messbedingungen, je nach Probenart und Fragestellung.

Für die Bestimmung von Schmelztemperaturen von Thermoplasten hat sich eine Heizrate von 5 bis 10 °C/s bewährt. Ein schnelleres Aufheizen kann unter Umständen ein Überfahren von kleinen Effekten bewirken, Bild 7.7. Sehr langsames Aufheizen führt zu einer Darstellung von Schmelzeffekten auch unterhalb der eigentlichen Messoberfläche, die aufgrund des langsamen Aufheizens verspätet erreicht werden.

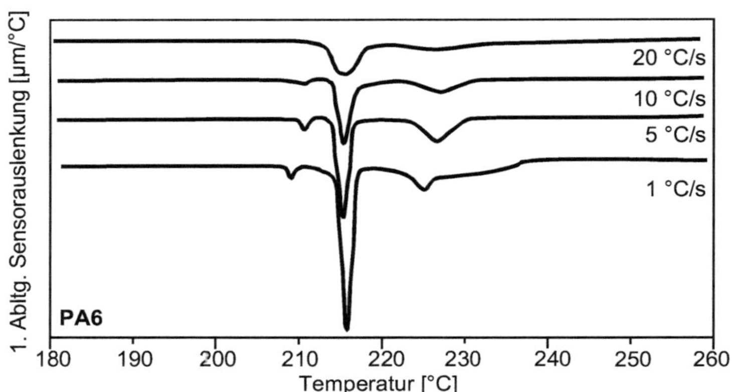

Bild 7.7 Einfluss unterschiedlicher Heizraten auf die Ausbildung von Schmelzeffekten bei einem PA 66

Belastung 20 nA, polierte Oberfläche

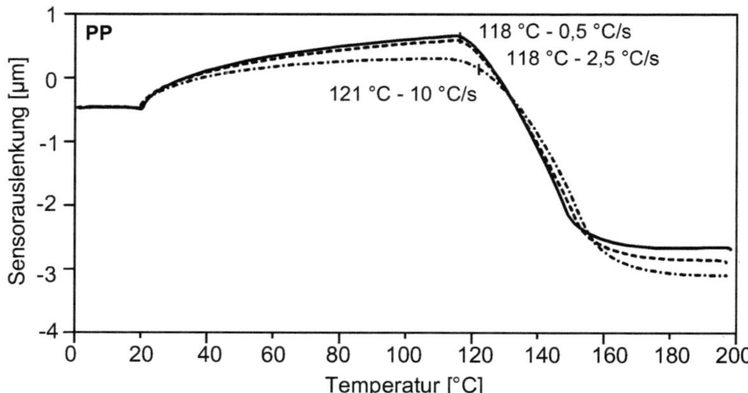

Bild 7.8 Sensorauslenkung eines PP unter verschiedenen Heizraten (0,5; 2,5; 10 °C/s)

Belastung 25 nA, polierte Oberfläche

Die Verschiebung der ermittelten Schmelztemperaturen mit höheren Heizraten ist bei der Bestimmung von Schmelztemperaturen nicht sehr hoch, wie am PP in Bild 7.8 gezeigt.

Amorphe Kunststoffe zeigen bei μTA-Messungen oftmals breite Übergänge. Dies könnte mit der zu teilkristallinen Kunststoffen vergleichbar geringeren Wärmeleitfähigkeit und damit etwas verzögerten Temperaturübertragung in die Probe zusammenhängen. Eine weitere Ursache könnte in der meist höheren Schmelzviskosität von amorphen Kunstoffen unmittelbar oberhalb des Glasübergangsbereiches im Vergleich zur Schmelzviskosität unmittelbar oberhalb des Schmelzbereiches von teilkristallinen Kunststoffen liegen.

Des weiteren ist bei amorphen Kunststoffen ein sehr viel stärkerer Einfluss der Heizrate auf den Glasübergangsbereich als bei teilkristallinen Kunststoffen auf den Schmelzbereich zu erkennen. Dies hängt mit der Frequenzabhängigkeit der Glasübergangstemperatur zusammen. Dadurch ist eine Identifikation von amorphen Materialien oftmals schwierig und kann schnell zu falschen Rückschlüssen führen.

In Bild 7.9 ist diese Problematik am Beispiel eines PC gezeigt. Die üblicherweise bestimmte Glasübergangstemperatur von PC liegt bei 150 °C. Die Glasübergangstemperatur mittels μTA liegt aber sogar bei vergleichsweise geringer Heizrate von 0,5 °C/s bei einem Wert von 185 °C. Bei höheren Heizraten steigt der Wert bis fast 200 °C an. Eine μTA-Messung allein sollte daher nicht ohne weiteres zur Werkstoffidentifzierung herangezogen werden. Vielmehr dient sie als Hilfsmittel bei der Klärung von Effekten bereits identifizierter Materialien.

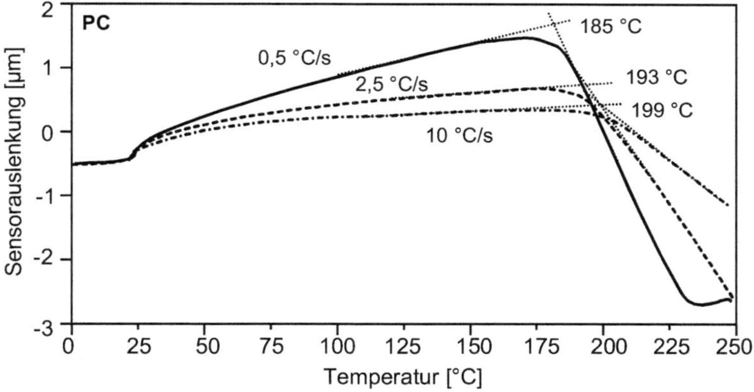

Bild 7.9 Sensorauslenkung bei der Messung von PC mit verschiedenen Heizraten

Belastung 25 nA, polierte Oberfläche

7.2.2.6 Auswertung

Aufgrund der sehr geringen Auflagefläche des Sensors auf der Probe ist eine mehrfache (mind. 3 malige) Reproduzierung des Messergebnisses unbedingt notwendig. Es kann sonst nicht von einem signifikanten Effekt gesprochen werden.

mindestens dreimalige Reproduzierung des Messergebnisses erforderlich

Zur Auswertung der verschiedenen Messkurven werden in der Regel die Onsettemperaturen des jeweiligen Effektes bestimmt. Ist wie bei der Bestimmung von Schmelztemperaturen eine anschließende weitere Ausdehnung des Materiales zu erkennen, kann auch das Maximum der 1. Ableitung der Sensorauslenkung zur Auswertung herangezogen werden.

7.2.3 Beispiele aus der Praxis

7.2.3.1 Identifizierung von Kunststoffen

Eine Identifikation von unbekannten Kunststoffen mittels charakteristischen Schmelz- und Glasübergangstemperaturen ist prinzipiell mit der µTA möglich. Aufgrund der sehr kleinen Probenmenge und der in 7.2.2.5 angesprochenen Abhängigkeit der Glasübergangstemperatur von der Heizrate und der Frequenz besteht jedoch die Gefahr von Fehlinterpretationen.

Die Auswertung von Übergangstemperaturen erfolgt in der Regel in Form von Tangentenschnittpunkten, was den Einfluss von Verarbeitungsbedingungen sehr stark betont und eine weitere mögliche Fehlerquelle darstellt. Die Identifizierung teilkristalliner Thermoplaste anhand der Schmelztemperatur kann als weniger kritisch angesehen werden. Bei unbekannten Materialien empfiehlt es sich jedoch immer, die Ergebnisse mit DSC-Ergebnissen zu vergleichen und die µTA-Untersuchung zur weiteren Selektion zu verwenden.

Die lichtmikroskopische Betrachtung eines Anschliffes zeigte bei einem Rohr aus glasfaserverstärktem PA66 Inhomogenitäten. Mit Hilfe der lokalen thermischen Analyse konnte hier sehr schnell festgestellt werden, dass es sich bei der Inhomogenität nicht um einen Partikel eines anderen Werkstoffs handelte, sondern um den Grundwerkstoff PA66, Bild 7.10.

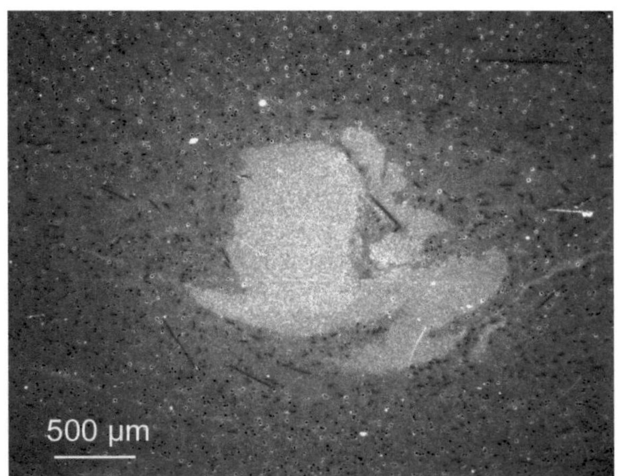

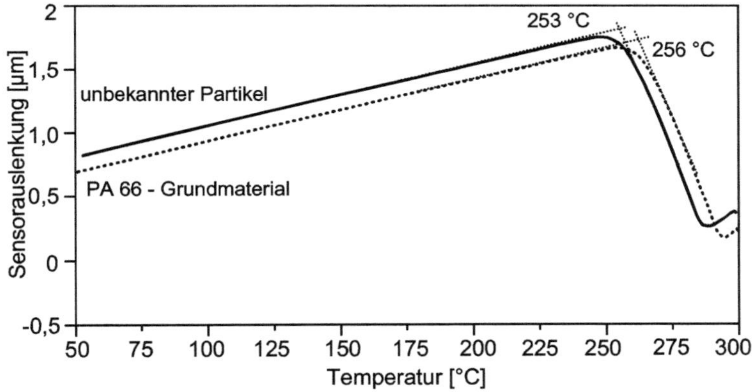

Bild 7.10 Anschliff eines Rohres aus PA66-GF (oben) und lokale Thermische Analyse am Grundmaterial und unbekanntem Partikel (unten)

Belastung 25 nA, Heizrate 20 °C/s

7.2.3.2 Randschicht einer PP-Probe

Kunststoffformteile bilden unter praxisnahen Verarbeitungsparametern meist eine feinsphärolitische oder gar amorphe Randschicht aus. Zur Charakterisierung von solchen sehr dünnen Randschichten mit den klassischen Methoden der Thermischen Analyse ist eine aufwendige Probenpräparation notwendig. Die Schichten müssen vorsichtig voneinander getrennt werden, was das Arbeiten mit einem Mikrotom erforderlich macht. Selbst nach erfolgreicher Trennung ist häufig die notwendige

Mindesteinwaage z.B. für eine DSC-Messung nicht gegeben. Das definierte Plazieren des Sensors der µTA ermöglicht es, Übergangstemperaturen ganz gezielt in Abhängigkeit der Position vom Rand zu bestimmen.

Im folgenden Beispiel wurde eine PP-Probe über den Querschnitt geschliffen und poliert. Die im Foto markierten Stellen wurden definiert angefahren, und dort die Schmelztemperatur der jeweiligen Schicht bestimmt.

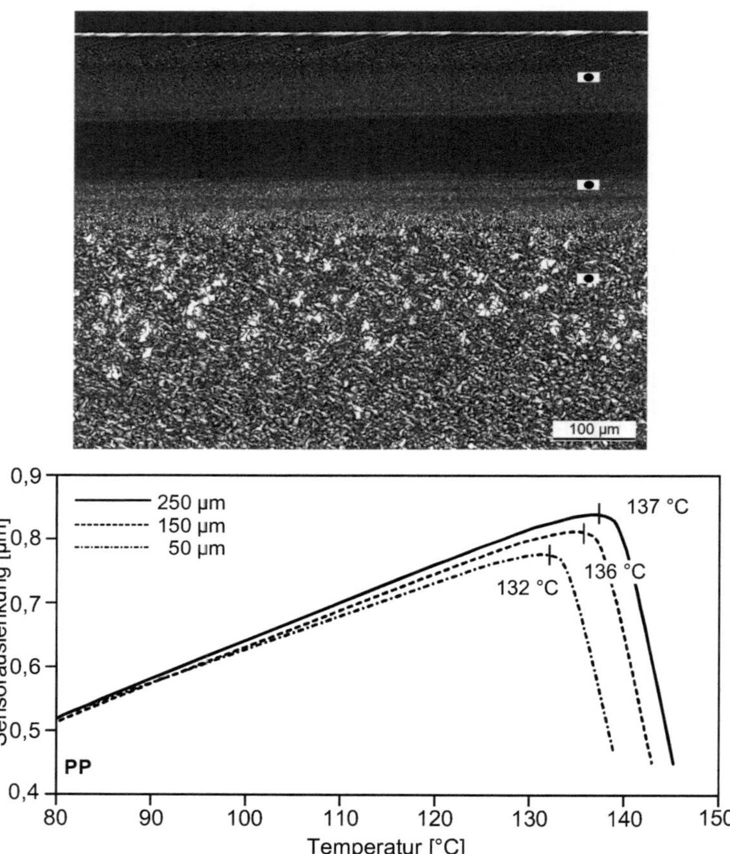

Bild 7.11 oben: Dünnschnitt des PP-Formteils zur Verdeutlichung der Lage der Messpunkte

unten: Sensorauslenkung der µTA-Messung an den oben markierten Stellen, gemessen an einer polierten Probe

Belastung 25 nA, Heizrate 10 °C/s

Es ist zu erkennen, dass die Schmelztemperatur im Randbereich am tiefsten liegt. Die weiter Innen liegenden Schichten zeigen eine höhere Schmelztemperatur.

7.2.3.3 Rohr mit Mehrschichtaufbau

Mit Hilfe der μTA kann zum einen der Schichtaufbau eines Multilayer-Rohres (5 Schichten) dargestellt und zum anderen können die einzelnen Materialien identifiziert werden. Dabei wurden die jeweils aufeinander treffenden Grenzschichten einzeln gescannt und auf beiden Seiten jeweils zwei Messungen durchgeführt. Bis auf eine Vinylacetat-Schicht, die mittels IR-Spektroskopie (Mikroskopie) identifiziert wurde, konnten alle 4 Schichten relativ sicher anhand der Schmelztemperaturen charakterisiert werden.

Bei der Betrachtung von Grenzschichten kann es durchaus hilfreich sein, die Probe nach Durchführung der Messungen nochmals im Mikroskop zu betrachten. Anhand der Krater, die bei μTA-Messungen entstehen, kann die Lage der Messpunkte überprüft werden, Bild 7.12.

Pos.	Schmelzbeginn [°C]	Werkstoff
1	221-222	PA 6
2	evtl. Zersetzung	VA*
3	216-223	PA 6
4	146-152	PP
5	184-189	PA 12

*VA wurde durch IR identifiziert

- Die Messpunkte sind als Krater sichtbar.

Bild 7.12 Mehrschichtaufbau eines Kunststoffrohres

Scangeschwindigkeit 50 μm/s, Sensortemperatur 60 °C, Belastung 25 nA, Heizrate 10 °C/s, (die Messstellen sind als kleine schwarze Punkte zu erkennen)

7.2.3.4 Anbindungsbereich einer 2-Komponenten-Probe

Im folgenden Beispiel wird der Kontaktbereich einer 2K-Probe (PA6/PA66 GF) auf unterschiedliche Art und Weise betrachtet. Zunächst wurde eine Aufnahme der Topographie durchgeführt, um dann gezielt an verschiedenen Stellen eine lokale µTA-Messung durchzuführen. Ziel ist es, Aussagen hinsichtlich des Materialverhaltens, vor allem im Bereich der Anbindungskante, in Abhängigkeit von der Anspritztemperatur und den jeweiligen Kunststoffpartnern zu treffen. Die Messungen zeigen deutlich die Ausbildung einer Mischphase an der Grenzfläche.

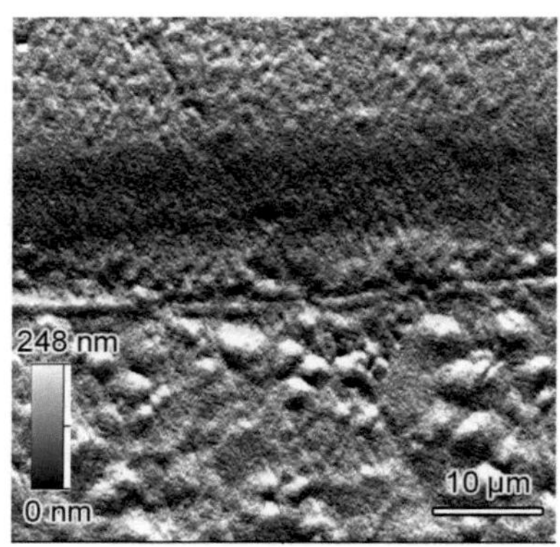

← Messpunkt 1: PA 6

← Messpunkt 2: Mischphase

← Messpunkt 3: 2K-Anbindungskante

← Messpunkt 4: PA 66

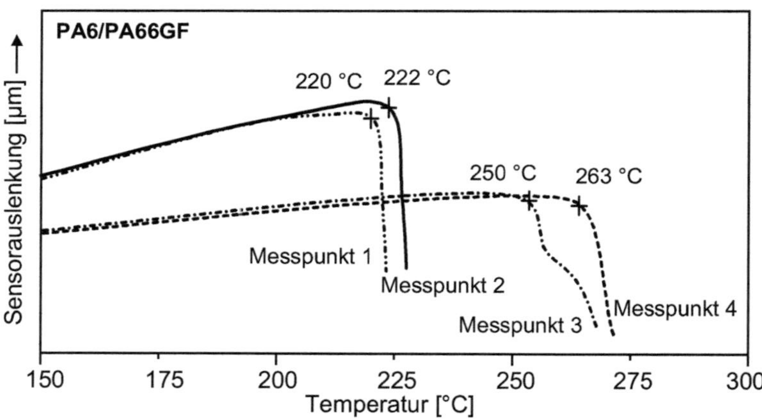

Bild 7.13 Topographiebild (oben) und µTA-Messung (unten) einer PA6/PA66GF Probe im Bereich der Anbindungskante

Scangeschwindigkeit 50 µm/s, Sensortemperatur 60 °C, Belastung 25 nA, polierte Oberfläche, Heizrate 10 °C/s

In einem weiteren Experiment wurde die Sensortemperatur variiert. Bei einer erhöhten Sensortemperatur von 220 °C (entspricht der Schmelztemperatur von PA6) kann der Kontaktbereich beider Materialien optisch noch deutlicher dargestellt werden.

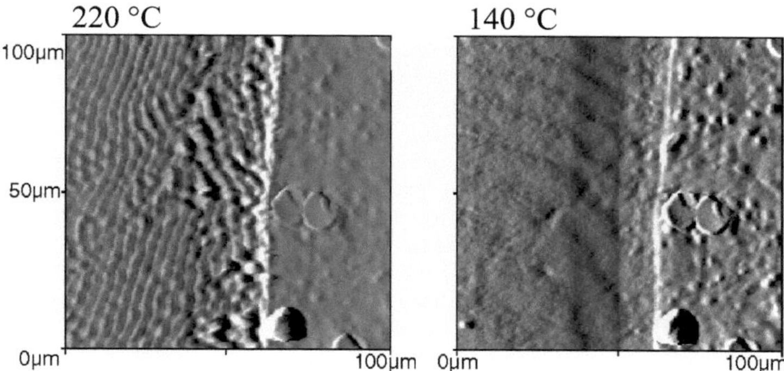

Bild 7.14 Einfluss der Sensortemperatur auf das Topographiebild einer PA6/PA66 GF-Probe

7.2.3.5 PA6 im Metallverbund

Bild 7.15 zeigt die Wärmeleitfähigkeitsabbildung eines beschichteten Metallträgers im Verbund mit PA6. Es sollten Aussagen hinsichtlich der Schichtdicke und Mischbarkeit der einzelnen Komponenten getroffen werden.

Der Wärmeleitfähigkeitsscan erlaubt bereits eine Abschätzung der Schichtdicke der duroplastischen Metallbeschichtung. Die lokale thermische Analyse wurde an mehreren Punkten im Bereich des Verbundpartners Polyamid und der duroplastischen Beschichtung durchgeführt.

Eine Mischphase beider Komponenten konnte nicht detektiert werden. Im Bereich der Beschichtung erlaubte ein Effekt bei ca. 243 °C den Rückschluß auf eine Nachhärtereaktion der duroplastischen Beschichtung.

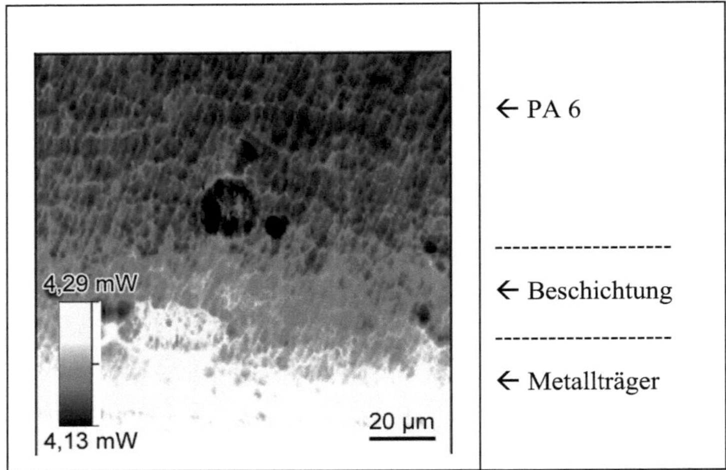

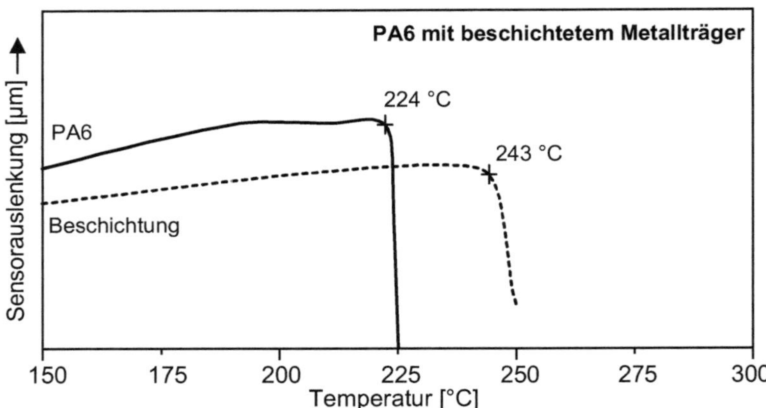

Bild 7.15 Wärmeleitfähigkeitsscan (oben) und µTA-Messung eines PA6-Metallverbundes an der Anbindungskante

Scangeschwindigkeit 25 µm/s, Sensortemperatur 60 °C, Belastung 25 nA, polierte Oberfläche, Heizrate 10 °C/s

7.2.3.6 Nachweis der Alterung an der Oberfläche

Die folgenden beiden Bilder als 3D-Topographiedarstellungen zeigen die Randschichten von spritzgegossenen PA66-Platten, die unterschiedlich lange und bei verschiedenen Temperaturen gelagert wurden. Eine sphärolitharme Randschicht ist in beiden Fällen deutlich erkennbar. Die Lagerung bei hohen Temperaturen (120 °C) führt zu einer Erhöhung der Kristallinität und ist offensichtlich mit einer Vergrößerung der sphärolithischen Strukturen verbunden. Diese Effekte äußern sich in der lokalen thermischen Analyse durch eine Erhöhung der Schmelztemperatur der getemperten Probe um einige °C sowohl in der Randschicht als auch tiefer in der Probe.

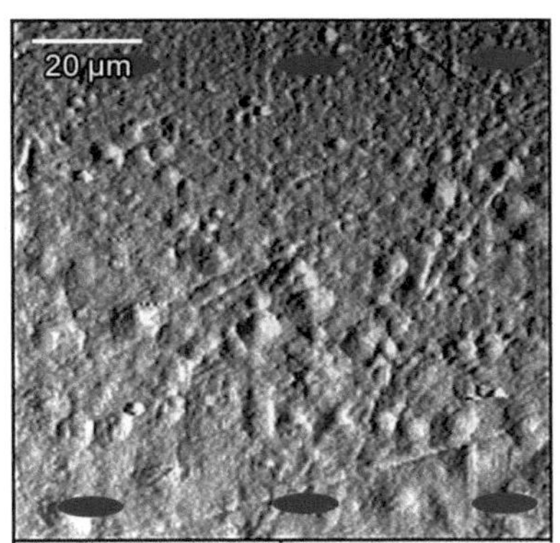

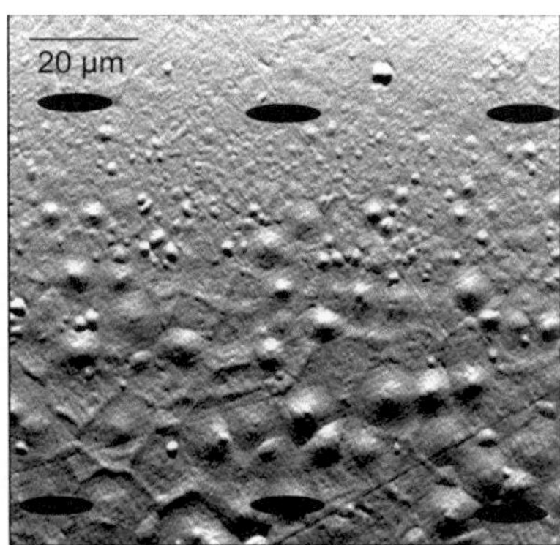

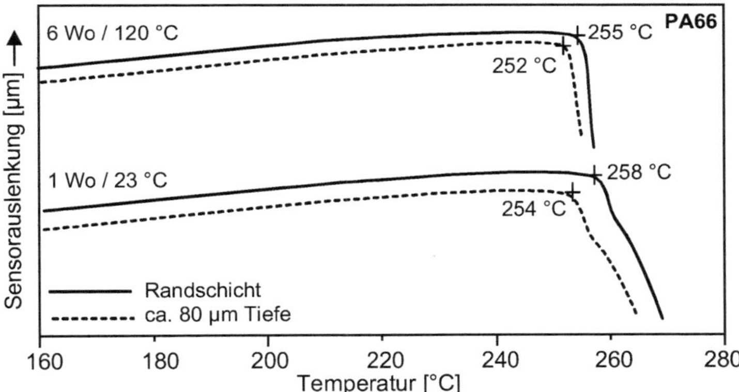

Bild 7.16 oben: 3D-Topographiebilder
unten: μTA-Messungen von spritzgegossenen PA66-Platten nach unterschiedlicher Lagerung (oben links: 1 Wo/23 °C; oben rechts: 6 Wo/120 °C)

Scangeschwindigkeit 50 μm/s, Sensortemperatur 60 °C, Belastung 25 nA, polierte Oberfläche, Heizrate 10 °C/s

7.3 Literatur

[1] zur Mühlen, E. Einführung in die mikrothermische Analyse (μTA) und ihre Anwendung in der Studie von Elastomeren Tagungsband Elastomeranalytik, Deutsches Institut für Kautschuktechnologie e.V., Hannover 1998

[2] N.N. TA-Instruments, μTA 2290 Micro Thermal Analyzer Operator's Guide July 2000

[3] Häßler, R., zur Mühlen, E. An Introduction to μTA™ and Application to the Study of Interfaces Thermochimica Acta 361(2000), S. 113-120

[4] Häßler, R. Mikrothermische Analyse an Grenzschichten kleben & dichten Adhäsion 43 (1999) 6, S. 30-33

[5] Price, D. M. http://www.user.globalnet.co.uk/~dmprice/publications/index.htm

[6] Moon, I., Androsch, R., Chen, W., Wunderlich, B. The Principles of Micro-thermal Analysis and its Application to the Study of Macromolecules J. of Thermal Analysis and Calorimetry, Vol. 59 (2000) 1, S. 187-203

[7] Price, D. M., Reading, M., Hammiche, A., Pollock, H. M. New Adventures in Thermal Analysis J. of Thermal Analysis and Calorimetry Vol. 60 (2000) 3, S. 723-733

[8] Price, D. M., Reading, M., Lever, T. J. Applications of Micro-thermal Analysis J. of Thermal Analysis and Calorimetry 56 (1999) 2 S. 673-679

8 Kurzcharakterisierung wichtiger Kunststoffe

Die Eigenschaften der Kunststoffe können gezielt durch Variationen beim Aufbau durch unterschiedliches Molekulargewicht, Kristallisation, Copolymerisation, Verstärkung, Stabilisierung usw. beeinflusst werden. Ebenso hat die Verarbeitung einen größeren Einfluss als bei anderen konventionellen Werkstoffen. Die hier angegebenen Eigenschaften und Kennwerte beziehen sich daher etwas verallgemeinert auf Standardmaterialien mit Betonung der anwendungstechnischen Sicht. Aufgeführt werden das **Gefüge**, die wichtigsten **Gebrauchseigenschaften**, der chemische **Aufbau** und eine Auswahl **physikalischer Kennwerte**. Die angegebene Glasübergangstemperatur T_g wurde mittels DSC (Heizrate 10 °C/min) gemessen und als Mittenpunktstemperatur T_{mg} ausgewertet. T_{pm} kennzeichnet die in der DSC gemessene Peaktemperatur des Schmelzbereichs. Die Angabe der **Einsatzgrenzen** erfolgt nach Literaturangaben verbunden mit eigenen Erfahrungen. Ein direktes, hierfür geeignetes Messverfahren steht nicht zur Verfügung. Die mechanischen Kennwerte wurden im statischen Zugversuch aufgrund von Prüfbedingungen nach ISO 527 bzw. vergleichbaren Normen ermittelt. Die **Preisangaben** beziehen sich auf den Jahresdurchschnitt 2002 für klassifizierte Typware in mittelgroßen Mengen und sind nur als grobe Orientierung anzusehen.

Das **σ-ε-Diagramm** kennzeichnet das Festigkeits-, Verformungs-, Steifigkeits- und Energieaufnahme-Verhalten im Zugversuch. Die im Zugversuch gemessenen Kennwerte sind mit Ausnahme bei den langfaserverstärkten Materialien i.a. niedriger als die unter Druck- oder Biegebeanspruchung ermittelten. Der **Verlauf des E-Moduls** über der Temperatur wurde mittels Dynamisch-Mechanischer Analyse unter sehr geringen Lasten in Torsions- oder Biegebelastung gemessen. Abweichungen gegenüber den im statischen Zugversuch gemessenen Werten ergeben sich aufgrund der Unterschiede in der Probengeometrie, Belastungsart und der Höhe der Beanspruchung. Die **DSC-Diagramme** (2. Aufheizen) wurden bei amorphen Materialien mit einer Heizrate von 20 °C/min sowie einer Einwaage von ca. 10 mg und bei teilkristallinen Materialien mit einer Heizrate von 10 °C/min sowie einer Einwaage von ca. 3 mg durchgeführt. Die Messzelle wurde mit Stickstoff gespült und die Probe vor der angegebenen Messung mit einer definierten Kühlrate (gleich der Heizrate) von oberhalb der jeweiligen Übergangstemperaturen abgekühlt. Der Verlauf des **Ausdehnungskoeffizienten** über der Temperatur wurde mittels TMA-Messung bestimmt. Die Heizrate betrug 3 °C/min, die Auflast 5 g und der Durchmesser des Messstempels 2 mm. Wie bei den DSC-Messungen wurden auch die TMA-Proben mittels vorangegangenem Aufheizen und folgender definierter Abkühlung, wobei die Kühlrate der folgenden Heizrate entspricht, von ihrer jeweiligen thermischen Vorgeschichte befreit. Alle Proben wurden parallel zur Spritzrichtung gemessen.

ABS – Acryl-Butadien-Styrol Pfropfpolymer

Gefüge: amorph, Blend **Preis (2002):** ≈ 1,70 €/kg

Eigenschaften: brilliante Oberfläche, steif, kratzfest, maßhaltig, schlagzäh, galvanisierbar, wenig witterungsbeständig

Erkennen: opak, brennt rußend mit leuchtender Flamme, süßlicher Styrolgeruch

Kennwerte:

ρ = 1,03 - 1,07 g/cm^3
E = 2200 - 3000 N/mm^2
σ_s = 45 - 65 N/mm^2
ε_s = 2,5 - 3 %
ε_B = 15 - 20 %
T_g = -85 °C/ 95 - 105 °C

Einsatzgrenzen:

kurzzeitig ~ 85 - 95 °C
dauernd ~ 75 - 85 °C

Aufbau:

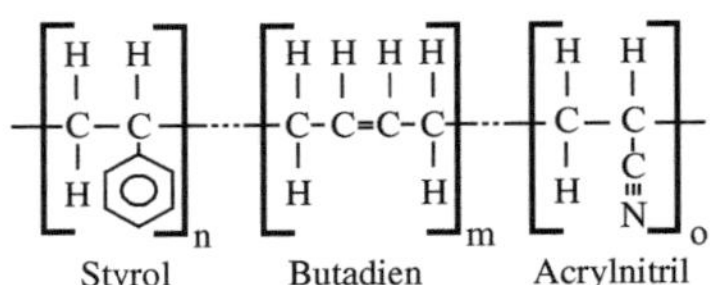

Mischungen:

- PA, - TPU, - PVC, - PC, - PSU, PUR

σ - ε - Diagramm:

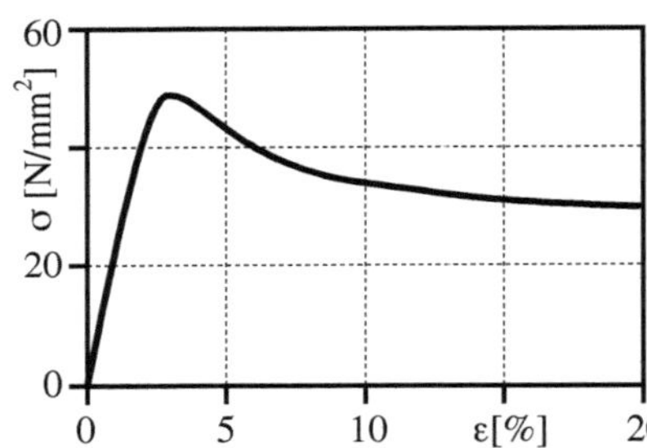

E-Modul (Temp):

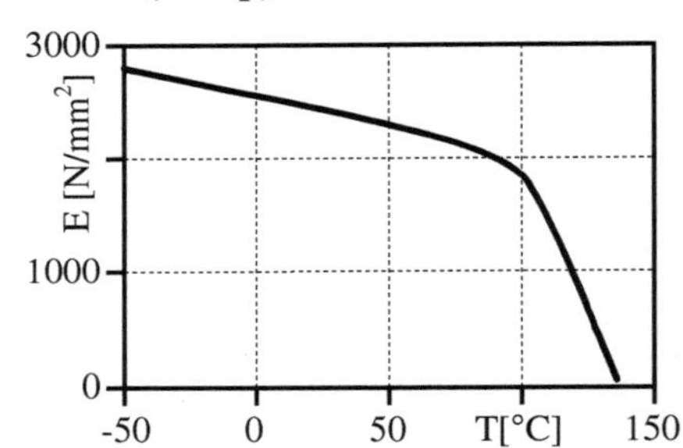

DSC - Diagramm:

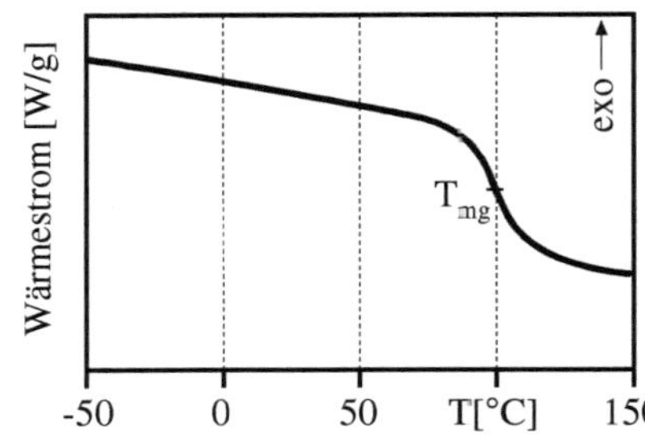

Ausdehnungskoeffizient (Temp):

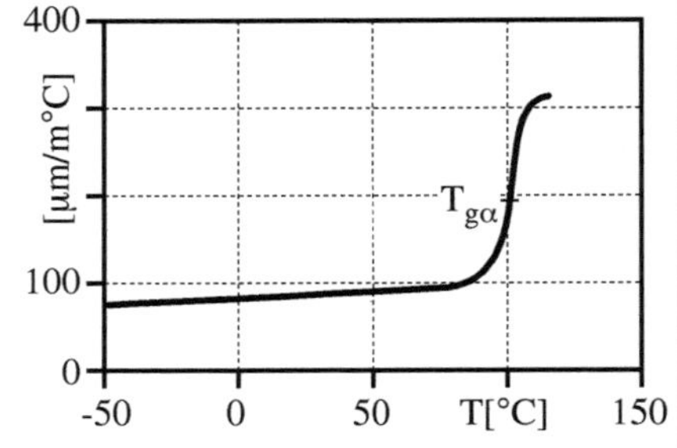

ASA – Acrylnitril-Styrol-Acrylester Pfropfcopolymer

Gefüge: amorph **Preis (2002):** ≈ 2,40 €/kg

Eigenschaften: zäh, steif, maßhaltig, hoher Glanz, witterungs- und chemikalienbeständiger als ABS

Erkennen: opak, brennt rußend mit leuchtender Flamme, süßlicher Styrolgeruch

Kennwerte:
ρ = 1,04 - 1,07 g/cm^3
E = 2300 - 2900 N/mm^2
σ_s = 40 - 55 N/mm^2
ε_s = 3,1 - 4,3 %
ε_B = 10 - 30 %
T_g = -40 °C / 95 °C

Einsatzgrenzen:
kurzzeitig ~ 85 - 95 °C
dauernd ~ 75 - 85 °C

Aufbau:

$[-CH_2-CH(C{\equiv}N)-]_o$ $[-CH_2-CH(C_6H_5)-]_n$ $[-CH_2-CH(C(=O)OCH_3)-]_m$

Acrylnitril Styrol Acrylester

Mischungen:
- PC, - PVC, - PMMA

σ - ε - Diagramm:

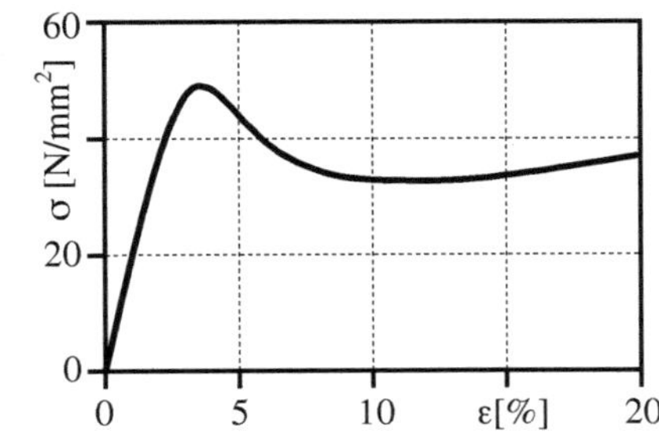

E-Modul (Temp):

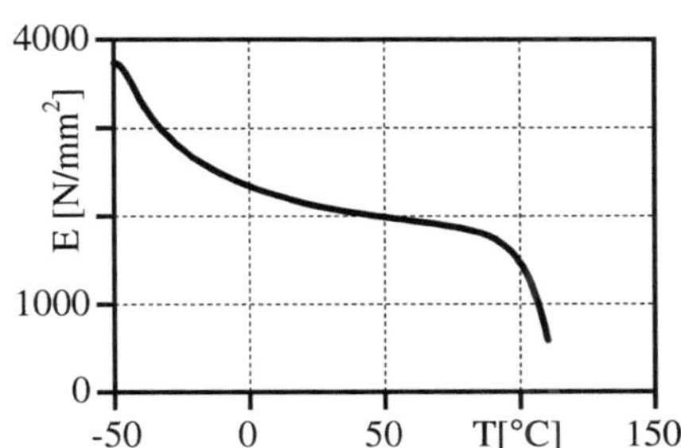

DSC - Diagramm:

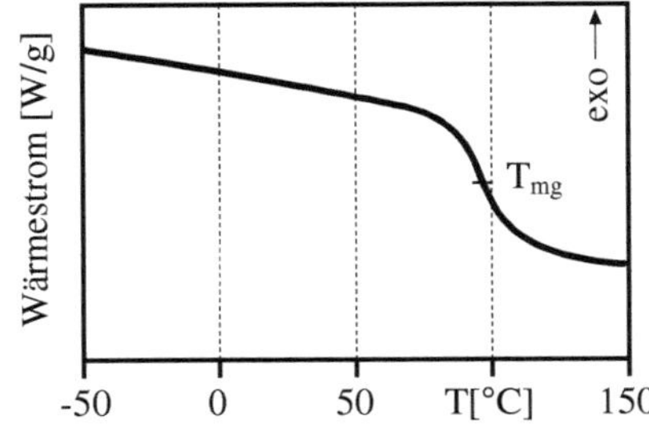

Ausdehnungskoeffizient (Temp):

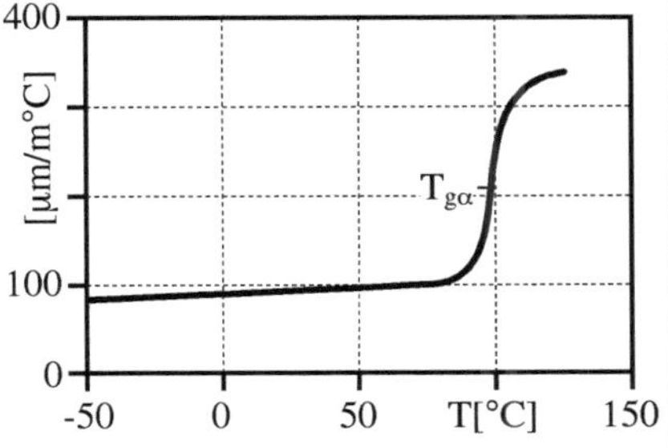

COC – Cycloolefin-Copolymer

Gefüge: amorph, **Preis (2002):** ≈ 3 - 10 €/kg
Copolymer - linearen Polyolefinen u. Norbornen (cycl. Polyolefine)

Eigenschaften: hohe Transparenz, geringe Wasseraufnahme, überwiegend steif und spröde, beständig gegen Säuren und Laugen, niedrige Dichte

Erkennen: fadenziehende Schmelze, leicht stechender Paraffingeruch, Zersetzungsschwaden pH-Wert = 4

Kennwerte*:

ρ = 1,02 g/cm^3
E = 2600 - 3200 N/mm^2
σ_B = 66 N/mm^2
ε_B = 3 - 10 %
T_g = 0 - 230 °C

Einsatzgrenzen:

kurzzeitig ~ 75 - 170 °C
dauernd ~ 65 - 100 °C

* *abhängig vom Norbornenanteil*

Aufbau:

$[-CH_2-CHR_1-]_o \cdots [-CH-CH-]_n$ (mit Ring, R_2, R_2)

lineares Olefin cyclisches

σ - ε - Diagramm:

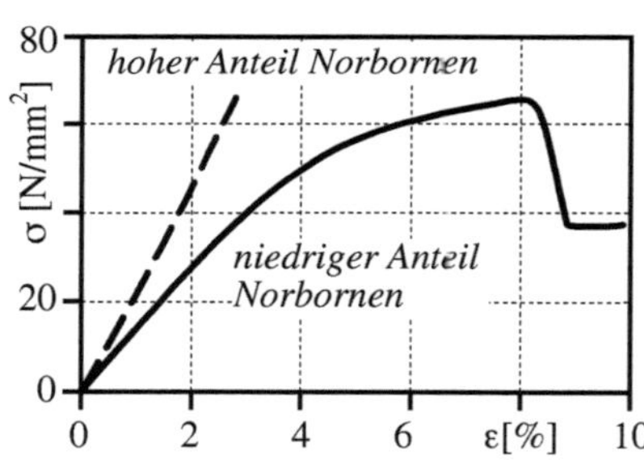

E-Modul (Temp):

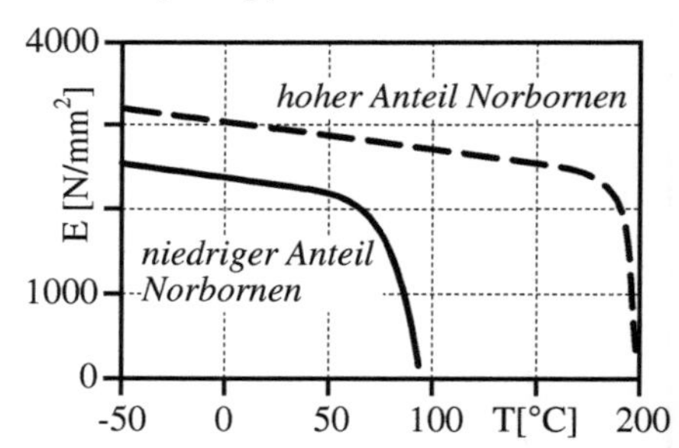

DSC - Diagramm:

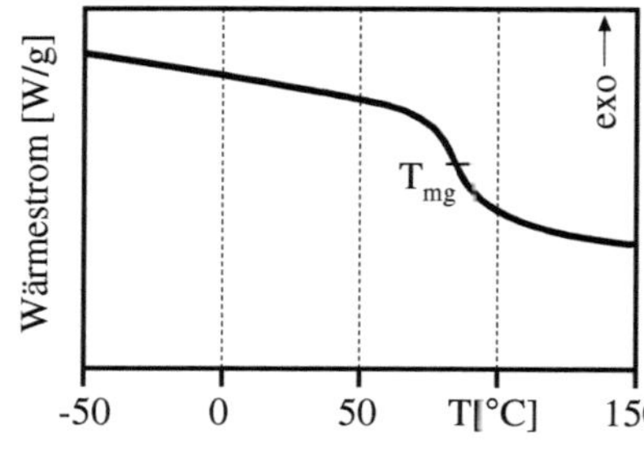

Ausdehnungskoeffizient (Temp):

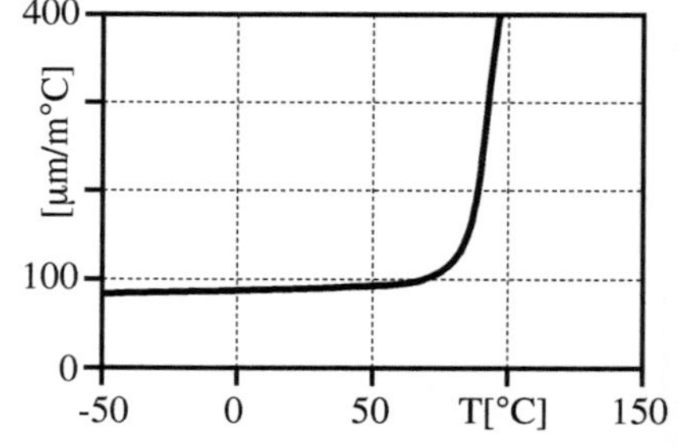

EP – Epoxidharz

Gefüge: amorph, vernetzt **Preis (2002):** ≈ 5,00 – 8,00 €/kg

Eigenschaften: große Variationsbreite, häufig verstärkt, zäh bis spröde, vielseitige Modifikationen möglich (z.B. elastifiziert), maßhaltig, haftfest, geringer Schwund, elektrisch isolierend

Erkennen: transparent bis opak, schmilzt nicht

Kennwerte*:

ρ = 1,17 - 1,25 g/cm^3
E = bis 4200 N/mm^2
σ_B = bis 100 N/mm^2
ε_B = ~ 1,5 - 20 %
T_g = ca. 70 - 200 °C

Einsatzgrenzen:
große Variation je nach Typ
dauernd ~ 60 - 180 °C (T_g beachten)

**für unverstärktes Material*

Aufbau:

$CH_2 - CH$ ---- (O-Brücke)
Epoxidgruppe
+
Härter

Mischungen:
- Polysulfid-Kautschuk, - Teerprodukte

σ - ε - Diagramm:

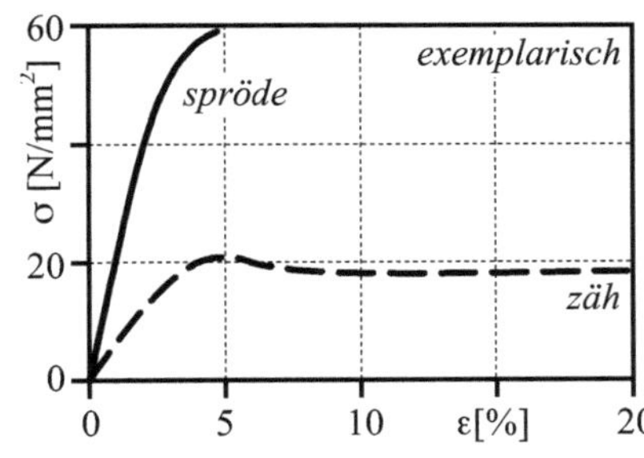

E-Modul (Temp):

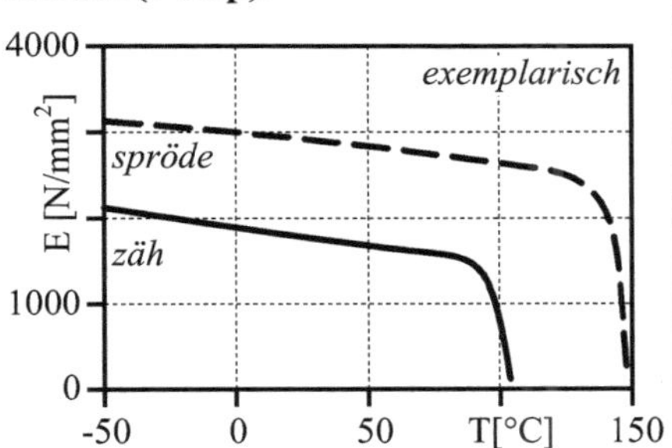

DSC - Diagramm:

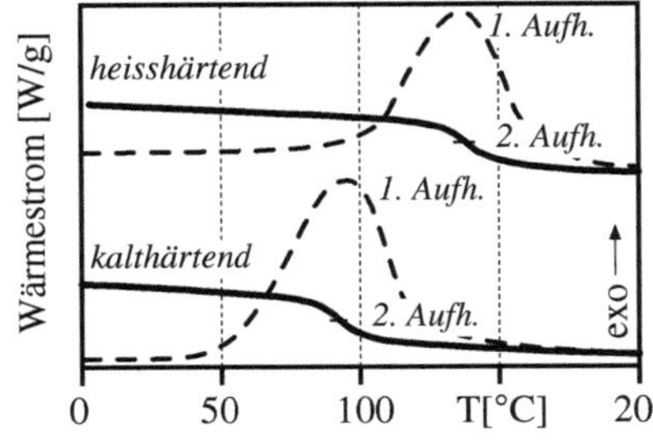

Ausdehnungskoeffizient (Temp):

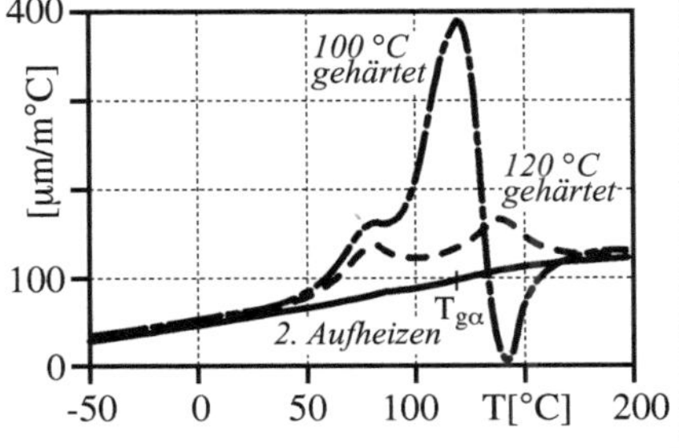

PA 11 – Polyamid 11

Gefüge: teilkristallin (35 - 45 %) **Preis (2002):** ≈ 8,50 €/kg

Eigenschaften: hochzähes PA, beständig gegen Lösemittel, Öle, Fette und Kraftstoffe, geringe Wasseraufnahme (luftfeucht 1,1 %, nass 1,8 %)

Erkennen: milchig weiß-gelb, brennt gelb mit bläulichem Rand, fadenziehend, tropfend, Geruch der Brandschwaden nach verbranntem Horn

Kennwerte:

ρ = 1,03 - 1,05 g/cm^3
E = 1400/1200/- N/mm^2
σ_s = 45/40/- N/mm^2
ε_s = 5 - 10/10 - 30/- %
ε_B = > 50 %
T_g =49/-/- °C
T_{pm} = 185 °C

Einsatzgrenzen:

kurzzeitig ~ 140 °C
dauernd ~ 70 - 80 °C

Aufbau:

$\left[-NH-(CH_2)_{10}-CO- \right]_n$

Aminoundecansäure

Mischungen:

- Pa 6, PA 66

σ - ε - Diagramm:

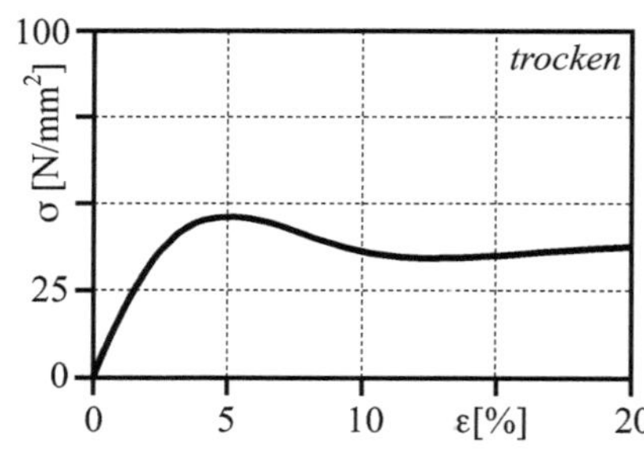

E-Modul (Temp):

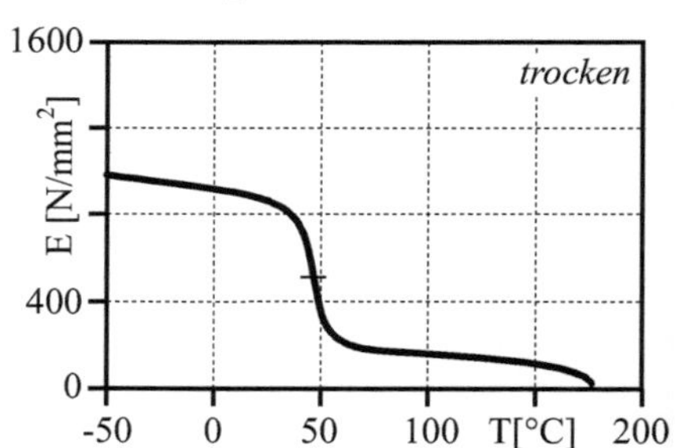

DSC - Diagramm:

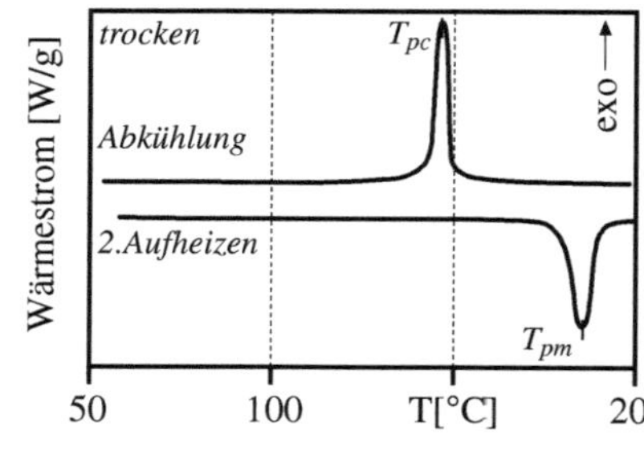

Ausdehnungskoeffizient (Temp):

—

PA 12 – Polyamid 12

Gefüge: teilkristallin (35 - 45 %) **Preis (2002):** ≈ 7,50 €/kg

Eigenschaften: geringe Dichte, geringste Wasseraufnahme der Polyamide (luftfeucht 0,7 %, nass 1,5 %), hochzäh, beständig gegen Kraftstoffe, Öle, Fette, Salzsäure u.a.

Erkennen: milchig weiß-gelb, brennt gelb mit bläulichem Rand, Geruch der Brandschwaden nach verbranntem Horn, fadenziehend, tropfend

Kennwerte:

ρ = 1,01 - 1,04 g/cm^3
E = 1400/1100/570 N/mm^2
σ_s = 50/40/- N/mm^2
ε_s = 4/12/- %
ε_B = ~ 200 %
T_g = 49/-/- °C
T_{pm}= 170 - 180 °C

Einsatzgrenzen:

kurzzeitig ~ 140 °C
dauernd ~ 70 - 80 °C

Aufbau:

$$\left[NH-(CH_2)_{11}-CO \right]_n$$

Laurinlactam

Mischungen:

- Pa 6, PA 66

σ - ε - Diagramm:

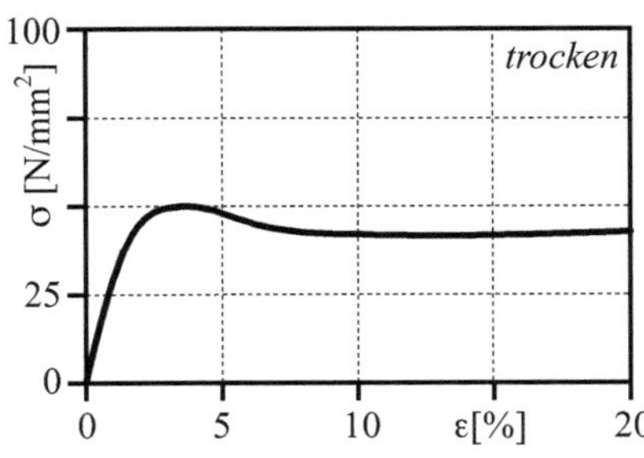

E-Modul (Temp):

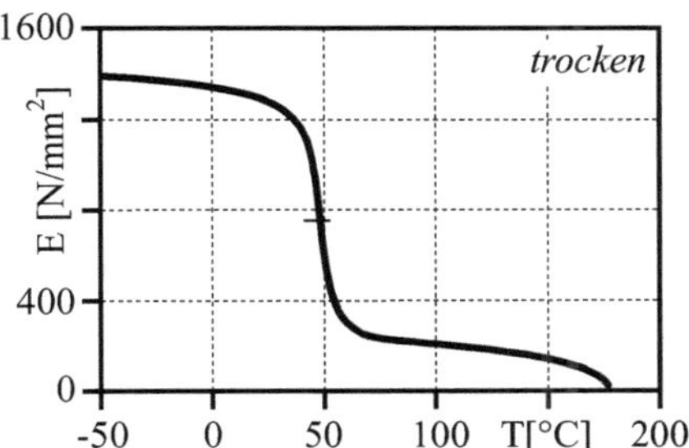

DSC - Diagramm:

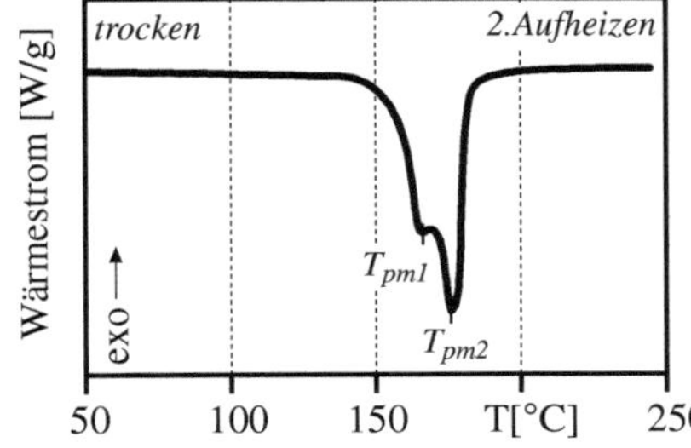

Ausdehnungskoeffizient (Temp):

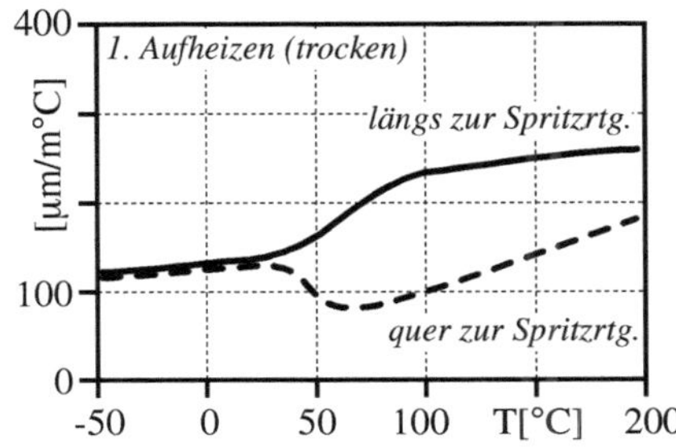

PA 46 – Polyamid 46

Gefüge: teilkristallin (60 – 70 %) **Preis (2002):** ≈ 6,00 €/kg

Eigenschaften: verschleißfest, besonders temperaturbeständig, geringe Kriechneigung, nimmt bis zu 12 % Wasser auf

Erkennen: milchig weiß-gelb, brennt gelb mit bläulichem Rand, Geruch der Brandschwaden nach verbranntem Horn, fadenziehend, tropfend

Kennwerte:

ρ = 1,18 -1,21 g/cm³
E = 3300/1000/800 N/mm²
σ_s = 100/55/- N/mm²
ε_s = - / - / -
ε_B = 40/> 200/- %
T_g = ~ 94/31/-10 °C
T_{pm}= 285 - 290 °C

Einsatzgrenzen:

kurzzeitig ~ 180 °C
dauernd ~ 120 °C

Aufbau:

$$\left[NH-(CH_2)_4-NH-CO-(CH_2)_4-CO \right]_n$$

1,4 Diaminobuten u. Adipinsäure

σ - ε - Diagramm:

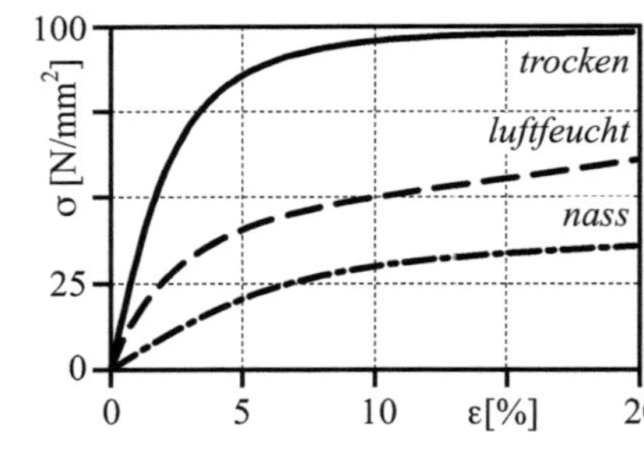

E-Modul (Temp):

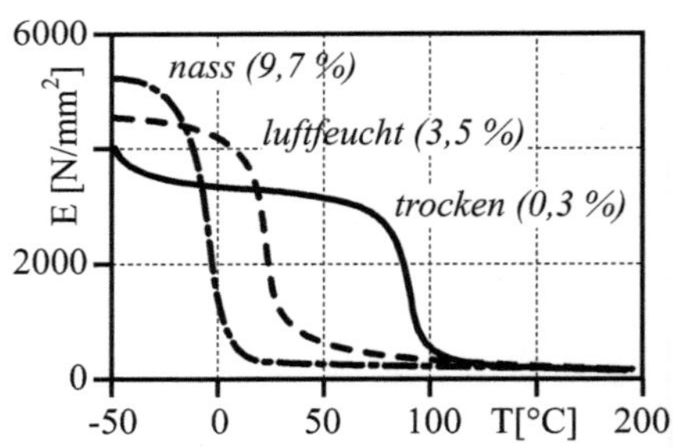

DSC - Diagramm:

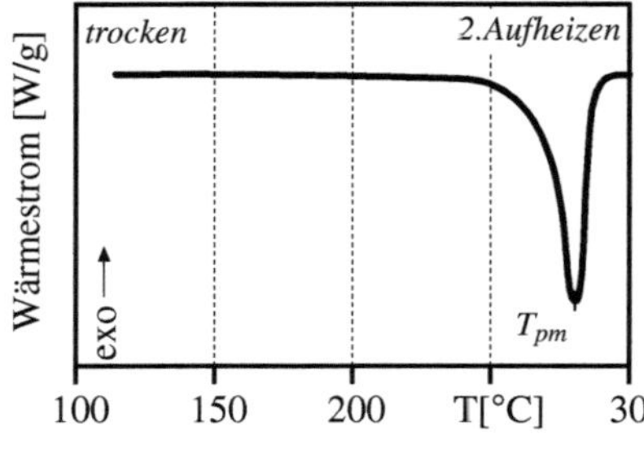

Ausdehnungskoeffizient (Temp):

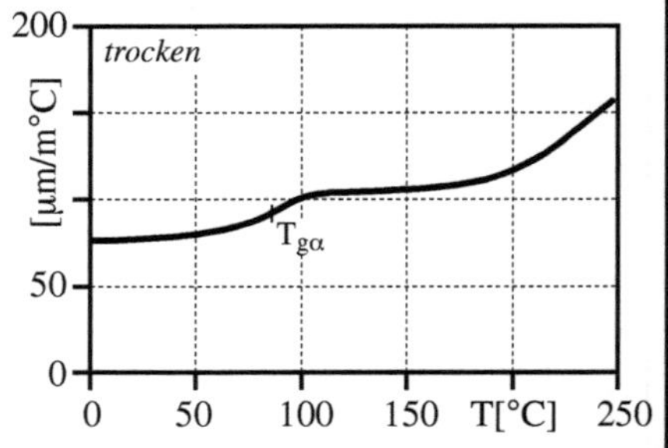

PA 6 – Polyamid 6

Gefüge: teilkristallin (30 - 40 %) **Preis (2002):** ≈ 2,50 €/kg

Eigenschaften: verschleißfest, zäh, vielseitig, eigenschaftstolerant, nimmt bis zu 9,5 % Wasser auf, häufig verstärkt

Erkennen: milchig weiß-gelb, brennt gelb mit bläulichem Rand, Geruch der Brandschwaden nach verbranntem Horn, fadenziehend, tropfend

Kennwerte:

ρ = 1,12 - 1,15 g/cm^3
E = 2800/1000/600 N/mm^2
σ_s = 80/45/- N/mm^2
ε_s = 4/25/- %
ε_B = 30/> 50/- %
T_g = ~ 78/28/-8 °C
T_{pm}= 225 - 235 °C

Einsatzgrenzen:

kurzzeitig ~ 140 - 160 °C
dauernd ~ 80 - 100 °C

Aufbau:

$\left[-NH-(CH_2)_5-CO- \right]_n$

ε - Caprolactam

Mischungen:

- PA66, PA 12, - PA11, - PE, - ABS, - ABR, - PPS, - PPE, - EPDM

σ - ε - Diagramm:

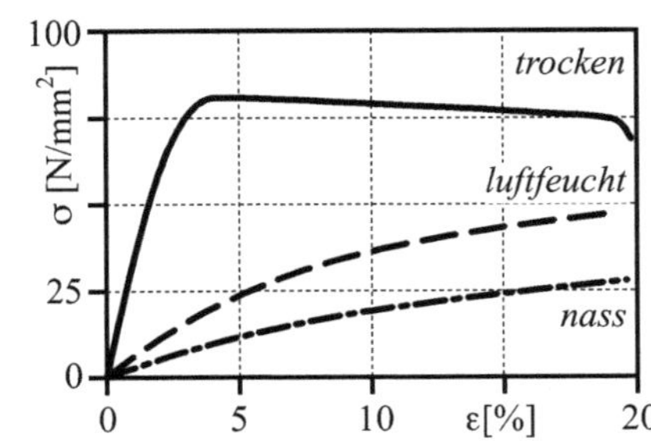

E-Modul (Temp):

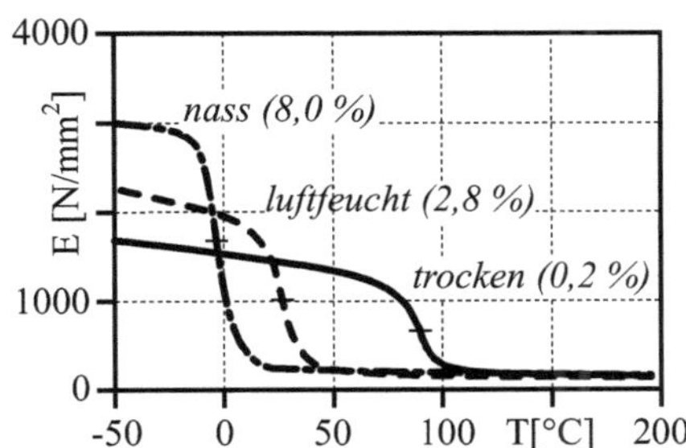

DSC - Diagramm:

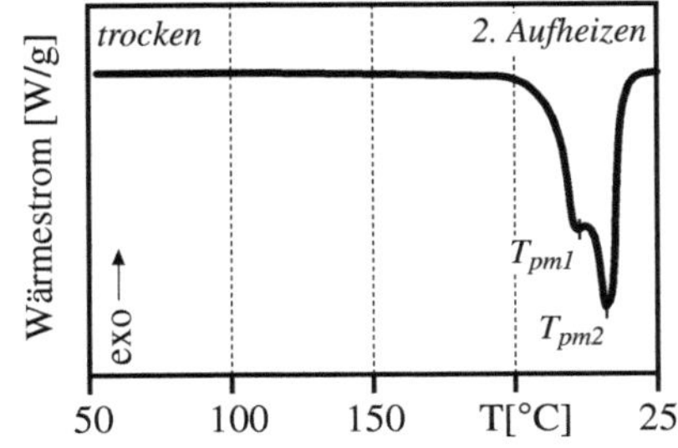

Ausdehnungskoeffizient (Temp):

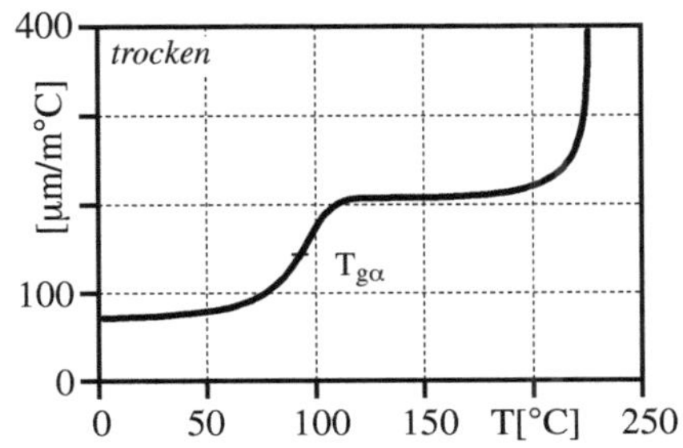

PA 610 – Polyamid 610

Gefüge: teilkristallin (30 - 40 %) **Preis (2002):** ≈ 6,00 €/kg

Eigenschaften: geringe Wasseraufnahme (3,3 %), gute Maßhaltigkeit

Erkennen: milchig weiß-gelb, brennt mit bläulichem Rand, Geruch der Brandschwaden nach verbranntem Horn, fadenziehend, tropfend

Kennwerte:

ρ = 1,07 - 1,09 g/cm^3
E = 2200/1500/800 N/mm^2
σ_s = 64/45/- N/mm^2
ε_s = 4/15/- %
ε_B = > 50 %
T_g = 77/48/19 °C
T_{pm} = 210 - 220 °C

Einsatzgrenzen:

kurzzeitig ~ 140 - 160 °C
dauernd ~ 80 - 100 °C

Aufbau:

$$\left[NH-(CH_2)_6-NH-CO-(CH_2)_8-CO \right]_n$$

Hexamethylendiamin u. Sebacinsäure

Mischungen:

- PA66/6

σ - ε - Diagramm:

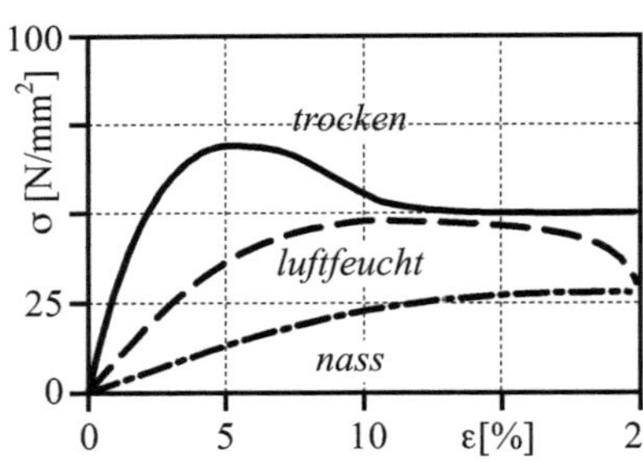

E-Modul (Temp):

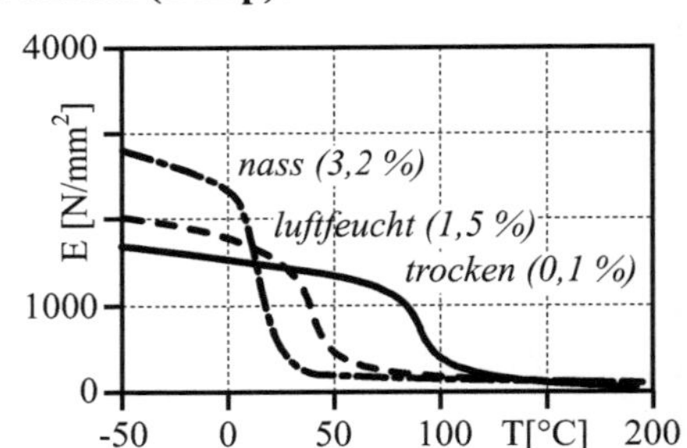

DSC - Diagramm:

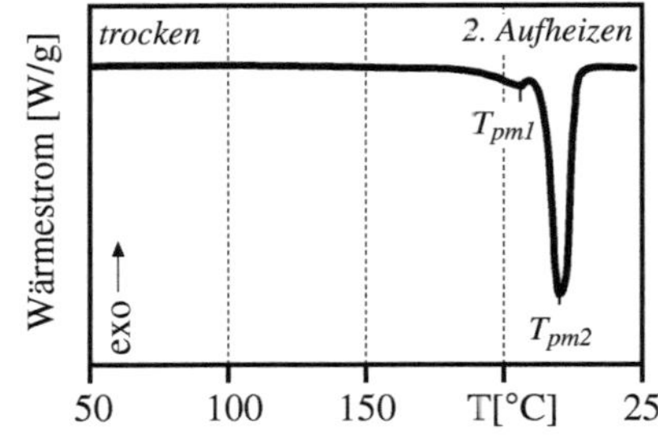

Ausdehnungskoeffizient (Temp):

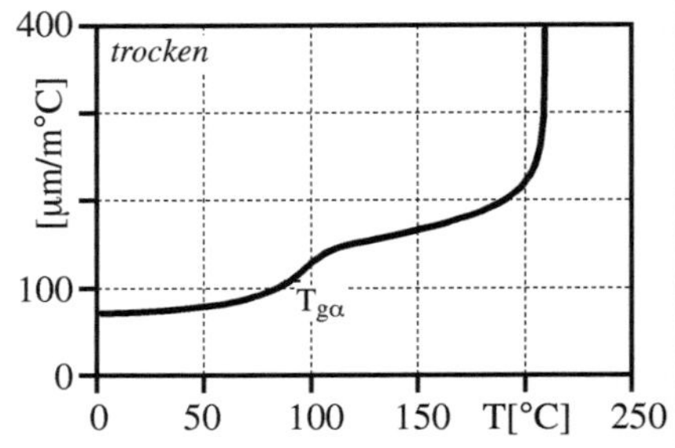

PA 6-3-T – amorphes Polyamid

Gefüge: amorph **Preis (2002):** ≈ 8,00 €/kg

Eigenschaften: geringe Verzugsneigung, hohe Zähigkeit, Wasseraufnahme bis zu 7,5 %

Erkennen: transparent, brennt gelb mit bläulichem Rand, Geruch der Brandschwaden nach verbranntem Horn, fadenziehend, tropfend

Kennwerte:

ρ = 1,12 - 1,15 g/cm^3
E = 2800/2700/2200 N/mm^2
σ_s = 90/85/65 N/mm^2
ε_s = 7/6/5 %
ε_B = 20 - > 50 %
T_g = 152/114/97 °C

Einsatzgrenzen:

kurzzeitig ~ 120 °C
dauernd ~ 80 °C

Aufbau:

$$\left[NH-(CH_2)_6-NH-CO-\langle\bigcirc\rangle-CO \right]_n$$

Hexamethylendiamin u. Terephthalsäure

σ - ε - Diagramm:

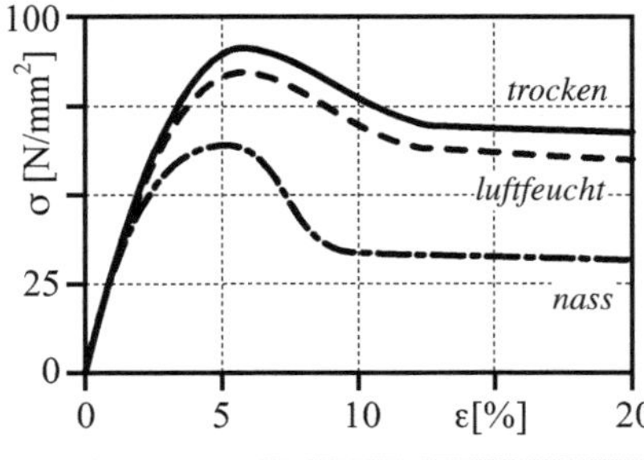

E-Modul (Temp):

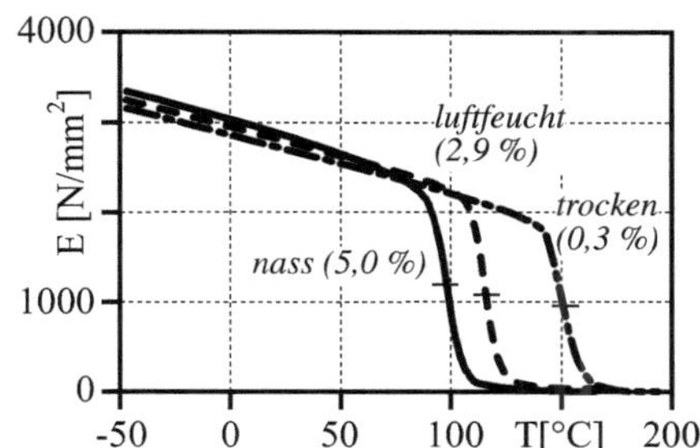

DSC - Diagramm:

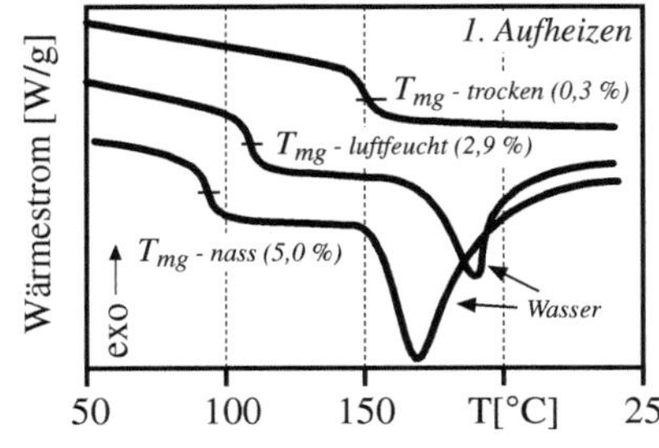

Ausdehnungskoeffizient (Temp):

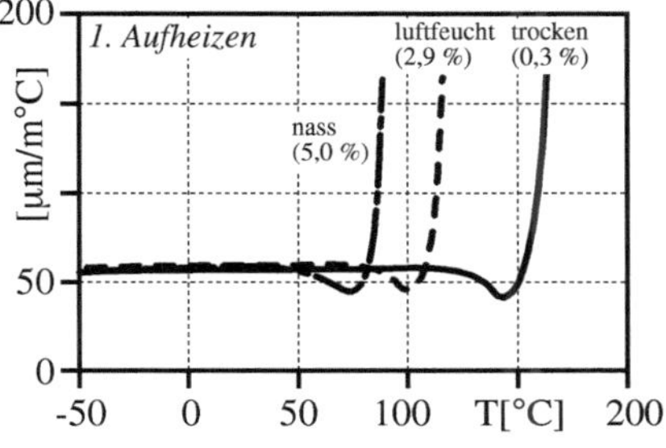

PA 66 – Polyamid 66

Gefüge: teilkristallin (35 - 45 %) **Preis (2002):** ≈ 3,00 €/kg

Eigenschaften: verschleißfest, zäh, alterungs- und wärmebeständig, verschleißfest, geeignet für Maschinenelemente, dünnflüssiger als PA 6, nimmt bis zu 8,5 % Wasser auf, häufig verstärkt

Erkennen: milchig weiß-gelb, brennt gelb mit bläulichem Rand, Geruch der Brandschwaden nach verbranntem Horn, fadenziehend, tropfend

Kennwerte:

ρ = 1,13 - 1,16 g/cm^3
E = 3000/1600/800 N/mm^2
σ_s = 85/60/- N/mm^2
ε_s = 5/20/- %
ε_B = 25/> 50/- %
T_g = ~ 90/39/-6 °C
T_{pm} = 225 - 265 °C

Einsatzgrenzen:

kurzzeitig ~ 140 - 170 °C
dauernd ~ 80 - 100 °C

Aufbau:

$$\left[NH-(CH_2)_6-NH-CO-(CH_2)_4-CO \right]_n$$

Hexamethylendiamin u. Adipinsäure

Mischungen:

- PA6, PA 12, - PA11, - PE, - ABS, - ABR, - PPS, - PPE, - EPDM

σ - ε - Diagramm:

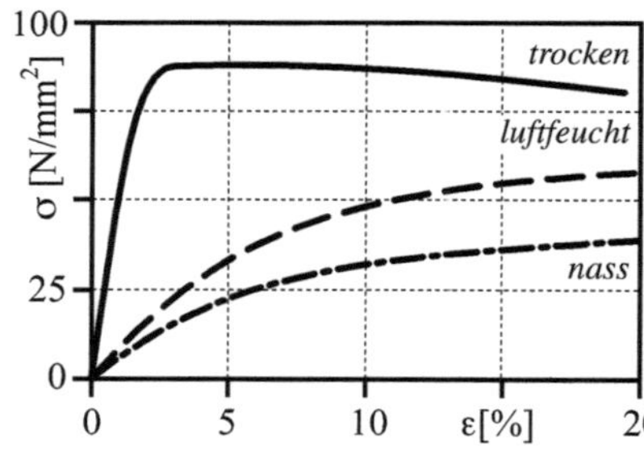

E-Modul (Temp):

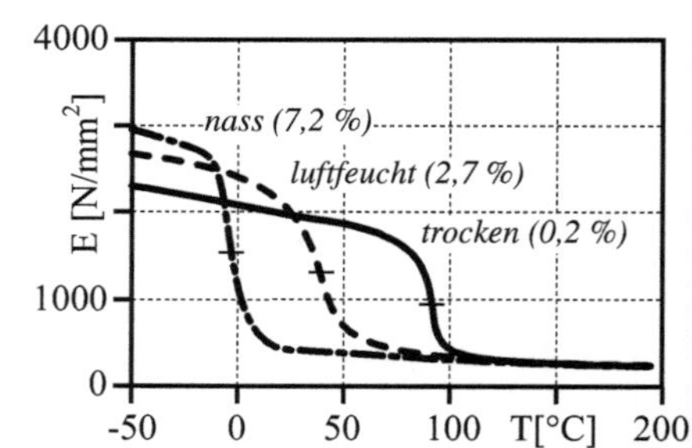

DSC - Diagramm:

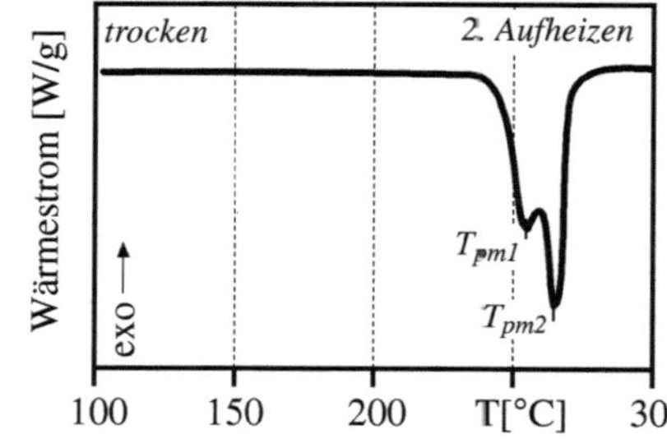

Ausdehnungskoeffizient (Temp):

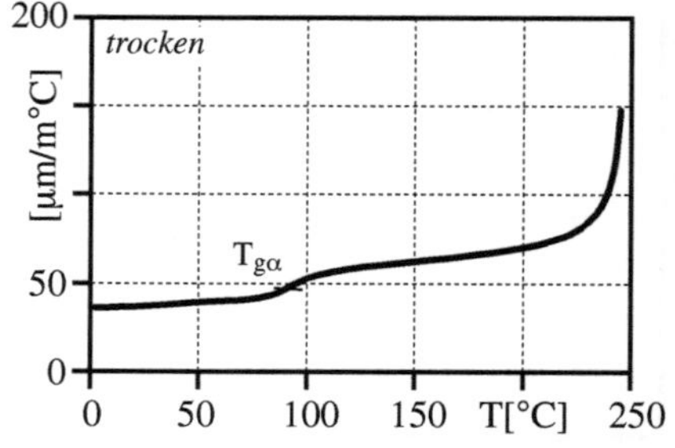

PAI – Polyamidimid

Gefüge: amorph, vernetzt **Preis (2002):** ≈ 6,00 €/kg

Eigenschaften: fest, steif, hart, geringe Zähigkeit, gleit- und verschleißfest, geringe Wärmeausdehnung, bedingt chemikalienbeständig, nimmt 3,5% - 4% Wasser auf

Erkennen: -

Kennwerte:

ρ = 1,38 – 1,40 g/cm^3
E = 4500 – 5200 N/mm^2
σ_s =
ε_s =
ε_B = 10 %
T_g = 250 °C – 275 °C

Einsatzgrenzen:

kurzzeitig 300 °C (je nach Typ)
dauernd 260 °C (je nach Typ)

Aufbau:

Mischungen:

- PTFE, PSU, PEI, PA, PPS, PC

σ - ε - Diagramm:

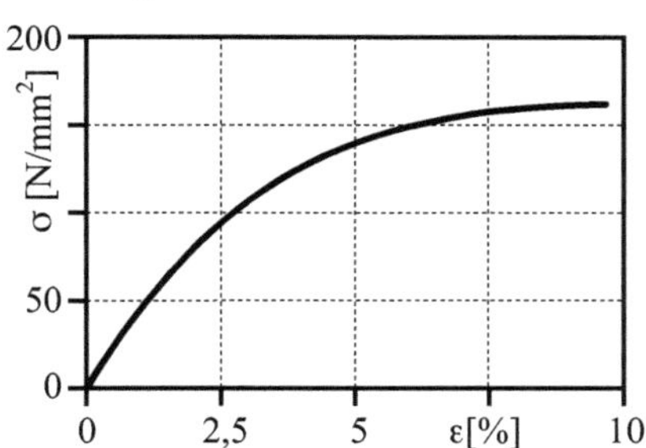

E-Modul (Temp):

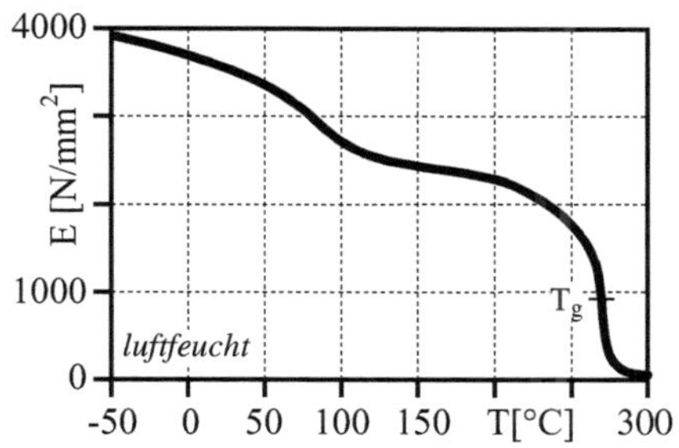

DSC - Diagramm:

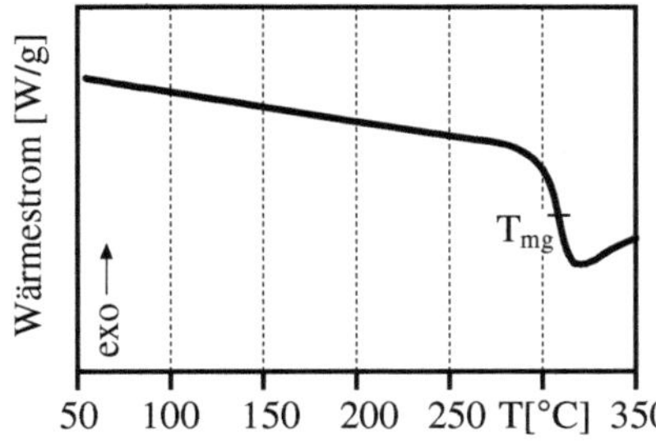

Ausdehnungskoeffizient (Temp):

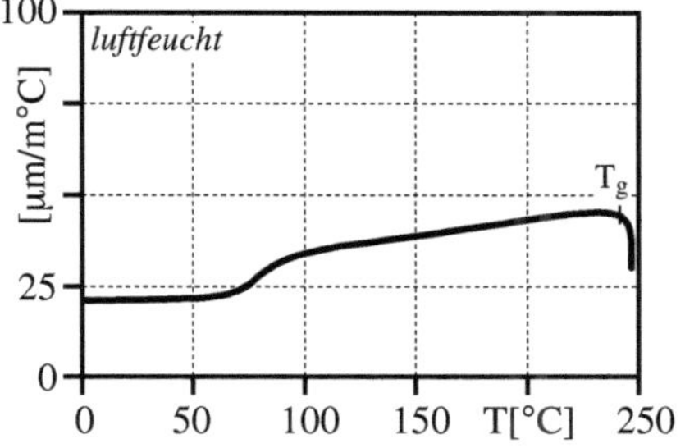

PB - Polybuten

Gefüge: teilkristallin (ca. 50 %) **Preis (2002):** ≈ 3,00 €/kg

Eigenschaften: nach Spritzgiessen weich und gummielastisch, nach ca. 7 Tagen steifer und duktil, geringe Dichte, spannungsrissbeständig, geringe Kriechneigung

Erkennen: brennt mit gelber Flamme, Blasenbildung und abtropfende Flamme

Kennwerte:

ρ = 0,89* / 0,91 – 0,94 g/cm³

E = 240* / 600 – 700 N/mm²

σ_s = 15 – 25 N/mm²

ε_s = 10 %

ε_B = > 50 %

T_{pm} = 130 °C

Einsatzgrenzen:

kurzzeitig ~ 80 – 110 °C

dauernd ~ 60 – 60 °C

* *Werte direkt nach der Herstellung*

Aufbau:

$-[CH_2-CH(CH_2-CH)]-$

Mischungen:

- PE, - PP, - PS

σ - ε - Diagramm:

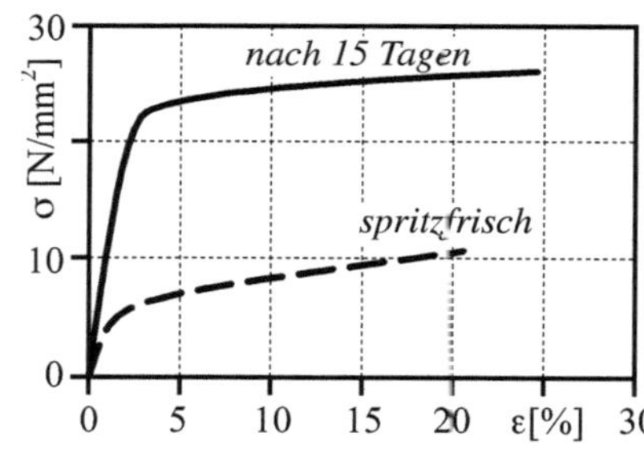

E-Modul (Temp):

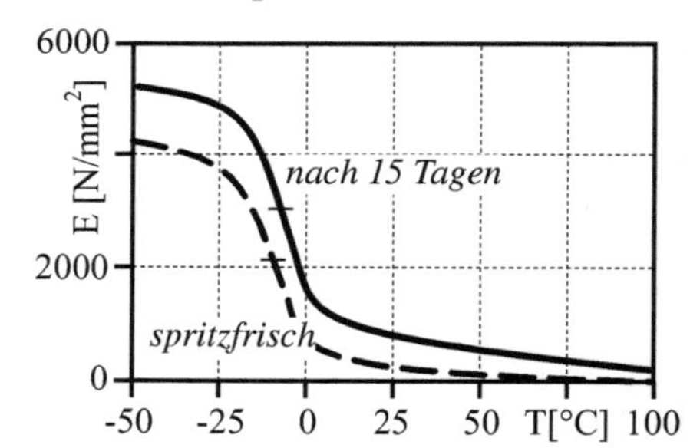

DSC - Diagramm:

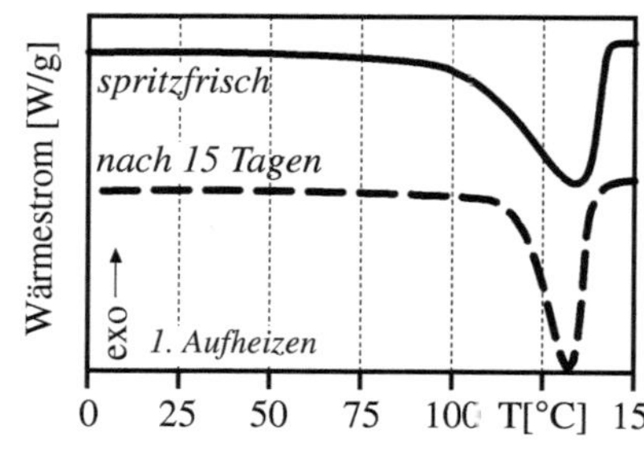

Ausdehnungskoeffizient (Temp):

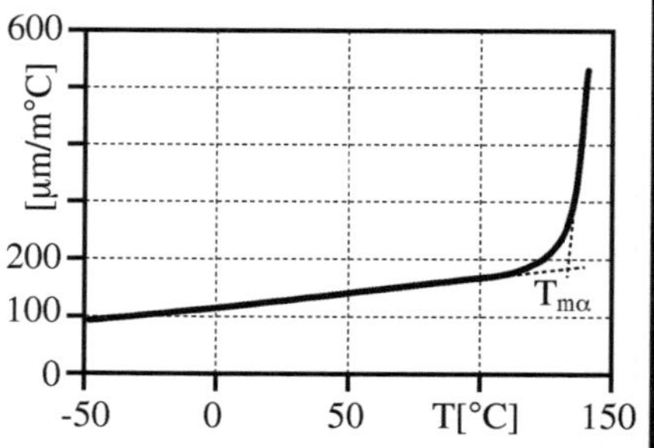

PBT – Polybutylenterephthalat

Gefüge: teilkristallin (40 - 50 %) **Preis (2002):** ≈ 2,80 €/kg

Eigenschaften: fest, steif, maßhaltig, gleit- und verschleißfest, etwas verarbeitungsempfindlich, häufig verstärkt

Erkennen: brennt rußend, leuchtend, tropfend, leicht süßlicher Geruch

Kennwerte:

ρ = 1,30 - 1,32 g/cm^3
E = 2500 - 2800 N/mm^2
σ_s = 50 - 60 N/mm^2
ε_s = 3,5 - 7 %
ε_B = 20 - > 50 %
T_g = 45 - 60 °C
T_{pm}= 220 - 230 °C

Einsatzgrenzen:

kurzzeitig ~ 160 °C
dauernd ~ 100 °C

Aufbau:

$$\left[-O-(CH_2)_4-O-\overset{O}{\overset{\|}{C}}-C_6H_4-\overset{O}{\overset{\|}{C}}- \right]_n$$

Häufig vorkommende Mischungen:
- ASA, - EPDM, - LCP, - PC, - PET

σ - ε - Diagramm:

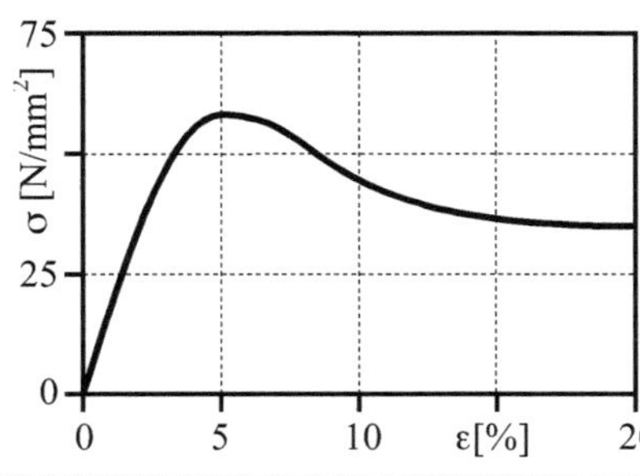

E-Modul (Temp):

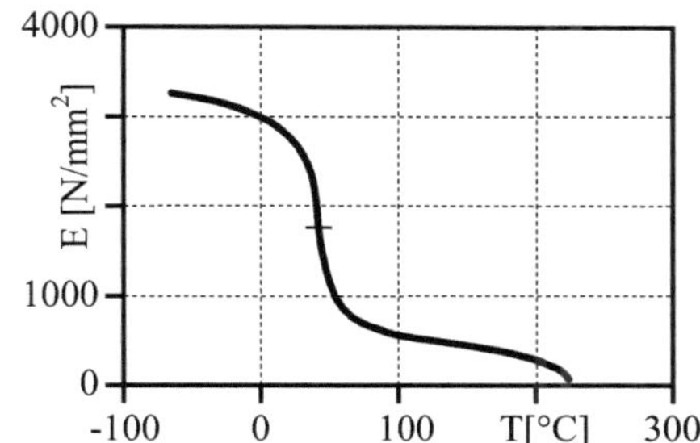

DSC - Diagramm:

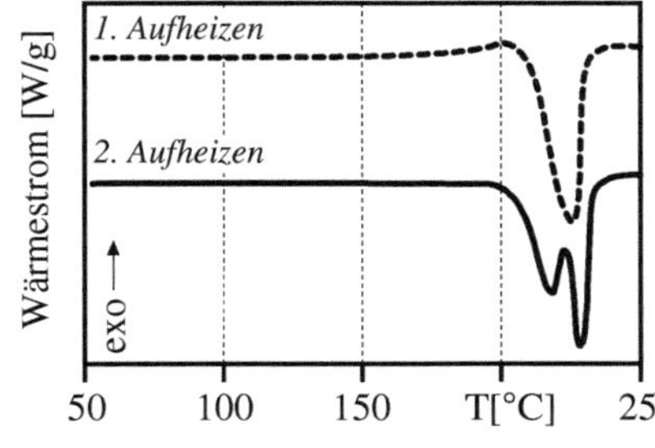

Ausdehnungskoeffizient (Temp):

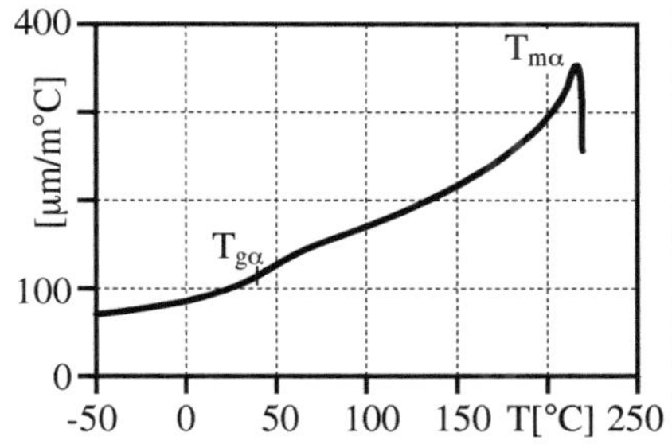

PC – Polycarbonat

Gefüge: amorph **Preis (2002):** ≈ 3,40 €/kg

Eigenschaften: maßhaltig, transparent, hoher Oberflächenglanz, schlagzäh, wärmeformbeständig, gute Isoliereigenschaften kerb- und spannungsrissempfindlich,

Erkennen: glasklar, brennt dunkelgelb, rußend, erlischt außerhalb der Flamme

Kennwerte:
ρ = 1,20 - 1,24 g/cm^3
E = 2200 - 2400 N/mm^2
σ_s = 55 - 65 N/mm^2
ε_s = 6 - 7 %
ε_B = 100 - 130 %
T_g = 145 °C

Einsatzgrenzen:
kurzzeitig ~ 135 °C
dauernd ~ 100 °C

Aufbau:

$$\left[-O-C_6H_4-C(CH_3)_2-C_6H_4-O-C(=O)- \right]_n$$

Mischungen:
- ABS, -ASA, -SEBS, -PBT, PET, - PPE, - SB, - PS, - PPE, - PP, - TPU

σ - ε - Diagramm:

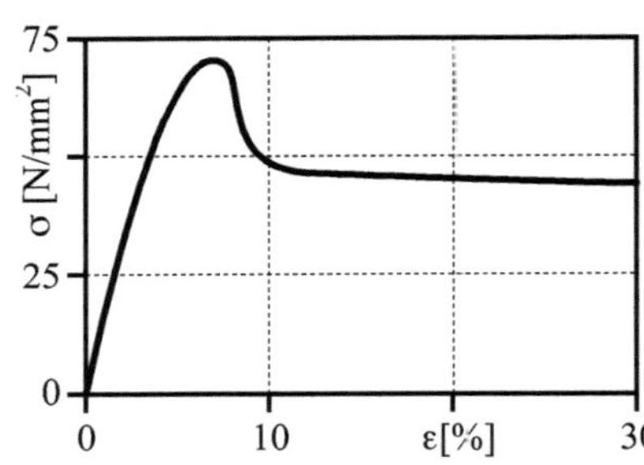

E-Modul (Temp):

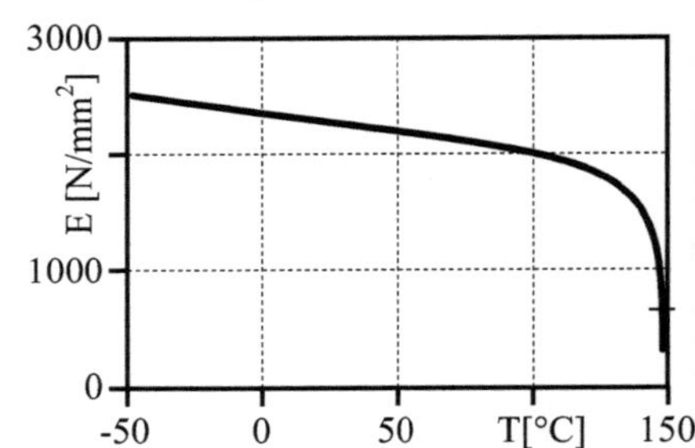

DSC – Diagramm:

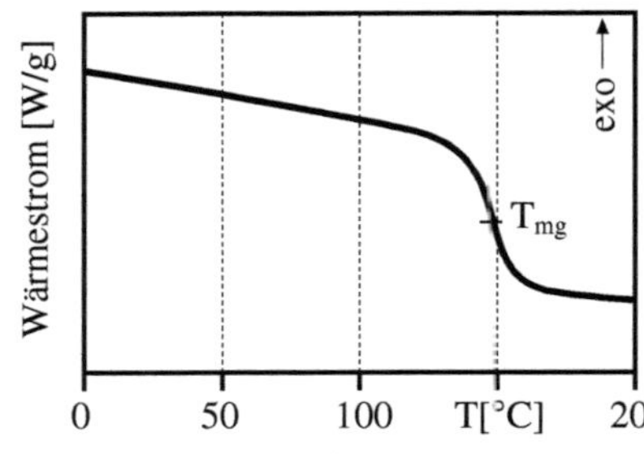

Ausdehnungskoeffizient (Temp):

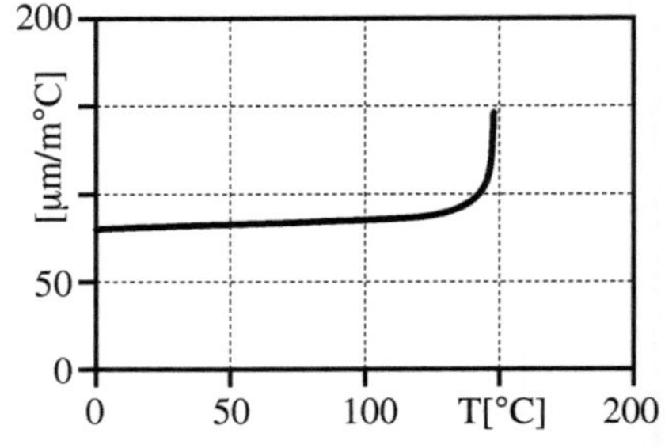

PC-ABS – PC-ABS-Blend

Gefüge: amorph, Blend **Preis (2002):** ≈ 3,00 €/kg

Eigenschaften: maßhaltig, wärmeformbeständig, schlagzäh, galvanisierbar

Erkennen: opak, brennt rußend mit leuchtender Flamme, süßlicher Styrolgeruch

Kennwerte:
ρ = 1,08 – 1,17 g/cm³
E = 2000 – 2600 N/mm²
σ_S = 40 – 60 N/mm²
ε_S = 3,0 – 3,5 %
ε_B = > 50 %
T_g = -85/105/145 °C

Einsatzgrenzen:
kurzzeitig ~ 115 – 130 °C
dauernd ~ 105 – 115 °C

Aufbau:

—

σ - ε - Diagramm:

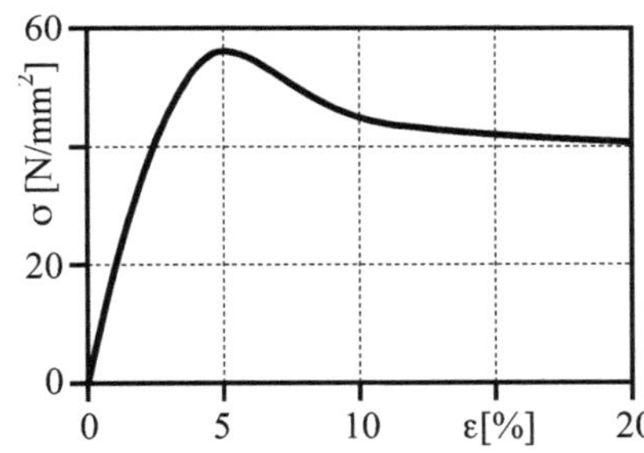

E-Modul (Temp):

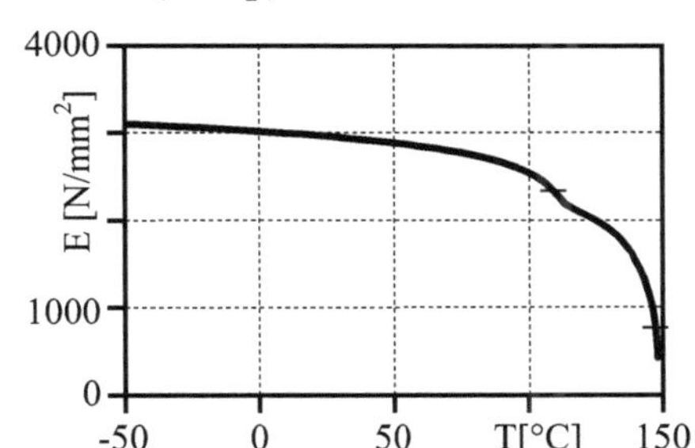

DSC - Diagramm:

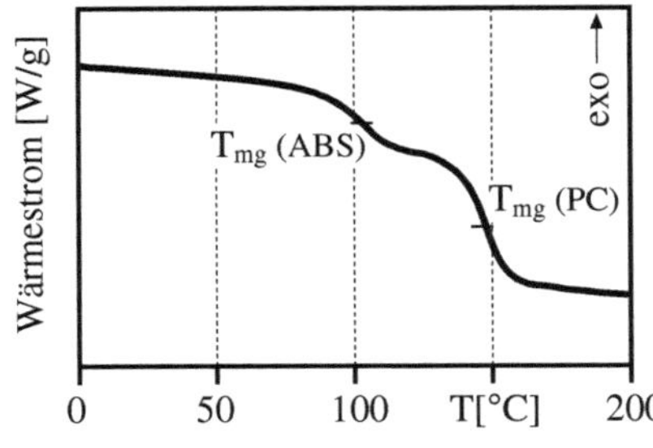

Ausdehnungskoeffizient (Temp):

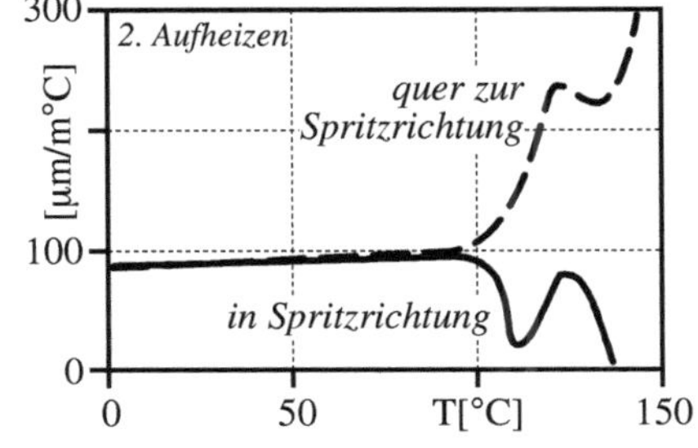

PEEK – Polyetheretherketon

Gefüge: amorph oder teilkristallin (~ 35 %) **Preis (2002):** ≈ 80,00 €/kg

Eigenschaften: fest, steif, spannungsrissbeständig (außer gegen Aceton), temperatur- und chemikalienbeständig, mit PEI vollständig mischbar

Erkennen: opak, schwer entflammbar, geringe Rauchentwicklung, schwacher Phenolgeruch

Kennwerte:
ρ = 1,32 g/cm³ (tkr.), 1,27 g/cm³ (am.)
E = 3700 N/mm²
σ_s = 100 N/mm²
ε_s = 5 %
ε_B = > 50 %
T_g = 145 °C
T_{pm} = 335 °C

Einsatzgrenzen:
kurzzeitig ~ 300 °C
dauernd ~ 250 °C

Aufbau:

$$-\left[\left(\text{C}_6\text{H}_4-\text{O}\right)_2-\text{C}_6\text{H}_4-\text{CO}\right]_n-$$

Mischungen:
-PEI

σ - ε - Diagramm:

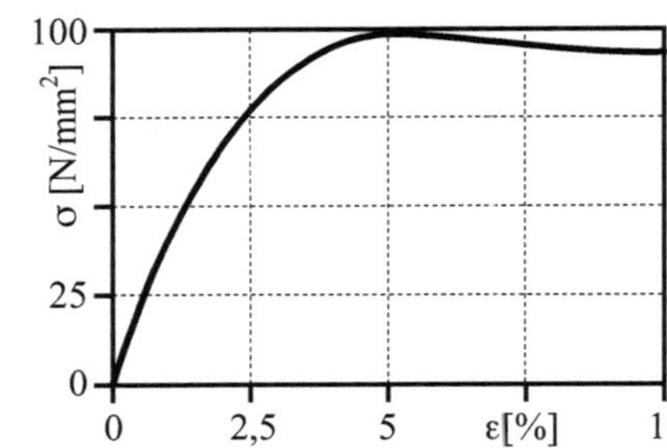

E-Modul (Temp):

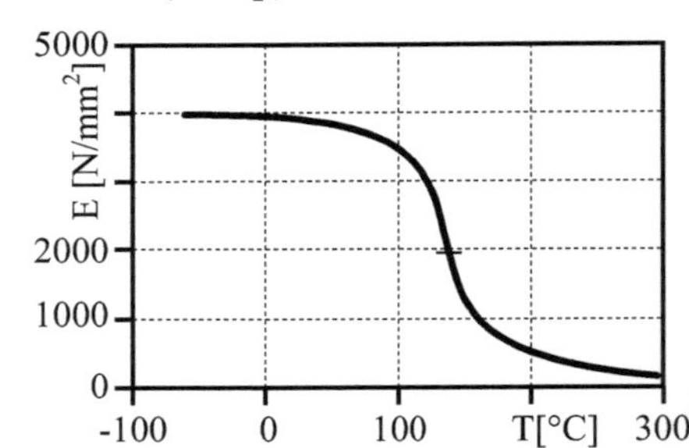

DSC - Diagramm:

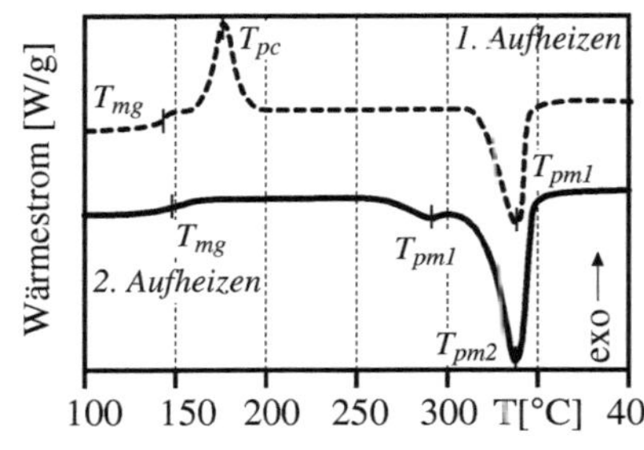

Ausdehnungskoeffizient (Temp):

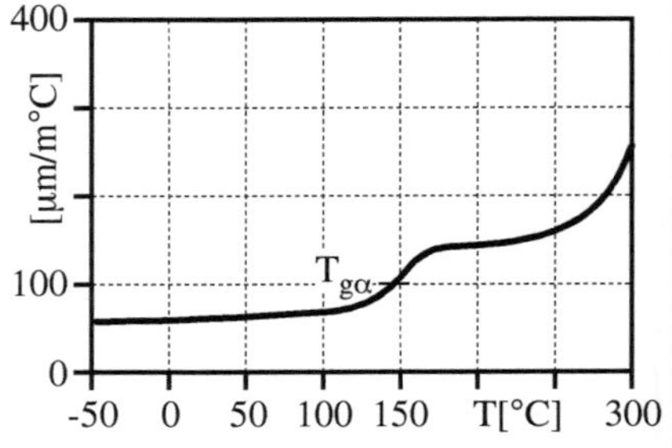

PEHD – Polyethylen hoher Dichte (high-density)

Gefüge: teilkristallin (60 - 80 %) **Preis (2002):** ≈ 0,80 €/kg

Eigenschaften: geringe Dichte, wenig fest und steif, chemikalienbeständig, oft stabilisiert (z.B. Ruß, HALS), gut schweißbar, preiswert

Erkennen: milchig weiß, brennt mit gelber tropfender Flamme, Paraffingeruch, Fingernageltest, schwimmt im Wasser

Kennwerte:
ρ = 0,94 - 0,96 g/cm^3
E = 600 - 1400 N/mm^2
σ_s = 18 - 30 N/mm^2
ε_s = 8 – 12 %
ε_B = > 50 %
T_g = < -100 °C
T_{pm}= 125 - 135 °C

Einsatzgrenzen:
kurzzeitig ~ 80 - 110 °C
dauernd ~ 60 - 80 °C

Aufbau:

$$\cdots\left[\begin{array}{cc} H & H \\ | & | \\ C - & C \\ | & | \\ H & H \end{array}\right]_n\cdots$$

Mischungen:
- PP, - PA

σ - ε - Diagramm:

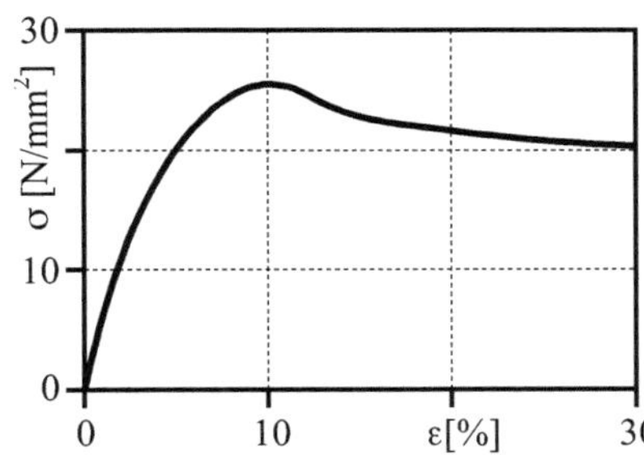

E-Modul (Temp):

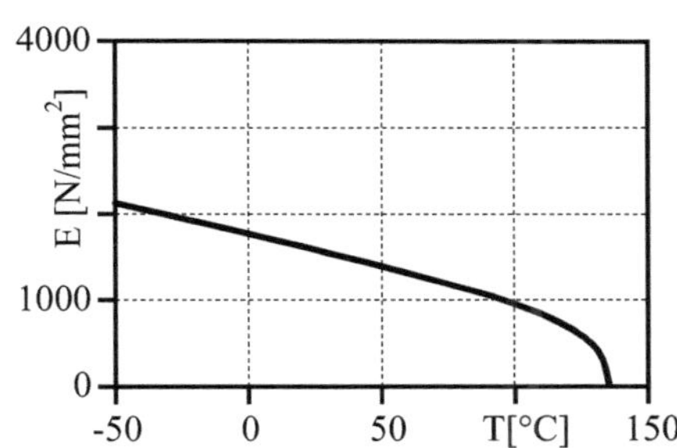

DSC - Diagramm:

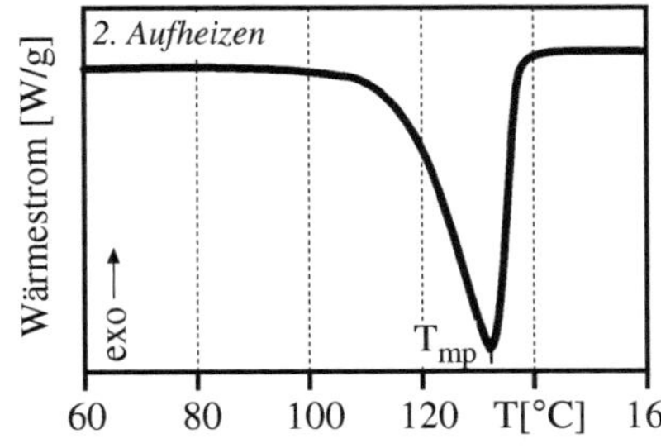

Ausdehnungskoeffizient (Temp):

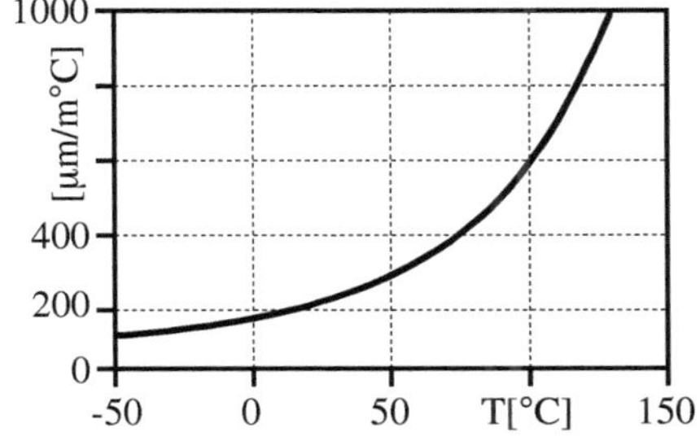

PEI – Polyetherimid

Gefüge: amorph **Preis / 2002:** ≈ 14,00 €/kg

Eigenschaften: wärmeformbeständig, fest, chemikalien-, heißwasser- und witterungsbeständig, flammwidrig, mit PEEK vollständig mischbar, schlagzäh

Erkennen: transparent, bernsteingelb, brennt mit leicht gelblicher Flamme, aufschäumend, Geruch nach verbranntem Horn

Kennwerte:
ρ = 1,27 g/cm^3
E = 2900 - 3000 N/mm^2
σ_s = 85 N/mm^2
ε_s = 6 - 7 %
ε_B = > 50 %
T_g = 215 - 230 °C

Einsatzgrenzen:
kurzzeitig ~ 190 °C
dauernd ~ 160 °C

Aufbau:

Mischungen:
-PEEK, - PAEK

σ - ε - Diagramm:

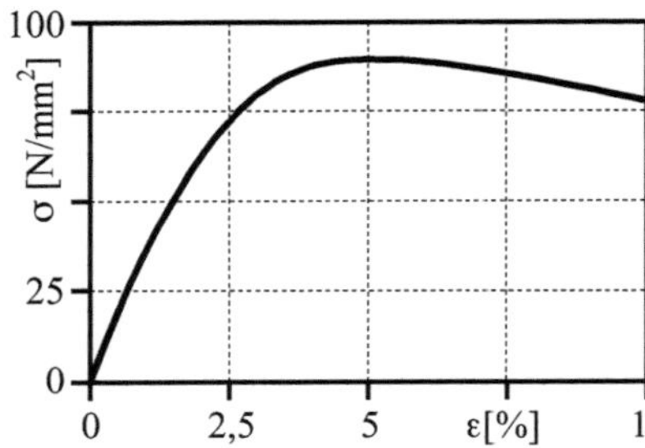

E-Modul (Temp):

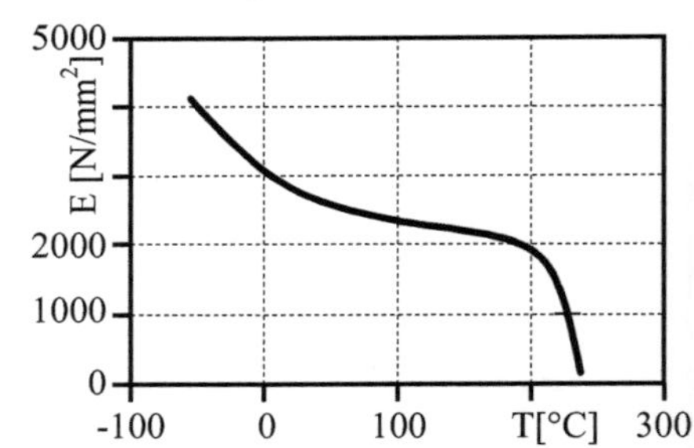

DSC - Diagramm:

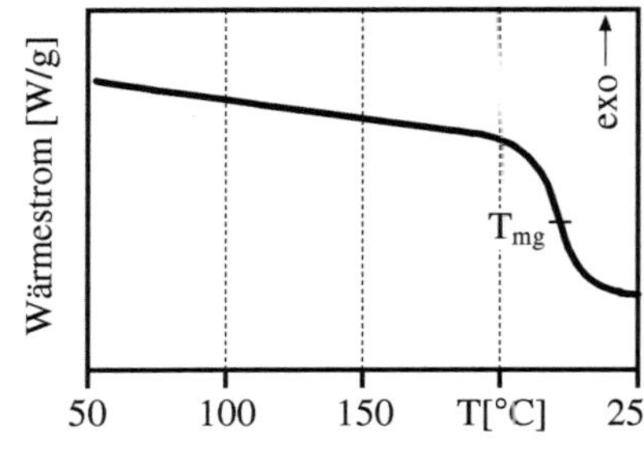

Ausdehnungskoeffizient (Temp):

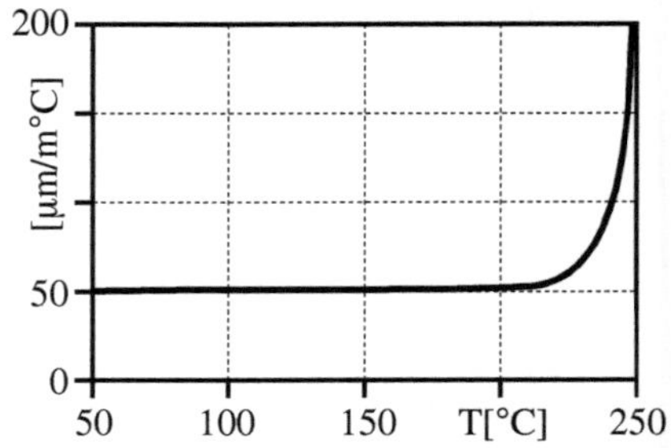

PELD – Polyethylen niederer Dichte (low-density)

Gefüge: teilkristallin (40 - 55 %) **Preis (2002):** ≈ 0,90 €/kg

Eigenschaften: geringe Dichte, leicht und vielseitig verarbeitbar, preiswert, gute Fließeigenschaften, wenig maßstabil

Erkennen: farblos, brennt mit gelber tropfender Flamme, Paraffingeruch, Fingernageltest, schwimmt im Wasser

Kennwerte:
ρ = 0,914 - 0,928 g/cm^3
E = 200 - 400 N/mm^2
σ_s = 8 - 10 N/mm^2
ε_s = ~ 20 %
ε_B = > 50 %
T_g = < -100/ -10 °C
T_{pm}= 100 – 110

Einsatzgrenzen:
kurzzeitig ~ 80 - 90 °C
dauernd ~ 60 - 70 °C

Aufbau:

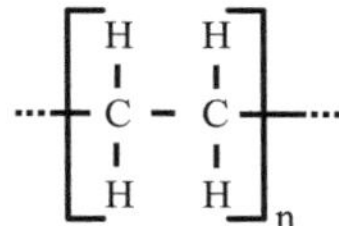

Mischungen:
- PEHD, - PP, - PA

σ - ε - Diagramm:

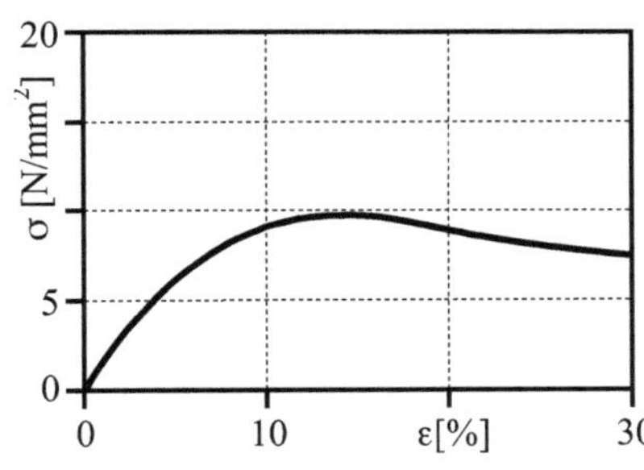

E-Modul (Temp):

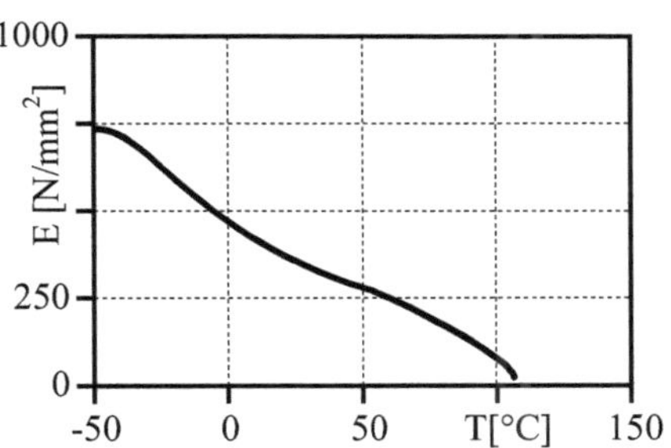

DSC - Diagramm:

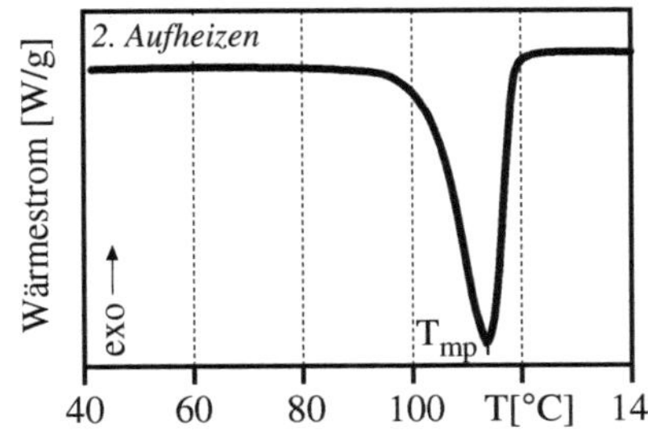

Ausdehnungskoeffizient (Temp):

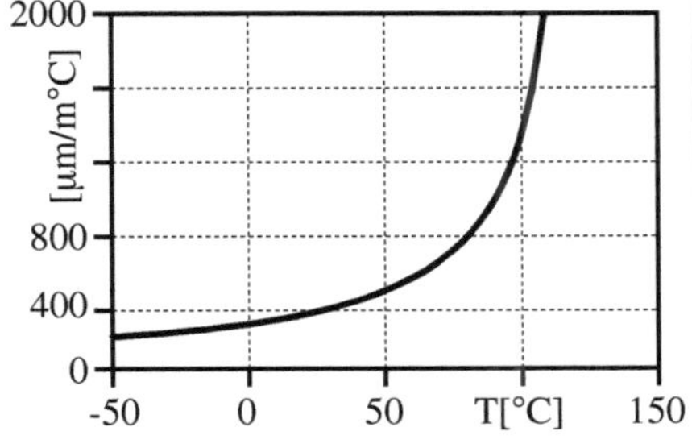

PES – Polyethersulfon

Gefüge: amorph **Preis (2002):** ≈ 15,00 €/kg

Eigenschaften: wärmeform- und chemikalienbeständig, spannungsrissanfällig, nimmt Wasser auf

Erkennen: transparent, schwach gelb, schwer entflammbar

Kennwerte:

ρ = 1,37 g/cm^3
E = 2600 - 2800 N/mm^2
σ_s = 80 - 90 N/mm^2
ε_s = 5,5 - 6,5 %
ε_B = 20 - 80 %
T_g = 225 - 230 °C

Einsatzgrenzen:

kurzzeitig ~ 210 °C
dauernd ~ 180 °C

Aufbau:

σ - ε - Diagramm:

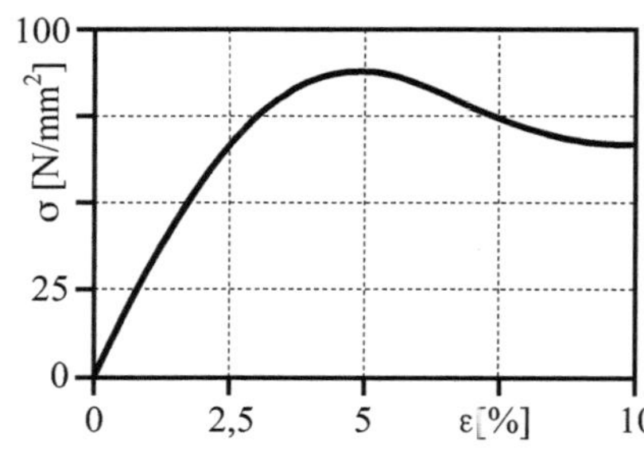

E-Modul (Temp):

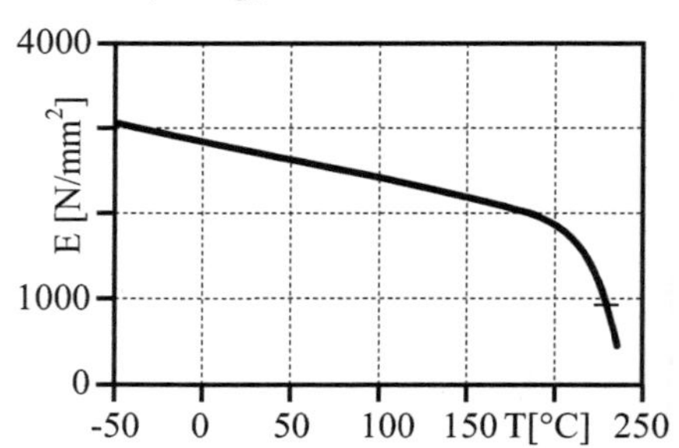

DSC - Diagramm:

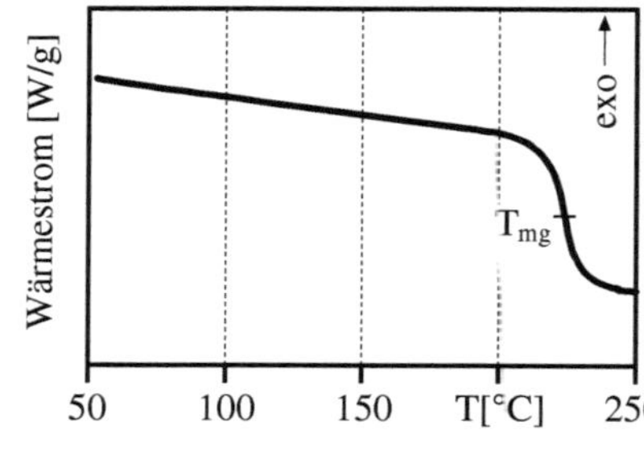

Ausdehnungskoeffizient (Temp):

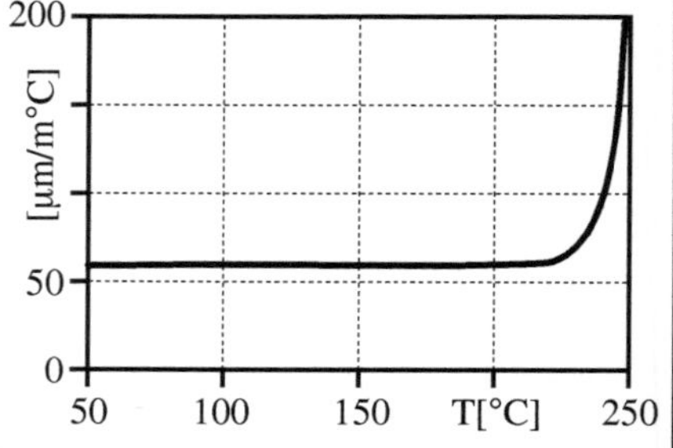

PET –Polyethylenterephthalat

Gefüge: amorph/ teilkristallin (30-40 %) **Preis (2002):** ≈ 2,00 €/kg

Eigenschaften: chemikalienbeständig, maßbeständig, weitgehend amorphe Modifikation mit geringem Kristallisationsgrad, hohe Transparenz

Erkennen: brennt rußend mit orangefarbener, abtropfender Flamme, süßlicher Geruch

Kennwerte*:

ρ = 1,38 - 1,40 g/cm^3
E = 2100 - 3100 N/mm^2
σ_s = 55 - 80 N/mm^2
ε_s = 4 - 7 %
ε_B = > 50 %
T_g = 70 - 80 °C
T_{pm} = 250 - 260 °C

Einsatzgrenzen:
kurzzeitig ~ 170 °C
dauernd ~ 100 °C

* Werte für PET-C

Aufbau:

$$\left[-O-\underset{H}{\overset{H}{C}}-\underset{H}{\overset{H}{C}}-O-\overset{O}{\overset{\|}{C}}-C_6H_4-\overset{O}{\overset{\|}{C}}- \right]_n$$

Mischungen:
- ASA, - EPDM, - LCP, - PC, - PBT

σ - ε - Diagramm:

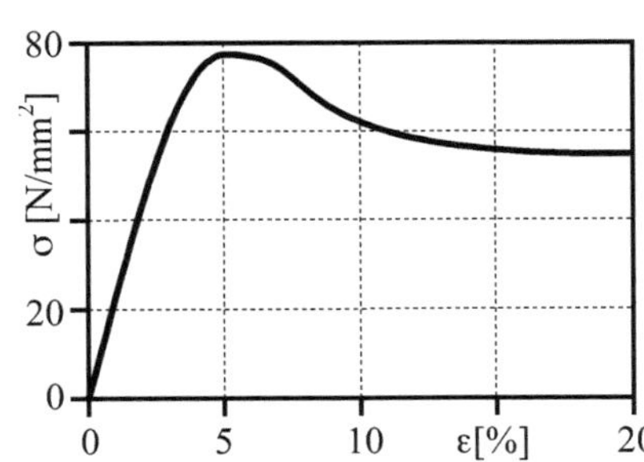

E-Modul (Temp):

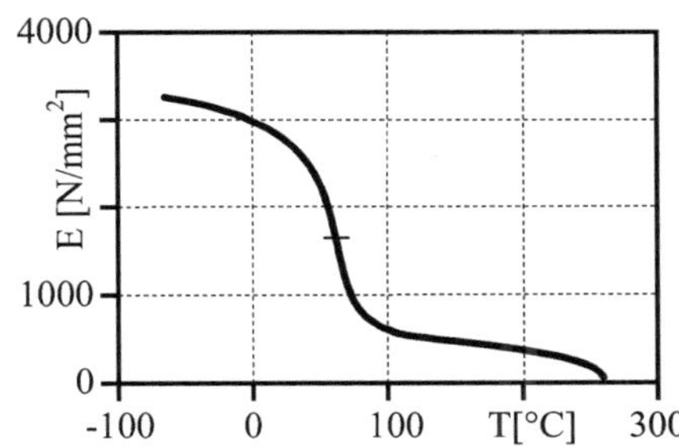

DSC - Diagramm:

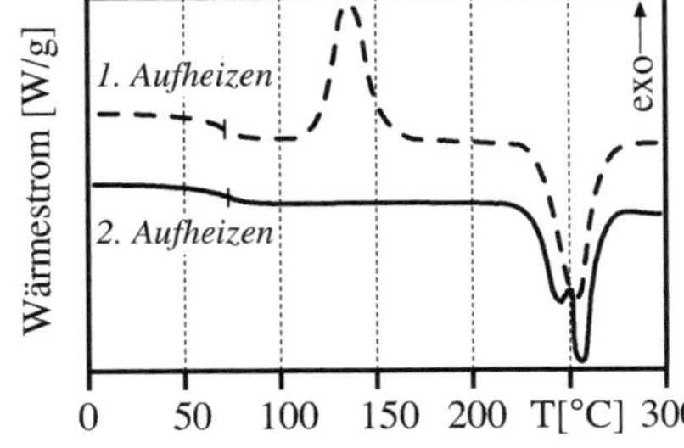

Ausdehnungskoeffizient (Temp):

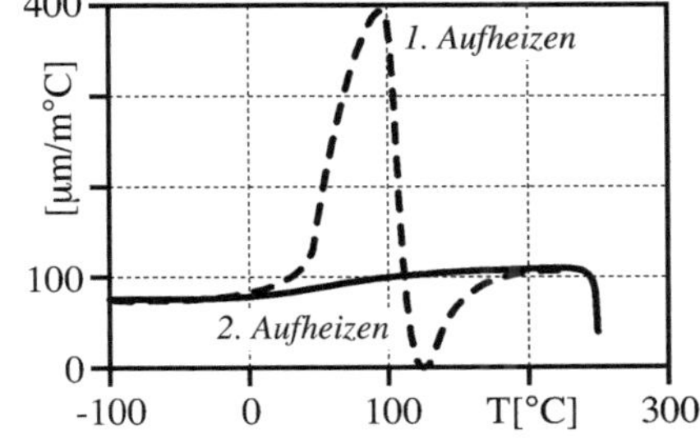

PK – Polyketon

Gefüge: teilkristallin (30 - 40 %) **Preis (2002):** ≈ 10,00 €/kg

Eigenschaften: elastisch, exzellentes Rückstellverhalten, schlagfest bei niedrigen Temperaturen, gute Gleiteigenschaften, chemikalien- und hydrolysestabil, flammwidrig

Erkennen: undurchsichtig, brennt leicht rußend mit gelber Flamme, blasige Schmelze, pH-Wert der Zersetzungsschwaden = 4

Kennwerte:

ρ = 1,24 g/cm^3
E = 1400 - 2100 N/mm^2
σ_s = 60 - 80 N/mm^2
ε_s = 25 - 40 %
ε_B = > 50 %
T_g = 19 °C
T_{pm} = 220 °C

Einsatzgrenzen:

kurzzeitig ~ 180 °C
dauernd ~ 120 - 140 °C

Aufbau:

$$\left[-CH_2-CHR-CO- \right]_n$$

σ - ε - Diagramm:

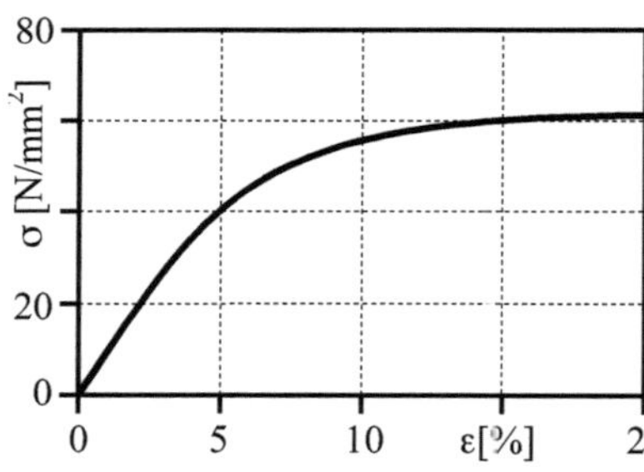

E-Modul (Temp):

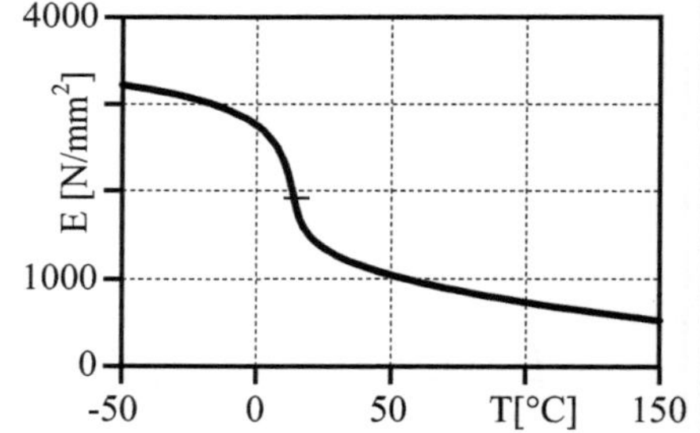

DSC - Diagramm:

—

Ausdehnungskoeffizient (Temp):

—

PMMA – Polymethylmethacrylat

Gefüge: amorph **Preis (2002):** ≈ 2,60 €/kg

Eigenschaften: glasklar, kratzfest, steif, spröde, uv- und witterungsbeständig, spannungsrißanfällig, gut fügbar

Erkennen: leicht entzündbar, brennt knisternd, Geruch der Brandschwaden fruchtartig und süßlich

Kennwerte:
ρ = 1,15 - 1,19 g/cm^3
E = 3100 - 3300 N/mm^2
σ_B = 60 - 80 N/mm^2
ε_s = -
ε_B = 2 - 6 %
T_g = 105 - 120 °C

Einsatzgrenzen:
kurzzeitig ~ 85 - 95 °C
dauernd ~ 65 - 80 °C

Aufbau:

$$\left[-\overset{H}{\underset{H}{C}} - \overset{CH_3}{\underset{C=O-O-CH_3}{C}} - \right]_n$$

Mischungen:
- ABS

σ - ε - Diagramm:

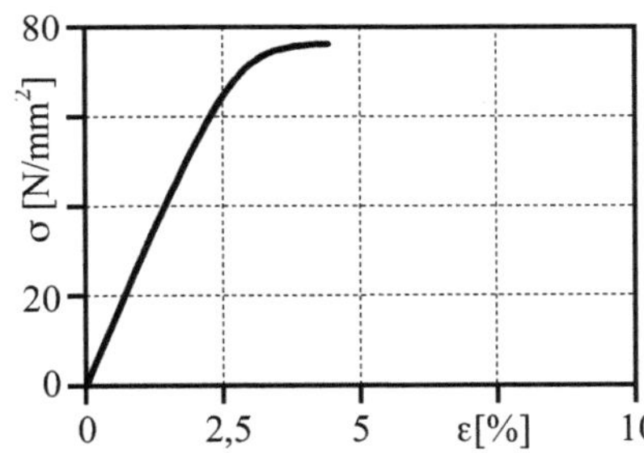

E-Modul (Temp):

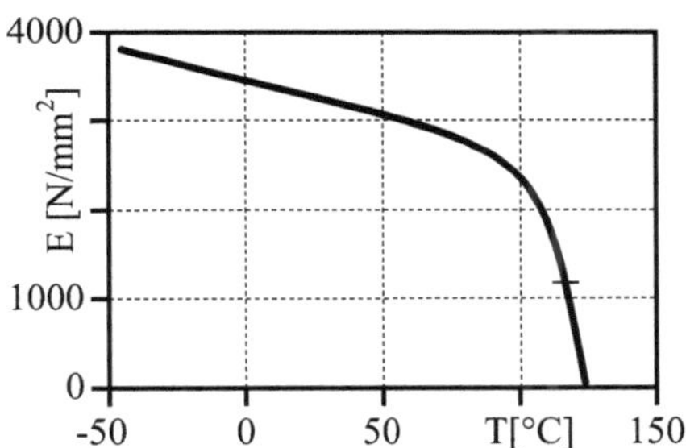

DSC - Diagramm:

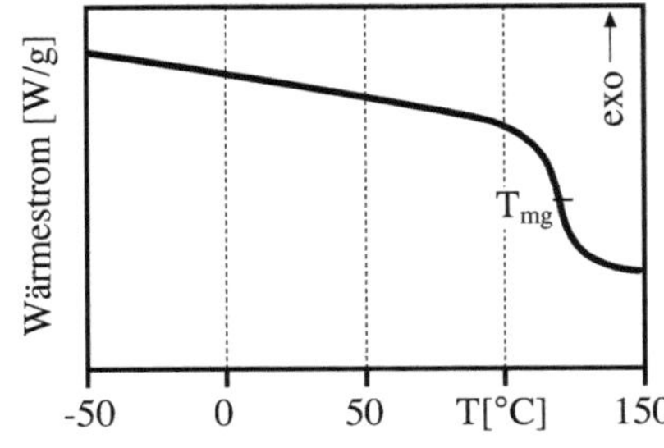

Ausdehnungskoeffizient (Temp):

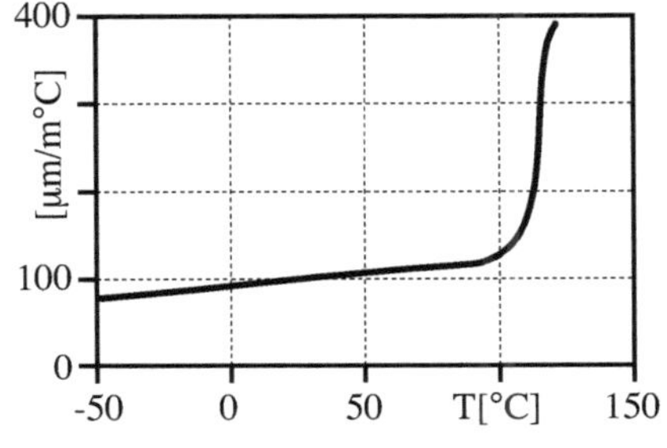

POM – Polyoxymethylen (Polyacetal; Polyformaldehyd)

Gefüge: teilkristallin (Homopolymer 70-80 %; Copolymer 50-60%) **Preis (2002):** ≈ 2,50 €/kg

Eigenschaften: fest, steif, maßhaltig, spannungsrißunempfindlich, empfindlich gegen UV-Licht

Erkennen: opak, weiß, kaum sichtbare blaue, tropfende Flamme, Geruch der Brandschwaden stechend nach Formaldehyd

Kennwerte:

ρ = 1,39 - 1,43 g/cm^3 (H>C)
E = 2600 - 3200 N/mm^2 (H>C)
σ_s = 60 - 75 N/mm^2
ε_s = 8 - 25 %
ε_B = 20 - > 50 % (H); 15 – 40 % (C)
T_g = -70 °C
T_{pm}= 175 °C (H); 164 - 172 °C (C)

Einsatzgrenzen:

kurzzeitig ~ 110 - 140 °C
dauernd ~ 90 - 100 °C

Aufbau:

$-\!\!\left[CH_2-O \right]\!\!-$ Homopolymer

$-\!\!\left[(CH_2-O)_n-(CH_2-CH_2)_m \right]\!\!-$ Comopolymer

Mischungen:

- PUR, - PE, - PTFE

σ - ε - Diagramm:

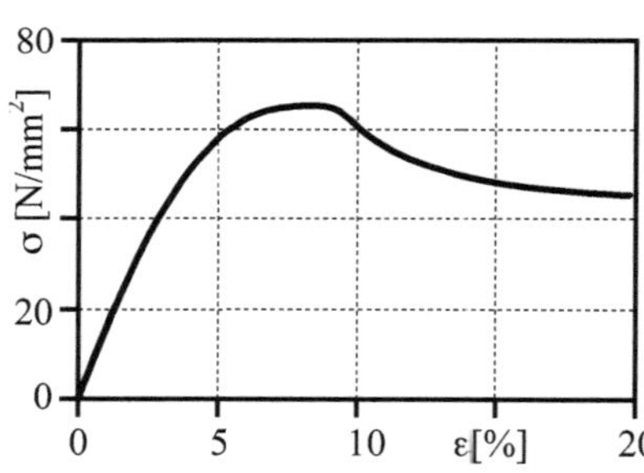

E-Modul (Temp):

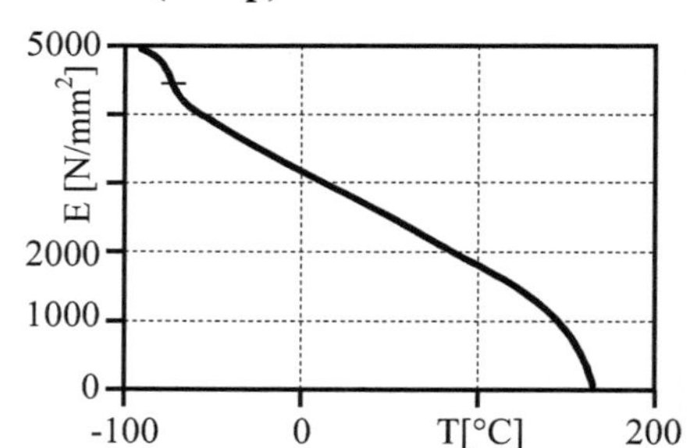

DSC - Diagramm:

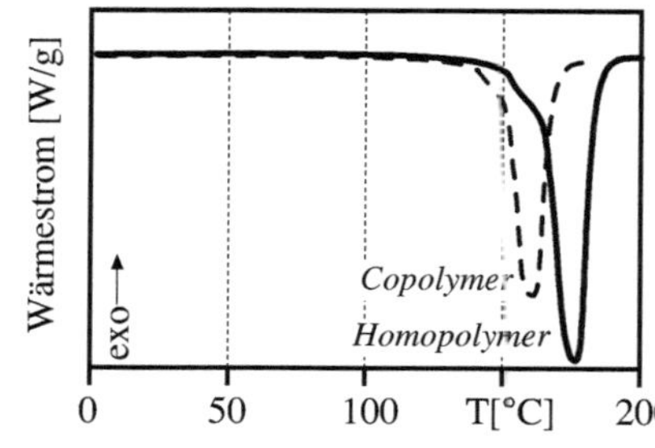

Ausdehnungskoeffizient (Temp):

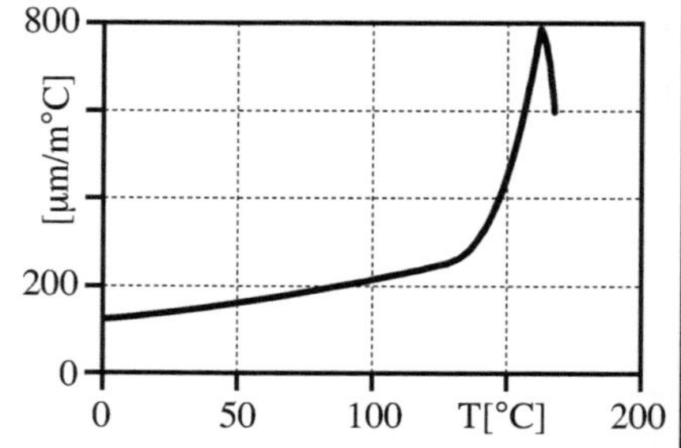

PP-H – Polypropylen (Homopolymer, isotaktisch)

Gefüge: teilkristallin (60 - 70 %) **Preis (2002):** ≈ 0,90 €/kg

Eigenschaften: preiswerter Konstruktionswerkstoff, mäßig steif, fest und maßhaltig, bedingt kältezäh, stabilisierungsbedürftig, vielseitig, häufig gefüllt und verstärkt, chemikalienbeständig

Erkennen: farblos durchscheinend, helle tropfende Flamme, Paraffingeruch, schwimmt im Wasser

Kennwerte:

ρ = 0,90 - 0,91 g/cm^3
E = 1300 - 1800 N/mm^2
σ_S = 25 - 40 N/mm^2
ε_S = 8 - 18 %
ε_B = > 50 %
T_g = 0 - 20 °C
T_{pm} = 160 - 165 °C

Einsatzgrenzen:

kurzzeitig ~ 130 °C
dauernd ~ 90 °C

Aufbau:

$$\left[-\overset{H}{\underset{H}{C}} - \overset{H}{\underset{CH_3}{C}} - \right]_n$$

Mischungen:

- PE, - EPDM

σ - ε - Diagramm:

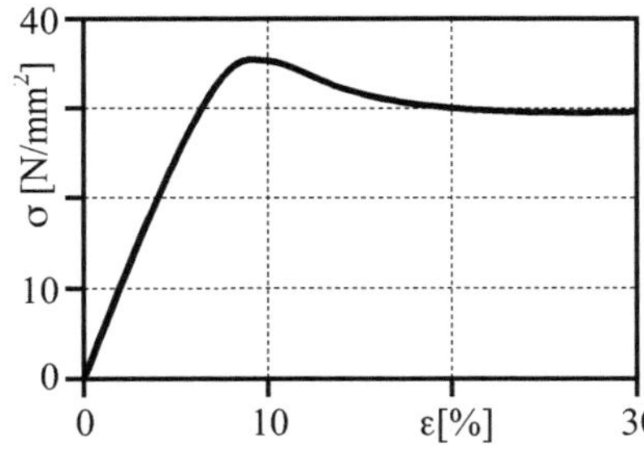

E-Modul (Temp):

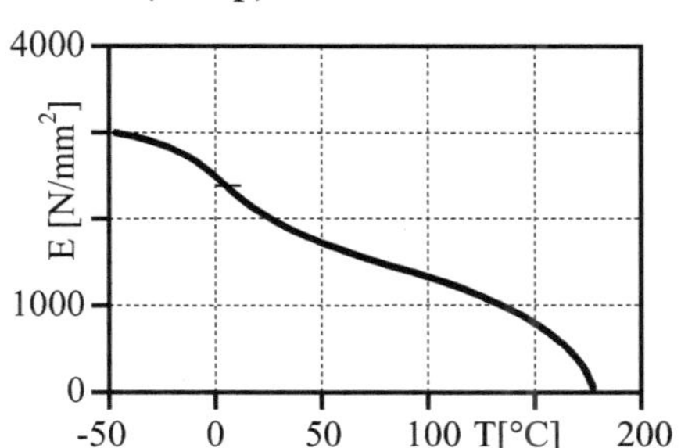

DSC - Diagramm:

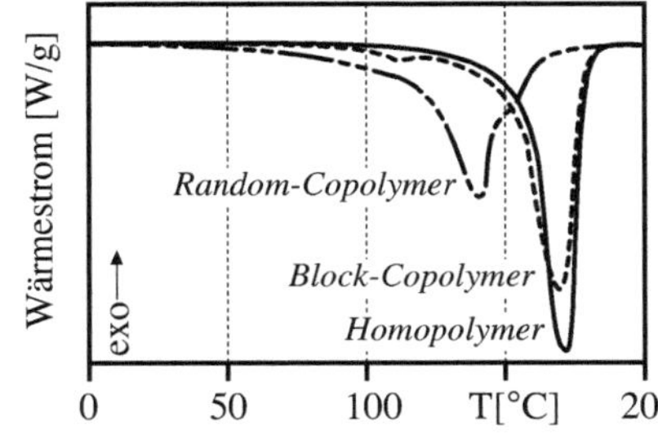

Ausdehnungskoeffizient (Temp):

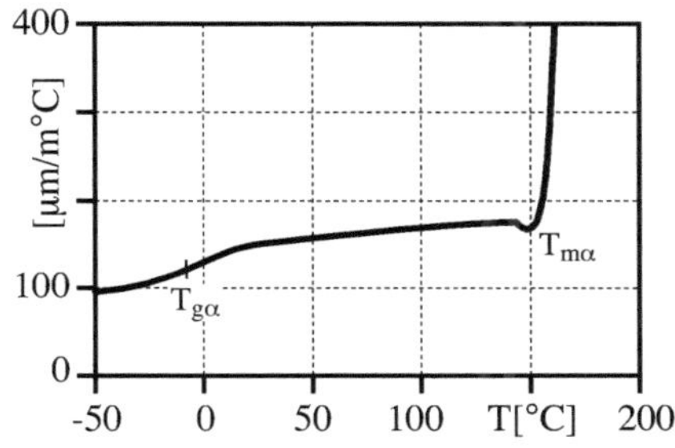

PPO+PS-HI – Polyphenylenoxid + Polystyrol hochschlagzäh

Gefüge: amorph, Blend **Preis (2002):** ≈ 3,50 €/kg

Eigenschaften: hart, steif, schlagzäh, kratzfest, maßbeständig, spannungsrißempfindlich

Erkennen: opak, selbstverlöschend, nicht tropfend (bei flammwidriger Einstellung)

Kennwerte:
ρ = 1,04 - 1,06 g/cm^3
E = 2300 N/mm^2
σ_s = 50 - 55 N/mm^2
ε_s = 3 - 5 %
ε_B = 36 - 45 %
T_g = 140 °C

Einsatzgrenzen:
kurzzeitig ~ 120 °C
dauernd ~ 100 °C

Aufbau:

CH_3 / O / CH_3 / n

Polyphenylenoxid

σ - ε - Diagramm:

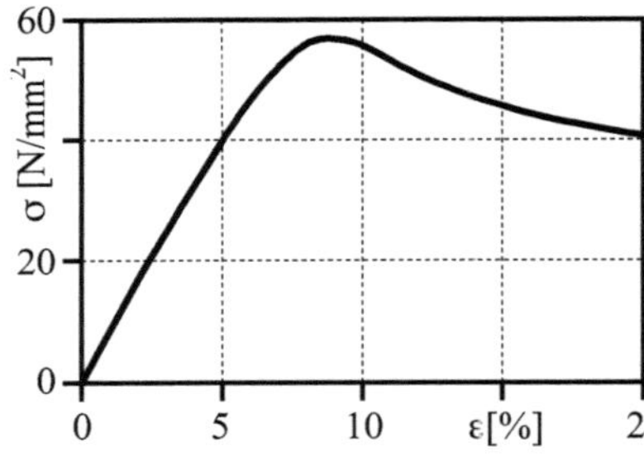

E-Modul (Temp):

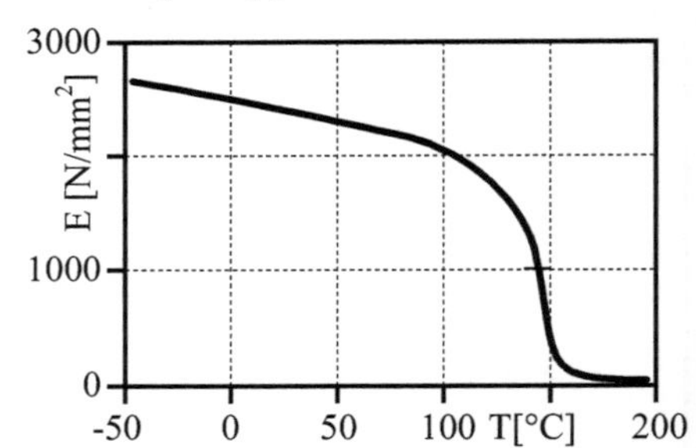

DSC - Diagramm:

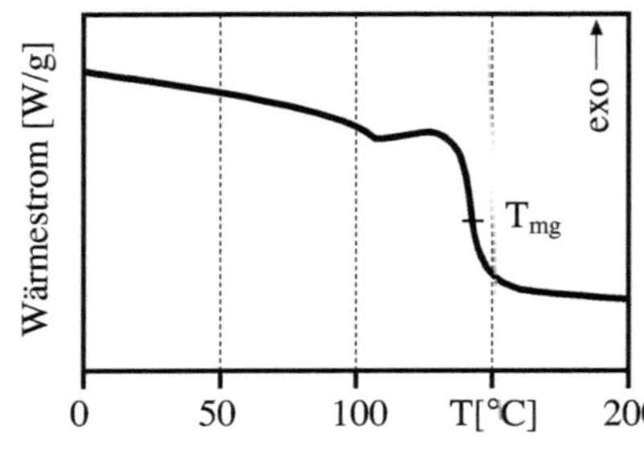

Ausdehnungskoeffizient (Temp):

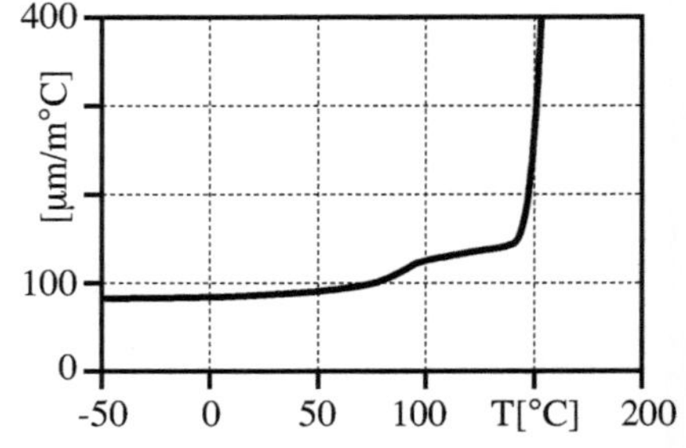

PPS – Polyphenylensulfid

Gefüge: teilkristallin **Preis (2002):** ≈ 8,00 €/kg

Eigenschaften: sehr spröde, steif, hart, wärmeform-, chemikalien- und witterungsbeständig, bevorzugt verstärkt, meist hoch gefüllt

Erkennen: opak, schwer entflammbar, Geruch der grauen Brandschwaden nach Schwefelwasserstoff

Kennwerte*:

ρ = 1,34 – 1,36 g/cm^3
E = 3700 N/mm^2
σ_s = 75 N/mm^2
ε_B = 4 %
T_g = 85 - 95 °C
T_{pm} = 285 - 290 °C

Einsatzgrenzen:

kurzzeitig 270 - 300 °C
dauernd 200 - 240 °C

**für unverstärktes Material*

Aufbau:

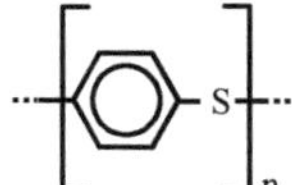

σ - ε - Diagramm:

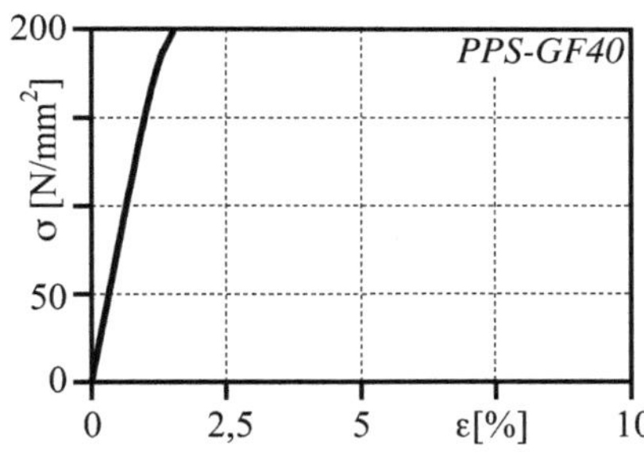

E-Modul (Temp):

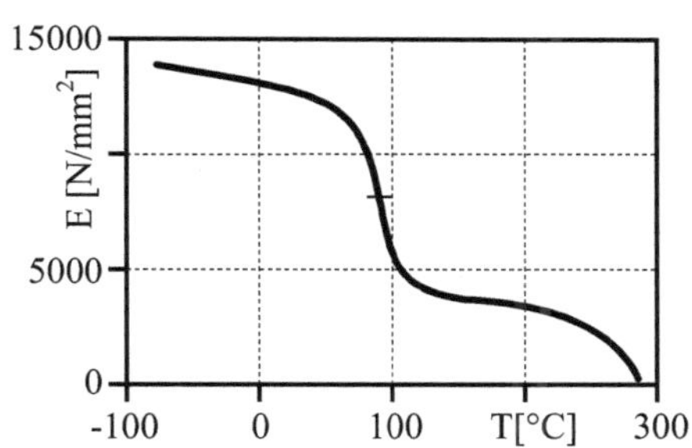

DSC - Diagramm:

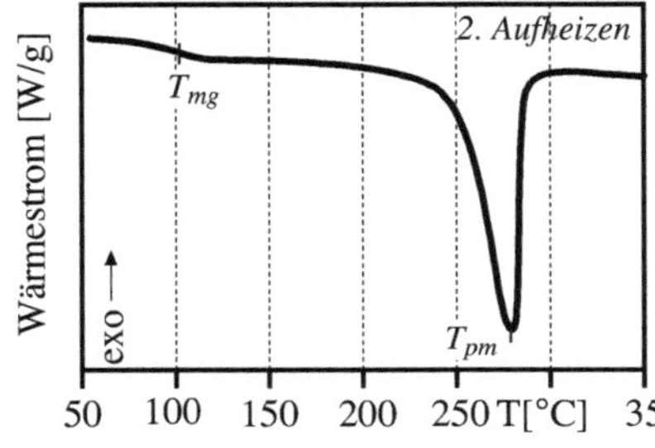

Ausdehnungskoeffizient (Temp):

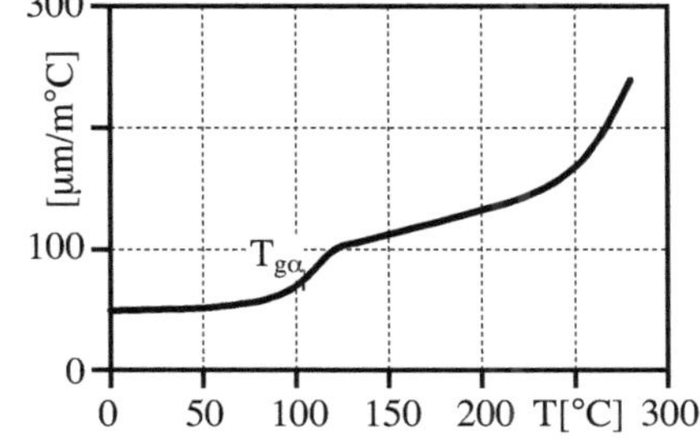

PS – Polystyrol

Gefüge: amorph **Preis (2002):** ≈ 1,10 €/kg

Eigenschaften: steif, spröde, maßhaltig, preiswert, glatte Oberfläche, spannungsrißempfindlich, begrenzt chemikalienbeständig

Erkennen: glasklar, brennt stark rußend mit gelber Flamme, Geruch der Brandschwaden nach Styrol

Kennwerte:
ρ = 1,05 g/cm^3
E = 3100 - 3300 N/mm^2
σ_B = 30 - 55 N/mm^2
ε_s = -
ε_B = 1,5 - 3 %
T_g = 90 - 100 °C

Einsatzgrenzen:
kurzzeitig ~ 90 °C
dauernd ~ 80 °C

Aufbau:

[H H / C – C / H, Phenylring]$_n$

Mischungen:
- PE, - PP, - PA, - PMMA

σ - ε - Diagramm:

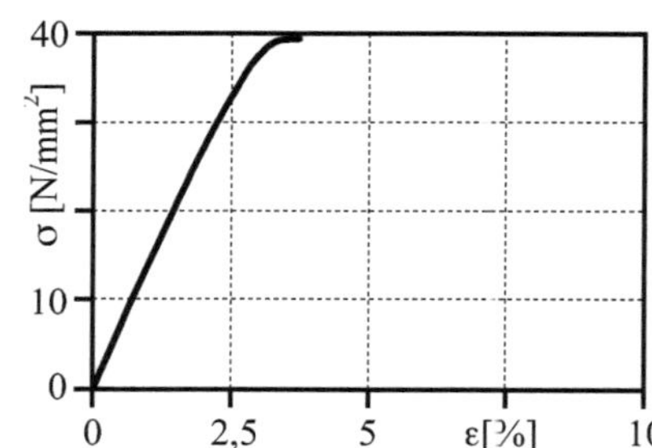

E-Modul (Temp):

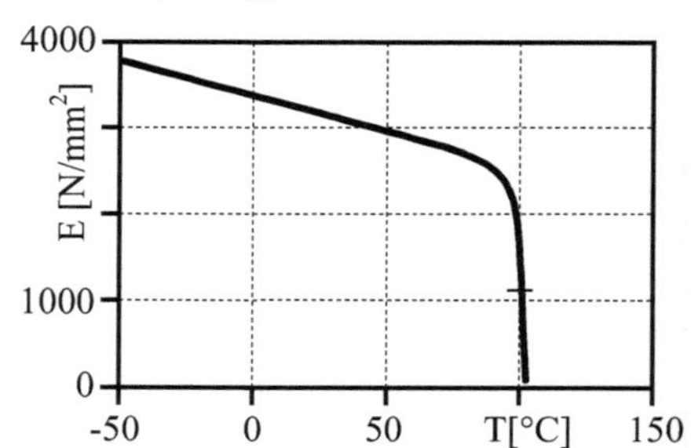

DSC - Diagramm:

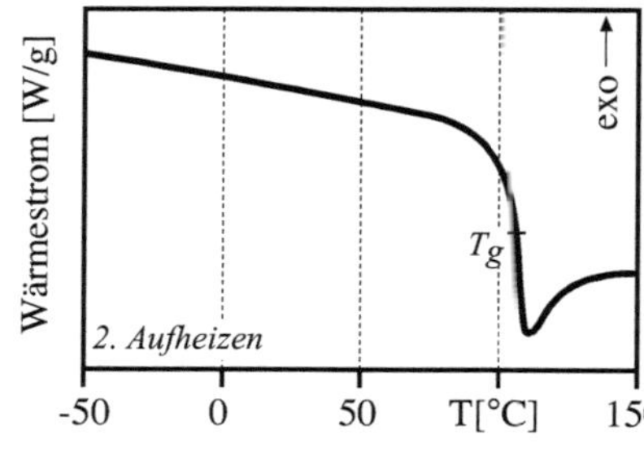

Ausdehnungskoeffizient (Temp):

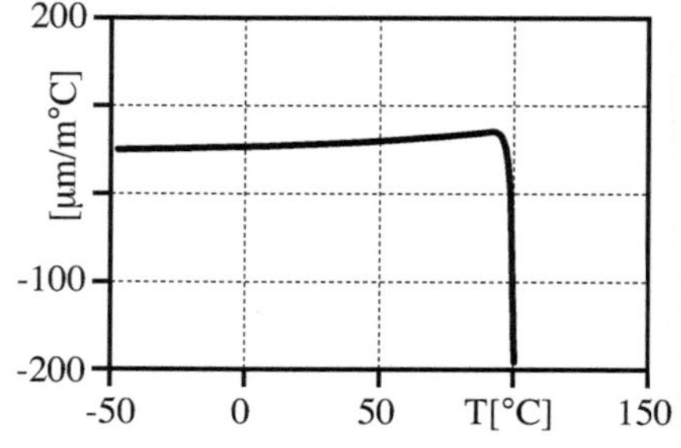

PS-I – Styrol-Butadien-Copolymer (SB)

Gefüge: amorph, Blend **Preis (2002):** ≈ 1,20 €/kg

Eigenschaften: zäh, maßhaltig, preiswert, alterungs- und witterungsempfindlich

Erkennen: opak, brennt stark rußend mit leuchtender Flamme, süßlicher Styrolgeruch, Weißbruch

Kennwerte*:
ρ = 1,00 - 1,05 g/cm^3
E = 1100 - 2800 N/mm^2
σ_s = 15 - 45 N/mm^2
ε_s = 1,1 - 6 %
ε_B = 10 - > 50 %
T_g = ~ -85°C/100 °C

Einsatzgrenzen:
kurzzeitig ~ 60 - 80 °C
dauernd ~ 50 - 70 °C

**abhängig vom Butadiengehalt*

Aufbau:

Styrol: $[-CH(H)-C(H)(C_6H_5)-]_n$ Butadien: $[-CH(H)-CH=CH-CH(H)-]_m$

Styrol Butadien

Mischungen:
- PE, - PP, - PA, - PMMA

σ - ε - Diagramm:

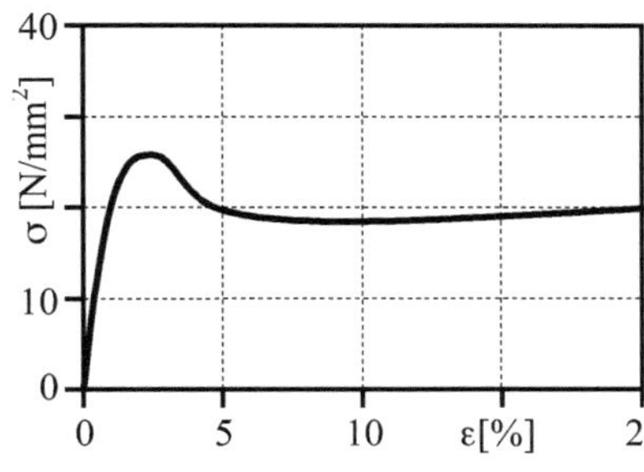

E-Modul (Temp):

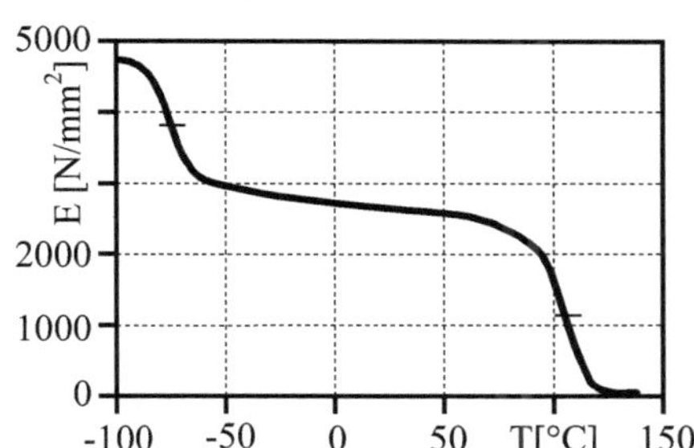

DSC - Diagramm:

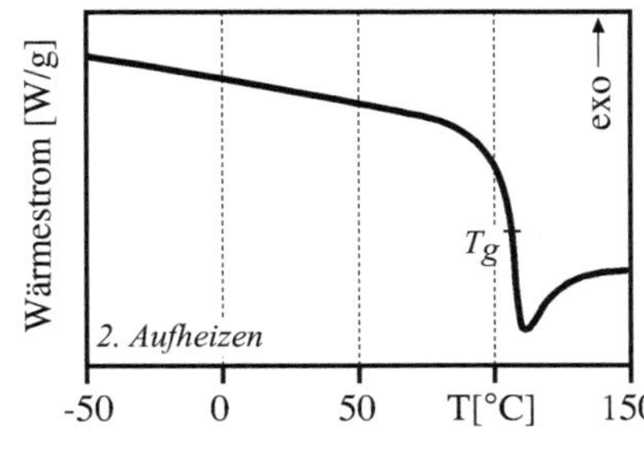

Ausdehnungskoeffizient (Temp):

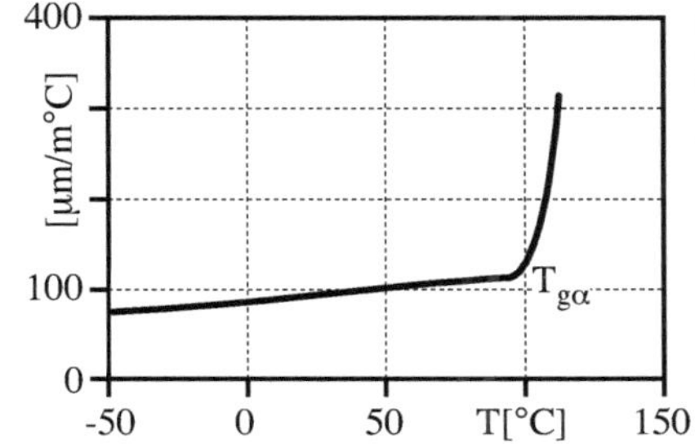

PS-S – Polystyol syndiotaktisch

Gefüge: teilkristallin (~35 % bei hoher Taktizität) **Preis (2002):** ≈ 3,50 €/kg

Eigenschaften: spröde, wärmeform-, chemikalien- und hydrolysebeständig, spannungsrißempfindlich, maßbeständig durch gleiche Dichte amorph und kristallin

Erkennen: weißlich, brennt rußend mit gelber Flamme, Geruch der Brandschwaden nach Styrol

Kennwerte:

ρ = 1,28 g/cm^3
E = 3400 - 3600 N/mm^2
σ_s = 50 - 55 N/mm^2
ε_s = -
ε_B = 1,5 - 2 %
T_g = 90 - 100 °C
T_{pm} = 270 °C

Einsatzgrenzen:

kurzzeitig ~ 220 °C
dauernd ~ 150 °C

Aufbau:

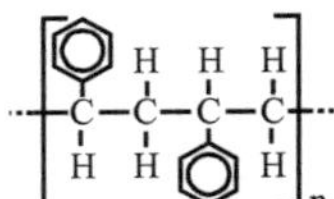

σ - ε - Diagramm:

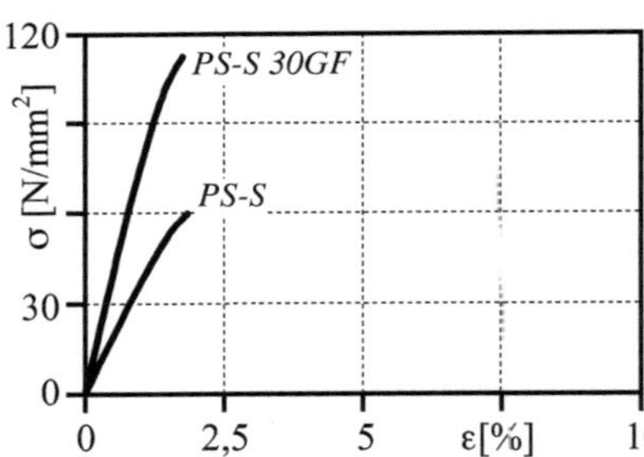

E-Modul (Temp):

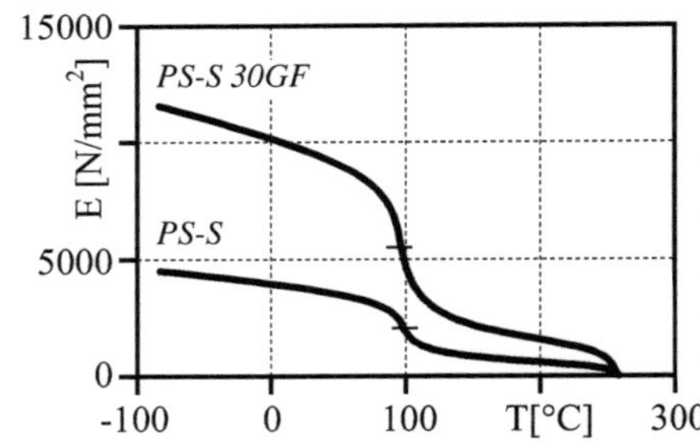

DSC - Diagramm:

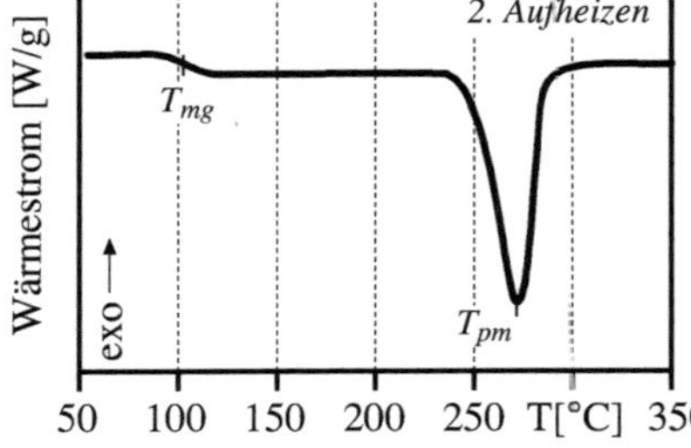

Ausdehnungskoeffizient (Temp):

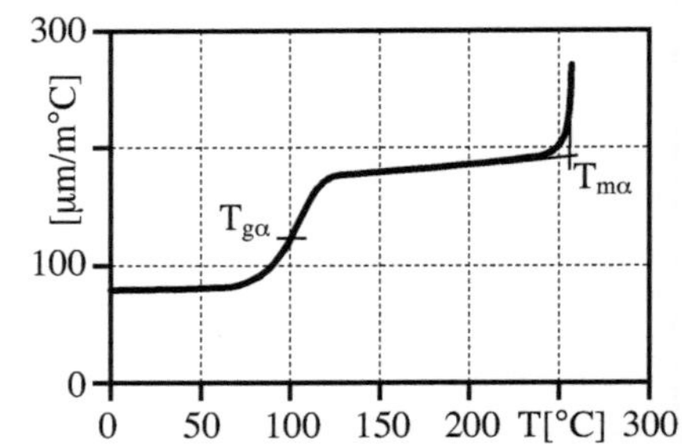

PSU – Polysulfon

Gefüge: amorph **Preis (2002):** ≈ 12,00 €/kg

Eigenschaften: transparent, wärmeform- und chemikalienbeständig, maßhaltig, spannungsriß- und kerbempfindlich, häufig verstärkt

Erkennen: glasklar, schwer entflammbar, rußende Flamme, stechender Geruch der Brandschwaden

Kennwerte:
ρ = 1,24 - 1,25 g/cm^3
E = 2500 - 2700 N/mm^2
σ_S = 70 - 80 N/mm^2
ε_S = 5,5 - 6 %
ε_B = 20 - > 50 %
T_g = 185 - 190 °C

Einsatzgrenzen:
kurzzeitig ~ 170 °C
dauernd ~ 150 °C

Aufbau:

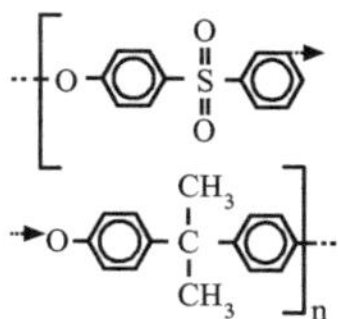

Mischungen:
- ABS

σ - ε - Diagramm:

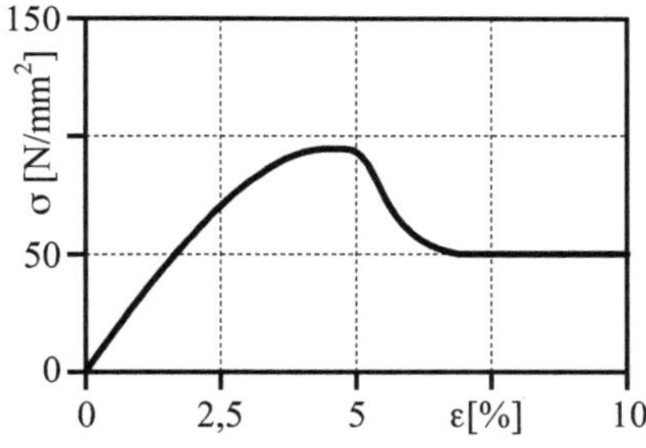

E-Modul (Temp):

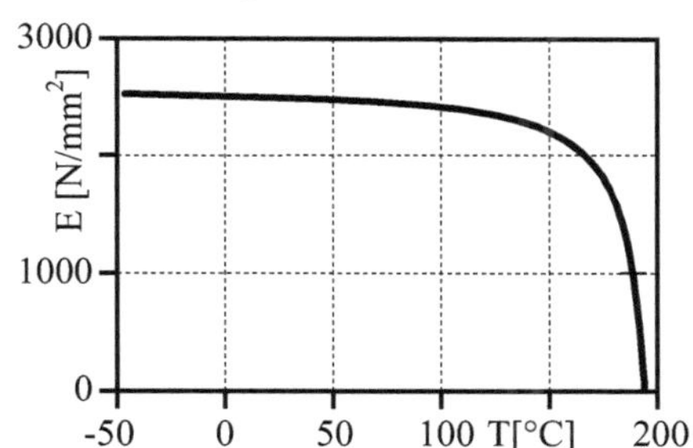

DSC - Diagramm:

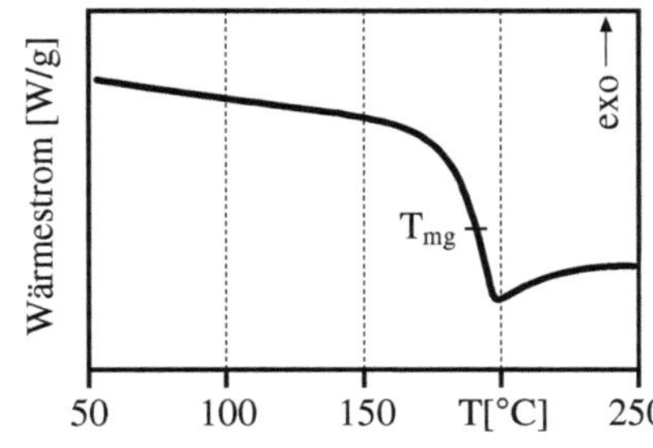

Ausdehnungskoeffizient (Temp):

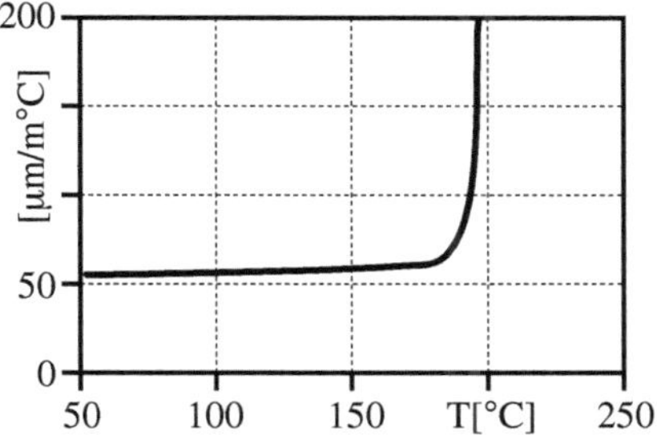

PTFE – Polytetrafluorethylen

Gefüge: teilkristallin (55 - 90 %) **Preis (2002):** ≈ 20,00 €/kg

Eigenschaften: sehr chemikalien-, temperatur- und spannungsrißbeständig, antiadhäsiv, verschleißend, Kriechneigung, hohes spez. Gewicht, als Halbzeug gesintert, nicht spritzbar

Erkennen: milchig weiß, opak, brennt nicht, glüht mit blau-grüner Flamme

Kennwerte:

ρ = 2,13 - 2,23 g/cm^3
E = 400 - 750 N/mm^2
σ_s = 20 - 40 N/mm^2
ε_B = > 50 %
T_g = 125 - 130 °C
T_{pm} = 325 - 330 °C

Einsatzgrenzen:

kurzzeitig ~ 280 °C
dauernd ~ 240 °C

Aufbau:

$$\left[-CF_2-CF_2- \right]_n$$

σ - ε - Diagramm:

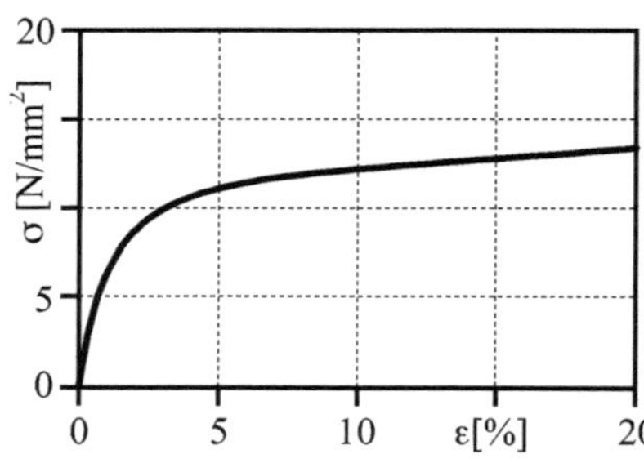

E-Modul (Temp):

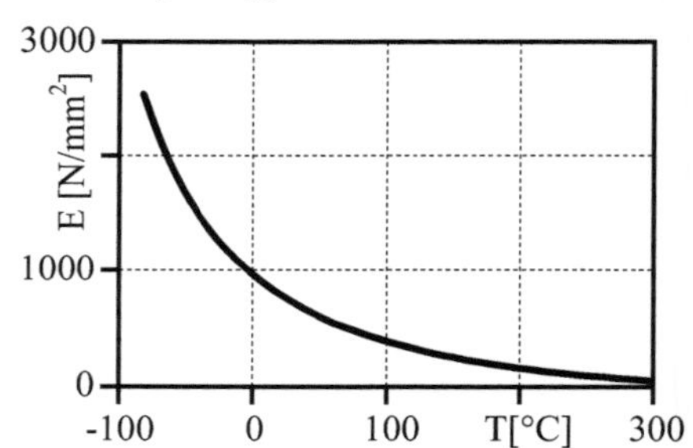

DSC - Diagramm:

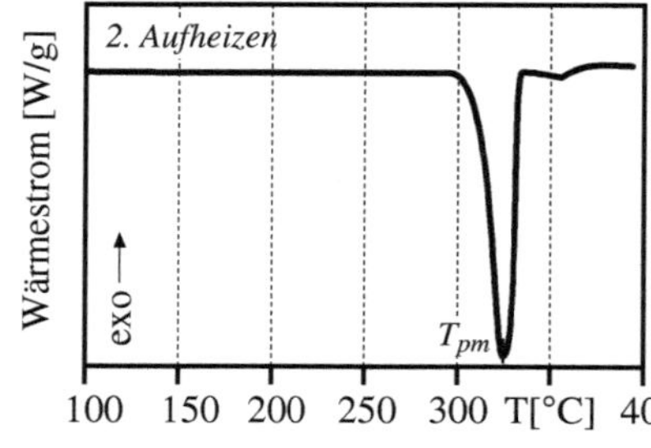

Ausdehnungskoeffizient (Temp):

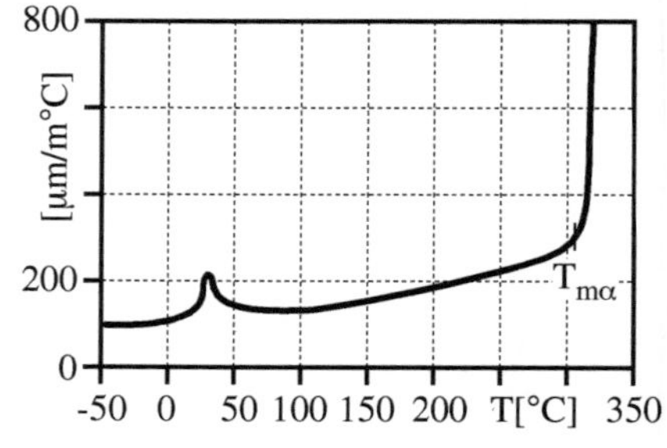

PVC-P – Polyvinylchlorid mit Weichmacher (plasticized)

Gefüge: amorph **Preis (2002):** ≈ 1,50 €/kg

Eigenschaften: alterungsbeständig, diffusionsdicht, kältespröde, flammwidrig, evtl. giftige Brandgase

Erkennen: transparent bis opak, Geruch der Brandschwaden nach Salzsäure, mit Beilsteintest Nachweis von Chlor, selbstverlöschend

Kennwerte:

ρ = 1,16 - 1,35 g/cm^3
E = 25 - 1600 N/mm^2
σ_B = 8 - 25 N/mm^2
ε_B = 170 - 400 %
T_g = -50 - 80 °C

Einsatzgrenzen:

kurzzeitig ~ 55 - 65 °C
dauernd ~ 50 - 55 °C
(je nach Weichmacherart und –gehalt, T_g beachten)

Aufbau:

$$\left[-\overset{\displaystyle H}{\underset{\displaystyle H}{C}} - \overset{\displaystyle Cl}{\underset{\displaystyle H}{C}} - \right]_n$$

Mischungen:

-ABS, -NBR, PE-C, PMMA

σ - ε - Diagramm:

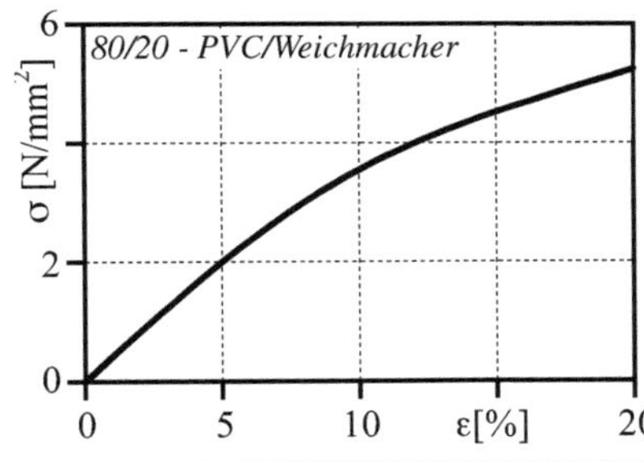

E-Modul (Temp):

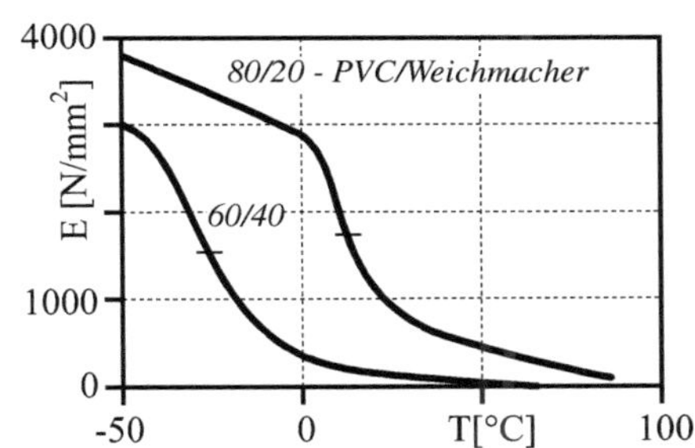

DSC - Diagramm:

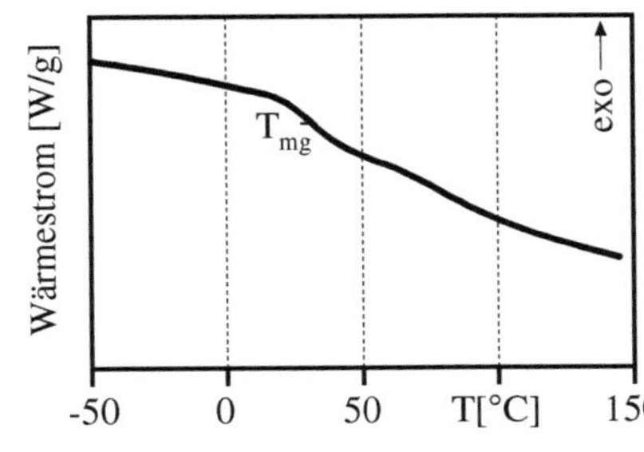

Ausdehnungskoeffizient (Temp):

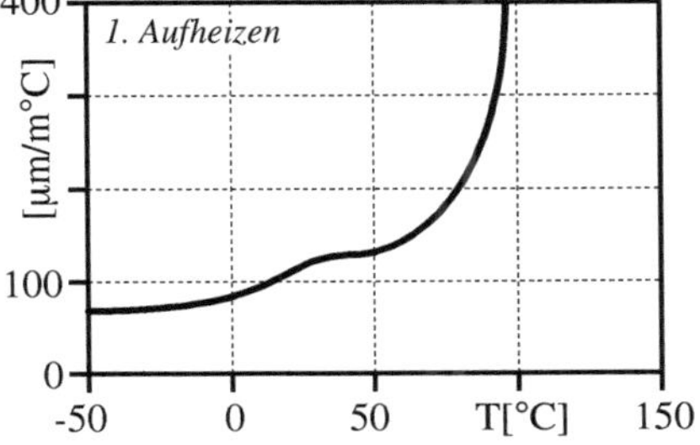

PVC-U – Polyvinylchlorid ohne Weichmacher (unplasticized)

Gefüge: amorph **Preis (2002):** ≈ 0,80 €/kg

Eigenschaften: maßhaltig, chemikalien- und witterungsbeständig, geringe Kältezähigkeit, Flammwidrig, evtl. giftige Brandgase, preiswert

Erkennen: transparent bis opak, Geruch der Brandschwaden nach Salzsäure, mit Beilsteintest Nachweis von Chlor, selbstverlöschend

Kennwerte:

ρ = 1,38 - 1,55 g/cm^3
E = 2700 - 3000 /mm^2
σ_s = 50 - 60 N/mm^2
ε_s = 4 - 6 %
ε_B = 10 - 50 %
T_g = 80 °C

Einsatzgrenzen:

kurzzeitig ~ 70 °C
dauernd ~ 60 °C

Aufbau:

$$\left[-\overset{\displaystyle H}{\underset{\displaystyle H}{C}} - \overset{\displaystyle Cl}{\underset{\displaystyle H}{C}} - \right]_n$$

Mischungen:

-ABS, -NBR, -PE-C, PMMA

σ - ε - Diagramm:

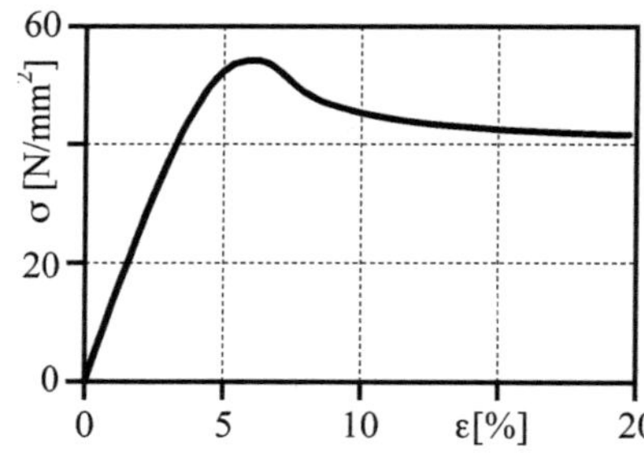

E-Modul (Temp):

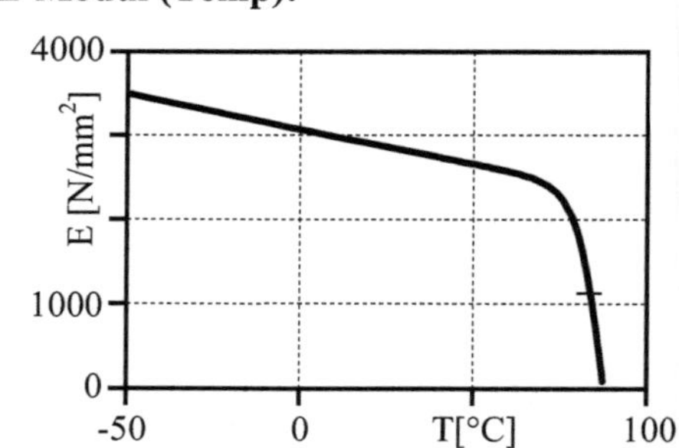

DSC - Diagramm:

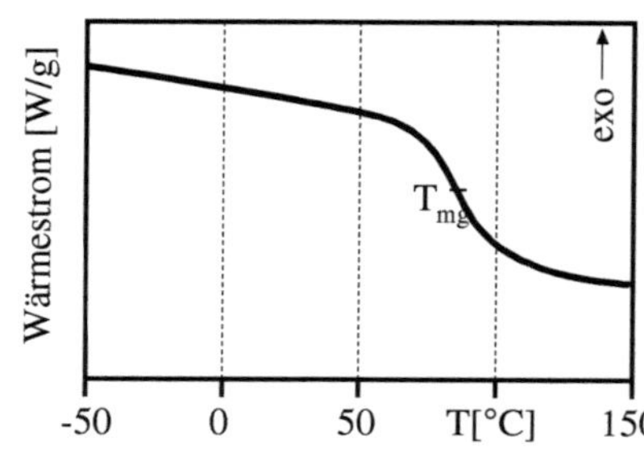

Ausdehnungskoeffizient (Temp):

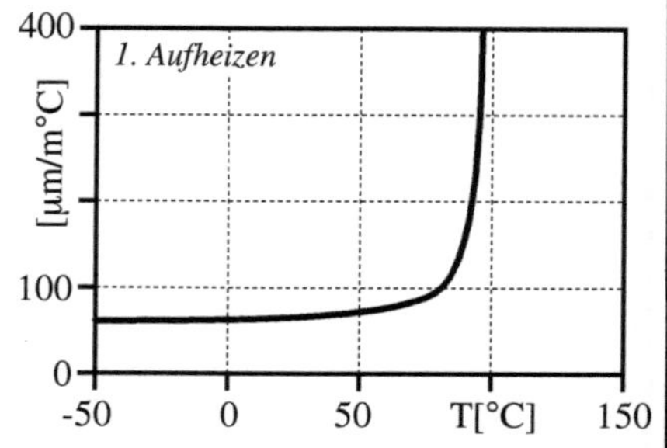

PVDF – Polyvinylidenfluorid

Gefüge: amorph, teilkristallin **Preis (2002):** ≈ 24,00 €/kg

Eigenschaften: fest, chemikalien- und strahlenbeständig, eigenspannungsempfindlich

Erkennen: schwer entflammbar, stechender Geruch der Brandschwaden

Kennwerte*:
ρ = 1,76 - 1,78 g/cm^3
E = 2000 - 2900 N/mm^2
σ_s = 50 - 60 N/mm^2
ε_s = 7 - 10 %
ε_B = 20 - > 50 %
T_g = 40 °C
T_{pm} = 170 - 175 °C

Einsatzgrenzen:
kurzzeitig ~ 150 °C
dauernd ~ 120 °C

Aufbau:

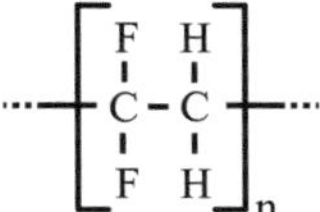

σ - ε - Diagramm:

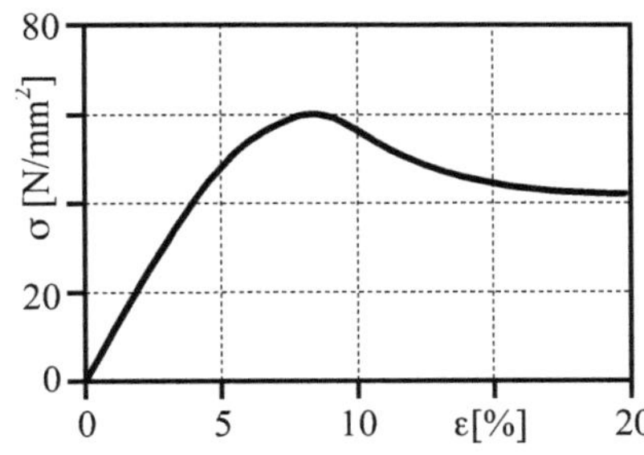

E-Modul (Temp):

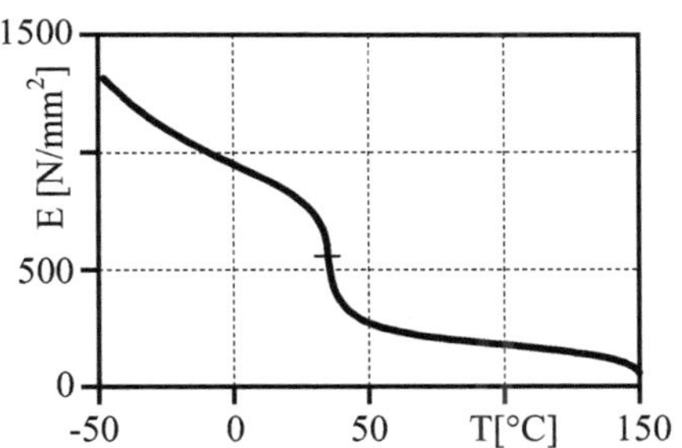

DSC - Diagramm:

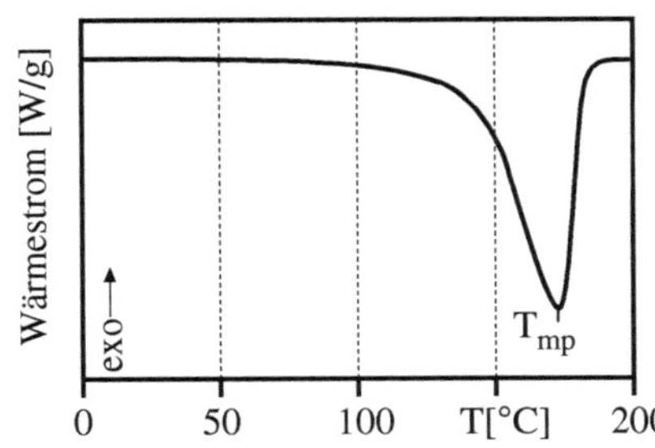

Ausdehnungskoeffizient (Temp):

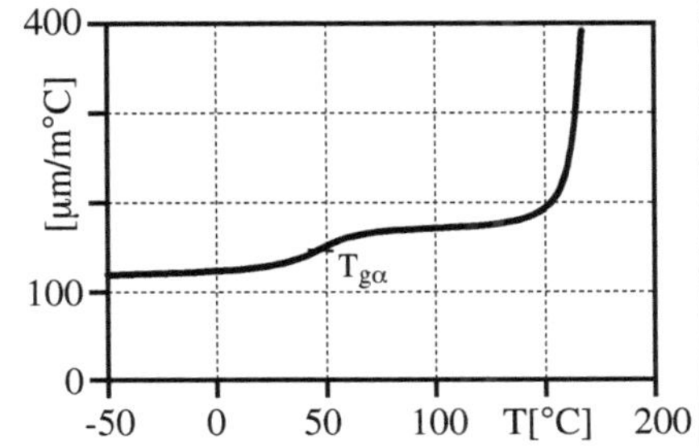

SAN – Styrol-Acrylnitril-Copolymer

Gefüge: amorph **Preis (2002):** ≈ 1,60 €/kg

Eigenschaften: transparent, fest und steif, maßhaltig, chemikalienbeständig, weniger spannungsempfindlich als PS

Erkennen: gelblich, leuchtende Flamme stark rußend, süßlicher Styrolgeruch

Kennwerte:

ρ = 1,08 g/cm^3
E = 3500 - 3700 /mm^2
σ_B = 65 - 85 N/mm^2
ε_s = -
ε_B = 2,5 - 5 %
T_g = 95 - 105 °C

Einsatzgrenzen:

kurzzeitig ~ 95 °C
dauernd ~ 85 °C

Aufbau:

$$\left[-\underset{H}{\overset{H}{C}}-\underset{C_6H_5}{\overset{H}{C}}- \right]_n \cdots \left[-\underset{H}{\overset{H}{C}}-\underset{C\equiv N}{\overset{H}{C}}- \right]_n$$

σ - ε - Diagramm:

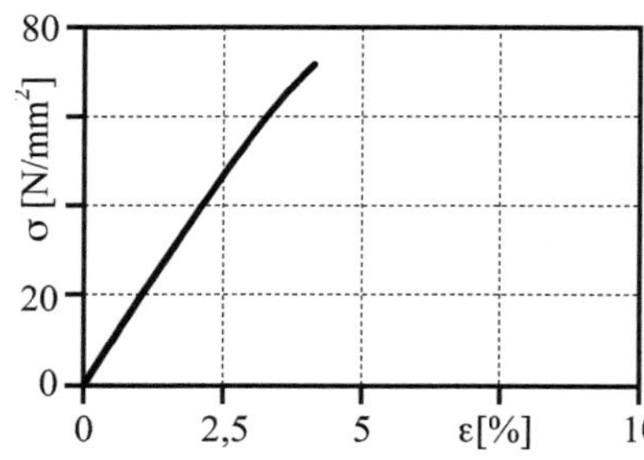

E-Modul (Temp):

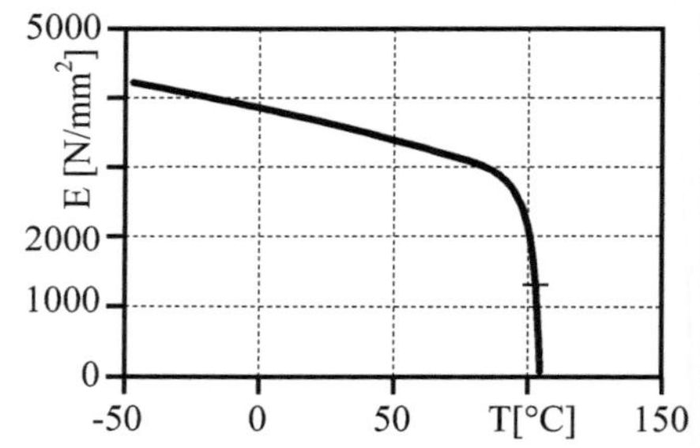

DSC - Diagramm:

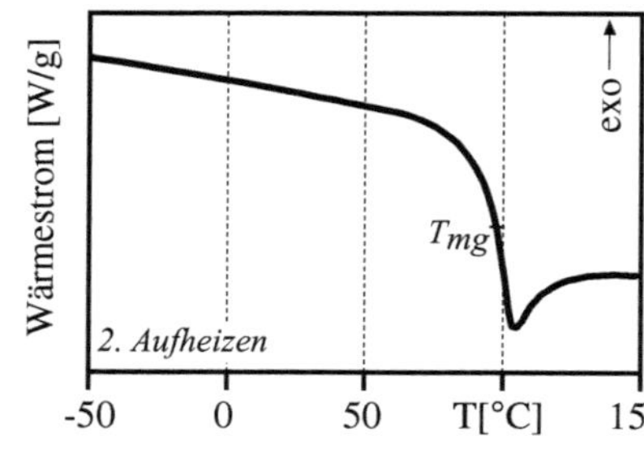

Ausdehnungskoeffizient (Temp):

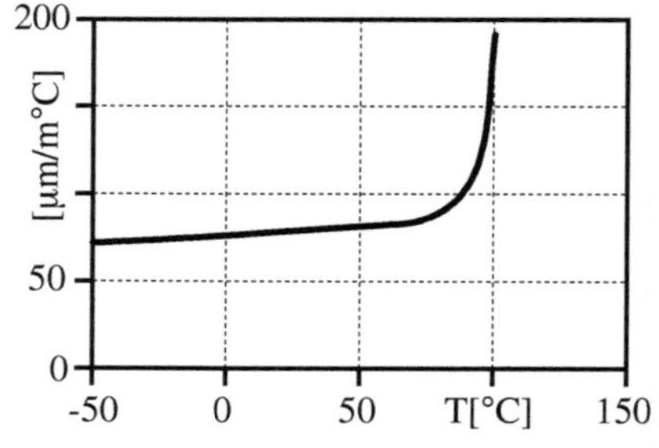

UP – ungesättigtes Polyesterharz

Gefüge: amorph, vernetzt **Preis (2002):** ≈ 2,00 €/kg

Eigenschaften: preiswert, spröde bis zäh (z.B. elastifiziert), wärmeform-, alterungs- und chemikalienbeständig, meist mit Glasfasern verstärkt

Erkennen: transparent, schmilzt nicht, verkohlt, Geruch der Brandschwaden nach Styrol

Kennwerte*:

ρ = 1,2 g/cm^3
E = 3200 - 3500 N/mm^2
σ_B = 50 - 77 N/mm^2
ε_B = 1,2 - 2,5 %
T_g = 70 - 150 °C

Einsatzgrenzen: *große Variation je nach Typ*
kurzzeitig ~ 180 °C
dauernd ~ 100 °C
**für unverstärktes Material*

Aufbau:

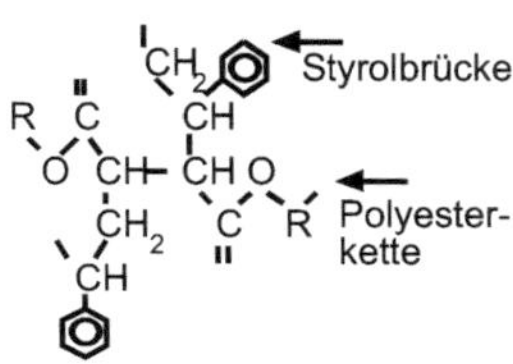

σ - ε - Diagramm:

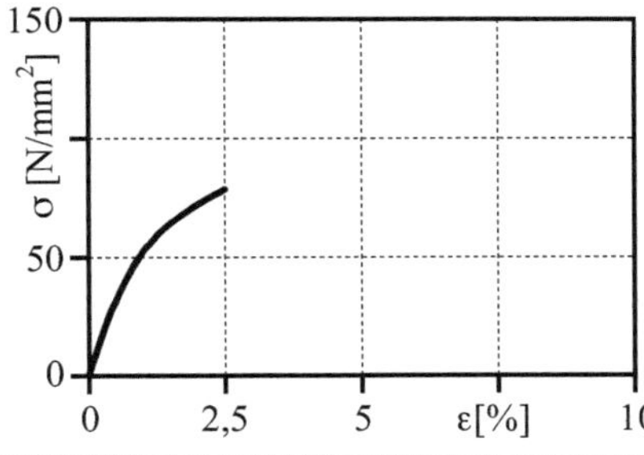

E-Modul (Temp):

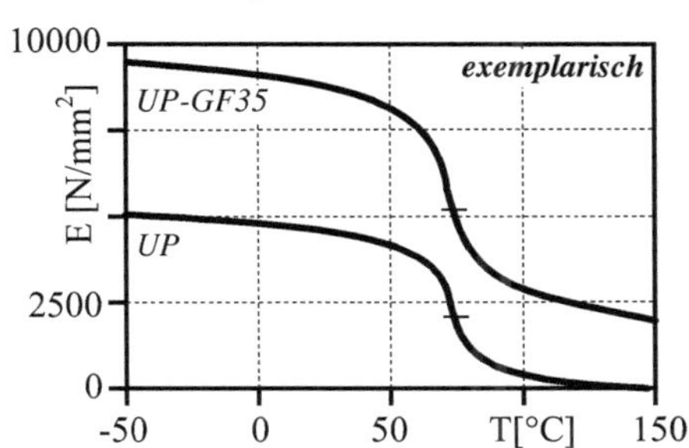

DSC - Diagramm:

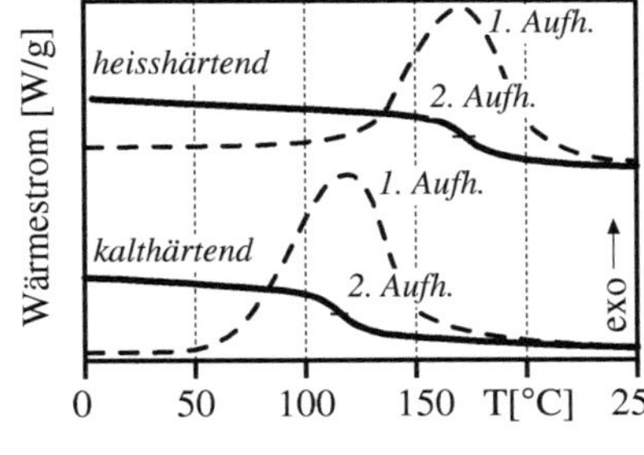

Ausdehnungskoeffizient (Temp):

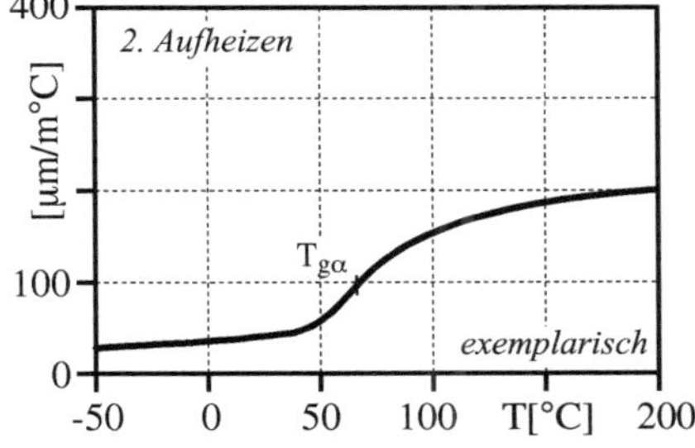

9 Stichwortverzeichnis

µ

2

3

A

B

C

D

E

F

G

H

I

K

L

M

Q

R

S

T

U

V

W

Z

Carl Hanser Verlag GmbH & Co. KG, München
Vilshofener Straße 10 | 81679 München | info@hanser.de
www.hanser-fachbuch.de